高等院校计算机教育"十四五"系列教材

南京艺术学院重点教材建设基金资助出版

大学信息技术教程

DAXUE XINXI JISHU JIAOCHENG

褚宁琳◎主编

U0172267

中国铁道出版社有限公司

CHINA RAILWAY PUBLISHING HOUSE CO., LTD.

内 容 简 介

本书根据教育部高等学校大学计算机课程教学指导委员会编制的《新时代大学计算机基础课程教学基本要求》的基本精神和艺术类大学生专业特点编写。全书共分 10 章，主要包括信息技术基础知识、计算机操作系统、办公信息处理、计算机网络基础知识、计算机数字图像与图形、计算机数字音频、计算机数字视频与动画、网页设计、数据库基础与软件应用、程序设计基础等内容。

本书在介绍计算机基本理论的基础上强调实用性，讲述的内容深入浅出，并融入计算思维的理念。与通用的计算机应用基础类教材相比，本书特别增加了与艺术类专业相关的内容。另有配套教材《大学信息技术实验教程及习题集》(褚宁琳主编,中国铁道出版社有限公司出版)。

本书适合作为高等院校艺术类专业的教材，也可以作为非艺术类学生的计算机基础知识学习用书。

图书在版编目（CIP）数据

大学信息技术教程/褚宁琳主编.—北京：中国铁道出版社
有限公司，2023.9（2024.8 重印）
高等院校计算机教育"十四五"系列教材
ISBN 978-7-113-30474-4

Ⅰ.①大… Ⅱ.①褚… Ⅲ.①电子计算机 - 高等学校 - 教材
Ⅳ.① TP3

中国国家版本馆 CIP 数据核字（2023）第 151291 号

书　　名：大学信息技术教程
作　　者：褚宁琳

策　　　划：张围伟　祁　云	编辑部电话：（010）63551006
责任编辑：祁　云　绳　超	
封面设计：蒋　杰	
封面制作：刘　颖	
责任校对：苗　丹	
责任印制：樊启鹏	

出版发行：中国铁道出版社有限公司（100054，北京市西城区右安门西街 8 号）
网　　址：https://www.tdpress.com/51eds/
印　　刷：河北宝昌佳彩印刷有限公司
版　　次：2023 年 9 月第 1 版　2024 年 8 月第 2 次印刷
开　　本：850 mm×1 168 mm 1/16　印张：22.5　字数：573 千
书　　号：ISBN 978-7-113-30474-4
定　　价：76.00 元

本书是南京艺术学院教师经过长期的教学实践，充分考虑艺术类大学生的专业特点而专门编写的。本书内容的编排既符合教育部高等学校大学计算机课程教学指导委员会编制的《新时代大学计算机基础课程教学基本要求》的基本精神，也力求与艺术类大学生的专业特点相契合。本书在介绍计算机基本理论的基础上强调实用性，讲述的内容深入浅出，并融入计算思维和"互联网+"的理念。与通用的计算机应用基础类教材相比，本书特别增加了与艺术类专业相关的内容，艺术类大学生可根据自己的专业选择相应的学习内容。本书内容的编排同时也考虑到非艺术类学生的需求，亦可作为非艺术类学生的计算机应用基础知识学习用书。

本书共分10章：

第1章　信息技术基础知识：介绍信息技术的发展及应用、计算思维、"互联网+"、计算机系统的组成、信息在计算机中的表示、计算机病毒及防治。

第2章　计算机操作系统：介绍操作系统的基本知识以及Windows的基本使用方法。

第3章　办公信息处理：介绍Office文字处理软件（Word）、数据统计和分析软件（Excel）、演示文稿软件（PowerPoint）的基本知识和使用方法。

第4章　计算机网络基础知识：介绍计算机网络的发展、功能及组成，计算机网络的结构、协议标准、类型及各种服务，计算机网络设备及配置，Internet的应用和网络安全。

第5章　计算机数字图像与图形：介绍计算机图像与图形的基本知识、图像与图形处理的基本理论和设备、图像与图形处理软件的基本应用。

第6章　计算机数字音频：介绍数字音频的主要参数、数字音频的各类格式、数字音频的编辑及回放方法、计算机合成声音，并介绍数字音频编辑软件的基本应用。

第7章　计算机数字视频与动画：介绍数字视频及处理技术、数字视频处理软件的应用、动画及处理技术。

第8章　网页设计：介绍网页的基本概念、HTML的由来及结构，讲述网页设计的要点、布局及配色，以及网页编程、规划及发布的方法。

第9章 数据库基础与软件应用：介绍数据库的基本概念以及Access的基本操作。

第10章 程序设计基础：介绍程序的基本概念和程序设计语言的类型和成分、计算机技术和艺术设计的关系、程序设计中的算法与数据结构。

建议第1～4章为全部学生必选章节，第5章和第7章为美术设计类学生必选章节，第6章为音乐表演类学生必选章节。其他为任选章节，学生可自由选择。

为加强实验环节和方便学生总结、练习，还配套编写出版了《大学信息技术实验教程及习题集》(褚宁琳主编，中国铁道出版社有限公司出版)。

本书由褚宁琳主编，李弘、陈楚桥、王定朱、赵明生、樊飞燕等参与了其中部分章节的编写。

本书获南京艺术学院重点教材建设基金资助，在编写过程中得到了许多专家、学者的关心和支持，也得到了南京艺术学院领导及教务处、信息中心等部门教师的热情帮助，在此一并表示感谢。

由于编者水平有限，书中难免存在不足和疏漏之处，恳请广大读者批评指正。

编 者

2023 年 6 月

目　录

第 2 章　计算机操作系统

第 7 章　计算机数字视频与动画

第8章 网页设计

第9章 数据库基础与软件应用

第 10 章　程序设计基础

参考文献

第1章 ▶▶ 信息技术基础知识

学习目标

- 了解信息技术与计算思维的相关概念。
- 了解"互联网+"的相关概念。
- 了解计算机的发展历程。
- 了解计算机的特点、分类及应用领域。
- 了解计算机的硬件组成。
- 掌握计算机的工作原理。
- 了解计算机软件的分类。
- 了解信息在计算机中的表示形式。
- 了解计算机病毒及病毒防治。

●●●● 1.1 信息技术与计算思维相关概念 ●●●●

当今世界已进入信息化时代，信息技术的高速发展对政治、经济、文化、社会、军事等领域的发展都产生了深刻影响。近年来，计算思维的培养也成为国内外讨论的热点。本节介绍信息技术与计算思维的相关概念。

1.1.1 信息与信息技术

对信息的描述很多，不同的人从不同的角度对信息进行了定义。信息论奠基人香农（Shannon）认为"信息是用来消除随机不确定性的东西"，控制论创始人诺伯特·维纳（Norbert Wiener）认为"信息是人们在适应外部世界，并使这种适应反作用于外部世界的过程中，同外部世界进行互相交换的内容和名称"。维纳也曾说过：信息就是信息，它既不是物质也不是能量。概括地说，信息是指"事物运动的状态及状态变化的方式"，是"认识主体所感知或所表述的事物运动及其变化方式的形式、内容和效用"，是人们认识世界和改造世界的一种基本资源。

信息处理是对信息的收集、加工、存储、传递和使用。

信息处理系统是指用于辅助人们进行信息获取、传递、存储、加工处理、控制及显示的综合使用各种信息技术的系统。

信息技术（information technology，IT）是指扩展人们的信息器官功能、协助人们更有效地进行信息处理的技术。基本的信息技术主要包括：

①扩展感觉器官功能的感测（获取）与识别技术；

②扩展神经系统功能的通信技术；

③扩展大脑功能的计算（处理）与存储技术；

④扩展效应器官功能的控制与显示技术。

基本信息技术包括传感技术、通信技术和计算机技术。

现代信息技术的主要特征是以数字技术为基础，以计算机为核心，采用电子技术（包括激光技术）进行信息的收集、传递、加工、存储、显示与控制，它包括通信、广播、计算机、微电子、遥感遥测、自动控制、机器人等诸多领域。

1.1.2 微电子技术与通信技术

微电子技术是信息技术领域中的关键技术，是实现电子电路和电子系统超小型化及微型化的技术，它以集成电路为核心。

集成电路（integrated circuit，IC）是20世纪50年代后期至60年代发展起来的一种微型电子器件或部件。它以半导体单晶片为材料，经平面加工和制造，将大量晶体管、电阻器等元器件及布线互连在一起构成的电子线路集成在基片上，构成一个微型化的电路或系统。集成电路的半导体材料主要是硅，也可以是砷化镓等化合物半导体。

IC卡（integrated circuit card，集成电路卡）又称智能卡（smart card）、智慧卡（intelligent card）、微电路卡（microcircuit card）或微芯片卡等。它将集成电路芯片密封在塑料卡基片内部，使其成为能存储、处理和传递数据的载体。IC卡按所镶嵌的集成电路芯片可分为存储卡和CPU卡（又称智能卡）两大类。按其使用方式可分为接触式IC卡和非接触式IC卡两大类。

通信（communication）在不同的环境下有不同的解释。从广义的角度来说，各种信息的传递均可称为通信。现代通信指的是使用电波或光波传递信息的技术，通常称为电信（telecommunication），如电报、电话、传真等。通信的基本任务是传递信息，由三要素组成，即信息的发送者（信源）、信息的接收者（信宿）、信息的传输媒介（信道）。

信道可迅速、可靠、准确地将信号从信源传输到信宿。信道所采用的技术有两种：模拟传输技术和数字传输技术。

模拟传输技术是指直接用连续信号来传输信息或者通过用连续信号对载波进行调制来传输信息的技术，它是模拟通信的基础。

数字传输技术是指直接用数字信号来传输信息或者通过用数字信号对载波进行调制来传输信息的技术，它是数字通信的基础。

移动通信是指处于移动状态的对象之间的通信，最有代表性的是手机（个人移动通信系统）。移动通信系统由移动台、基站、移动电话交换中心等组成。

移动通信技术不断发展，主要有如下几个阶段：

第一代个人移动通信采用的是模拟技术，是模拟制式的移动通信系统，使用频段为800～900 MHz。

第二代移动通信系统（2G）采用数字传输技术，在提供语音和低速数据业务（短信息）方面取得了很大的成功，使用频段扩至900～1 800 MHz，我国使用的GSM（global system for mobile communications，全球移动通信系统）和CDMA（code division multiple access，码分多址）都属于第二代移动通信系统。

第三代移动通信系统（3G）是移动多媒体通信系统，提供的业务包括语音、传真、数据、多媒体娱乐和全球无缝漫游等。我国3G目前有三种技术标准：中国移动采用的是我国自主研发的TD-SCDMA（时分-同步码分多址）技术，中国电信采用的是CDMA2000技术，中国联通采用的是WCDMA（宽带码分多址）技术。三种不同标准的网络可以互通，但终端设备（手机）互不兼容。

第四代移动通信系统（4G）是真正意义的高速移动通信系统，它支持交互多媒体业务、高质量影像、3D动画和宽带互联网接入，是宽带大容量的高速蜂窝系统，4G技术支持100～150 Mbit/s的下行网络带宽。我国主要采用TD-LTE（time division long term evolution，时分长期演进）标准。

第五代移动通信系统（5G），也称第五代移动电话行动通信标准，是具有高速率、低时延和大连接特点的新一代宽带移动通信技术。5G通信设施是实现人机物互联的网络基础设施。国际电信联盟（ITU）定义了5G的三大类应用场景，即增强型移动宽带（eMBB）、超高可靠低时延通信(uRLLC)和海量机器类通信（mMTC）。与4G相比，5G进一步提升用户的网络体验，满足万物互联的应用需求。2023年5月，中国电信、中国移动、中国联通、中国广电宣布正式启动全球首个5G异网漫游试商用。

第六代移动通信系统（6G），也称为第六代移动通信技术或第六代移动通信标准，目前还在研发中。6G网络将是一个地面无线与卫星通信集成的全连接世界。6G通信技术将实现网络容量和传输速率的突破，缩小数字鸿沟，促进产业互联网、物联网的发展，实现万物互联。

1.1.3　计算思维

计算思维（computational thinking）是人类科学思维的基本方式之一（理论思维、实验思维、计算思维被认为是人类认识和改造世界的科学思维，又分别称为逻辑思维、实证思维及构造思维）。2006年3月，美国卡内基梅隆大学计算机科学系主任周以真（Jeannette M. Wing）教授在美国计算机权威期刊 *Communications of the ACM* 上给出计算思维的定义是：计算思维是运用计算机科学的基础概念进行问题求解、系统设计，以及人类行为理解等涵盖计算机科学之广度的一系列思维活动。她对计算思维所作的详细描述是：通过约简、嵌入、转化和仿真等方法，把一个看来困难的问题重新阐释成一个人们已知其解决方案的问题。计算思维是一种递归思维，是一种并行处理，是一种既能把代码译成数据又能把数据译成代码，是一种多维分析推广的类型检查方法。计算思维是一种采用抽象和分解来控制庞杂的任务或进行巨大复杂系统设计的方法，是一种基于关注分离的方法。计算思维是一种选择合适的方式去陈述一个问题，或对一个问题的相关方面建模使其易于处理的思维方法；是按照预防、保护及通过冗余、容错、纠错的方式，并从最坏情况进行系统恢复的一种思维方法；是利用启发式推理寻求解答，即在不确定情况下的规划、学习和调度的思维方法；是利用海量数据来加快计算，在时间和空间之间，在处理能力和存储容量之间进行折中的思维方法。

要正确认识计算思维，必须要搞清楚以下几个区别：

1. 计算思维是一个抽象的概念，而不是仅仅指具体的计算机编程

假如将计算思维仅仅理解为计算机编程，很多非计算机专业的学生就会望而却步。实际上，计算思维是要求人们像计算机科学家那样去思维，它是一个抽象的概念，是指能够在抽象的多个层面

上的思维。

2．计算思维是一种根本性的基本技能，而不是简单机械的重复

每一个人要为社会做贡献就必须掌握一定的技能，计算思维是信息化时代大学生的根本性的基本技能，它应该是每一个合格大学生所拥有的基本素质，是创新人才的基本要求和专业素养，而不是刻板的、简单机械的重复，更不是死记硬背。对大学生来说，提高计算思维能力对创新能力的提升、思维方式的丰富都非常有意义。

3．计算思维是人的思维，而不是计算机的思维

计算思维是人们解决问题所采用的一种方式，是人所特有的思维，而不是舍弃人的聪明才智，让计算机去思维。计算机只是人制造出来的设备，可以辅助人进行各种复杂的计算。人类可以借助计算机获得更高的计算能力，更好更快地解决更多的问题。

4．计算思维是数学和工程思维的互补与融合

计算机科学在本质上源自数学思维和工程思维。因为其形式化基础是建筑在数学之上，但基于计算设备的限制迫使计算机科学必须计算性地思考而不能只是数学性地思考。数学与工程思维的互补与融合很好地体现在抽象、理论和设计三个学科形态上。

5．计算思维是一种思想，而不是一个人造产品

计算思维是人脑所特有的，是人的思想，而不是人制造出来的计算机硬件或软件这样的产品。因此，可以将这种思想应用于各种问题的求解，也可以举一反三，用于各类专业的学习和实践。

6．计算思维是一种普适思维方式，而不仅仅适用于计算机专业

计算思维的本质是抽象和自动化，它具有计算机的很多特征，但又不仅仅局限于计算机。计算思维作为解决问题的一种思维方式，可以脱离计算机而存在，但计算思维的发展又推动了计算机的发展。计算思维的普适性几乎适用于任何人、任何地方、任何事。

●●●● 1.2 "互联网+"概述 ●●●●

21世纪，人类进入互联网时代，"互联网+"行动已被提升为国家战略。本节介绍"互联网+"的概念、特征以及"互联网+"的技术。

1.2.1 "互联网+"的定义和特征

所谓"互联网+"是指以互联网为主的新一代信息技术（包括移动互联网、云计算、物联网、大数据等）在经济、社会生活各部门的扩散、应用与深度融合的过程，这将对人类经济社会产生巨大、深远而广泛的影响。通俗地说，"互联网+"就是"互联网+各个传统行业"，但这不是简单的叠加，而是利用信息通信技术以及互联网平台，实现互联网与传统行业的深度融合，创造新的发展生态。

"互联网+"的主要特征有如下几点：

1．跨界融合

"+"就是跨界，就是变革，就是开放，就是重塑融合。敢于跨界了，创新的基础就更坚实；融合协同了，群体智能才会实现，从研发到产业化的路径才会更垂直。融合本身也指代身份的融合，客户消费转化为投资，伙伴参与创新，等等。

2．创新驱动

粗放的资源驱动型增长方式早就难以为继，必须转变到创新驱动发展这条正确的道路上来。这正是互联网的特质，用所谓的互联网思维来求变、自我革命，也更能发挥创新的力量。

3．重塑结构

信息革命、全球化、互联网业已打破了原有的社会结构、经济结构、地缘结构、文化结构。权力、议事规则、话语权不断在发生变化。互联网+社会治理、虚拟社会治理会有很大的不同。

4．尊重人性

人性的光辉是推动科技进步、经济增长、社会进步、文化繁荣的最根本的力量，互联网的力量之强大，最根本地来源于对人性的最大限度的尊重、对人的体验的敬畏、对人的创造性发挥的重视。

5．开放生态

关于"互联网+"，生态是非常重要的特征，而生态的本身就是开放的。推进"互联网+"，其中一个重要的方向就是要把过去制约创新的环节化解掉，把孤岛式创新连接起来，让研发由人性决定市场的驱动，让创业并努力者有机会实现价值。

6．连接一切

连接是有层次的，可连接性是有差异的，连接的价值是相差很大的，但是连接一切是"互联网+"的目标。

1.2.2 "互联网+"技术

"互联网+"技术主要包括物联网技术、云计算技术、大数据技术、人工智能技术等。

1．物联网技术

物联网（internet of things，IoT）是物物相连的互联网，是一个将物体、人、系统和信息资源与智能服务相互连接的基础设施，可以利用它来处理物理世界和虚拟世界的信息并做出反应。

物联网的核心技术主要包括：

（1）自动识别技术

自动识别技术是一种将信息数据自动识读、自动输入计算机的方法和手段。识别的方式既可以是接触式的压力感应，也可以通过近距离的电磁感应、光学识别和计算机视觉技术，甚至可以利用射频识别技术实现中远距离的识别。

（2）传感器技术

传感器技术同计算机技术与通信技术一起称为信息技术的三大支柱。传感技术是关于从自然信源获取信息，并对之进行处理（变换）和识别的一门多学科交叉的现代科学与工程技术，它涉及传感器（又称换能器）、信息处理和识别的规划设计、开发、制造/建造、测试、应用及评价改进等活动。传感器是一种能感受被测量并按照一定的规律转换成可用信号的器件或装置，通常由敏感元件和转换元件组成。

现代传感器技术的发展有4个趋势：一是开发新材料、新工艺和新型传感器；二是实现传感器的多功能、高精度、集成化和智能化；三是实现传感技术硬件系统与元器件的微小型化；四是通过传感器与其他学科的交叉整合，实现无线网络化。

（3）定位技术

位置信息不仅仅是空间的概念，它实际承载了"空间""时间""人物"三大关键信息。早期的定位技术有雷达和声呐系统，可以通过测量电磁波或者声波反射的延时、方向和频率信息。此后又出现了罗兰导航系统及全球定位系统（global positioning system，GPS）等，也可以通过手机基站和Wi-Fi热点的辅助，进一步提高定位精度。

（4）嵌入式技术

嵌入式系统是一种完全嵌入受控器件内部，为特定应用而设计的专用计算机系统。在物联网中，各种智能传感器、无线通信以及信息显示和处理装置都包含了大量嵌入式系统技术和应用。嵌入式系统相当于物联网的大脑，对接收到的信息进行分类处理。利用嵌入式系统，物理对象有了完整的物联界面。该界面向前可连接传感器，向后可连接控制设备，最终实现最广泛的人物交互和物物交互。

（5）网络通信技术

以互联网为核心的各种网络通信设施是实现万物互联的重要基础设施。特别是无线网络的应用，为物物互联提供了方便快捷的网络接入。

（6）信息安全技术

信息安全主要包括信息的保密性、真实性、完整性、未授权复制和所寄生系统的安全性等五方面的内容。在互联网环境中，信息安全主要通过网络安全、计算机系统安全、数据库安全以及应用安全等实现。物联网应用在保证互联网安全的前提下，还有特殊的要求，主要有自动识别技术安全、无线局域网/个域网安全、位置信息与隐私保护等。

2．云计算技术

云计算（cloud computing）概念起源于20世纪60年代。CSA（cloud security alliance，云安全联盟）认为，云计算的本质是一种服务提供模型，通过这种模型，可以随时、随地、按需地通过网络访问共享资源池的资源，这个资源池的内容包括计算资源、网络资源、存储资源等，这些资源能被动态地分配和调整，在不同用户之间灵活地划分，凡是符合这些特征的IT服务都可以称为云计算服务。

要实现云计算必须要实施不同的技术，云计算技术包括：虚拟化技术、分布式数据存储技术、编程模式、大规模数据管理、分布式资源管理、信息安全、云计算平台管理和绿色节能技术等。从云计算应用加上其具体实现技术的角度，云计算有云存储、云服务和云安全等技术。

（1）云存储

云存储是指通过集群应用、网络技术或分布式文件系统等功能，将网络中大量各种不同类型的存储设备通过应用软件集合起来协同工作，共同对外提供数据存储和业务访问功能的一个系统。

云存储可分为块存储（block storage）与文件存储（file storage）两类。云存储可应用在备份、归档、分配、共享协作等领域。

（2）云服务

云服务是基于互联网的相关服务的增加、使用和交付模式，通常涉及通过互联网来提供动态、易扩展且经常虚拟化的资源。

云服务主要提供如下类别的服务：IaaS（infrastructure as a service，基础设施即服务）、PaaS（platform as a service，平台即服务）、SaaS（software as a service，软件即服务）。

（3）云安全

云安全（cloud security）是指基于云计算商业模式应用的安全软件、硬件、用户、机构、安全云平台的总称。

云安全计划是网络时代信息安全的最新体现，它融合了并行处理、网格计算、未知病毒行为判断等新兴技术和概念，通过网状的大量客户端对网络中软件行为的异常监测，获取互联网中木马、恶意程序的最新信息，推送到 Server 端进行自动分析和处理，再把病毒和木马的解决方案分发到每一个客户端。

3．大数据技术

大数据（big data）指无法在一定时间范围内用常规软件工具进行捕捉、管理和处理的数据集合，是需要新处理模式才能具有更强的决策力、洞察发现力和流程优化能力的海量、高增长率和多样化的信息资产。

大数据具有 5V 特征：volume（大量）、velocity（高速）、variety（多样）、value（价值）、veracity（真实性）。

大数据本身是一个现象而不是一种技术，伴随着大数据的采集、传输、处理和应用的相关技术，使用非传统的工具来对大量的结构化、半结构化和非结构化数据进行处理，从而获得分析和预测结果的一系列数据处理技术，简称大数据技术。大数据技术主要包括数据采集、数据存取、基础架构、数据处理、数据分析、数据挖掘、模型预测、结果呈现等。

大数据的数据来源广泛，应用需求和数据类型多样，但基本的处理流程一致，即在合适工具的辅助下，对广泛异构的数据源进行抽取和集成，结果按照一定的标准进行统一存储，并利用合适的数据分析技术对存储的数据进行分析，从中提取有益的知识并利用恰当的方式将结果展现给终端用户。具体来说，大数据处理的基本流程可以分为数据抽取与集成、数据分析以及数据解释。

（1）数据抽取与集成

由于大数据的多样性，对大数据进行处理，首先必须对所需数据源的数据进行抽取和集成，从中提取出关系和实体，经过关联和聚合等操作，采用统一定义的格式来存储这些数据。在数据集成和提取时需要对数据进行清洗，保证数据质量及可信性。

（2）数据分析

数据分析是整个大数据处理流程的核心，因为大数据的价值产生于分析过程。从异构数据源抽取和集成的数据构成了数据分析的原始数据。根据不同应用的需求可以从这些数据中选择全部或部分进行分析，如数据挖掘、机器学习、数据统计等。大数据分析的主要目标有：知识获取和趋势预测、个性化特征挖掘、信息过滤等。数据分析广泛应用于决策支持、商业智能、推荐系统、预测系统等。

（3）数据解释

大数据处理流程中用户最关心的是数据处理的结果，正确的数据处理结果只有通过合适的展示方式才能被终端用户正确理解，因此数据处理结果的展示非常重要，可视化和人机交互是数据解释的主要技术。

使用可视化技术，可以将处理的结果通过图形的方式直观地呈现给用户。人机交互技术可以引导用户对数据进行逐步分析，使用户参与到数据分析的过程中，从而使用户更深刻地理解数据分析结果。

4．人工智能技术

人工智能（artificial intelligence，AI）是研究、开发用于模拟、延伸和扩展人的智能的理论、方法、技术及应用系统的一门新的技术科学。除了计算机科学以外，人工智能还涉及信息论、控制论、自动化、仿生学、生物学、心理学、数理逻辑、语言学、医学和哲学等多门学科。人工智能研究领域主要有知识工程和专家系统、自然语言处理、机器学习、自动定理证明、分布式人工智能、机器人、人工神经网络、模式识别、博弈与游戏、自动程序设计、智能数据库、智能检索等。

（1）专家系统

专家系统是一个智能的计算机程序，它运用知识和推理步骤来解决只有专家才能解决的复杂问题，即解题能力达到了同领域人类专家水平的计算机程序。专家系统将人的工作效率提高10倍甚至几百倍。

（2）自动定理证明

自动定理证明是利用计算机证明非数值性的结果，即确定它们的真假。很多非数值领域的任务，如信息检索、医疗诊断、规划制度和难题求解等方面，都可以转化成一个定理证明问题。目前定理证明主要有以下一些方法：自然演绎法、判定法、定理证明器、人机交互进行定理证明等。

（3）机器学习

机器学习是研究如何利用计算机模拟或实现人类学习活动的一门科学。机器学习将对人工智能的其他分支，如专家系统、计算机自动推理、智能机器人、自然语言理解等产生重要的推动作用。它已成为人工智能研究的重要方向之一，并具有十分广阔的前景。

（4）机器人

机器人技术是适应生产自动化、核能利用、宇宙和海洋开发等领域的需要，在电子学、人工智能、控制理论、系统工程、机械工程、仿生学以及心理学等各学科发展基础上出现的一个综合性技术。美国机器人研究院给机器人下的定义是："机器人是一种可再编程的多功能的操作装置"。目前机器人按开发内容和目的大致可分为工业机器人、智能机器人、宇宙开发机器人、海洋开发机器人和玩具机器人等。机器人的应用越来越广泛，越来越深入。如ChatGPT（chat generative pre-trained transformer）是一款聊天机器人程序，它能够通过理解和学习人类的语言来进行对话，还能根据聊天的上下文进行互动，真正像人类一样来聊天交流，甚至能完成撰写邮件、视频脚本、文案、翻译、代码等任务。

（5）模式识别

模式识别就是识别出给定的事物和哪一个标本相同或者相似。有时又把模式识别理解成模式分类，即将供模仿的标准分成若干类，再来判别给出的事物应该属于哪一类。目前主要从事以下两个方面的研究：图形图像及视频识别、语音识别。

（6）博弈与游戏

博弈就是研究对策和斗智。在人工智能中，大多以下棋为例来研究博弈规律，并研制出一些很著名的博弈程序，例如塞缪尔的跳棋程序。和博弈的研究面向精与专，着力提高计算机斗智能力略有不同，游戏则更加平民化和大众化。游戏是一种人工智能"密集型"的产品，尤其是即时战略游戏、角色扮演游戏以及博弈游戏。人工智能已经是优秀计算机游戏中必不可少的组成部分。

1.3　计算机发展简史

计算机的产生和发展是20世纪科学技术最伟大的成就之一，它的出现引起了当代科学、技术、生产、生活等各方面的巨大变化。它是新技术革命的一支主力，也是推动社会向现代化迈进的活跃因素。计算机科学与技术是发展最快、影响最为深远的新兴学科之一。计算机产业已在世界范围内发展成为一种极富生命力的战略产业。

1.3.1　计算机的发展历程

1. 电子数字计算机的诞生

早在17世纪，欧洲一批数学家就已开始设计和制造以数字形式进行基本运算的数字计算机。1642年，法国数学家帕斯卡采用与钟表类似的齿轮传动装置，制成了最早的十进制加法器。1678年，德国数学家莱布尼茨制成的计算机，进一步解决了十进制数的乘、除运算。

英国数学家查尔斯·巴贝奇在1822年制作差分机模型时提出一个设想，每次完成一次算术运算将发展为自动完成某个特定的完整运算过程。1834年，巴贝奇设计了一种程序控制的通用分析机。这台分析机虽然已经描绘出有关程序控制方式计算机的雏形，但限于当时的技术条件而未能实现。

巴贝奇的设想提出以后的100多年间，电磁学、电工学、电子学不断取得重大进展，在元件、器件方面接连发明了真空二极管和真空三极管；在系统技术方面，相继发明了无线电报、电视和雷达……所有这些成就为现代计算机的发展准备了技术和物质条件。

与此同时，数学、物理也在蓬勃发展。到了20世纪30年代，物理学的各个领域经历着定量化的阶段，描述各种物理过程的数学方程，其中有的用经典的分析方法已经很难解决。于是，数值分析受到了重视，研究出各种数值积分、数值微分以及微分方程数值解法，把计算过程归结为巨量的基本运算，从而奠定了现代计算机的数值算法基础。

社会上对先进计算工具多方面迫切的需要，是促使现代计算机诞生的根本动力。进入20世纪，各个科学领域和技术部门的计算困难堆积如山，已经阻碍了学科的继续发展。特别是第二次世界大战爆发前后，军事科学技术对高速计算工具的需要尤为迫切。在此期间，德国、美国、英国都在进行计算机的开拓工作，几乎同时开始了机电式计算机和电子计算机的研究。

德国的朱赛最先采用电气元件制造计算机。他在1941年制成的全自动继电器计算机Z-3，已具备浮点计数、二进制运算、数字存储地址的指令形式等现代计算机的特征。在美国，1940—1947年也相继制成了继电器计算机MARK-1、MARK-2、Model-1、Model-5等。不过，继电器的开关速度大约为0.01 s，使计算机的运算速度受到很大限制。

电子计算机的开拓过程，经历了从制作部件到整机、从专用机到通用机、从"外加式程序"到"存储程序"的演变。1938年，美籍保加利亚学者阿塔纳索夫首先制成了电子计算机的运算部件。1943年，英国外交部通信处制成了"巨人"电子计算机。这是一种专用的密码分析机，在第二次世界大战中得到了应用。

1946年2月，美国宾夕法尼亚大学莫尔学院制成的大型电子数字积分计算机（electronic numerical integrator and computer，ENIAC），最初也专门用于火炮弹道计算，后经多次改进而成为能进行各种科学计算的通用计算机。这台完全采用电子线路执行算术运算、逻辑运算和信息存储的计算机，运算速度比继电器计算机快1 000倍。这就是人们常常提到的世界上第一台电子计算机（见图1-1）。但是，这种计算机的程序仍然是外加式的，存储容量也太小，尚未完全具备现代计算机的主要特征。

图 1-1　世界上第一台电子计算机 ENIAC

新的重大突破是由数学家冯·诺依曼领导的设计小组完成的。1945年3月，他们发表了一个全新的存储程序式通用电子计算机方案——电子离散变量自动计算机（EDVAC）。随后于1946年6月，冯·诺依曼等人提出了更为完善的设计报告《电子计算机装置逻辑结构初探》。同年7—8月，他们又在莫尔学院为美国和英国20多个机构的专家讲授了专门课程"电子计算机设计的理论和技术"，推动了存储程序式计算机的设计与制造。

1949年，英国剑桥大学数学实验室率先制成电子离散时序自动计算机（EDSAC）；美国则于1950年制成了东部标准自动计算机（SFAC）等。至此，电子计算机发展的萌芽时期遂告结束，进入了现代计算机的发展时期。

2．四个阶段计算机的主要特征

现代计算机的发展按其使用的基本逻辑元件的不同，一般划分为四个阶段。

第一阶段：电子管计算机（1946—1957年）。其主要特点如下：

① 采用电子管制作基本逻辑部件；

② 采用电子射线管作为存储部件；

③ 输入/输出装置落后，主要使用穿孔卡片；

④ 没有系统软件。

第二阶段：晶体管计算机（1958—1964年）。其主要特点如下：

① 采用晶体管制作基本逻辑部件；

② 普遍采用磁芯作为主存储器，采用磁盘/磁鼓作为外存储器；

③ 有了系统软件（监控程序），提出了操作系统的概念，出现了高级语言。

第三阶段：集成电路计算机（1965—1969年）。其主要特点如下：

① 采用中小规模集成电路制作各种逻辑部件；

② 采用半导体存储器作为主存；

③ 系统软件有了很大发展；

④ 在程序设计方法上采用了结构化程序设计。

第四阶段：大规模、超大规模集成电路计算机（1970年至今）。其主要特点如下：

① 基本逻辑部件采用大规模、超大规模集成电路。

② 作为主存的半导体存储器，其集成度越来越高，容量越来越大；外存储器除广泛使用软、硬

磁盘外，还引进了光盘。

③ 各种使用方便的输入/输出设备相继出现，如大容量的磁盘、光盘、鼠标、图像扫描仪、数字照相机、高分辨率彩色显示器、激光打印机等。

④ 软件产业高度发达，各种实用软件层出不穷。

⑤ 计算机技术与通信技术相结合，计算机网络（广域网、城域网、局域网）把世界紧紧联系在一起。

⑥ 多媒体崛起，计算机集图像、图形、声音、文字处理于一体，在信息处理领域掀起了一场革命。

3．计算机的未来发展

目前，人们所使用的计算机基本属于冯·诺依曼体系结构计算机，即以存储程序原理和二进制编码方式进行工作。自20世纪60年代，即有人提出非冯·诺依曼体系结构计算机的想法，目标是希望打破以往固有的计算机体系结构，并希望使用新型的计算机元件。20世纪80年代，美国、日本等发达国家开始研制新一代计算机，是微电子技术、光学技术、超导技术、电子仿生技术等多学科相结合的产物。已经实现的非传统计算技术有：用光子代替电子，利用光作为载体进行信息处理的光计算机；利用蛋白质、DNA的生物特性设计的生物计算机；模仿人类大脑功能的神经元计算机以及具有学习、判断、思考和对话能力，可以辨别外界物体形状和特征，并建立在模糊数学基础上的模糊电子计算机，等等。未来的计算机类型可能会出现超导计算机、量子计算机、纳米计算机等。

1.3.2　计算机的发展趋势

当前，计算机的发展趋势大致可概括为五"化"，即巨型化、微型化、多媒体化、网络化和智能化。

① 向两极化方向发展：巨型化和微型化。巨型化计算机具有极高的速度，极大的容量，主要用于尖端科学技术及军事国防系统；而微型化是随着大规模集成电路技术的不断发展和微处理器芯片的产生，以及进一步扩大计算机的应用领域而研制的高性能价格比的通用微型计算机，这种微机操作简单，使用方便，所配软件丰富。

② 多媒体化。多媒体计算机仍然是计算机研究和开发的热点。多媒体技术是集文字、声音、图形/图像和计算机于一体的综合技术。它以计算机技术为基础，包括数字化信息技术、音频/视频技术、图像技术、通信技术、人工智能技术、模式识别技术等，是一门多学科多领域的高新技术。多媒体技术虽然已经取得了很大的发展，但高质量的多媒体设备和相关技术需要进一步研制，主要包括视频数据的压缩、解压缩技术，多媒体数据的通信及各种接口的实现方案等。因此，多媒体计算机仍然是计算机研究和开发的热点。

③ 网络化是今后计算机应用的主流。计算机网络技术是在计算机技术和通信技术的基础上发展起来的一种新型技术。所谓计算机网络就是用通信介质将分布在不同地点的多台具有独立功能的计算机（或终端设备）相互连接起来，并配以一定的网络软件，在网络通信协议的控制下，以实现资源共享和相互通信为目的的系统。

④ 智能化是未来计算机发展的总趋势。智能化就是要求计算机能够模拟人的逻辑思维功能和感官，能够自动识别文本、声音、图形/图像等多媒体信息，具有逻辑推理和判断功能。其中最具代表性的领域是专家系统和智能机器人。非冯·诺依曼体系结构是提高现代计算机性能的另一个研究焦点。冯·诺依曼体系结构计算机工作原理的核心是存储程序和程序控制，整个计算机的工作都是在程序设计人员设计的程序的控制下进行的，计算机不具备智能功能。因此，要想真正实现计算机的

智能化，就必须打破目前的冯·诺依曼体系结构，研制新型的非冯·诺依曼体系结构计算机。

●●●● 1.4 计算机的特点、分类及应用领域 ●●●●

计算机全称为电子数字计算机，俗称电脑，其英文名称是Computer，是一种能高速运算，具有内外存储能力，由程序来控制其操作过程的自动电子装置，具有处理速度快等特点，应用范围十分广泛。

1.4.1 计算机的特点

计算机之所以具有很强的生命力，并得以飞速发展，是因为计算机本身具有诸多特点：

① 处理速度快。计算机快速处理的速度是标志计算机性能的重要指标之一，也是计算机的一个主要性能指标。

② 存储容量大，存储时间长久。随着计算机的广泛应用，在计算机内存储的信息越来越多，要求存储的时间越来越长。因此，要求计算机具备海量存储能力，信息可以保持几年到几十年，甚至更长。

③ 计算精确度高。计算机可以保证计算结果的任意精确度要求。

④ 逻辑判断能力。计算机不仅能进行算术运算，同时也能进行各种逻辑运算，具有逻辑判断能力。

⑤ 自动化工作的能力。只要人预先把处理要求、处理步骤、处理对象等必备元素存储在计算机系统内，计算机启动后就可以在人不参与的条件下自动完成预定的全部处理任务。

⑥ 应用领域广泛。迄今为止，几乎人类涉及的所有领域都不同程度地应用了计算机，并发挥了它应有的作用，产生了应有的效果。

1.4.2 计算机的分类

1．按计算机的功能分类

按计算机的功能分类可以分为巨型机、大型机、小型机、工作站、微型机。

巨型机的运行速度极快、存储容量很大，多用于科研和气象方面的大数据量处理。巨型机的研制标志着一个国家的科技发展水平。大型机亦称大型主机，这类计算机一般具有较大的内、外存存储容量、多种类型的输入/输出（I/O）通道、支持批处理系统和分时处理系统等多种工作方式。小型机结构简单、价格较低、管理维护容易、使用方便，深受中、小企业欢迎。工作站属于高档微机，一般采用高档微机作为核心，是专门用于处理某些特殊事物的一种独立的计算机类型，如苹果图形处理工作站。微型机即面向个人或家庭使用的低档微型计算机，主要包括台式微型计算机、便携式计算机、掌上个人计算机、单片机等。

2．按计算机的用途分类

按计算机的用途不同可分为通用计算机和专用计算机。

通用计算机是指可以适应不同应用范围的计算机，目前的计算机一般均为数字通用计算机。专用计算机是指为专门应用于某种目的而特意设计的计算机，如工业控制机等。

3．按计算机的使用方法分类

按计算机的使用方法可以分为掌上计算机、笔记本式计算机、台式计算机、网络计算机、工作站、服务器、主机等。

1.4.3　计算机的应用领域

计算机的应用已经渗透社会的各个领域，正在改变着人们传统的工作、学习和生活方式，推动着社会不断向前发展。总的说来，计算机的应用主要有以下领域：

1．科学计算

科学计算又称数值计算，是指用于完成科学研究和工程技术中提出的数学问题的计算。科学计算是计算机应用最早的领域，大名鼎鼎的ENIAC就是为科学计算而研制的。

2．数据处理

数据处理又称非数值计算，是指对大量的数据进行加工处理，与科学计算不同，数据处理涉及的数据量大，但计算方法简单。因此，在各行各业中都纷纷用计算机进行各种事务处理，数据处理也成为计算机应用最大的领域。

3．过程控制

过程控制又称实时控制，是指用计算机及时采集检测数据，按最佳值迅速地对控制对象进行自动控制或自动调节。目前，在冶金、石油、化工、纺织、水电、机械、航天等部门得到了广泛的应用。

4．计算机辅助系统

计算机辅助系统包括计算机辅助设计（CAD）、计算机辅助制造（CAM）、计算机辅助教学（CAI）、计算机辅助教育（CBE）、计算机辅助测试（CAT）、计算机辅助工程（CAE）、计算机集成制造系统（CIMS）等多项内容。通过计算机辅助系统，可以减轻工作人员的劳动强度，提高工作水平和效率，改善产品质量。

5．虚拟现实

虚拟现实就是利用计算机生成一种模拟环境，通过多种传感设备使用户投入该环境中，实现用户与环境直接进行交互的目的。虚拟现实目前已获得了迅速的发展和广泛的应用，出现了"虚拟工厂""数字汽车""虚拟人体""虚拟演播室"等。

6．电子商务

电子商务（e-business）是指利用计算机和网络进行的商务活动，交易的双方可以是企业与企业之间（B2B），也可以是企业与消费者之间（B2C）。

7．人工智能

人工智能（AI）是指用计算机来模拟人类的智能。目前在机器人、专家系统、模式识别等领域已经获得了实际的应用。

1.4.4　计算机在艺术领域的应用

科学与艺术通常被形象地表述为不可分割的硬币的两面，计算机学科与艺术学科的结合正是科学与艺术的融合，而科学与艺术的融合，不仅产生了计算机艺术这门新兴的交叉学科，也改变了人们艺术专业学习和艺术创作的方式方法，甚至改变了艺术院校学生和艺术工作者的思维方式。计算机在艺术领域的应用主要有以下几个方面：

1．美术与设计

美术与设计是计算机涉足较广的一个领域，将计算机技术与传统美术创作融为一体，则产生计算机美术。计算机美术改变了传统的绘画方式，将画笔延伸，使计算机成为一种新的绘画工具，可以利用计算机模拟水墨画、油画或版画效果；雕刻软件可以直接在计算机上生成雕塑效果，并可实现计算机雕刻；3D打印机可以打印立体模型或直接打印设计出的产品。计算机辅助设计方面的应用就更多了，如服装设计、建筑造型、景观设计、室内设计、广告等。

算法艺术创作是一个前景广阔的新的创作方式，可以用一个公式或算法直接在计算机上产生多媒体作品。其中最有代表性的是分形艺术和非真实感绘画渲染。目前，参数化设计为设计领域打开了又一个窗口，使得产品的实用价值和外观的美学价值融为一体，设计也更为便捷。图1-2所示为南京艺术学院设计学院师生通过参数化设计创作的装置作品"穿越百年"。

图1-2　参数化设计作品"穿越百年"

2．影视与传媒

计算机已经全面进入影视领域，数码影视已有逐步替代传统胶片影视的趋势。计算机三维动画是最直接的介入，大大提高了影视作品的数量和质量。此外，特技的生成、影像的处理和编辑也越来越多地使用信息技术。信息时代还催生了被称为"第五媒体"的新媒体，它突破了传统的报纸、广播、电视、杂志等固有的形式，出现了数字报纸、数字广播、数字电视、数字杂志、手机网络、桌面视窗、移动终端、触摸媒体等新的媒体形态，使得各种信息的传播方式更为快捷，新闻性和互动性更强。

3．音乐与舞蹈

计算机技术与音乐艺术融合产生了计算机音乐。MIDI作品已风靡了全世界，可以利用计算机直接进行音乐创作和演奏。计算机与音乐的联姻，还增强了音乐的可视性和互动性，扩展了音乐素材的采集及展示方式。计算机在舞蹈方面的应用有形体和动作的模拟软件等。现在多媒体可以直接介入舞台和作品，使得舞台效果更加美妙，图1-3所示为全息影像舞蹈《烟雨时节》剧照。利用光影产生的多感官效果，使得作品更具独特的震撼力。

4．艺术管理与艺术品鉴定

计算机在艺术管理和艺术品鉴定等方面也发挥了巨大的作用，如计算机管理软件、艺术品分析软件、艺术品档案数据库等。计算机可以将大量的图像进行比对，对大量的数据进行分析，从而给出科学的判断。上海世博会中国馆内展示的数字版《清明上河图》，将中国名画数字化和动态化，将中华民族源远流长的历史文化通过现代化的视觉体验，传播到世界各地。

　　信息化对艺术学科的影响是全方位的。随着计算机科学的发展，更多计算机在艺术方面的应用会被开发出来，计算机与艺术的融合度也将会更高。而这种融合，不仅仅是作品创作与表达的融合，也是思维方式的融合。

图 1-3　全息影像舞蹈《烟雨时节》剧照

●●●● 1.5　计算机系统的组成及基本工作原理 ●●●●

　　计算机系统由硬件系统和软件系统组成。硬件系统是指组成计算机的物理设备，它们是构成计算机看得见、摸得着的物理实体的总称。计算机硬件由各种单元、器件和电子线路组成，是计算机完成各种任务、功能的物质基础，包括运算器、控制器、存储器、输入设备和输出设备等。软件系统是指计算机系统中的程序，以及开发、使用和维护程序所形成的文档数据。程序是指按一定功能和性能要求设计的计算机指令序列，它是软件的主体，以二进制的形式保存在存储介质中；而指令是计算机执行某种操作的命令，采用二进制位表示，通常由操作码和操作数地址组成。计算机所有指令的集合称为指令系统。计算机系统组成如图 1-4 所示。

　　计算机硬件是软件的物理承载体，为软件提供存储、执行、输入和输出等功能，而软件则管理和控制整个计算机系统并为各种应用服务。从功能上讲，一些利用软件实现的功能可以利用硬件实现，反之，一些利用硬件实现的功能也同样可以利用软件实现。从系统上讲，没有软件的计算机就像没有灵魂的人的躯体，没有软件的计算机是无法工作的，硬件和软件的相互依存、相互影响才能构成一个可用的计算机系统。

1.5.1　计算机硬件系统

　　1946年第一台真正意义上的电子计算机（ENIAC）诞生时，它的质量为30 t，有一个办公室那么大。而今天最小的计算机只有一个芯片那么大，质量只有几克。可是，计算机无论经历了多么翻天覆地的变化，尽管各种类型的计算机性能、结构、应用等方面存在着差别，可基本的运算控制程序并没有多大的变化，它们的基本组成结构都是相同的。

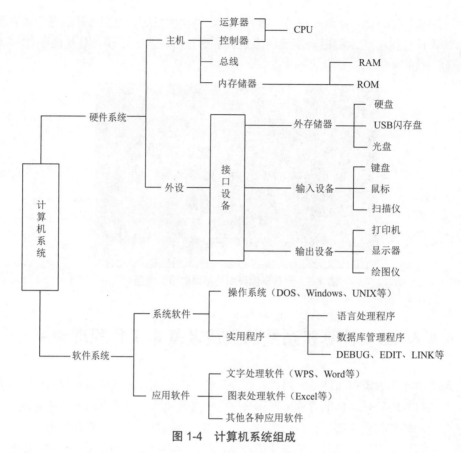

图 1-4　计算机系统组成

　　计算机从逻辑上（功能上）来讲，硬件主要有中央处理器、内存储器、外存储器、输入设备和输出设备等，它们通过系统总线互相连接（见图1-5）。总线是微机中各功能部件之间通信的信息通道，主要有数据总线（DB）、地址总线（AB）和控制总线（CB）三种。

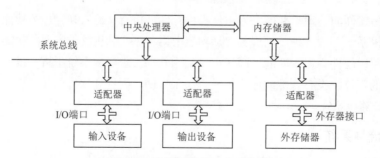

图 1-5　计算机硬件组成示意图

　　CPU、内存储器、总线等构成了计算机的"主机"，输入设备、输出设备、外存储器等是计算机的外围设备，简称"外设"。

　　一台普通的计算机，基本上都是由主机、显示器、键盘、鼠标、音箱组成的，另外，根据不同的工作需要还要配上打印机、扫描仪、数字照相机、投影仪、摄像头等。而主机是计算机的核心部件，所有的重要配件都装在主机里面，打开机箱就可以看到内部的结构。其实计算机内部组成很简单，就是一块主板上面插着许多的功能卡，由系统总线将它们连接在一起。具体的组成部分包括主板、中央处理器（CPU）、内存、硬盘等。

1．主板

主板（见图1-6）是整个计算机其他部件的载体，是计算机最重要的组件之一，相当于人的躯体。主板上的CPU、内存条插槽、总线扩展槽、芯片组以及ROM BIOS 决定了计算机的性能水平；它的主要芯片组是由南桥芯片和北桥芯片组成的，各自负责不同的信息处理单位。BIOS（基本输入/输出系统）主要负责计算机的启动，也可查阅或配置与计算机各组成部件和系统相关的信息和功能，设置和控制底层的硬件工作。现今也已经开始使用与BIOS类似的UEFI（统一可扩展固件接口），优势越来越明显，这是将来的发展趋势。主板的优劣主要取决于采用的芯片组及焊接技术，因为主板的线路全部是激光焊接的，精细的线路走向对主板的性能有很大的影响。主板最怕的就是静电和短路。选购主板时主要考虑它的稳定性、可扩展性及安全保护性等，参考指标有外频、倍频、总线类型等，主板上的插槽主要分为CPU、AGP、PCI、ISA、PCI-E等。

图 1-6　主板

2．中央处理器

CPU（见图1-7）是计算机的运算控制中心，也是计算机的重中之重，相当于人的大脑。一台计算机的好坏基本上可以由CPU来决定，它负责整个计算机的底层数据运算和各种指令的控制。最重要的考查指标是CPU的运行速度，其实就是CPU的工作频率，CPU的工作频率分为主频和倍频。主频是衡量PC运行速度的主要参数，主频越高，执行一条指令的单位时间就越短，因而速度就越快。PC一般以CPU名称和CPU的主频来命名。其次就是CPU的3DNow图像处理和浮点运算能力，以及CPU的封装结构和制作工艺。IBM开发出世界上第一块CPU，当时还只能完成一些简单的运算指令，但它却是计算机发展的基石，它奠定了X86计算机发展的基础。全球最大的CPU生产商是Intel，从286、386，到Pentium Ⅱ、Pentium Ⅲ、Pentium 4、Core系列，再到现在的多核CPU，这只是短短的几十年的时间，速度足足提高了几千倍。

 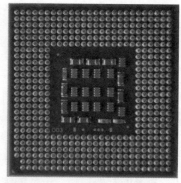

图 1-7　CPU

3. 内存

存储器是用来存放程序和数据的记忆装置，是计算机各种信息存放和交流的中心。存储器分为两大类：内存储器和外存储器。内存（见图 1-8）作为存储器的一种，属于随机存储器（RAM），而另外一种称为只读存储器（ROM），主板上的 BIOS 芯片就是采用此种材料。随机存储器和只读存储器最大的区别就是，RAM 在系统断电情况下里面的数据全部消失，而 ROM 具备记忆能力，可以把数据保存下来，在速度上 RAM 要稍快于 ROM，两者各有利弊。内存的主要组成是它的芯片类型，像以前用的内存芯片是 EDO（扩展数据输出）的，它的速度很慢，而且它还必须要求两条内存同时使用。后来又生产出 SDRAM 的内存，它支持单线程，单独使用，速度较快。现在普遍使用的 DDR 内存，是为新一代的 CPU 开发的内存，在频率和速度上拥有更多的优势，此外，还具有能够根据温度自动自刷新、局部自刷新等其他功能。内存的容量包括 2 GB、4 GB、8 GB、16 GB、32 GB、64 GB、128 GB、256 GB 等。以前，因 CPU 速度大大提高、新的操作系统版本又不断更新，内存一直都成为系统运行达到最佳效果的"瓶颈"，但随着高速、大容量内存的出现，这方面的缺陷已经填补。

图 1-8　内存

4. 硬盘

传统的机械硬盘主要是由一个磁介质钢片和读/写指针组成的（见图 1-9），磁介质决定了硬盘的反复读/写性，而且全封闭真空的包装又增加了硬盘的使用寿命，但通过指针读/写又使硬盘变得极其脆弱，因为很轻微的震动都会造成硬盘的物理损坏，所以平时要对硬盘倍加照顾。硬盘在读/写完毕后指针才能回到初始位置，而中途的意外停止很有可能会使指针伤及盘片。机械硬盘从接口上可分为 IDE、SCSI 和 SATA，IDE（integrated drive electronics）、SATA（serial advanced technology attachment）是普通用户的首选，而 SCSI（small computer system interface）主要用于服务器。硬盘的转速分为 5 400 r/min、7 200 r/min 和 10 000 r/min 等，转速越高速度越快。另外，决定硬盘性能的就是缓存（cache）的大小，一般有 32 MB、64 MB 等。

图 1-9　机械硬盘

固态硬盘（solid state drives）简称固盘，是用固态电子存储芯片阵列制成的硬盘，由控制单元和存储单元组成。它的存储介质分为两种：一种是采用闪存（Flash芯片）作为存储介质；另一种是采用DRAM作为存储介质。现在出现了基于3D XPoint的固态硬盘。固态硬盘的主要优点有读写速度快、防震抗摔、低功耗、无噪声、工作温度范围大、轻便等。但固态硬盘的容量还不够大，基于闪存的固态硬盘的寿命也有待进一步提高。

5．USB 闪存盘

为了方便起见，越来越多的人选择可携式存储设备。如半导体闪存做成的USB闪存盘（USB flash disk，简称U盘）。U盘相较于其他可携式存储设备，它的优点是：体积小、使用寿命长、存储容量大、安全性强等，目前主流U盘的容量为1 TB左右。

6．光盘存储器

光盘存储器是一种外存储器，可以存放各种文字、声音、图形、图像和动画等多媒体数字信息，具有价格低、体积小、容量大、易长期保存等优点，所以它是计算机系统软件和工具软件安装的重要载体。光盘存储器分为只读光盘、可记录光盘和可改写光盘三大类。

DVD光驱如图1-10所示。它不仅可以读取DVD光盘，同时还兼容CD光盘；标准DVD盘片的容量为4.7 GB，相当于CD-ROM光盘的7倍，可以存储133 min电影，包含7个杜比数字化环绕音轨。DVD光驱在计算机的历史上扮演着重要的角色，其纠错能力、读/写速度、噪声是衡量光驱质量好坏的重要标准。目前的DVD光驱多采用ATAPI/EIDE接口或Serial ATA（SATA）接口，这意味着DVD光驱能像硬盘一样连接到IDE或SATA接口上。

蓝光光盘，英文简称BD，是DVD之后的下一代光盘格式之一，用以存储高品质的影音以及高容量的资料。蓝光光盘以大容量和高清晰度著称，其高清影像可包含高于标清影像6倍的图像资料，由于蓝光光盘采用高分辨率的蓝色激光，因此得名"蓝光"。单碟单层蓝光光盘的存储量可以达到25 GB，或是27 GB，足够刻录一个长达4 h的高清晰电影；而单碟双层蓝光光盘的信息存储量则可以达到50 GB，足够刻录一个长达8 h的高清晰电影；而且任何时候完全不必进行翻碟操作。重要的一点是，蓝光光盘还可以通过加层来扩充光盘的存储量，现在，4层100 GB和8层200 GB的蓝光光盘都相继研发出来了，并且容量在不断扩大。

图 1-10　DVD 光驱

7. 声卡

声卡也可称为音频卡，是构成主机多媒体的一部分，主要负责声音的输入、输出以及处理合成。声卡通常有两种形式：一种是独立的扩展板卡，直接插入主板上 PCI 或 PCI-E 插槽；另一种是主板集成的，将相关重要的芯片集成在主板上，与扩展板卡式声卡相比，不占用 PCI 或 PCI-E 插槽，成本更为低廉，兼容性更好，对于对音频需求不高的普通用户来说更为合适。声卡上具有音频输入和输出接口，输入接口可以连接传声器（俗称"话筒"）等设备，用于接收、采集声音信号，而输出接口可以连接扬声器、耳机，甚至更加高端的音响设备，用于回放声音信号。有些性能较好的声卡支持处理和输出多个声道，例如 2.0、2.1、5.1、7.1 声道。

8. 电源

计算机的电源（见图 1-11）结构有两种：一种是"奔腾"之前的 AT 结构，电源的启动是机械式；另一种是现在通用的 ATX 结构，电源的启动是电容脉冲式。

9. 机箱

机箱的选用主要是看它的稳定性和可扩展性，其次才是外观。机箱也分为卧式和立式两种。卧式机箱已经基本被淘汰，主要是因为计算机的散热问题和安装的方便性。

图 1-11　电源

10. 键盘

键盘是最主要的输入设备，除了一些特殊的按键，键盘设置与常规的打字机几乎相同。标准键盘可分为两部分，在左侧，可以看到字母、数字、标点符号、控制、功能等按键；在右侧，是数字小键盘，在这两部分的中间是方向键。如今，已推出一些具有更多功能的键盘，一些特制的键相当于支持某些操作系统中特定命令的快捷键。在常见的标准键盘中，按照工艺和结构分类，配备较多的有机械键盘、薄膜键盘、静电容式键盘。键盘上按键的排列布局以 QWERTY 式为主，目的是最大限度增大重复敲键时间间隔以避免出现故障。标准有线键盘与计算机连接的主要方式采用 P/S 接口或 USB 接口。除了标准键盘外，还有很多其他不同尺寸、形状、材质、用途的键盘。选用键盘一般从触感、工艺、灵敏度、外观等方面考虑。

11．鼠标

鼠标（见图1-12）也是人们最常用的输入设备之一。鼠标是1964年由道格拉斯·恩格尔巴特（Douglas Engelbart）发明的，当时Douglas Engelbart在斯坦福研究所（SRI）工作，该研究所是斯坦福大学赞助的一个机构，Douglas Engelbart很早就考虑如何使计算机的操作更加简便，用什么手段来取代由键盘输入的烦琐指令。

图1-12　鼠标

20世纪60年代初，他在参加一个会议时随手掏出了随身携带的笔记本，画出了一种在底部使用两个互相垂直的轮子来跟踪动作的装置草图，这就是鼠标的雏形。到了1964年，Douglas Engelbart再次对这种装置的构思进行完善，动手制作出了第一个成品。因此Douglas Engelbart也被称为"鼠标之父"。

如果按照结构来分，鼠标可以分为机械鼠标、光电鼠标；如果按照与计算机的连接方式来分，可分为串口鼠标、PS/2鼠标和USB鼠标。目前使用较多的是光电鼠标，它于1981年由Dick Lyon和Steve Kirsch发明，采用光学定位，最初的光电必须和特殊的垫板配合才能使用，造成诸多不便。随着技术的进步，光电鼠标最终抛弃了垫板，工作的时候通过发送一束红色的光线照射到桌面上，然后通过桌面不同颜色或凹凸点的运动和反射来判断鼠标的运动。光电鼠标的精度相对来说要高一些，再加上质量小，不用定期清洁鼠标，因此以前常用于需要精确定位的设计领域。随着光电鼠标成本的降低，已经被广泛使用。

12．扫描仪

随着计算机功能的扩展，出现了扫描仪，它也是计算机输入设备之一。扫描仪提供了使文本、图形和图片数字化的功能，扫描图像后，就可以使用专用的软件进行图像处理。扫描仪用于制作照片或图片的数字计算机映像。扫描仪可分为手持式、平板式、胶片专用和滚筒式等几种。选购扫描仪主要看扫描仪的幅面和分辨率。

13．显示系统

显示系统由监视器（monitor）和显示控制适配器（adapter），又称显卡两部分组成，可将计算机的数字信号转变为光信号，以文字、图形、图像等形式显示出来。显卡（见图1-13）又称图形卡、视频卡，是计算机图像输出接口，负责把计算机抽象的物理信息转化成视频信号再经过显示器显示出来，所以显卡在计算机中也是很重要的，而且它直接决定了输出图像的质量，包括视频的帧数、采样率等。显卡的发展从PCI结构，到AGP过程，再到现在的PCI-E平台的时代。与声卡类似，显卡也分为板卡式和集成式。显卡上最为核心的部件是显示芯片，也就是图形处理器（GPU），市场上主流的显示芯片生产厂商有NVIDIA、AMD（ATI）等，其性能质量好坏直接影响到显卡整体的性能优劣。仅次于显示芯片的部件就是显示内存，也是显卡的关键参数之一，容量随着显卡的发展而逐步增大。监视器、投影仪等显示设备可以通过显卡上的VGA、DVI、DP、HDMI等接口与计算机连接在一起。选择显卡的标准完全取决于消费者的使用要求，普通的消费者使用一般的显卡就可以应付，而面对专业的设计人士，显卡的选用尤为注意，如果从事3D设计，就要求显卡在3D加速引擎（OpenGL、DirectX等）、局部帧缓存、真彩色渲染、显存频率上一定要有出色的性能。

图 1-13 显卡

人们常将监视器称为显示器，它是最基本的输出设备。常见的类型有阴极射线管显示器（简称CRT显示器）、液晶显示器（简称LCD）、LED显示器、3D显示器等。液晶显示器和LED显示器是现在较常用的显示器。液晶显示器具有工作电压低、能耗低、低辐射、无闪烁、厚度薄、质量小及环保等优点。LED显示器是一种通过控制半导体发光二极管的显示方式来显示文字、图形、图像、动画的显示屏幕，具有色彩鲜艳、动态范围广、亮度高、寿命长、工作稳定可靠等优点，成为最具优势的新一代显示设备。显示器的性能与显示屏的尺寸、显示器的分辨率、刷新速率等有关。

14．打印机

打印机是一种最常用的输出设备，常用的打印机有针式打印机、激光打印机和喷墨打印机3种。按成字方式打印机可分为两种类型：撞击式和非撞击式。撞击式具有打印头，打印头连续撞击油墨纸带，从而在纸上打印出文字，在打印时噪声很大。非撞击式打印机没有打印头，采用另外一种打印方式。激光打印机和喷墨打印机都属于非撞击式打印机。喷墨打印机较便宜，但所用耗材较贵，它可以进行彩色打印；激光打印机打印速度最快，噪声又低，而且也有彩色激光打印机，所用硒鼓使用时间长，但价格很贵。打印机的主要性能指标是打印精度、打印速度、色彩数目和打印成本等。

15．数字照相机和数字摄像机

数字照相机和数字摄像机具有即时拍摄、图片数字化存储、简便浏览等功能。数字照相机与传统照相机相比，不需要胶卷和暗房，能直接把照片以数字形式输入计算机并加以处理。数字照相机的镜头和快门与传统照相机基本相同，不同之处是它不使用光敏卤化银胶片成像，而是将影像聚焦在成像芯片（CCD或CMOS）上，并由成像芯片转换成电信号，再经模/数转换（A/D转换）变成数字图像，经过必要的图像处理和数据压缩之后，存储在照相机内部的存储器中。数字照相机和数字摄像机为用户实时在Internet上传输图像和视频信息提供了便利。

1.5.2 计算机软件系统

计算机软件系统是计算机的灵魂。在发明计算机之初，软件的扩充性极其有限，它是根据计算机的具体用途，把指令直接固化于硬件之中，而随着计算机的飞速发展，计算机的用途日益广泛，相应的软件方面就需要不断地改进完善，现在的计算机软件系统的重要性不言而喻。

软件是组成计算机系统必不可少的部分。它是指使计算机完成某种特定任务所编制的程序及相关资料，是程序、数据和相关文档资料的集合。软件是用户与硬件之间的接口界面，软件填补了人与计算机交流的"鸿沟"，用户通过软件与计算机进行交流。

计算机的软件系统包括系统软件和应用软件：系统软件是管理、监控和维护计算机的软件，主要包括操作系统、语言处理程序、数据库管理系统和各种实用程序；应用软件包括专业软件和工具软件。

1．系统软件

系统软件包括操作系统、计算机语言及其编译系统，操作系统管理整个计算机系统资源，为用户操作计算机提供人机接口界面；计算机语言及其编译系统用于编写计算机工作程序，并将其翻译为可执行的机器语言。

2．应用软件

应用软件是为解决实际问题所编写的软件的总称，涉及计算机应用的各个领域。绝大多数用户都需要使用应用软件，为自己的工作和生活服务，如字表处理软件 WPS、Word、Excel 等。应用软件在计算机整个软件系统中的地位也是举足轻重的，单一的操作系统并不能完成人们想要做的工作，它只不过是各种应用软件的平台。

应用软件处于软件系统的最外层，直接面向用户，为用户服务。它包括用户编写的特定用户程序，以及商品化的通用软件和套装软件。

① 特定用户程序。为特定用户解决某一具体问题而设计的程序，一般规模都比较小。

② 商品化的通用软件。为实现某种大型功能，精心设计的结构严密的独立系统，面向同类应用的大量用户。例如：财务管理软件、统计软件、汉字处理软件等。

③ 套装软件。这类软件的各内部程序，可在运行中相互切换、共享数据，从而起到操作连贯、功能互补的作用。例如：微软的 Office 套装办公软件，就包含了 Word（文字处理）、Excel（电子表格）、Access（数据库）、PowerPoint（演示文稿）、Outlook（电子邮件）等。

1.5.3　计算机基本工作原理

美籍匈牙利科学家冯·诺依曼奠定了现代计算机的基本结构，其特点如下：

① 使用单一的处理部件来完成计算、存储以及通信的工作。

② 存储单元是定长的线性组织。

③ 存储空间的单元是直接寻址的。

④ 使用低级机器语言，指令通过操作码来完成简单的操作。

⑤ 对计算进行集中的顺序控制。

⑥ 计算机硬件系统由运算器、存储器、控制器、输入设备、输出设备五大部件组成并规定了它们的基本功能。

⑦ 采用二进制形式表示数据和指令。

⑧ 在执行程序和处理数据时必须将程序和数据从外存储器装入主存储器中，然后才能使计算机在工作时能够自动高速地从存储器中取出指令并加以执行。这就是存储程序概念的基本原理。

按照冯·诺依曼存储程序的原理，计算机在执行程序时须先将要执行的相关程序和数据放入内存储器中，在执行程序时 CPU 根据当前程序指针寄存器的内容取出指令并执行指令，然后再取出下一条指令并执行，如此循环下去直到程序结束指令时才停止执行。其工作过程就是不断地取指令和执行指令的过程，最后将计算的结果放入指令指定的存储器地址中。

• • • ● 1.6　计算机的主要性能指标 ● • • •

一台计算机功能的强弱或性能的好坏，不是由某项指标来决定的，而是由它的系统结构、指令系统、硬件组成、软件配置等多方面的因素综合决定的。但对于大多数普通用户来说，可以从以下几个指标来大体评价计算机的性能。

① CPU 类型：是指计算机系统所采用的 CPU 芯片型号，它决定了计算机的档次。

② 字长：是指 CPU 一次最多可同时传送和处理的二进制位数，直接影响到计算机的功能、用途和应用范围。如 64 位字长的微处理器，即数据位数是 64 位，而它的寻址位数是 32 位。

③ 时钟频率和机器周期：时钟频率又称主频，它是指 CPU 内部晶振的频率，常用单位为兆赫（MHz）或吉赫（GHz），它反映了 CPU 的基本工作节拍。一个机器周期由若干个时钟周期组成，在机器语言中，使用执行一条指令所需要的机器周期数来说明指令执行的速度。

④ 运算速度：是指计算机每秒能执行的指令数。单位有 MIPS（百万条指令每秒）、MFLOPS（百万条浮点指令每秒）。

⑤ 存取速度：是指存储器完成一次读取或写存操作所需的时间，称为存储器的存取时间或访问时间。而连续两次读或写所需要的最短时间，称为存储周期。对于半导体存储器来说，存取周期为几十到几百毫秒之间。它的快慢会影响到计算机的速度。

⑥ 内存储器的容量：内存储器是 CPU 可以直接访问的存储器，需要执行的程序与需要处理的数据就是存放在内存中的。内存储器容量的大小反映了计算机即时存储信息的能力。随着操作系统的升级，应用软件的不断丰富及其功能的不断扩展，人们对计算机内存容量的需求也不断提高。内存容量越大，系统功能就越强大，能处理的数据量就越庞大。

⑦ 外存储器的容量：外存储器容量通常是指硬盘容量（包括内置硬盘和移动硬盘）。外存储器容量越大，可存储的信息就越多，可安装的应用软件就越丰富。CPU 的高速度和外存储器的低速度是微机系统工作过程中的主要瓶颈，不过由于硬盘的存取速度不断提高，目前这种现象已有所改善。现在，硬盘容量一般为 500 GB～6 TB。

除了上述这些主要性能指标外，计算机还有其他一些指标。例如，所配置外围设备的性能指标以及所配置系统软件的情况等。另外，各项指标之间也不是彼此孤立的，在实际应用时，应该把它们综合起来考虑，而且还要遵循性能价格比的原则。

• • • ● 1.7　信息在计算机中的表示形式 ● • • •

谈到数字，有很多人可能会觉得很简单。在日常生活中，我们用的一般都是十进制数，但计算机只能识别二进制数，二进制数和其他常用进制数是如何转换的呢？

1. 十进制

十进制就是基数为"十"，所使用的数码为 0～9 共 10 个数字，逢十进一。

2．二进制

二进制的基数为"二"，其使用的数码只有0和1两个，逢二进一。在计算机中容易实现，常用的实现方式如：可以用电路的高电平表示1，低电平表示0；三极管截止时集电极的输出表示1，导通时集电极的输出表示0。

3．十六进制和八进制

由于二进制位数太长，不易记忆和书写，所以人们又提出了十六进制和八进制的书写形式。在汇编语言中多数用十六进制和八进制。

计算机只识别和处理数字信息，数字是以二进制数表示的：它易于物理实现；资料存储、传送和处理简单可靠；运算规则简单，使逻辑电路的设计、分析更加综合和方便，使计算机具有逻辑性。

1.7.1 数制转换

1．各种进位计数及其表示方法

将数字符号按序排列成数位，并遵照某种由低位到高位的进位方式计数来表示数值的方法，称为进位计数制。各种进位计数制数值的表示都包含两个基本要素：基数和位权。

一种进位计数制允许使用的基本数字符号即数码的个数称为这种进位计数制的基数。一般而言，K进制数的数码的个数为K，则基数为K，进位规则是"逢K进一"。

例如，十进制数，10个数码；采用"逢十进一"：

$$(30681)_{10} = 3 \times 10^4 + 0 \times 10^3 + 6 \times 10^2 + 8 \times 10^1 + 1 \times 10^0$$

例如，二进制数，2个数码，采用"逢二进一"：

$$(11010100)_2 = 1 \times 2^7 + 1 \times 2^6 + 0 \times 2^5 + 1 \times 2^4 + 0 \times 2^3 + 1 \times 2^2 + 0 \times 2^1 + 0 \times 2^0$$

2．数制之间的转换

任意进制之间相互转换，整数部分和小数部分必须分别进行。

① 十进制转换成二进制——除二取余法。例如：

将$(44)_{10}$转换成二进制。

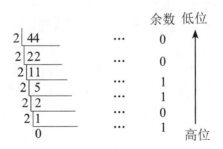

所以，$(44)_{10} = (101100)_2$。

② 十进制小数转换成二进制小数——乘2取整法。例如：

将$(0.8125)_{10}$转换成二进制。

$$0.8125$$

$$\times \quad 2$$

$$0.6250 \quad \cdots \quad 1$$

$$\times \quad 2$$

$$0.2500 \quad \cdots \quad 1$$

$$\times \quad 2$$

$$0.5000 \quad \cdots \quad 0$$

$$\times \quad 2$$

$$0.0000 \quad \cdots \quad 1$$

高位 ↓ 低位

所以，$(0.8125)_{10}=(0.1101)_2$。

③ 二进制转换成十进制——展开求和法。例如：

将$(101101)_2$转换成十进制。

$$(101101)_2 = 1 \times 2^5 + 0 \times 2^4 + 1 \times 2^3 + 1 \times 2^2 + 0 \times 2^1 + 1 \times 2^0$$
$$= 32 + 0 + 8 + 4 + 0 + 1$$
$$= 45$$

所以，$(101101)_2=(45)_{10}$。

二进制转换成八进制、十六进制与此类似。

1.7.2　信息的表示单位

计算机能识别0和1这样的数字，这些数字有的代表数值，有的仅代表要处理的信息（如字母、标点符号、数字符号等文字符号），所以，计算机不仅要识别各种数字，还要能识别各种文字符号。对计算机处理的各种信息进行抽象后，可以分为数字、字符、图形图像和声音等几种主要的类型。

1．二进制能够表示出各种信息的原因

前面讲到，在计算机内部，所有的数据都是以二进制进行表示的。二进制数据应该是最简单的数字系统了，二进制中只有两个数字符号——0和1。要是想寻求更简单的数字系统，就只剩下0一个数字符号了，但只有一个数字符号0的数字系统是什么都做不成的。

bit用来表示binary digit（二进制数字）。当然，bit有其通常的意义："一小部分，程度很低或数量很少"。这个意义用来表示比特是非常精确的，因为1比特——一个二进制位，确确实实是一个非常小的量。

那么，为什么如此简单的二进制系统能够表示出客观世界中多种丰富多彩的信息呢？这就需要对信息进行各种方式的编码。

这里最本质的概念是信息可以代表两种或多种可能性的一种。例如，当你和别人谈话时，说的每个字都是字典中所有字中的一个。如果给字典中所有的字从1开始编号，就可能精确地使用数字进行交谈，而不使用单词（当然，对话的两个人都需要一本已经给每个字编过号的字典以及足够的耐心）。换句话说，任何可以转换成两种或多种可能的信息都可以用比特来表示。

使用比特表示信息的一个额外好处是可以清楚地知道我们解释了所有的可能性。只要谈到比特，通常是指特定数目的比特位。拥有的比特位数越多，可以传递的不同可能性就越多。只要比特的位数足够多，就可以代表单词、图片、声音、数字等多种信息形式。最基本的原则是：比特是数字，当用比特表示信息时只要将可能情况的数目搞清楚就可以了，这样就决定了需要多少个比特位，从而使得各种可能的情况都能分配到一个编号。

在计算机科学中，信息表示（编码）的原则就是用到的数据尽量少，如果信息能有效地进行表示，就能把它们存储在一个较小的空间内，并实现快速传输。

2．数据（信息）的表示单位

我们要处理的信息在计算机中常常称为数据。所谓的数据，是可以由人工或自动化手段加以处理的那些事实、概念、场景和指示的表示形式，包括字符、符号、表格、声音和图形等。数据可在物理介质上记录或传输，并通过外围设备被计算机接收，经过处理而得到结果，计算机对数据进行解释并赋予一定意义后，便成为人们所能接受的信息。

计算机中数据的常用单位有位、字节和字。

（1）位（bit）

计算机中最小的数据单位是二进制的一个数位，简称为位。正如前面所讲的那样，1个二进制位可以表示2种状态（0或1），2个二进制位可以表示4种状态（00、01、10、11）。显然，位越多，所表示的状态就越多。

（2）字节（B）

字节是计算机中用来表示存储空间大小的最基本单位。1个字节由8个二进制位组成。例如，计算机内存的存储容量、磁盘的存储容量等都是以字节为单位进行表示的。

除了以字节为单位表示存储容量外，还可以用千字节（KB）、兆字节（MB）以及吉字节（GB）、太字节（TB）等表示存储容量。它们之间存在下列换算关系：

1 B=8 bit

1 KB=2^{10} B=1 024 B

1 MB=2^{10} KB=2^{20} B=1 048 576 B

1 GB=2^{10} MB=2^{30} B=1 073 741 824 B

1 TB=2^{10} GB=2^{40} B

1 PB=2^{10} TB=2^{50} B

1 EB=2^{10} PB=2^{60} B

1 ZB=2^{10} EB=2^{70} B

1 YB=2^{10} ZB=2^{80} B

（3）字（Word）

字和计算机中字长的概念有关。字长是指计算机在进行运算时一次作为一个整体进行运算的二进制数的位数，具有这一长度的二进制数被称为该计算机中的一个字。字通常取字节的整数倍，是计算机进行数据存储和处理的运算单位。

计算机按照字长进行分类，可以分为8位机、16位机、32位机和64位机等。字长越长，计算机所表示数的范围就越大，处理能力也越强，运算精度也就越高。在不同字长的计算机中，字的长度也不相同。例如，在8位机中，一个字含有8个二进制位，而在64位机中，一个字则含有64个二进制位。

1.7.3 计算机中数值的表示

数值型数据由数字组成，表示数量，用于算术操作中。例如，年收入就是一个数值型数据，当需要计算个人所得税时就要对它进行算术操作。本节将讨论计算机中数字信息的表示方法。

1．定点数和浮点数的概念

在计算机中，数值型的数据有两种表示方法：一种称为定点数；另一种称为浮点数。

定点数就是在计算机中所有数的小数点位置固定不变。定点数有2种：定点小数和定点整数。定点小数将小数点固定在最高数据位的左边，因此，它只能表示小于1的纯小数。定点整数将小数点固定在最低数据位的右边，因此定点整数表示的也只是纯整数。由此可见，定点数表示数的范围较小。

为了扩大计算机中数值数据的表示范围，将12.34表示为0.1234×10^2，其中0.1234称为尾数，10称为基数，可以在计算机内固定下来，2称为阶码，若阶码的大小发生变化，则意味着实际数据小数点的移动，把这种数据称为浮点数。由于基数在计算机中固定不变，因此，可以用两个定点数分别表示尾数和阶码，从而表示这个浮点数。其中，尾数用定点小数表示，阶码用定点整数表示。

在计算机中，无论是定点数还是浮点数，都有正负之分。在表示数据时，专门有1位或2位表示符号，对单符号位而言：通常用"1"表示负号；用"0"表示正号。对双符号位而言：则用"11"表示负号；"00"表示正号。通常情况下，符号位都处于数据的最高位。

2．定点数的表示

一个定点数，在计算机中可用不同的码制来表示，常用的码制有原码、反码和补码3种。不论用什么码制来表示，数据本身的值并不发生变化，数据本身所代表的值称为真值。下面，讨论这3种码制的表示方法。

（1）原码

原码的表示方法为：如果真值是正数，则最高位为0，其他位保持不变；如果真值是负数，则最高位为1，其他位保持不变。

🔷 **例 1-1** 写出13和–13的原码（取8位码长）。

解：因为13=$(1101)_2$，所以13的原码是00001101，–13的原码是10001101。

采用原码的优点是转换非常简单，只要根据正负号将最高位置0或1即可。但原码表示在进行加减运算时很不方便，符号位不能参与运算，并且0的原码有两种表示方法：+0的原码是00000000，–0的原码是10000000。

（2）反码

反码的表示方法为：如果真值是正数，则最高位为0，其他位保持不变；如果真值是负数，则最高位为1，其他位按位求反。

规定：正数的反码等于原码；负数的反码是将原码的数值位各位取反。

🔷 **例 1-2** 写出13和–13的反码（取8位码长）。

解：因为13=$(1101)_2$，所以13的反码是00001101，–13的反码是11110010。

反码跟原码相比较，符号位虽然可以作为数值参与运算，但计算完后，仍需要根据符号位进行调整。另外，0的反码同样也有两种表示方法：+0的反码是00000000，–0的反码是11111111。

为了克服原码和反码的上述缺点，人们又引进了补码表示法。补码的作用在于能把减法运算化成加法运算，现代计算机中一般采用补码来表示定点数。

（3）补码

补码的概念：现在是下午3点，假如手表停在12点，可正拨3点，也可倒拨9点。即可以说-9的操作可用+3来实现，在12点里：3、-9互为补码。

运用补码可使减法变成加法。

规定：正数的补码等于原码。负数的补码等于反码+1。

补码的表示方法为：若真值是正数，则最高位为0，其他位保持不变；若真值是负数，则最高位为1，其他位按位求反后再加1。

⚙ 例 1-3　写出13和-13的补码（取8位码长）。

解：因为13=(1101)$_2$，所以 13的补码是00001101，-13的补码是11110011。

补码的符号可以作为数值参与运算，且计算完后，不需要根据符号位进行调整。另外，0的补码表示方法也是唯一的，即00000000。

3．浮点数的表示方法

浮点数表示法类似于科学记数法，任一数均可通过改变其指数部分，使小数点发生移动来表示，如十进制数23.45可以表示为2.345×10^1、0.2345×10^2、0.02345×10^3等各种不同形式。二进制浮点数的一般表示形式为$N=D \times 2^E$，其中，D称为尾数，E称为阶码。

对于不同的机器，阶码和尾数各占多少位、分别用什么码制进行表示都有具体规定。在实际应用中，浮点数的表示首先要进行规格化，即转换成一个纯小数与2^m之积，并且小数点后的第一位是1。

⚙ 例 1-4　写出浮点数$(-101.11101)_2$的机内表示（阶码用4位原码表示，尾数用8位补码表示，阶码在尾数之前）。

解：$(-101.11101)_2=(-0.10111101)_2 \times 2^3$

阶码为3，用原码表示为 0011。

尾数为-0.10111101，用补码表示为1.01000011。

因此，该数在计算机内表示为00111.01000011。

1.7.4　计算机中字符的表示

在计算机中，对非数值的文字和其他符号进行处理时，要对文字和符号进行数字化，即用二进制编码来表示文字和符号。其中西文字符最常用到的编码方案有ASCII码和EBCDIC码。对于汉字，我国也制定了相应的编码方案。

1．ASCII 码

微机和小型计算机中普遍采用ASCII码（American Standard Code for Information Interchange，美国信息交换标准代码）表示字符数据，该编码被ISO（国际标准化组织）采纳，作为国际上通用的信息交换代码。

ASCII码由7位二进制数组成，由于$2^7=128$，所以能够表示128个字符数据。

ASCII码具有以下特点：

① ASCII表中前32个字符和最后一个字符为控制字符，在通信中起控制作用。

② 10个数字字符和26个英文字母由小到大排列，且数字在前，大写字母次之，小写字母在最

后，这一特点可用于对字符数据的大小进行比较。

③ 数字0～9由小到大排列，ASCII码分别为48～57，ASCII码与数值恰好相差48。

④ 在英文字母中，A的ASCII码值为65，a的ASCII码值为97，且由小到大依次排列。因此，只要知道了A和a的ASCII码，也就知道了其他字母的ASCII码。

ASCII码是7位编码，为了便于处理，在ASCII码的最高位前增加1位0，凑成8位的一个字节，所以，一个字节可存储一个ASCII码，也就是说一个字节可以存储一个字符。ASCII码是使用最广的字符编码，数据使用ASCII码的文件称为ASCII文件。

2．ANSI 码和其他扩展的 ASCII 码

ANSI（美国国家标准协会）编码是一种扩展的ASCII码，使用8比特表示每个符号。8比特能表示256个信息单元，因此它可以对256个字符进行编码。ANSI码开始的128个字符的编码和ASCII码定义的一样，只是在最左边加了一个0。例如，在ASCII码中，字符a用1100001表示，而在ANSI码中，则用01100001表示。除了ASCII码表示的128个字符外，ANSI码还可以表示另外的128个符号，如版权符号、英镑符号、希腊字符等。

除了ANSI码外，世界上还存在着另外一些对ASCII码进行扩展的编码方案，ASCII码通过扩展甚至可以编码中文、日文和韩文字符。不过令人遗憾的是，正是由于这些编码方案的存在导致了编码的混淆和不兼容性。

3．EBCDIC 码

尽管ASCII码是计算机世界的主要标准，但在许多IBM大型机系统上却没有采用。在IBM System/360计算机中，IBM研制了自己的8位字符编码——EBCDIC码（Extended Binary Coded Decimal Interchange Code，扩展的二-十进制交换码）。该编码是对早期的BCDIC 6位编码的扩展，其中一个字符的EBCDIC码占用一个字节，用8位二进制码表示信息，一共可以表示出256种字符。

4．Unicode 码

在假定会有一个特定的字符编码系统能适用于世界上所有语言的前提下，1988年，几个主要的计算机公司一起开始研究一种替换ASCII码的编码，称为Unicode码。鉴于ASCII码是7位编码，Unicode采用16位编码，每一个字符需要2字节。这意味着Unicode的字符编码范围为0000h～FFFFh，可以表示65 536个不同字符。

Unicode码不是从零开始构造的，开始的128个字符编码0000h～007Fh就与ASCII码字符一致，这样就能够兼顾已存在的编码方案，并有足够的扩展空间。从原理上来说，Unicode可以表示现在正在使用的或者已经没有使用的任何语言中的字符。对于国际商业和通信来说，这种编码方式是非常有用的，因为在一个文件中可能需要包含有汉语、英语和日语等不同的文字。并且，Unicode还适合于软件的本地化，也就是针对特定的国家修改软件。使用Unicode码，软件开发人员可以修改屏幕的提示、菜单和错误信息来适应不同的语言和地区。目前，Unicode码在Internet中有着较为广泛的使用，Microsoft和Apple公司也已经在它们的操作系统中支持Unicode码。

尽管Unicode码对现有的字符编码做了明显改进，但并不能保证它能很快被人们接受。ASCII码和无数的有缺陷的扩展ASCII码已经在计算机世界中占有一席之地，要取代它们并不是一件很容易的事。

5．国家标准汉字编码（GB 2312—1980）

国家标准汉字编码简称国标码。该编码集的全称是《信息交换用汉字编码字符集　基本集》，国家标准号是GB 2312—1980。该编码的主要用途是作为汉字信息交换码使用。

GB 2312—1980标准含有6 763个汉字，其中一级汉字（最常用）3 755个，按汉语拼音顺序排列；二级汉字3 008个，按部首和笔画排列；另外还包括682个西文字符、图符。GB 2312—1980标准将汉字分成94个区，每个区又包含94个位，每位存放一个汉字，这样一来，每个汉字就有一个区号和一个位号，所以也经常将国标码称为区位码。例如，汉字"青"在39区64位，其区位码是3964；汉字"岛"在21区26位，其区位码是2126。

国标码规定：一个汉字用2个字节来表示，每个字节只用前7位，最高位均未定义。但要注意，国标码不同于ASCII码，并非汉字在计算机内的真正表示代码，它仅仅是一种编码方案，计算机内部汉字的代码称为汉字机内码，简称汉字内码。

在微机中，汉字内码一般都采用2个字节表示，前一字节由区号与十六进制数A0相加，后一字节由位号与十六进制数A0相加，因此，汉字编码2个字节的最高位都是1，这种形式避免了国标码与标准ASCII码的二义性（用最高位来区别）。在计算机系统中，由于机内码的存在，输入汉字时就允许用户根据自己的习惯使用不同的输入码，进入计算机系统后再统一转换成机内码存储。

6．其他汉字编码

除了GB 2312汉字编码之外，还有另外的一些汉字编码方案，如1995年发布的GBK《汉字内码扩充规范》，但这两种汉字编码标准主要在我国内地使用，而在我国的香港特别行政区、台湾地区使用Big5汉字编码方案。这种编码不同于国标码，因此在双方的交流中就会涉及汉字内码的转换，特别是Internet的发展使人们更加关注这个问题。为了实现不同语言文字的统一编码，国际标准化组织（ISO）制定了一个UCS/Unicode标准，我国为了与国际接轨，又能保护已有的大量中文信息资源，发布了GB 18030—2005。GB 18030—2005标准既可以与GB 2312—1980和GBK保持向下兼容，又扩充了UCS/Unicode标准中的其他字符，目前已在许多计算机系统和软件中使用。

● ● ● ● 1.8　计算机病毒及防治 ● ● ● ●

随着计算机及计算机网络的发展，伴随而来的计算机病毒传播问题越来越引起人们的关注。随着Internet的流行，大量计算机病毒借助网络爆发，如CIH计算机病毒、"爱虫"病毒等，给广大计算机用户带来了极大的损失。为此，目前对计算机病毒的研究和防范越来越受到社会各界的重视。

1.8.1　计算机病毒简介

1．计算机病毒的定义

计算机病毒（computer virus）在《中华人民共和国计算机信息系统安全保护条例》中被明确定义，是指"编制者在计算机程序中插入的破坏计算机功能或者破坏数据，影响计算机使用并且能够自我复制的一组计算机指令或者程序代码"。实际上它是人为造成的，因它就像病毒在生物体内部繁殖导致生物患病一样，所以把这种现象形象地称为"计算机病毒"。

2. 计算机病毒的危害

计算机病毒的流行，给社会带来了很大的损失。比如CIH病毒，在破坏硬盘中数据的同时还能损坏主板的BIOS芯片，这一点与其他病毒不同。CIH病毒1999年4月26日在全球爆发后，造成了大量的经济损失。因此，计算机病毒的危害是具有社会性的。散布计算机病毒是一种高技术犯罪，具有瞬时性、动态性和随机性等特点，而且不易取证。

随着因特网迅速发展，病毒的传播也更加方便。网络信息资源的共享使病毒扩散十分迅速，增加了病毒的危害性和清除的难度。

3. 计算机病毒的分类

根据病毒存在的媒体，病毒可以分为：网络病毒、文件病毒、引导型病毒。

① 网络病毒：通过计算机网络传播感染网络中的计算机。

② 文件病毒：主要感染计算机中的文件，如com、exe、doc等类型文件。

③ 引导型病毒：感染磁盘启动扇区（Boot）和系统引导扇区（MBR）。

另外，还有上述三种情况的混合型，例如，多型病毒（文件和引导型）同时感染文件和引导扇区，这样的病毒通常都具有复杂的算法，它们使用非常规的办法侵入系统，同时使用了加密和变形算法。

4. 计算机病毒的特征

计算机病毒主要有以下几种特性：

（1）感染性

计算机病毒具有再生机制。它能够自动将自身的复制品或其变种感染到其他程序体上。这是计算机病毒最根本的属性，也是判断、检测病毒的重要依据。

（2）潜伏性

病毒具有依附于其他媒体的能力。当它入侵系统以后，一般并不立即发作，而是潜伏下来等待时机。当经过一段时间或满足一定的条件后开始发作，突发式感染，复制病毒副本并进行破坏活动。

（3）可激发性

病毒在一定的条件下接受外界刺激，感染计算机并进行攻击。这些条件可能是日期、时间等，也可能是文件类型或某些特定的数据，都可能形成病毒的触发机制，条件成熟则使病毒开始运行，否则病毒将继续潜伏。

① 日期触发：许多病毒采用日期作为触发条件。日期触发大体包括特定日期触发、月份触发、前半年后半年触发等。

② 时间触发：时间触发包括特定的时间触发、染毒后累计工作时间触发、文件最后写入时间触发等。

③ 键盘触发：有些病毒监视用户的击键动作，当病毒预定的键输入时病毒被激活，进行某些特定操作。键盘触发包括击键次数触发、组合键触发、热启动触发等。

④ 感染触发：许多病毒的感染需要某些条件触发，而且相当数量的病毒以与感染有关的信息作为破坏行为的触发条件，称为感染触发。它包括：运行感染文件个数触发、感染序数触发、感染磁盘数触发、感染失败触发等。

⑤ 启动触发：病毒对机器的启动次数计数，并将此值作为触发条件。

⑥ 访问磁盘次数触发：病毒对磁盘I/O访问的次数进行计数，以预定次数作为触发条件。

⑦ 调用中断功能触发：病毒对中断调用次数计数，以预定次数作为触发条件。

⑧ CPU型号/主板型号触发：病毒能识别运行环境的CPU型号/主板型号，以预定CPU型号/主板型号作为触发条件，这种病毒的触发方式奇特罕见。

被计算机病毒使用的触发条件是多种多样的，往往不只是使用上面所述的某一个条件，而是使用由多个条件组合起来的触发条件。

（4）危害性

病毒不仅占用系统资源、删除文件或数据、格式化磁盘、降低运行效率或中断系统运行，甚至使受感染计算机网络瘫痪，造成灾难性后果。

（5）隐蔽性

有的病毒感染宿主程序后，在宿主程序中自动寻找"空洞"，将病毒复制到"空洞"中，并保持宿主程序长度不变，使其难以发现，以争取较长的存活时间，从而造成大面积感染，如4096病毒就是这样的。

（6）欺骗性

病毒程序往往采用几种欺骗技术，如脱皮技术、改头换面、自杀技术和密码技术来逃脱检测，使其有更长的时间去实现传染和破坏的目的。

5．计算机病毒的表现

计算机感染病毒后，会表现出以下一些典型现象：

① 磁盘重要区域，如引导扇区（Boot）、文件分配表（Fat表）、根目录区等被破坏，从而使系统盘不能使用或使数据文件和程序文件丢失。

② 使被感染的文件（可执行程序或其他文件）容量增大。程序加载时间变长，机器启动和运行速度明显变慢。

③ 文件的建立日期和时间被修改或因病毒程序在计算机中繁殖，使得程序长度加长。

④ 由于病毒的侵入，使可用的内存和磁盘空间减少，计算机运行速度明显减慢，系统死机现象增多，磁盘中的坏扇区增多，使得正常的数据、文件不能存储，可执行程序因内存空间不足而不能加载。

⑤ 可执行文件运行后，神秘地丢失了，或产生新的文件。

⑥ 更改或重写卷标，使磁盘卷标发生变化，或莫名其妙地出现隐藏文件或其他文件。

⑦ 磁盘上出现坏扇区，有效空间减少。有的病毒为了逃避检测，故意制造坏的扇区，而将病毒代码隐藏在坏扇区内。

⑧ 有时会发生莫名其妙的文件复制操作，用户却没有使用文件复制命令；或用户没做写操作时出现"磁盘有写保护"提示信息。

⑨ 在屏幕上出现莫名其妙的提示信息、图像，发出不正常的声音，干扰正常工作。如出现跳动的小球、雪花、小毛虫、局域闪烁、莫名其妙的提问等。

⑩ 系统经常无故丢失数据或程序，死机增多，突然死机然后又自行启动或启动失败。

计算机病毒的表现症状很多，也很复杂。不同病毒有不同的表现形式。一般如果发现上述的现象或出现各种怪现象，就应当提高警惕，检查是否有病毒侵入系统，并进行相应的处理。

1.8.2　计算机病毒的来源与传播途径

1．计算机病毒的来源

计算机病毒的来源主要有以下几种：

① 人为编制病毒程序，以此来炫耀自己的高超技术。

② 个别人的报复心理，为攻击和摧毁某计算机信息系统而制造病毒，蓄意进行破坏活动。

③ 以保护自己的软件为名，为避免被非法复制而采取的报复性保护措施，在软件中藏有病毒以打击非法复制的行为。目前，用于这种目的的病毒已不多见。

④ 某组织或个人为达到特殊目的，对政府机构、单位的特殊系统进行破坏，或用于军事目的。

⑤ 不排除在编程序时有弄巧成拙的可能，也就是说可能无意中制造出病毒。

2．计算机病毒的传播途径

从目前情形来看，计算机病毒的传播途径通常有：

① 交换磁盘、光盘：如果使用了被感染的磁盘或光盘，就可能使机器感染病毒。

② 在感染病毒的机器上刻录的光盘：可能将病毒带到光盘中。

③ 通过网络传播：随着Internet的不断发展，病毒发展也出现了一些新趋势。不法分子或好事之徒制作的个人网页，直接提供了下载大批病毒活样本的途径；常见于网站上大批病毒制作工具、向导、程序等，使得无编程经验和基础的人制造新病毒成为可能；新技术、新病毒几乎使得所有人在无意中成为病毒扩散的载体或传播者。目前，病毒通过网络传播的发展趋势比较明显，例如广泛使用的电子邮件就是病毒传染的一个重要途径。

1.8.3　发现病毒后的处理

在单机环境中，对于单机用户的处理方法如下：

① 关闭系统并切断电源，以清除在内存中活动的病毒。

② 用无病毒的磁盘重新引导系统，此时内存中没有活动的病毒，并备份重要文件。

③ 用无病毒的磁盘引导系统，并立即对系统的硬盘进行检测和杀毒。如果不能顺利杀毒，则删除可能受到传染的所有文件。

注　意

目前新的杀毒软件具有在 Windows 操作系统中清除内存中活动病毒的功能。

④ 检查所有与被传染系统接触过的磁盘等存储器件，对被感染的磁盘进行杀毒。

⑤ 重新引导系统，用未受传染的备份盘恢复原系统。

⑥ 如果受到CIH或类似破坏计算机硬件系统的病毒破坏，可以利用专门的查杀毒软件对系统硬盘及其他器件进行修复。

在网络环境中，对于网络用户的处理方法如下：

① 在网络中，当出现病毒传染迹象时，应立即隔离被感染的系统和网络，并进行处理。不应带病毒继续工作，要按照特别情况查清整个网络，使病毒无法反复出现，干扰工作。

② 由于计算机病毒在网络中传播得非常迅速，很多用户不知道应如何处理。因此，应立即争取相关专家的帮助。

1.8.4　计算机病毒的防治

计算机病毒的工作过程包括六个环节：感染源或本体、感染媒介、感染对象、激活、触发、破坏（或表现）。感染源和感染对象、感染媒介都依附于某些存储介质，它们可能是可移动的存储介质，也可能是计算机网络。计算机病毒的防范措施包括管理和技术两个方面。

1．管理防范措施

从管理方面采取相应的措施，一可控制病毒的产生，二可切断病毒传播的途径。管理措施主要有：

① 法律是与犯罪行为作斗争的有力武器。《中华人民共和国计算机信息系统安全保护条例》《计算机病毒防治管理办法》等法规标志着我国计算机病毒防治走上了法制化道路。国家法规明确了计算机病毒的制作和蓄意传播是一种危害社会公共安全的行为。加强对工作人员进行计算机病毒及其危害性的教育，增强防病毒的意识，并健全机房管理制度，如应建立登记上机制度，一旦有病毒能及时追查、清除，不致扩散。

② 外来的程序或磁盘如需使用，应先杀毒，不要使用不知来源的软件，谨慎使用公共软件和共享软件，防止计算机病毒的扩散和传播。

③ 对系统文件和重要数据文件进行写保护或加密，口令尽可能选用随机字符，以增强入侵者破译口令的难度。

④ 定期与不定期地进行磁盘文件备份工作。重要的数据应及时进行备份。

⑤ 很多游戏盘因非法复制带有病毒，应禁止工作人员将各种游戏软件装入计算机系统，以防将病毒带入系统。

⑥ 一般病毒主要破坏C盘的启动区和系统文件分配表内容，因此要将系统文件和用户文件分开存放在不同的盘上。对于系统中的重要数据，要定期备份。

⑦ 安装功能强大的杀毒软件，建立自己的病毒防火墙，在线查杀病毒，或定期检测计算机系统，并定期升级。

2．技术防范措施

从技术方面应采用的措施主要包括软件预防、硬件预防和网络防范技术。硬件预防方法有两种：一是设计计算机病毒过滤器，使得该硬件在系统运行过程中能够防止病毒的入侵；二是改变现有计算机的系统结构，从根本上弥补病毒入侵的漏洞，杜绝计算机病毒的产生和蔓延。

软件预防是指通过病毒预防软件来防御病毒入侵。主要通过安装病毒预防软件，并使预防软件常驻内存，当发生病毒入侵时，及时报警并终止处理，达到不让病毒感染的目的。软件预防是病毒防御系统的第一道防线，其任务是使病毒无法进行传染和破坏。这种预防措施只能预防已知病毒，对一些不能诊断或未知病毒则无能为力，故有一定的局限性，但正版软件都可以免费通过网络升级，以不断增加软件对新病毒的防御能力。具体防范措施如下：

① 重要部门的计算机，尽量专机专用，与外界隔绝，尽可能不要随意装入新软件，并尽可能不让他人使用，不随便使用在别的计算机上使用过的磁盘，送修的机器回到机房后，要先进行病毒检测及清除。

② 对存储有重要资料的磁盘进行写保护，用作信息交换的磁盘尽量不要带系统，并制定相应的检测制度。

③ 定期检测计算机系统，要经常对重要的数据进行备份，使备份能反映出系统的最新状态，以便系统万一受到破坏时，能很快地恢复到最近的状态。

④ 谨慎使用公用软件和共享软件，不使用来历不明的软件，不使用非法复制的程序盘，对外来的文件要经过病毒检测才能使用。

⑤ 对新购置的机器和软件不要马上投入正式使用，要试运行一段时间，如果未发现异常情况，再正式加载数据投入运行。

⑥ 计算机应安装最新版本的病毒检测、监控、清除软件，并注意更新，定期用检测软件对系统进行查毒，以便尽早发现潜伏着的病毒。

⑦ 对网络用户，要分级授予资源共享范围。

⑧ 对主机引导区、引导扇区、系统设置、FAT表、根目录表、中断向量表等系统重要参数做备份。

⑨ 一旦遭受到病毒攻击，应立即采取隔离措施，并检查所有与该机进行过交流的系统，以及在该机上使用过的磁盘。

对于网络计算机系统，还应采取下列针对网络的防杀计算机病毒措施：

① 安装网络服务器时，应保证没有计算机病毒存在，即安装环境和网络操作系统本身没有感染计算机病毒。

② 在安装网络服务器时，应将文件系统划分成多个文件卷系统，至少划分成操作系统卷、共享的应用程序卷和各个网络用户可以独占的用户数据卷。一旦系统卷受到某种损伤，导致服务器瘫痪，则可通过重装系统卷恢复网络操作系统，使服务器马上恢复运行。而装在共享的应用程序卷和用户卷内的程序和数据文件不会受到任何损伤。如果用户卷受到计算机病毒破坏，系统卷是不受影响的，不会导致网络系统运行失常。

③ 为各个卷分配不同的用户权限。操作系统卷对一般用户只设只读权限。应用程序卷也应设置成对一般用户是只读的，不经授权、不经计算机病毒检测，就不允许在共享的应用程序卷中安装程序。除系统管理员外，其他网络用户不可能将计算机病毒感染到系统中。

④ 在网络服务器上必须安装真正有效的防杀计算机病毒软件，并及时进行升级。必要的时候还可以在网关、路由器上安装计算机病毒防火墙产品。

由于技术上的计算机病毒防治方法尚无法达到完美的境地，难免会有新的计算机病毒突破防护系统的保护传染到计算机系统中。因此对可能由计算机病毒引起的现象应予以注意，发现异常情况时，及时采取措施，不使计算机病毒传播影响到整个网络。

计算机病毒的产生不是偶然的，有其深刻的社会原因和技术原因，有客观因素，也有人为因素。因此，防治病毒不能单从技术的角度来考虑，而要从管理、技术、制度、法律等方面同时进行。在一定程度上，这几种方法是相辅相成的。

危险代码进入计算机系统的途径千差万别，越来越多的家用电器和其他设备具有与因特网联网功能，它们也可能被病毒入侵。因此，防范计算机病毒的范围已经超出纯计算机系统，而应当包括具有编程能力的其他设备。

计算机操作系统往往存在弱点，因而很容易被病毒利用。提高系统的安全性是防病毒的一个重要方面，但完美的系统是不存在的。另外，过度强调病毒检查、防范，会使系统失去了可用性与实用性。因此，病毒与反病毒技术对抗将长期继续下去。

1.8.5　常见计算机病毒介绍

1．CIH 病毒

CIH是迄今为止最著名和最有破坏力的病毒之一，它是第一个能破坏硬件的病毒。

破坏方式：主要是通过篡改主板BIOS里的数据造成计算机开机就黑屏，从而让用户无法进行任何数据抢救和杀毒的操作。CIH的变种能在网络上通过捆绑其他程序或是邮件附件传播，并且常常删除硬盘上的文件及破坏硬盘的分区表。所以CIH 发作以后，即使换了主板或其他计算机引导系统，如果没有正确的分区表备份，染毒的硬盘上特别是其C分区的数据挽回的机会很小。

防范措施：如果已经中毒，但尚未发作，记得先备份硬盘分区表和引导区数据再进行查杀，以免杀毒失败造成硬盘无法自举。

感染CIH病毒后会出现如下症状：系统不能正常启动，这时如果重新热启动，将会给病毒破坏计算机主板芯片带来机会，如果是不可升级的BIOS主板芯片，将会使CMOS参数变为出厂时的状态；如果是可升级的BIOS主板芯片，将使主板受到破坏。

2．邮件病毒

电子邮件无疑是Internet上使用最广泛的业务之一。电子邮件也成了网络病毒最好的载体，病毒依靠电子邮件的"附件"进行传播。病毒的攻击对象可以是和电子邮件程序相关的文件，然后，通过电子邮件的再次发送传播到别的机器。由于电子邮件的附件可以附带任何计算机文件，可携带病毒的类型也是多种多样。下面就三种曾名噪一时的病毒进行简单介绍。

（1）Melissa（梅莉莎）病毒

1999年3月27日，一种隐蔽性、传播性极大的名为Melissa（又名"美丽杀手"）的Word 97、Word 2000宏病毒出现在Internet上，并以几何级数的速度在Internet上飞速传播，仅在一天之内就感染了全球数百万台计算机，引发了一场前所未有的"病毒风暴"。

Melissa病毒专门针对Microsoft的电子邮件服务器和电子邮件收发软件，它隐藏在一个Word格式的文件里，以附件的方式通过电子邮件传播，善于侵袭装有Word的计算机。它可以攻击Word的注册器并修改其预防宏病毒的安全设置，使被感染机器丧失宏病毒预警功能。当Outlook电子邮件程序启动时，将自动给地址簿的前50个地址发送带病毒信件，以实现病毒的快速传播。由于是从熟悉的地址发送过来的，因此容易被接收者忽视，一旦接收者的机器被感染，该病毒又进一步自动重复以上的动作，由此连锁反应，会在短时间内造成邮件服务器的大量阻塞，直至"淹没"电子邮件服务器，严重影响人们的正常网络通信。Melissa以理论上的速度传播，只需五次就可以让全世界所有的网络用户都收到一份。

（2）Happy99 病毒

它是一种自动通过电子邮件传播的病毒。如果单击了它，屏幕上会出现一幅五彩缤纷的图像，病毒将感染计算机，并修改注册表，使得计算机下次启动时自动加载病毒。病毒安装成功之后，发出的电子邮件都会有一个附件——Happy99.exe，而发信人还蒙在鼓里。收信人可能出于信任单击了此文件，那么他的计算机也就中毒了。此病毒通过这种方法达到了扩散的目的。

（3）"特洛伊木马"病毒

"特洛伊木马"是一种专业黑客程序的总称，"特洛伊木马"病毒属于恶性病毒，计算机一旦被感染，就会被黑客操纵，使计算机上的文件、密码毫无保留地向黑客展现，黑客甚至还可以打开和关闭用户计算机上的程序。

Back Orifice是一种典型的"特洛伊木马"病毒。黑客将Back Orifice隐藏在电子邮件中，并且它的隐蔽性非常好，目标用户会在不知情下安装Back Orifice，实现传播。

传染方式：通过电子邮件附件发出，捆绑在其他的程序中。

病毒特性：会修改注册表、驻留内存、在系统中安装后门程序、开机加载附带的木马。

病毒的破坏性：该病毒的发作要在用户的机器里运行客户端程序，一旦发作，就可设置后门，定时地发送该用户的隐私到木马程序指定的地址，一般同时内置可进入该用户计算机的端口，并可任意控制此计算机，进行文件删除、复制、修改密码等非法操作。

3．蠕虫病毒

蠕虫病毒以尽量多复制自身（像虫子一样大量繁殖）而得名。

蠕虫病毒具有很强的传播性，破坏力很强，感染计算机和占用系统、网络资源，造成PC和服务器负荷过重而死机，并以使系统内数据混乱为主要的破坏方式，有人把蠕虫病毒称为网络的癌症。与普通病毒不同，蠕虫不需要将其自身附着到某程序文件上，只是占据计算机内存，它不一定马上删除用户的数据让用户发现。著名的蠕虫病毒有爱虫病毒和尼姆达病毒。

有两种类型的蠕虫：主机蠕虫与网络蠕虫。

① 主机蠕虫完全包含在它们运行的计算机中，并且使用网络的连接仅将其自身复制到其他的计算机系统中，主机蠕虫在将其自身复制加入另外的主机后，就会终止其自身运行。因此在任意给定的时刻，只有一个蠕虫的副本运行。

② 网络蠕虫由许多部分组成，而且每一个部分运行在不同的机器上，可分别进行不同的动作，并且使用网络达到通信的目的。网络蠕虫有一个主段，这个主段与其他段的工作相协调匹配，被人们形象地称为"章鱼"。

蠕虫病毒程序能够常驻于一台或多台机器中，并有自动重新定位的能力。假如它能够检测到网络中的某台机器没有被占用，它就把自身的一个副本（一个程序段）发送到那台机器。每个程序段都能把自身的副本重新定位于另一台机器上，并且能够识别出它自己所占用的那台机器。

"熊猫烧香"病毒是一种经过多次变种的蠕虫病毒的变种，用户计算机中毒后可能会出现蓝屏、频繁重启以及系统硬盘中数据文件被破坏等现象。同时，该病毒的某些变种可以通过局域网进行传播，进而感染局域网内所有计算机系统，最终导致局域网瘫痪。被感染的用户系统中所有exe可执行文件全部被改成熊猫举着三根香的模样。

4．宏病毒

由于微软的Office系列办公软件和Windows系统占了绝大多数的PC软件市场，加上Windows和Office提供了宏病毒编制和运行所必需的库（以VB库为主）支持和传播机会，所以宏病毒是最容易编制和流传的病毒之一，很有代表性。

① 宏病毒发作方式：在Word打开病毒文档时，宏会接管计算机，然后将自己感染到其他文档，或直接删除文件等。Word将宏和其他样式存储在模板中，因此病毒总是把文档转换成模板再存储它们的宏。这样的结果是某些Word版本会强迫用户将感染的文档存储在模板中。

② 判断是否被感染：宏病毒一般在发作的时候没有特别的迹象，通常是会伪装成其他的对话

框让用户确认。在感染了宏病毒的机器上，会出现不能打印文件、Office文档无法保存或另存为等情况。

③ 宏病毒带来的破坏：删除硬盘上的文件；将私人文件复制到公开场合；从硬盘上发送文件到指定的E-mail、FTP地址。

④ 防范措施：平时最好不要几个人共用一个Office程序，要加载实时的病毒防护功能。病毒的变种可以附带在邮件的附件里，在用户打开邮件或预览邮件的时候执行，用户应该留意。一般的杀毒软件都可以清除宏病毒。

5．脚本病毒

脚本病毒是主要采用脚本语言设计的计算机病毒。现在流行的脚本病毒大都是利用JavaScript和VBScript脚本语言编写。在脚本应用无所不在的今天，脚本病毒成为危害最大、最为广泛的病毒。特别是当它们和一些传统的进行恶性破坏的病毒如CIH相结合时，其危害就更为严重。由于脚本语言的易用性，并且脚本在现在的应用系统中特别是Internet应用中占据了重要地位，脚本病毒也成为互联网病毒中最为流行的网络病毒。

6．勒索病毒

勒索病毒是一种新型计算机病毒，利用各种加密算法对文件进行加密，这种病毒被感染者一般无法解密，必须拿到解密的私钥才有可能破解。勒索病毒主要以邮件、程序木马、网页挂马和高危漏洞等形式进行传播。该病毒性质恶劣、危害极大，整体攻击方式呈现多元化的特征，一旦感染损失巨大。

以上仅介绍常见的有代表性的几种病毒，还有很多各种各样的病毒，如2003年12月12日，瑞星全球反病毒监测网截获了"定时炸弹"病毒（Win32.FunnyLove），该病毒潜伏期长达一个月，其间将通过局域网的可写共享目录感染整个网络，病毒发作时将攻击用户文件数据，并导致整个局域网瘫痪。

"定时炸弹"病毒感染用户计算机之后，会在注册表中写入病毒第一次运行的日期，以后每次机器启动都会检查这个键值。当病毒感染一个月之后，就会在第一个物理硬盘的随机位置写入垃圾数据，从而破坏用户的文件资料。事实上，长达一个月的潜伏期足以造成该病毒在局域网和广域网内的广泛传播，因此一旦病毒爆发，将使整个局域网内的大部分计算机遭受重创。

该病毒是用Delphi语言编写的感染型病毒，病毒大小为72 192 B。一旦用户计算机被感染，病毒就会释放一个文件到系统目录，并把这个文件命名为mshlta.exe，同时修改注册表的启动项以使自己能随系统自动启动。病毒运行时会创建几个线程，同时搜索本地硬盘上扩展名为exe的文件，并使之感染。但感染后仍然用原来文件的图标，表面看上去文件没有变化，但文件大小增加了72 208 B。用户可以通过病毒的这个特征来判断计算机是否中毒。

1.8.6　反病毒技术及产品

1．反病毒技术

计算机病毒的发展是伴随着计算机技术的发展而发展的。每当计算机技术有新的发展，病毒技术就立刻有新的突破。如CIH病毒就是利用了Windows的核心技术，因特网普及后又出现了通过邮件迅速传播的病毒。

计算机病毒往往从"底层"侵入、破坏计算机系统。所谓"底层"，指的是病毒直接利用操作系统控制系统资源，有时甚至直接越过操作系统强行控制计算机系统硬件资源。计算机病毒的这一特点，决定了反病毒技术对操作系统具有很强的依赖关系。例如，普通PC上使用的反病毒工具，有可能被重新编译成UNIX版本并在UNIX操作系统下运行，但它无法防治专门攻击UNIX操作系统的病毒。

当前，对抗病毒可采用具有实时监视、自动解压缩和全平台防护等三项技术的防病毒方案，这种防病毒方案可实现全网（内部网）防毒。当网络上任意一个或者全部的点受到病毒攻击时都会自动处理，使病毒无法攻入网络。如将这三项技术用于个人计算机，那么所有的已知病毒入侵时计算机都会报警并将病毒拒之门外。

当前反病毒技术发展的主要特征如下：

① 由传统技术向新的反病毒技术过渡的标志之一，就是反病毒技术适应操作系统发展的要求，与操作系统紧密结合，在更深的层次上实施反病毒技术。如采取操作系统底层接口技术、网络底层接口技术、应用程序底层接口技术，以及主动内核技术等。

② 实时反病毒。病毒实时监控程序可做到常备不懈、随时杀毒。实时反病毒是相对静态反病毒而言的。实时反病毒是只要计算机一开机，实时反病毒程序就一刻不停地监测计算机系统的文件打开、关闭、创建、复制和修改等一系列操作过程，只要计算机访问磁盘，实时反病毒程序便会主动对磁盘进行病毒检测。一旦发现异常代码，则发出警告。实时功能对于网络环境反病毒是必不可少的，如经常接收电子邮件的公司及从因特网下载文件的用户，如果没有实时反病毒功能就很难保证不被病毒袭扰。

③ 检测压缩文件中的病毒。为了减小文件尺寸，压缩是十分常用的方法，不能检测压缩文件中病毒的反病毒系统就显得不完整。当前，有些反病毒产品能够检测某些格式的压缩文件，但无法检测所有格式的压缩文件。所以，用户在选择反病毒的产品时，一定要搞清楚它们是不是能够适用于当前流行、通用的压缩格式。

2．反病毒产品

目前常用的杀毒软件有：KILL、卡巴斯基、金山毒霸、瑞星杀毒、诺顿杀毒、安全之星、熊猫卫士、360杀毒等。它们通常具有查毒、杀毒、防毒、防止黑客程序入侵及防火墙等功能。

●●●●小　　结●●●●

本章系统地介绍了信息技术与计算思维的相关概念，"互联网＋"概述，计算机的发展史，计算机的特点、分类及应用领域，计算机的硬件组成及计算机的简单工作原理，计算机软件的分类、信息在计算机中的表示形式和计算机病毒及防治等方面的基础知识。学习完本章内容，能够对信息技术，计算思维、"互联网＋"，计算机的发展、特点、应用、系统组成，计算机软件，信息在计算机中表示形式和计算机病毒等基础知识有一个较为系统的了解，为进一步学习计算机相关知识奠定重要基础。

•••●习   题●•••

1. 什么是信息、信息技术、微电子技术和通信技术？移动通信技术主要有哪几个阶段？

2. 计算思维的定义是什么？它有哪些特点和用途？

3. "互联网+"的定义是什么？核心技术有哪些？

4. 简述物联网、云计算、移动互联网、大数据、人工智能等技术的概念。

5. 计算机有哪些特点？未来发展趋势是什么？

6. 计算机中的信息为何采用二进制数来表示？

7. 解释 ASCII 码、国标码。

8. 微型计算机的基本组成包括哪几部分？各部分的功能如何？

9. 结合自己使用的微机，简述微机系统的层次结构。

10. 计算机病毒根据其存在的媒体有哪些种类？计算机病毒有哪些主要特征？

11. 计算机病毒有哪些传染途径？计算机感染病毒后有哪些典型的现象？

12. 如何处理已发现的病毒？

第 2 章 计算机操作系统

学习目标

- 了解操作系统的基本知识。
- 了解 Windows 操作系统的基础知识。
- 掌握 Windows 操作系统的基本使用方法。

●●●● 2.1 操作系统的基本知识 ●●●●

操作系统（operating system，OS）是最基本、最重要的系统软件，任何一台计算机都必须安装操作系统才能使用。操作系统控制和管理计算机系统内各种软、硬件资源，合理、有效地组织计算机各部件的协调工作，并为用户提供操作和编程界面，是用户和计算机的接口。

2.1.1 操作系统的分类

随着计算机硬件的发展和应用需求的增加，操作系统的结构和功能也在不断发展，出现了各种类型的操作系统。操作系统的分类方法繁多，下面介绍几种常用的分类方法。

1. 按工作方式分类

按工作方式可将操作系统分为单用户操作系统、批处理操作系统、分时操作系统、实时操作系统等类。

（1）单用户操作系统

单用户操作系统面向单一用户，所有资源均提供给单一用户使用，用户对系统有绝对的控制权，针对一台机器、一个用户。多个用户只能分别操作，分别独占所有系统资源。

（2）批处理操作系统

批处理操作系统是成批处理或者顺序共享式系统，它允许多个用户以高速、非人工干预的方式进行成组作业工作和程序执行。批处理系统将作业成组（成批）提交给系统，由计算机顺序自动完成后再给出结果，从而减少了用户作业建立和打断的时间。

（3）分时操作系统

分时操作系统是由一台功能很强的主计算机连接多个终端，每个用户通过终端把用户作业输入主计算机，主计算机采用时间分片的方式轮流为各个终端上的用户服务。虽然物理上只有一台计算机，但每一个用户都感觉到是一台计算机在专门为他服务。

（4）实时操作系统

实时操作系统主要应用于需要对外部事件进行及时响应并处理的领域。实时操作系统是指系统对输入的及时响应，对输出的按需提供、无延迟处理。换句话说，计算机能及时响应外部事件的请求，在规定的时间内完成事件的处理，并能控制所有实时设备和实时任务协调运行。

2．按体系结构分类

按体系结构可将操作系统分为微机操作系统、嵌入式操作系统、网络操作系统和分布式操作系统等类。

（1）微机操作系统

配置在微机上的操作系统称为微机操作系统。根据管理的作业数量，单用户微机操作系统又被分成单用户单任务操作系统和单用户多任务操作系统。单用户多任务的含义是：只允许一个用户上机，但允许将一个用户程序分为若干个任务，使它们并发执行，从而有效地改善系统的性能。

（2）嵌入式操作系统

嵌入式操作系统（embedded operating system，EOS）是指用于嵌入式系统的操作系统。通常包括与硬件相关的底层驱动软件、系统内核、设备驱动接口、通信协议、图形界面、标准化浏览器等。

根据IEEE（电气电子工程师学会）的定义，嵌入式系统是"控制、监视或者辅助装置、机器和设备运行的装置"。嵌入式系统是软件和硬件的综合体，嵌入式系统与应用结合紧密，具有很强的专用性。

近年来，各种智能电子产品（如智能手机、数字照相机、平板计算机等）得到越来越广泛的使用。除以上电子产品外，越来越多的嵌入式系统隐身在不为人知的角落，从家庭用品的电子钟表、电子体温计、电子翻译词典、电冰箱、电视机等，到办公自动化的复印机、打印机、空调、门禁系统等，甚至是公路上的红绿灯控制器、飞机中的飞行控制系统、卫星自动定位和导航设备、汽车燃油控制系统、医院中的医疗器材、工厂中的自动化机械等，嵌入式系统已经环绕在人们的身边，成为人们日常生活中不可缺少的一部分。嵌入式操作系统运行在嵌入式环境中，对电子设备的各种软硬件资源进行统一协调、调度和控制。

（3）网络操作系统

网络操作系统是对计算机网络进行有效管理的操作系统，它能有效地管理计算机的网络资源，并为网络用户提供相互通信、资源共享、系统安全等方便、灵活的网络使用环境，是建立在单机操作系统之上的开放式系统，面对各种不同计算机系统的互连操作，面对不同单机操作系统之间的资源共享、用户操作协调和与单机操作系统的交互，解决多个网络用户之间共享资源的分配与管理。

（4）分布式操作系统

大量的计算机通过网络被连接在一起，可以获得极高的运算能力及广泛的数据共享。这种系统被称为分布式操作系统。

分布式操作系统可以以较低的成本获得较高的运算性能。适用于高可靠的环境，由多个独立的CPU系统组成，当一个CPU系统发生故障时，整个系统仍然能够正常工作。

2.1.2　操作系统的功能

操作系统主要有三方面的功能：合理分配计算机系统的软/硬件资源、为用户提供友善的人机界面、为其他应用软件的开发和运行提供高效率的平台。除此之外，操作系统还具有磁盘管理、网络支持、信息安全和保护机制、实时处理系统的软/硬件错误、帮助信息、命令解释器等功能。

操作系统是一个庞大的管理控制程序，主要包括五方面的管理功能：作业管理、进程管理、存储器管理、文件管理和设备管理等。下面分别介绍操作系统的管理功能。

1．作业管理

作业是指用户提交的任务。包括用户程序、数据和作业控制说明。作业队列常用于描述等待执行的作业序列。作业管理的主要任务是对计算机系统要处理的作业进行调度，建立程序处理的顺序，并定义具体作业执行的序列；为用户提供一个使用系统的良好环境，使用户能有效地组织自己的工作流程，使整个系统高效地运行。

2．进程管理

进程管理又称处理器管理。处理器是最宝贵的系统硬件资源，进程可以看成是一个正在执行的程序。进程管理的主要任务是对处理器的时间进行合理分配，对处理器的运行实施有效管理，充分发挥处理器的功能，提高处理器的利用率。现代操作系统允许同时有多个进程的存在。进程是操作系统进行资源调度和分配的单位，进程具有生命周期，一个程序被加载到内存，系统则创建了一个进程，程序执行完毕，该进程也就结束。

3．存储器管理

内存储器是计算机的关键资源。存储器管理的任务主要是管理内存资源，对存储器进行分配、保护和回收，还要解决内存"扩充"问题，即提供"虚拟内存"。

存储器至少可以被一个应用程序和操作系统共享。在更复杂的系统中，存储器可被多个进程共享。存储器管理软件决定一个进程可以访问哪些存储器单元。

一个进程要被CPU执行必须首先将程序装入内存，但计算机配置的内存的容量往往不能满足实际需求，为解决内存容量问题，操作系统采用了"虚拟内存"技术，即将一部分外存（主要是硬盘）"模拟"为内存，内、外存结合使用，因此系统会提供一个容量比实际内存大得多的虚拟存储空间，系统根据进程运行情况对虚拟内存中的内、外存进行交换使用。

4．文件管理

计算机处理的信息通常以文件的形式被传输、处理和存储。文件是有文件名的一组相关信息的集合。文件管理的主要任务是有效地支持文件的存储、检索和修改等操作，提供控制机制，解决文件的访问权限等问题，以便用户对文件方便、安全地访问。

为了更加高效可靠地访问文件，充分利用存储器的存储空间，文件管理采用一种特定的文件组织结构，称为文件系统。磁盘等存储器经过格式化处理后，可以设置不同的文件系统，例如：Windows中使用的FAT32、NTFS等文件系统，Linux中使用的ext3、ext4等文件系统，有的U盘或移动硬盘中使用的exFAT文件系统等。对磁盘中每一个分区都可查看到当前的文件系统格式。

5．设备管理

计算机配有一定数量的外围设备。设备管理的主要任务就是负责对外围设备进行有效管理，即对所有输入/输出（I/O）设备的管理，包括根据设备分配原则对设备进行分配，使需要I/O设备的进程能有效共享这些设备。

为提高设备的使用效率和整个系统的运行速度，操作系统通常采用中断、通道、缓冲和虚拟设备等技术，尽可能地发挥外围设备和主机并行工作的能力。

操作系统的各个功能相互依赖、共同作用，系统功能也日益复杂，系统性能不断提高。

2.1.3　常用的操作系统

计算机的操作系统最早是IBM的IBM-MS DOS，它是一种最简单的单任务、单线程的操作系统，但它在计算机发展历史上的意义实在是太大了，它初步实现了计算机的人机交流，可以说，没有它就没有今天计算机的蓬勃发展。之后，大名鼎鼎的DOS操作系统，把计算机的操作系统提高到了一个新的阶段，DOS的全称是disk operate system，即磁盘操作系统，DIR、COPY、DEL就是DOS的一些命令，当年一张软盘就装了一个操作系统。正当人们还在猜测DOS的下一个版本是什么时，一个世界巨人把漏洞百出的Windows 3.0推向市场，谁会知道这就是现在还统治着操作系统的Windows的雏形，这是一个全新的操作系统。在推出Windows 3.0时，微软公司差点被告上法庭，因为Windows 3.0的图形操作界面有抄袭IBM、苹果机操作系统的嫌疑。但微软公司最后还是坚持下来了，今天的微软公司在操作系统方面已经把IBM远远地抛在后面。下面介绍计算机常用的操作系统。

1．DOS 操作系统

有人一定会问：这是一个已经被淘汰的操作系统，为什么还提它？这是因为曾经最流行的Windows 98也是建立在DOS 7.0的基础平台上的，离开了DOS就没有Windows 98的辉煌。可以发现，Windows的基本功能在MS DOS状态下一样可以实现，这也是那些少数的DOS支持者还坚持敲键盘的原因。DOS操作系统的组成非常简单，微型的DOS只有3个文件：io.sys（输入/输出设备模块）、msdos.sys（磁盘管理模块）、command.com（命令处理模块），加起来才100 KB。前两个文件为系统文件，一般情况下是以"隐藏"属性存在磁盘里的，而command.com作为命令处理模块，是计算机内部命令的母体，其中包含了DOS的所有内部命令，如DIR、COPY、DEL、REN、CLS等，还有一些命令，如FORMAT、MOVE、XCOPY、FDISK、SMARTDRV等就属于外部命令，必须有相应的执行程序才行，这是DOS考虑到操作系统的简捷性，人为地把DOS命令分为内部命令和外部命令。如果读者有兴趣，可以在Windows\Command目录下找到DOS的外部命令。DOS能够在计算机发展之初，占据个人操作系统头把交椅的位置，就是因为它结构简单、功能强大、对硬件的要求很低。它的弱点就是单任务工作模式。

2．Windows 操作系统

针对DOS的单任务工作模式，微软公司推出了视窗操作系统。用窗口界面替代了传统的命令行界面，提供了一种可视化操作环境，它使计算机的操作方式发生了深刻的变化。起初的Windows并没有给操作者带来多大的惊喜，因为太多的漏洞和有争议的侵权事件，使消费者对这个粗糙的操作系统失去了信心。但微软公司顶住了所有的压力，因为那些偏执的程序员相信自己的努力一定会成功，事实证明了他们的想法是对的。Windows 95的成功问世，绝对是振奋人心的，因为人们终于发现计算机不再是冷冰冰的样子了，原来计算机操作系统也可以更人性化。其实Windows的成功是有原因的，人性化的操作界面、方便快捷的鼠标操作、多任务的执行方式是DOS无法比拟的，要知道，在DOS时代想一边听歌、一边打字根本就是天方夜谭，而在Windows时代很方便。Windows不仅在个人操作系统上独领风骚，而且随着计算机网络的兴起，针对网络的操作系统一样也做得很出色。

Windows操作系统随后就迎来了迅猛发展。图2-1所示为Windows的系列产品。

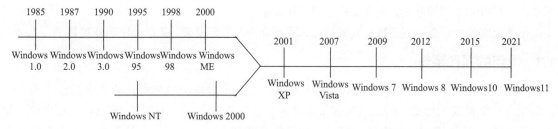

图 2-1　Windows 的系列产品

Windows 产品主要分为三个系列：个人用户系列、服务器系列、嵌入式用户系列。随着计算机硬件和软件的不断升级，Windows 操作系统也在不断升级，从 16 位、32 位到 64 位操作系统。

3．UNIX 操作系统

UNIX 操作系统是计算机网络操作系统的鼻祖，是当代最著名的多用户、多任务的网络操作系统。即便在微软旗帜飘满全球的今天，UNIX 在网络操作系统中的地位也屹然不动。现在使用的 Internet，就是建立在 UNIX 网络操作系统上的。现在网络传输与通信的基本协议都是针对 UNIX 而建，将 UNIX 作为一个标准。运行 UNIX 的计算机在同一时间能支持多个计算机程序，其中典型的功能是能支持多个登录的网络用户。

目前常用的 UNIX 系统版本主要有：IBM AIX、HP-UX、SUN Solaris 等。UNIX 支持网络文件系统服务，提供数据等应用，功能强大。这种网络操作系统稳定和安全性能非常好，但由于它多数是以命令方式进行操作的，不容易掌握，特别是初级用户，掌握起来更加麻烦。正因如此，小型局域网基本不使用 UNIX 作为网络操作系统。UNIX 一般用于大型的网站或大型的企事业局域网中。

UNIX 具有技术成熟、可靠性高、网络和数据库功能强、伸缩性突出和开放性好等特色，已经成为主要的工作站平台和重要的企业操作平台。UNIX 操作系统界面如图 2-2 所示。

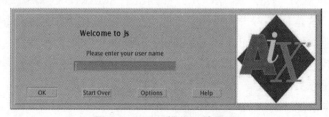

图 2-2　UNIX 操作系统界面

4．Linux 操作系统

Linux 操作系统是由一名美国大学生设计的，当初就是不满微软公司对操作系统的垄断（源代码不公开）。谁都没有想到，就是这样一个人，这样的一个操作系统，使微软公司面临了从来没有过的压力。虽然在历史上不知道有多少家公司试图向微软公司发起挑战，但最后不是被击垮，就是被兼并。由于 Linux 不属于任何一家公司，甚至无法确定系统的所有人，微软公司只有眼睁睁地看着它蚕食自己的市场。Linux 在大致成形后，就通过 Internet 发行出去，供所有的编程爱好者使用，这完全是公开的，也是免费的。就是这样的一种模式使 Linux 以无法想象的速度成长完善。Linux 有一个基本的内核（kernel），一些组织或厂商将内核与应用程序、文档包装起来，再加上安装、设置和管理工具，就构成了直接供一般用户使用的发行版本。目前主要流行的版本有：Red Hat Linux、Turbo Linux、S.u.S.e Linux 等。我国自己开发的版本有：深度 Linux(Deepin)、中标麒麟 Linux、红旗

Linux、普华Linux等。

Linux已被实践证明是高性能、稳定可靠的操作系统。和Windows操作系统相比，Linux表现出很好的稳定性和网络方面的优势，Linux设置了4个系统操作平台，一个平台瘫痪之后，可以转到另外一个操作平台，然后把出错的平台关掉，而且Linux不像Windows那样动不动就要重新启动。Linux是完全的多任务和多用户，允许在同一时间内运行多个应用程序，允许多个用户同时使用主机。

目前Linux已经进入了成熟阶段，越来越多的人认识到它的价值，并将其广泛应用到从Internet服务器到用户的桌面、从图形工作站到PDA（个人数字助理）的各个领域。在Linux下有大量的免费应用软件，从系统工具、开发工具、网络应用，到休闲娱乐、游戏等。更重要的是，它是安装在个人计算机上的最可靠、强壮的操作系统。目前，Linux已可以与各种传统的商业操作系统分庭抗礼，占据了市场相当大的份额。Linux使用过的商标如图2-3所示。

但Linux操作系统也有它的弱点，太专业的操作命令和完全两样的磁盘操作方法，使Windows操作系统的使用者无法轻易接受。

图 2-3　Linux 使用过的商标

随着信息技术和互联网的快速发展，如何建立一个安全、可靠、可信的信息化环境，是当前亟待需要探讨和解决的重要课题。由于操作系统关系到国家的信息安全和信息化的发展，我们国家十分重视，不断加大力度，推动国产操作系统的发展。

● ● ● ● 2.2　Windows 操作系统的基本知识与基本操作 ● ● ● ●

Windows操作系统是微软公司的操作系统。本节以Windows 10为例，介绍Windows操作系统的基本知识与基本操作。

2015年微软公司推出了Windows 10系列版本。该系列主要版本有：家庭版（Home）、专业版（Professional）、企业版（Enterprise）、教育版（Education）、专业工作站版（Windows 10 Pro for Workstations）、物联网核心版（Windows 10 IoT Core）等。Windows 10与此前Windows版本相比，除了保留原有熟悉的感觉，体验更胜以往，并在易用性和安全性方面有了极大的提升，其界面更人性化，功能更强，兼容性更好，系统更为稳定。Windows 10除了针对云服务、智能移动设备、自然人机交互等新技术进行融合外，还对固态硬盘、生物识别、高分辨率屏幕等硬件进行了优化完善与支持。

主要特性如下：

（1）功能更强大

Windows 10的"开始"菜单功能更加强大，操作方式更加符合传统的操作习惯，有助于降低学习成本，使用户能快速上手。Windows 10操作系统对计算机硬件要求低，只要能运行Windows 7操作系统，就能更加流畅地运行Windows 10操作系统。

（2）连接更便捷

Windows 10便捷的连接包括与网络的连接、与其他计算机和电子设备的连接等，使所有的计算机和电子设备连为一体。

（3）操作更快捷

Windows 10提供跳转列表（jump list）、系统故障快速修复等。提高了用户的使用效率，操作更为简便快捷。

（4）安全且节能

Windows 10提供了经过改善的安全措施，使之更为安全。从首次启动一直到设备的整个支持生命周期，Windows 10增强的安全特性将为用户提供全面保护，帮助用户远离病毒、恶意软件和钓鱼攻击。还有更快、更安全的登录方式，用户无须输入密码，只需看一下或触摸一下即可通过验证。由于移动设备越来越普及，设备的电池使用是用户考虑的重要问题。出于省电的目的，Windows 10操作系统做了大量改进，使其界面更简洁，没有华丽的效果，因此能降低操作系统资源电耗。另外，微软完善了Windows 10操作系统电源管理的功能，使之变得更加智能。

（5）支持多平台

Windows 10操作系统可支持智能手机、平板计算机、桌面计算机等多种平台和设备。同时，通过使用微软云服务，可轻松在各个平台设备中共享数据。另外，Windows 10还采用了自然人机交互等新技术，目前已经成为最优秀的消费级操作系统之一。

（6）新增Cortana功能

个人语音助理Cortana是Windows 10操作系统平台上统一的、数据共享的智能式语音服务，帮助用户查找资料、管理日程、打开应用、搜索、计算、翻译、记录和处理事务等。它可以接受语音识别，所有以上操作可通过语音实现。它提供了管理桌面的新方式，为用户与设备的交互提供了更多选择。并确保用户在屏幕之间或在桌面和平板模式之间切换时能完美显示并顺畅运行。

2.2.1　系统的运行环境

系统安装运行必须满足系统的硬件要求。

安装Windows 10的计算机主要硬件最低配置如下：

① 处理器：1 GHz的32位或64位处理器。

② 内存：1 GB（基于32位CPU）或2 GB（基于64位CPU）。

③ 硬盘：16 GB（基于32位CPU）或20 GB（基于64位CPU）。

④ 显卡：有WDDM 1.0驱动的、支持DirectX 9的显卡且显存128 MB。

⑤ 显示器：分辨率为1 024×768像素。

2.2.2　系统的启动和退出

1. 系统的启动

① 依次打开外围设备的电源开关和主机电源开关。

② 计算机执行硬件测试，测试无误后即开始系统引导。

③ 若用户已设置登录用户名和密码，则会出现提示窗口（见图2-4），需要输入相对应的用户名和密码才能进入系统；若没有设置用户名和密码，则会自动进入系统。

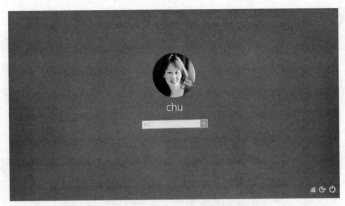

图 2-4　Windows 提示窗口

当成功启动 Windows 后，计算机屏幕上会显示 Windows 的桌面。

2．系统的退出

当完成工作或者用户要求退出系统时，须遵循正确的步骤关闭系统。不遵循正确的步骤关闭系统，可能使系统来不及处理一些临时信息，造成程序数据和处理信息的丢失，严重时可能会造成系统的损坏。

正常退出 Windows 并关闭计算机的步骤是：保存所有应用程序中处理的结果，关闭所有正在运行的应用程序，单击桌面左下角的 ⊞ 图标，再单击 ⏻ 按钮并选择"关机"命令即可关闭计算机；然后关闭外设电源。

在关闭系统的过程中，可能会忘记保存已更改的文档，此时系统会自动提示用户保存。

如需睡眠或重新启动计算机，可单击 ⏻ 按钮在弹出的菜单中选择相应的命令即可。"关机"菜单如图 2-5 所示。

图 2-5　"关机"菜单

2.2.3　Windows 的桌面

1．桌面的组成

成功启动并进入 Windows 操作系统后，呈现在用户面前的屏幕上的区域称为桌面，在屏幕最下方有一长方条称为任务栏，如图 2-6 所示。桌面上的图形标识称为图标，可以代表程序、文件、打印信息和计算机信息等，它为用户提供了在日常操作时打开程序或文档的简便方法。系统安装成功后，桌面默认只显示"回收站"图标，其他图标可以根据需要进行设置。

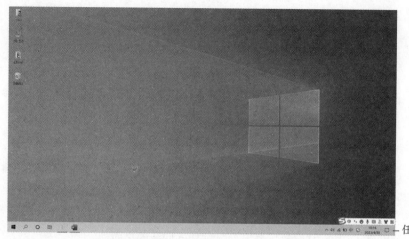

图 2-6　Windows 10 桌面

通常在桌面上设置如下图标：

（1）"此电脑"图标

使用该图标可以查看计算机上所有的信息。双击该图标将打开"此电脑"窗口，在窗口中显示文件夹及"设备和驱动器"，可以双击相应的图标或者文件夹打开对应的窗口。

（2）"回收站"图标

"回收站"用来存放用户删除的文件。如果想恢复已经被删除的文件，可以在回收站中查找复原。在清空"回收站"之前，被删除的文件将一直被保存在那里，回收站只是临时"中转站"。当然，也可以清空"回收站"，此时真正实现文件的删除。

除了上面的这些图标外，用户还可以根据自己的需要在桌面上创建其他的快捷方式图标，因此根据用户的不同和使用的差异，桌面的图标也存在一定的差异。

桌面的底部是任务栏，任务栏又可分为"开始"按钮、搜索框、任务视图、快速启动区、活动任务区、通知区、显示桌面等。

2．桌面的操作

Windows 为用户提供了清新简洁的桌面，用户可以根据自己的需要，发挥自己的特长，打造极富个性的桌面。有关桌面的基本操作如下：

（1）桌面图标的操作

① 排列图标。用户可以对桌面上的图标进行排列，自动排列的顺序可按名称、大小、项目类型、修改日期等；也可取消自动排列后手动拖动桌面图标。

② 删除、添加图标。用户可以根据需要删除图标，也可以通过程序安装、创建快捷方式、复制等方法添加图标。

（2）"开始"菜单的操作

Windows 10 操作系统采用了全新设计的"开始"菜单。单击桌面左下角的 Windows 图标■，或按下键盘上的 Windows 徽标键即可打开"开始"菜单（见图2-7）。它是运行 Windows 应用程序的入口，是执行程序最常用的快捷通道。"开始"菜单中为按照字母索引排序的应用列表，最左侧系统功能区包括用户账户头像、文档、图片、"设置"按钮及"电源"按钮（包括开关机快捷选项）；系统功能区右侧为常用程序列表，"开始"菜单中的应用程序支持跳转列表，跳转列表可以保存最近打开的文档记录，通过单击这些记录可以快速访问这些文档，在应用程序图标上右击，即可打开跳转列表及其常用功能选项。程序的启动、文档的打开、系统设置的更改、信息的查找等，都可以通过"开始"菜单执行相应的命令。最右侧则为"开始"屏幕区，可将应用程序固定在其中。

图 2-7　"开始"菜单

在"开始"菜单中，应用程序以名称中的首字母或拼音升序排列，单击排序字母可显示排序索引（见图2-8），通过字母索引可以快速查找应用程序。

图 2-8　应用列表索引

在 Windows 操作系统中可以对"开始"菜单进行自定义。"开始"菜单有两种显示方式，分别是默认的非全屏模式和全屏模式。同时，还可在"开始"菜单边缘拖动鼠标调整"开始"菜单大小。如果要全屏显示"开始"菜单，则可以单击图2-7中左侧的"设置"按钮，在"设置"对话框"开始"选项卡中开启"使用全屏幕'开始'屏幕"选项。

　　"开始"菜单右侧类似于图标的图形方块称为动态磁贴。动态磁贴能非常方便地呈现用户所需要的信息，其功能和快捷方式类似，但不仅限于打开应用程序。部分动态磁贴显示的信息是随时更新的。如Windows操作系统自带的日历应用，在动态磁贴中即显示当前的日期信息，无须打开应用进行查看。动态磁贴方便了触屏操作，有利于桌面端和移动端的统一。

　　（3）自定义任务栏

　　在Windows 操作系统中也可以对任务栏进行设置。右击任务栏的空白处，在弹出的快捷菜单中选择"任务栏设置"命令，弹出对话框，如图2-9所示，可以进行相应设置。还可以针对"通知区域"、"多显示器"和"新闻和兴趣"等进行设置。

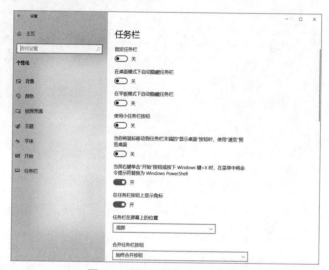

图 2-9 "任务栏"设置对话框

2.2.4　Windows 的窗口

　　窗口是桌面上用于查看应用程序或文档信息的一个矩形界面，是程序与文档的操作界面。

　　窗口的主要组成要素有地址栏、搜索栏、工具栏、窗口内容等。图2-10所示为"资源管理器"窗口。

　　窗口的操作主要有：

　　（1）打开窗口

　　打开应用程序或相关文档，屏幕上就会显示一个相应的窗口。

　　（2）关闭窗口

　　单击窗口右上角的"关闭"按钮即可关闭窗口。窗口关闭后，相应的程序也被关闭。

　　（3）移动窗口

　　把指针移动到窗口最上方的栏内，按住鼠标左键不放拖动鼠标，到达预定的位置后松开鼠标左键，窗口就移到了新的位置。

注意

　　移动窗口时，窗口须在没有充满整个屏幕的情况下；如果窗口充满整个屏幕，窗口不能移动。

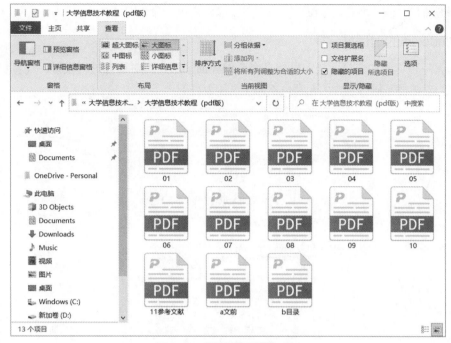

图 2-10 "资源管理器"窗口

（4）改变窗口的大小

① 把指针移动到窗口的边线上，当指针变成双向箭头形状时，按住鼠标左键不放，向箭头方向拖动鼠标，窗口的大小会相应变化。当拖放到合适大小时松开鼠标左键，完成操作。

② 将指针移动到窗口的顶角处时，指针变成倾斜的双向箭头，这时按住鼠标左键不放拖动，两个边线同时移动，当移动到新的位置时松开鼠标左键，窗口的大小也可以改变。

（5）窗口的切换

当同时打开多个应用程序时，若需要操作另外一个程序，就必须把相应的程序窗口切换（激活）为活动窗口。切换（激活）活动窗口的方法主要有两种：

方法1：使用鼠标。

① 单击待切换成活动窗口的任意显示部分。

② 单击任务栏内与待切换成活动窗口相对应的图标按钮。

方法2：使用快捷键。

① 按【Alt+Tab】组合键：按下组合键后，屏幕的中间位置会出现一个矩形区域，显示所有已打开应用程序和文件夹的图标，按住【Alt】键不放，反复按【Tab】键，这些图标就会轮流由一个白色的框包围显示，当要切换的窗口图标包围显示时，松开【Alt】键，该窗口就会成为活动窗口。

② 按【Alt+Esc】组合键：此组合键的使用方法与按【Alt+Tab】组合键的使用方法类似，唯一的区别是按【Alt+Esc】组合键不会出现代表窗口的图标方块，而是直接在各个窗口之间切换。

③ 按【Ctrl+F6】组合键：可在不同文档窗口之间进行切换。

（6）窗口的排列方式

当打开的窗口过多时，可以层叠、堆叠或并排窗口。右击任务栏的空白处，在弹出的快捷菜单中选择"层叠窗口"或"堆叠显示窗口"或"并排显示窗口"命令即可。

2.2.5 Windows 的对话框

对话框是一种特殊的窗口，是人机信息交流的界面，用户对对话框进行设置，计算机就会执行相应的命令。对话框不同，包含的元素也不同（见图 2-11）。

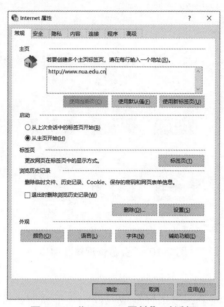

图 2-11 "Internet 属性"对话框

对话框的基本操作主要有：移动对话框、选择选项卡、在列表框中选择、在文本框中输入、选中单选按钮、选中复选框、单击命令按钮、取消操作等。

2.2.6 Windows 的菜单

菜单是命令的集合，可以通过单击菜单而执行相应的命令。菜单类别主要有："开始"菜单（见图 2-7）、控制菜单（见图 2-12）、应用程序菜单（见图 2-13）和快捷菜单（见图 2-14）等。

图 2-12 控制菜单

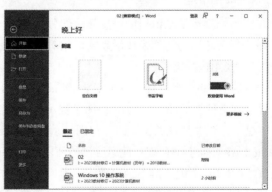

图 2-13 应用程序菜单

控制菜单是单击窗口左上角的"控制菜单图标"打开的菜单，窗口的控制菜单包含窗口操作的内容基本相同。

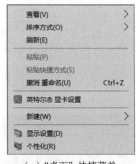
（a）"桌面"快捷菜单

（b）"网络"快捷菜单

图 2-14　快捷菜单

　　菜单的操作主要有打开菜单和取消菜单。打开菜单是单击相应菜单名，再选择相应的命令。若打开菜单后想立即取消，可单击菜单以外的任何地方或按【Esc】键取消。

　　在 Windows 操作系统中，还有具有特殊标记的菜单，它们具有特殊含义，主要有：

　　① 菜单中的命令项为暗淡：此命令项当前无法执行。

　　② 带省略号"…"：选择该命令后会打开一个对话框，要求用户输入相关信息。

　　③ 带符号" ▶ "：指向该命令会弹出一个子菜单。

　　④ 带组合键：表示可通过按组合键来代替相应的菜单命令。

　　⑤ 带符号"●"：表示分组菜单中的单选项。

　　⑥ 前有符号"√"：选择标记。当选项前有此符号时，表示该命令有效；再次选择则删除此标记，该命令无效。

2.2.7　剪贴板

　　剪贴板是临时存放交换信息的存储区域，它是在内存中开辟的区域，是信息交换与共享的重要媒介。通过"剪切"或"复制"命令可以将要交换或传递的信息自动传入剪贴板中，"粘贴"命令便可以将剪贴板中的信息粘贴到特定的位置。

　　如果要将整个屏幕内容以位图形式复制到剪贴板中，可直接按【PrintScreen】键；要将某个活动窗口的信息以位图形式复制到剪贴板中，可按【Alt+PrintScreen】组合键。

　　Windows 的剪贴板中可以保存多个项目，按【Windows 徽标+V】组合键可查看剪贴板历史记录，用户可以根据需求选择其中的一组或全部信息粘贴。剪贴板还可以跨设备同步。也可以通过剪贴板设置，清除剪贴板数据（见图 2-15）。

图 2-15　剪贴板设置

2.2.8 虚拟桌面与分屏功能

Windows 10操作系统中新增了虚拟桌面功能，虚拟桌面可以创建多个传统桌面，把不同的窗口放置于不同的桌面环境中使用。在打开窗口较多的情况下，虚拟桌面功能可以突破传统桌面的使用限制，给用户更多的桌面使用空间。按下【Windows徽标+Tab】组合键或单击任务栏上的 ▣ 图标，即可启用虚拟桌面界面（见图2-16）。创建虚拟桌面没有数量限制，每个虚拟桌面中的任务栏只显示在该虚拟桌面环境下的窗口或应用程序图标。

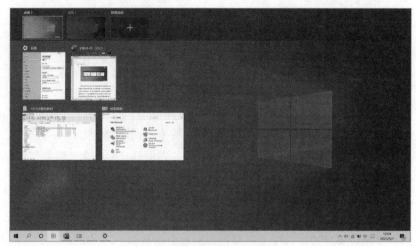

图 2-16　虚拟桌面界面

在用户同时运行多个任务时，Windows10操作系统提供的分屏功能更加方便易用。如果需要将多个任务窗口同时显示在屏幕上，进行对照操作或编辑，采用分屏可以避免频繁的窗口间切换。分屏功能支持使用二分屏。启用二分屏功能非常简单，只需拖动窗口至屏幕左侧或右侧即可进入分屏，另外一侧会以缩略图的形式显示当前打开的所有窗口。单击选择一个要分屏显示窗口的缩略图，即可并排显示两个窗口。此外，分屏功能还支持屏幕四角贴靠分屏，拖动窗口至屏幕四角即可实现四角分屏模式（见图2-17）。

图 2-17　四角分屏模式

●●●●2.3　Windows 的文件管理●●●●

计算机中所有的程序、数据等都是以文件的形式存放在计算机中的。在 Windows 操作系统中，"文件资源管理器"具有强大的文件管理功能，可以实现对系统资源的管理。

2.3.1　文件与文件夹的概念

① 文件名：文件名是存储文件的依据，即按名存取。文件名分为文件主名和扩展名。

② 文件类型：文件类型通常由文件的扩展名表示。不同类型的文件采用不同的处理方式。常见的文件类型及其扩展名见表 2-1。

表 2-1　常见的文件类型及其扩展名

文 件 类 型	扩 展 名	文 件 类 型	扩 展 名
可执行文件	.exe、.com	压缩文件	.rar、.zip
源程序文件	.c、.cpp、.bas、.asm	音频文件	.wav、.mp3、.mid
目标文件	.obj	网页文件	.htm、.asp
系统文件	.int、.sys、.dll、.adt	文本表格文件	.tab
批处理文件	.bat	备份文件	.bak
设备驱动程序文件	.drv	临时文件	.tmp
文档文件	.docx、.xlsx、.pptx	系统配置文件	.ini
图像文件	.bmp、.jpg、.gif	程序覆盖文件	.ovl
流媒体文件	.wmv、.rm、.qt、.mp4		

除了命令文件和可执行文件外，一般来说，某种类型的文件会与某应用程序关联，如有无法识别的文件类型，需要用户选择相应的应用程序打开。

③ 文件属性：文件除文件名外，还有其他属性。文件属性一般包括文件的大小、文件所处的位置、文件时间（如创建日期、修改日期、访问时间等）、属性（如只读、隐藏等）、详细信息等。

在 Windows 操作系统中，可以使用长达 255 个字符的长文件名，但一些特殊字符，如"\""|""/""*""?""<"">"":"等不可以使用。

计算机是通过文件夹组织管理和存放文件的。文件夹相当于一个目录，提供了指向对应磁盘空间的路径地址，使用文件夹最大的优点是为文件的共享和保护提供方便。

文件与文件夹构成了树状结构的文件管理系统。

2.3.2　文件资源管理器

在 Windows 环境下，使用文件资源管理器可以管理计算机中文件资源，实现对文件的各种通用操作。Windows 10 操作系统中的文件资源管理器使用了 Ribbon 界面。Ribbon 界面把同类型的命令组织成一种"标签"，每种标签对应一种功能区。功能区更加适合触摸操作，使以往被菜单隐藏很深的命令得以显示，将最常用的命令放置在最显眼、最合理的位置，以方便使用。在文件资源管理器中，默认隐藏功能区，是为了给小屏幕用户节省屏幕空间，如图 2-18 所示。单击图 2-18 中标签栏右边的"展开功能区"按钮⌄即可显示资源管理器功能区，如图 2-19 所示。同样，单击向上箭头按钮即可隐藏功能区。或者使用【Ctrl+F1】组合键也能完成展开或隐藏功能区操作。

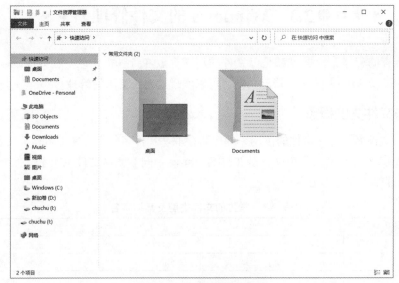

图 2-18　文件资源管理器

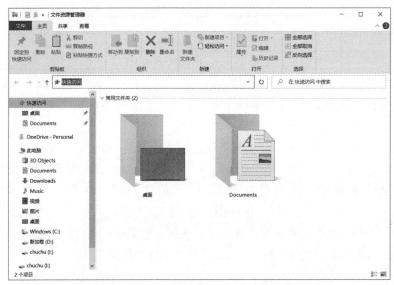

图 2-19　显示文件资源管理器功能区

打开文件资源管理器的主要方法有：右击"开始"按钮，在弹出的快捷菜单中选择"文件资源管理器"命令；在桌面上双击"此电脑"图标。

在桌面上双击"此电脑"图标，在打开文件资源管理器的功能区中，包括3种功能区，分别是文件、计算机和查看。在一般文件夹中，文件资源管理器的功能区会显示4个功能区，分别是文件、主页、共享、查看。当选中某种格式的文件或驱动器时，才会触发显示其他功能区。不同格式的文件对应着不同功能区，方便对文件的操作。每个功能区里各种相关命令又被组合在一起。

2.3.3　文件与文件夹的操作

在Windows操作系统中，要进行的绝大多数操作是首先选定对象，然后进行进一步操作。用户可以通过不同的方法完成某一操作任务。对文件或文件夹操作的常用的方法有：

①使用功能区上的按钮。

②选定对象后右击，在弹出的快捷菜单中选择相应的命令。

③通过鼠标拖动实现复制、移动或删除等操作。

④使用快捷键。

文件与文件夹常用的基本操作主要有：

①选定文件或文件夹。选定文件或文件夹的操作方法见表2-2。

表 2-2 选定对象操作

选 定 对 象	操　　作
单个对象	单击所要选定的对象
多个连续对象	鼠标操作：单击所要选定的第一个对象，按住【Shift】键不放，单击所要选定的最后一个对象
	键盘操作：移动指针到所要选定的第一个对象，按住【Shift】键不放，移动指针到所要选定的最后一个对象
多个不连续对象	单击所要选定的第一个对象，按住【Ctrl】键不放，单击其他每一个要选定的对象

②新建文件或文件夹。

③移动文件或文件夹。

④复制文件或文件夹。

⑤删除文件或文件夹。

⑥重命名文件或文件夹。

⑦更改文件或文件夹的属性。

⑧恢复文件或文件夹。

⑨搜索文件或文件夹。

⑩压缩或解压文件或文件夹。压缩或解压文件或文件夹需要首先安装一款压缩软件，然后完成相应的压缩和解压操作。有些压缩软件在压缩时还可以设定解压密码。

•••●2.4 Windows 的进程管理 ●•••

Windows操作系统采用并发多任务方式支持系统中多个任务的执行。任务是指装入内存并启动执行的一个程序；进程是程序在计算机上的一次执行活动。运行一个程序就启动了一个进程。用户可以查看或结束当前执行的进程。

在Windows环境下，打开任务管理器并选择详细信息就可以观察进程情况。具体操作：按【Ctrl+Alt+Del】组合键，在随后出现的选项中选择"启动任务管理器"命令，打开任务管理器，如图2-20所示，再选择详细信息，则可以通过"进程"选项卡观察到应用程序对应的进程列表，如图2-21所示。也可以单击"结束任务"按钮结束选定的应用程序或结束选定的进程。

图 2-20　任务管理器

图 2-21　"任务管理器"窗口中的"进程"选项卡

●●●● 2.5　Windows 的存储器管理 ●●●●

　　Windows 的存储器管理主要采用虚拟存储技术，即把多个物理上独立存在的存储体通过软件或硬件的手段集中起来管理，形成一个逻辑上的虚拟存储单元供主机访问。也就是虚拟存储器通过采用内、外存结合的办法，即将一部分外存空间作为内存使用，以此为用户提供足够大的地址空间——虚拟空间。在 Windows 环境下，系统安装有虚拟内存文件（pagefile.sys），默认大小为物理内存的 1.5 倍，在实际使用中可以对其进行调整。

　　虚拟内存的有关操作方法：右击"此电脑"图标，在弹出的快捷菜单中选择"属性"命令，打开设置窗口（见图 2-22），单击"高级系统设置"超链接，弹出"系统属性"对话框（见图 2-23），选择"高级"选项卡，单击"性能"区域的"设置"按钮，打开"性能选项"对话框，单击"高级"标签，可观察系统的虚拟内存设置情况（见图 2-24）。单击"更改"按钮，可设置虚拟内存的容量和所在盘符（见图 2-25）。

图 2-22　"设置"窗口

图 2-23　"系统属性"对话框　　　　　　　图 2-24　"性能选项"对话框

图 2-25　"虚拟内存"对话框

另外，还可以在任务管理器的"性能"选项卡中观察内存的使用情况（见图2-26）。

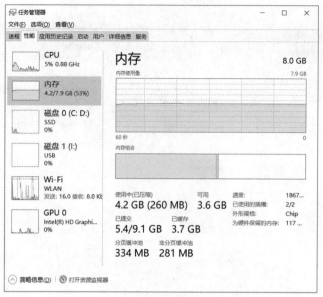

图 2-26 "任务管理器"的"性能"选项卡

●●●● 2.6 Windows 的设备管理 ●●●●

在 Windows 操作系统中，对设备管理器的有关操作如下：

右击"此电脑"图标，在弹出的快捷菜单中选择"管理"命令，出现"计算机管理"窗口（见图 2-27），单击"设备管理器"选项，打开"设备管理器"窗口，可查看系统的设备情况（见图 2-28）。

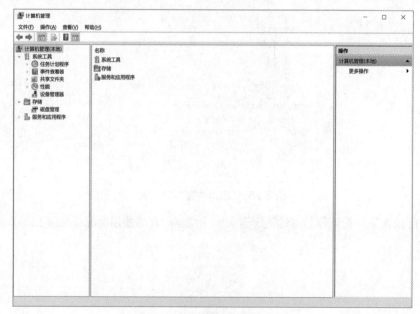

图 2-27 "计算机管理"窗口

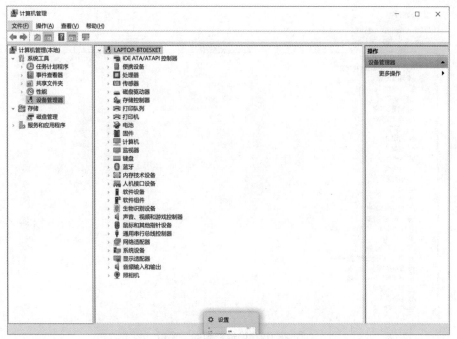

图 2-28　查看"设备管理器"

　　或打开设置窗口（见图2-22），单击"高级系统设置"超链接，弹出"系统属性"对话框（见图 2-23），选择"硬件"选项卡（见图2-29），单击"设备管理器"按钮，亦可打开"设备管理器"窗口（见图2-30）。

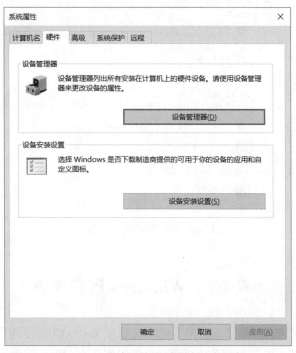

图 2-29　系统属性的"硬件"选项卡

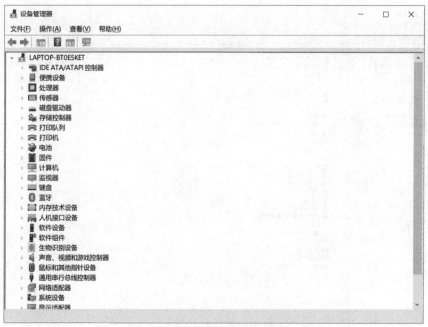

图 2-30　"设备管理器"窗口

或在"控制面板"中单击"硬件和声音"选项，在"设备和打印机"下方单击"设备管理器"选项（见图 2-31）。

图 2-31　"硬件和声音"窗口

●●●● 2.7　Windows 附件 ●●●●

Windows 系统提供了许多"附件"程序（见图 2-32），极大地方便了用户的操作。由于附件中的程序比较小，运行速度快，可以节省系统资源，提高工作效率，用户使用也方便快捷。本节中挑选最常用的几个附件程序进行简要介绍。

2.7.1　记事本

记事本是一个简单的文本编辑器，可用来编辑文本（扩展名为.txt）文件，尤其适用于一些篇幅短小的文件。记事本编辑窗口如图2-33所示。

图 2-32　"附件"程序

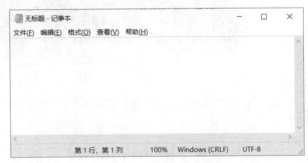

图 2-33　记事本编辑窗口

记事本保存的txt纯文本文件不包含特殊格式代码或控制码，可以被Windows的大部分应用程序调用，也可用于编辑各种高级语言程序文件，成为创建网页HTML文档的一种较好的工具。

记事本还可以用来建立时间记录文档，用于跟踪用户每次开启该文档时的系统的日期和时间。具体做法是：在记事本文本区的第一行输入大写英文字符".LOG"，并按【Enter】键。以后每次打开这个文件时，系统会自动在上次保存好的文件的结尾处增加一行，显示当时系统日期和时间，从而可以跟踪文件编辑时间。选择"编辑"→"时间/日期"命令，也可以将系统日期和时间插入文本中。

2.7.2　画图

"画图"程序是Windows预载软件，它是一个简单的图像绘制程序，可以创建和编辑图画。"画图"程序是一个位图编辑器，可以对各种位图格式的图画进行编辑，在编辑完成后，可以以BMP、GIF、JPG等格式存档，用户还可以将其作为附件形式通过电子邮件发送或设置为桌面背景。

"画图"窗口如图2-34所示。

图 2-34 "画图"窗口

除此之外，Windows还有传真和扫描、写字板、远程桌面连接等附件。

●●●● 2.8 Windows 系统设置与控制面板 ●●●●

Windows 10的设置主要通过两种方式实现，分别为Windows设置和"控制面板"，为用户提供了丰富的专门用于设置 Windows 的外观、账户、网络、安全等的工具。"控制面板"是Windows的经典功能，各种系统设置都被集成在其中，包括系统和安全、网络和Internet、硬件和声音、程序、用户账户、外观和个性化、时钟、语言和区域等相关设置的查看与设置，用户可以根据自己的喜好对鼠标、键盘、显示器、桌面等进行设置和管理，还可以进行程序的卸载等操作。

打开"控制面板"的常用方法有：

① 在计算机桌面空白处右击，在弹出的快捷菜单中选择"个性化"命令。单击进入"个性化"选项，将界面切换到"主题"（见图2-35），选择"桌面图标设置"选项。进入"桌面图标设置"对话框（见图2-36），选中"控制面板"复选框，然后单击"确定"按钮，此时，"控制面板"图标就会显示在计算机桌面上。

② 代码方式：直接按【Windows徽标+R】组合键，打开"运行"对话框，然后在"打开"文本框中输入control命令（见图2-37），单击"确定"按钮后即可进入"控制面板"。

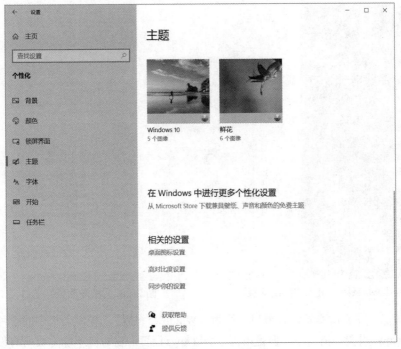

图 2-35 个性化"主题"设置

图 2-36 "桌面图标设置"对话框

图 2-37 "运行"对话框

③ 直接按键盘上的【Windows 徽标】键,打开"开始"菜单,也可以单击计算机桌面左下角的"开始"菜单图标。下拉菜单找到"Windows 系统",展开该选项,就可以看到"控制面板"(见图 2-38),单击即可进入"控制面板"(见图 2-39)。

图2-38 从"Windows系统"进入"控制面板"　　　　　　图2-39 "控制面板"窗口

　　Windows 10引入了新的系统设置窗口，称为"Windows设置"。控制面板中的各种设置功能逐渐被转移到"Windows设置"窗口中，但是由于"Windows设置"窗口尚不能完成所有设置，因此目前仍保留控制面板。在"Windows设置"窗口可以完成Windows桌面与个性化设置、网络和Internet设置、应用程序管理、设备管理等操作。单击"开始"菜单左下角"设置"图标，启动"Windows设置"，窗口如图2-40所示。

图2-40 "Windows 设置"窗口

　　下面介绍系统设置与"控制面板"中的几个主要操作。

2.8.1 个性化设置

　　打开"Windows设置"的"个性化"设置，用户可以根据个人爱好对"背景"（见图2-41）、"颜色"

（见图2-42）、"锁屏界面"（见图2-43）、"主题"（见图2-44）、"字体"（见图2-45）、"开始"菜单
（见图2-46）和"任务栏"（见图2-9）等进行设置。

以桌面"主题"为例，Windows 10 操作系统采用了新的主题方案，窗口采用无边框设计，界面
扁平化，边框直角化，图标和按钮也采用扁平化设计。界面整体风格更加专业化和更具现代感。系
统提供的主题配色方案很多，用户还可以根据个性化需求更改操作系统的自动配色方案。

打开"个性化"设置的"颜色"对话框（见图2-42），可以进行主题色的设置，利用主题色不仅
可以改变桌面背景等颜色，还可以改变"开始"菜单、任务栏、标题栏、操作中心、通知中心等的
颜色。如果选中"从我的背景自动选取一种主题色"复选框，系统主题色则会随壁纸的更换而自动
更换。

图 2-41 "背景"设置

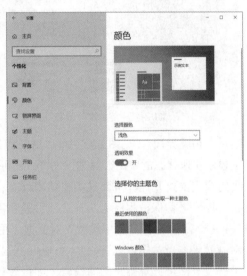

图 2-42 "颜色"设置

图 2-43 "锁屏界面"设置

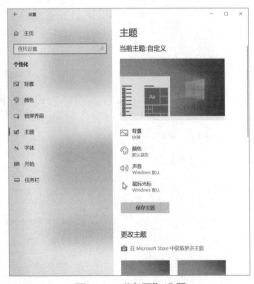

图 2-44 "主题"设置

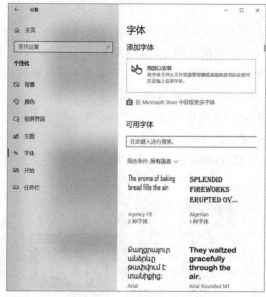

图 2-45 "字体"设置

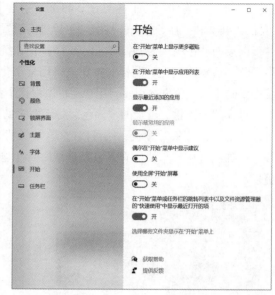

图 2-46 "开始"菜单设置

通过"锁屏界面"（见图2-43）可以对"背景"、"锁屏界面上显示详细状态的应用"以及"锁屏界面上显示快速状态的应用"等进行设置。还可以进行"屏幕超时设置"和"屏幕保护程序设置"。

当用户需要离开计算机而又不想关闭计算机，也不想让别人看到屏幕上的内容时，可以设置屏幕保护程序。屏幕保护程序有两种：一种是不需要密码的；另一种是需要密码才能进入系统的。操作方法：进入"屏幕保护程序设置"对话框（见图2-47），在"屏幕保护程序"下拉列表中选择一种保护动画效果，当然还可以进一步对选中的效果进行更详细的动作效果设置，只需要单击"设置"按钮进行设置即可；等待时间的设置，即设置计算机无操作多长时间后自动进入屏幕保护模式。如果需要设置根据密码才能进入系统模式，则选中"在恢复时显示登录屏幕"复选框即可。

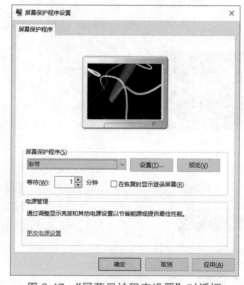

图 2-47 "屏幕保护程序设置"对话框

2.8.2　显示设置

在桌面空白处右击，在弹出的快捷菜单中选择"显示设置"命令，弹出对话框如图2-48所示。显示设置包括屏幕"亮度和颜色"、"Windows HD Color"和"缩放与布局"等栏目。通过"亮度和颜色"，可以更改显示器的亮度，并可进行夜间模式设置。通过"Windows HD Color"可显示高动态范围（HDR）和宽色域（WCG）内容。通过"缩放与布局"可更改文本、应用等项目的大小，还可调整"显示器分辨率"和"显示方向"。显示器分辨率的设置要根据用户计算机显示适配器的规格以及显示器的规格来确定。在"多显示器"设置里可以进行一些高级显示设置，单击"多显示器"的"高级显示设置"，弹出"高级显示设置"对话框，如图2-49所示，可更改"刷新频率"，保证屏幕中动作的流畅性。

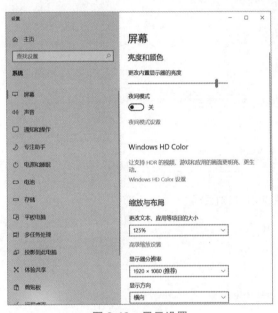

图 2-48　显示设置

图 2-49　高级显示设置

2.8.3　时间和语言的设置

Windows 10支持用户在任何时候、任何地点工作，可以方便地将计算机的时钟、日历、货币和数字更改成与所在的国家（地区）和时区匹配。

1．日期和时间

系统能够自动记录时间并可以直接在任务栏中显示出来。要进行时间的修改，可在"日期和时间"对话框中完成（见图2-50）。

2．语言

Windows 10操作系统提供多种输入法，用户可根据自己的使用习惯进行相应的切换。除了系统提供的输入法外，用户还可以根据需要任意安装或者删除输入法。

输入法的更改（安装与删除）操作方法：单击"Windows设置"窗口（图2-40）的"时间和语言"链接，在随后出现的系统设置里单击"语言"命令，出现"语言"对话框（见图2-51），单击"键盘"

图标，弹出"键盘"对话框（见图2-52），可以进行输入法的设置，也可以切换输入法，还可以通过"输入语言的热键"打开"文本服务和输入语言"对话框（见图2-53），当然在该对话框中还可以进行高级键设置，比如为输入法设定热键。用户只需按自己的需要更改即可。

图 2-50 "日期和时间"对话框

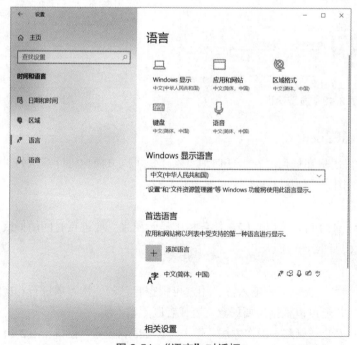

图 2-51 "语言"对话框

图 2-52　"键盘"对话框　　　　　　图 2-53　"文本服务和输入语言"对话框

输入法安装好后，用户可以在不同的输入法之间相互切换。可以使用两种切换方法。鼠标操作方法：单击"任务栏"中的语言栏图标，屏幕上会显示当前系统已装入的输入法，并且会显示当前正在使用的输入法，此时只需单击想切换成的输入法即可。键盘操作方法：在系统默认情况下，按【Ctrl+Shift】组合键或【Windows 徽标 +Space】组合键依次切换系统中所有的输入法，按【Ctrl+Space】组合键可快速在现有的输入法与英文输入法之间切换。

应该注意的是，在汉字输入状态时，应将键盘置于小写状态，在大写状态下是不能实现中文输入的。利用键盘上的【Caps Lock】键即可实现大小写的转换。同时，英文字母、数字字符以及键盘上出现的其他非控制字符有全角和半角之分。全角字符就是占位一个汉字的字符，输入法状态栏中的显示状态为"月牙"时为半角，"正圆"时为全角，单击即可实现两种状态之间的切换。

2.8.4　应用程序的操作

1．安装程序

应用程序通常有自己的安装程序，可以通过自动执行安装程序安装，也可以通过手动运行安装程序安装。

目前大多数软件安装光盘都有 Autorun 功能，将安装光盘放入光驱后就自动启动安装程序，用户根据安装向导的提示完成安装即可。手动安装时，找到安装程序的可执行文件，通常情况下，该文件的文件名为"setup.exe"或"安装程序名 .exe"等。双击可执行文件，再按安装向导的提示完成安装。

2．卸载或更改程序

应用程序的卸载一般采用两种方法：一种是直接运行应用程序自带的卸载程序；另一种是单击"控制面板"窗口中的"程序"超链接。值得注意的是，要完整地卸载应用程序不能只靠【Del】键来完成。

通过控制面板卸载或更改程序的方法：打开"控制面板"窗口，单击"程序"下的"卸载程序"超链接（见图2-39），打开"卸载或更改程序"窗口（见图2-54），然后从已安装程序的列表中选中要进行操作的程序，再单击"卸载"或"更改"，完成相应操作。

图 2-54 "卸载或更改程序"窗口

2.8.5 硬件和声音的设置

1. 添加打印机

打印是计算机的一个基本操作，而要完成打印任务，必须安装打印机。单击"控制面板"窗口中"硬件和声音"下的"查看设备和打印机"超链接，可打开"设备和打印机"窗口（见图2-55），单击该窗口中的"添加打印机"命令，再根据弹出的对话框的提示，完成添加打印机的操作。

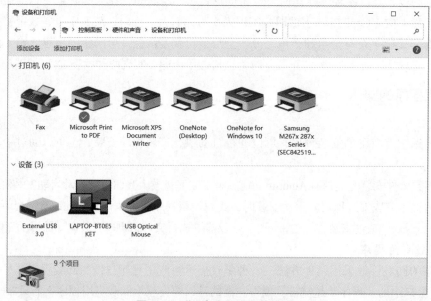

图 2-55 "设备和打印机"窗口

2. 设置鼠标

为了使鼠标的使用符合个人习惯，可以根据个人的喜好对鼠标进行设置。单击"控制面板"窗口中"硬件和声音"超链接，打开"硬件和声音"窗口（见图2-31），再单击"设备和打印机"下的"鼠标"超链接，打开"鼠标 属性"对话框（见图2-56），再进行相应的设置即可。

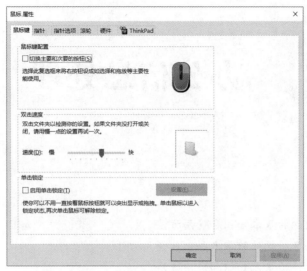

图 2-56　"鼠标 属性"对话框

●●●小　　结●●●●

本章介绍了操作系统的分类、功能、常用的操作系统等方面的基本知识，并着重介绍了 Windows 10 的基本知识和基本操作。然后介绍了 Windows 10 的文件管理、进程管理、存储器管理、设备管理等功能。本章还介绍了 Windows 10 常用的附件程序，如记事本、画图等的使用。最后对 Windows 系统设置与"控制面板"进行了介绍，可以帮助读者更好地使用计算机软硬件资源。

●●●习　　题●●●●

1. 按工作方式可将操作系统分成哪几类？
2. 操作系统有哪些主要的功能？
3. Windows 有哪些特殊标记的菜单？具有什么样的特殊意义？
4. 常用的文件扩展名有哪些？对应的文件类型分别是什么？
5. 文件名的命名有哪些规定？有哪些特殊字符不能使用？
6. 常用的文件和文件夹的操作有哪些？
7. 如何打开任务管理器？
8. 什么是虚拟存储技术？虚拟内存文件名是什么？如何查看或更改虚拟内存的大小？
9. 如何打开"设备管理器"？
10. "记事本"和"画图"分别打开什么格式的文件？
11. "显示属性"可以设置哪些内容？
12. 应用程序的卸载主要有哪些方法？为什么不提倡直接删除应用程序文件？
13. 如何添加打印机？

第3章 》 办公信息处理

学习目标

- 掌握文字处理软件的基本知识和使用方法。
- 掌握数据统计和分析软件的基本知识和使用方法。
- 掌握演示文稿软件的基本知识和使用方法。

随着计算机应用的广泛和深入，人们对办公信息的处理越来越重视。如何利用计算机软件对文字、数字、表格、图形、图像、音频、视频等多种形式的办公信息进行处理，以提高办公效率，是本章要介绍的内容。目前比较著名的办公套装软件有 WPS 系列、Microsoft Office 系列、Open Office 系列等。本章以 Microsoft Office 系列为例，介绍文字处理、数据处理和演示文稿等软件的基本知识及使用方法。

3.1 文字处理软件

文字处理软件是最普及、最常用的办公信息处理软件，它所具备的高效实用的文字处理能力是手工书写所无法比拟的。它可以实现文字信息的录入、编辑；图形、图像、表格、公式等各种对象的插入；文档的建立、排版和打印输出等。文字处理软件种类很多，其中最著名的有金山公司自主开发的 WPS 软件和微软公司的 Word 软件。这些文字处理软件版本在不断更新，功能不断增强。本节以 Word 2016 为例，介绍文字处理软件的基本知识和使用方法。

3.1.1 Word 软件基本知识

Word 软件集文字处理、电子表格、传真、电子邮件、HTML 和 Web 页制作等功能于一体，具有强大的文字处理功能和排版功能，其"所见即所得"的功能使文字处理变得十分简单。Word 2016 延续了较前期版本的基本功能和操作方法，又有更多的新增功能，如通过一些新增和改进的工具及 Office 主题，可创建具有视觉冲击力的文档；通过提供改进的导航窗格和查找工具，可节省时间和简化工作；通过使用新增的共同创作功能，可以协同工作，同其他位置的其他工作组成员同时编辑同一个文档。在网络化环境的支持下，通过设置保留每个人的修改痕迹，对多人的修改还可以进行合并处理，方便文档的合作编辑；还可以从更多的位置访问信息等。

Word 2016 与之前版本相比有很大差别，添加了不少实用的功能，操作界面更加人性化和可操作化。菜单栏由原先的下拉菜单改成平铺式功能区，可以方便地找到工作所需的各种功能。当将鼠标指针放在功能按钮上时，会自动出现该功能按钮的功能、快捷键及功能说明。Word 2016 中的云模块已经与 Word 融为一体，可以为文档提供云存储。

　　Word 2016 窗口如图 3-1 所示，具有"文件""开始""插入""设计""布局""引用""邮件""审阅""视图""帮助""操作说明搜索"等功能区。

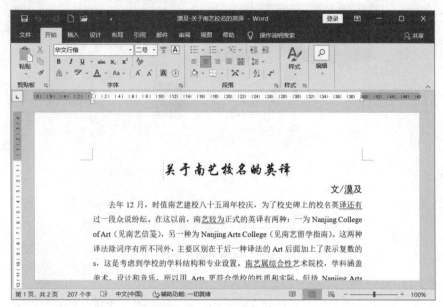

图 3-1　Word 2016 窗口

3.1.2　文档的编辑与管理

1．文档的新建与打开

（1）新建文档

　　要建立一个新的文档，可直接启动 Word 程序，屏幕上便会出现如图 3-2 所示界面，单击"空白文档"图标则会出现一个标题为"文档 1"的空白文档。如果用户对文档没有特别的格式要求，就可以在"文档 1"中输入相应信息。该文档在保存时会提示用户选择保存位置、输入文件名以及选择保存类型等。

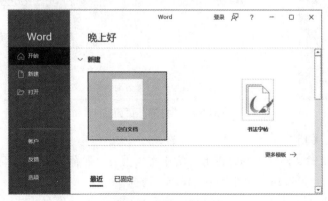

图 3-2　新建空白文档

如果用户想新建一个有固定格式的商业信函、传真、传单、报告等，可以选择"文件"→"新建"

命令,可以看到很多模板,单击想要建立的模板,单击"新建"按钮,即可自动按模板创建文档。如"蓝色曲线传真"模板(见图3-3)。

图 3-3　"传真"模板窗口

(2)打开文档

要打开一个已经存在的文档,可选择"文件"→"打开"命令,出现"打开"页面(见图3-4)。找到需要打开的文件,单击文件名,即可打开所需要的文件。

图 3-4　"打开"页面

2. 文档的保存与关闭

保存文档是将编辑的文档保存到磁盘上,防止文档丢失。保存文档可以直接单击快速访问工具栏中的"保存"按钮,也可选择"文件"→"保存"命令。

如果需要将文档存放在其他的磁盘、文件夹内,或以另外的文件名、其他的文件类型保存,则需选择"文件"→"另存为"命令(见图3-5),弹出"另存为"对话框,选择存放文档的文件夹,在"文件名"文本框中输入文件名，在"保存类型"下拉列表中选择需要的文件类型，然后单击"保存"按钮即可将所编辑的文档以修改的文件名、选定的文件类型保存到指定的文件夹中。默认情况下，Word 2016 文档类型为"Word 文档"，扩展名 .docx。系统向下兼容以往版本，可供用户选择保存为 Word 2016 以前的版本，如 Word 97-2003 文档。

图 3-5　"另存为"窗口

Word 具有自动保护功能，默认 10 分钟保存一次。若要修改自动保存间隔时间，可执行"文件"→"选项"→"保存"命令，修改间隔时间后单击"确定"按钮即可，如图 3-6 所示。

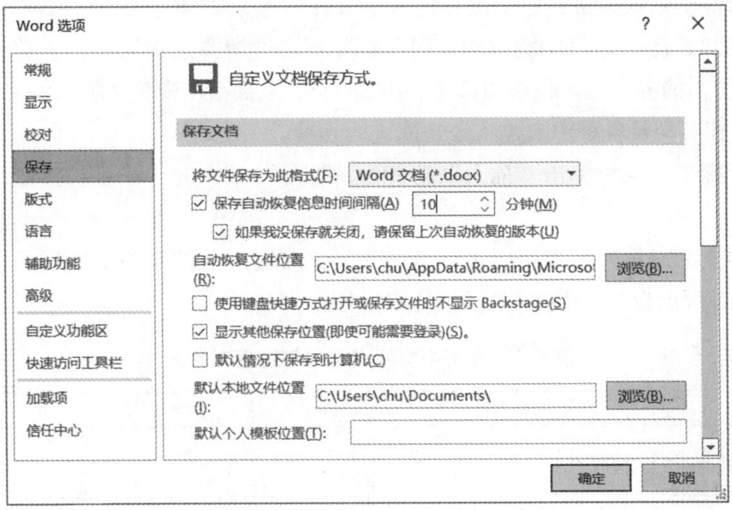

图 3-6　修改自动保存间隔时间

当用户所编辑的文档属于机密性文件时，为了防止其他用户随便查看，可使用密码将其保护起来。这样，只有知道密码的人才可以打开文档进行查看或编辑。文字处理软件提供了设置文档权限密码的功能。

在 Word 中，可以在第一次保存时出现的"另存为"对话框中设置，选择保存地址后，单击"工具"按钮，在打开的下拉菜单中选择"常规选项"命令，打开"常规选项"对话框，在"打开文件时的密码"和"修改文件时的密码"文本框中输入相应密码，如图 3-7 所示，单击"确定"按钮后在弹出的"确认密码"对话框中分别再次输入密码即可。

图 3-7　设置"打开文件时的密码"和"修改文件时的密码"

需要注意的是，将文档另存为 PDF 或 XPS 文档后，将无法转换回 Microsoft Office 文件格式，除非使用专业软件或第三方加载项。

3．文字的输入与编辑

在文字处理软件中输入文字，包括键盘输入、语音输入、手写输入、扫描输入等多种输入方式，用户可根据需求加以选择。当使用键盘输入时，首先应选择所需的输入法。可单击状态栏中的输入法选择按钮，选择所需的输入法。也可以按【Ctrl+Space】组合键在中英文输入法之间切换，按【Ctrl+Shift】组合键可以在英文及各种中文输入法之间进行切换。

若需要输入特殊字符，可单击"插入"功能区"符号"域中的"符号"按钮，从中选择所需的特殊字符。

一些常用的中文标点符号可直接通过键盘输入，此时输入法按钮条中的标点按钮必须选择为中文标点方式。表 3-1 所示为常用中文符号与键盘对照表。

表 3-1　常用中文标点符号与键盘对照表

键　　盘	中文标点符号	键　　盘	中文标点符号
.	。	'	' '
\	、	"	" "
<	《〈	^	……
>	》〉	&	——

计算机有"插入"和"改写"两种工作状态。可以单击状态栏中的"插入"或"改写"按钮，或按【Insert】键来切换"插入"和"改写"状态。

文字输入完毕需要进行校对时，拼写和语法检查以及查找替换功能将为用户带来极大的方便。利用拼写检查主要是对文档中的每一个词进行拼写正确性的检查，可利用"审阅"功能区"校对"域中的选项进行拼写和语法检查，而查找和替换可在规定范围内进行全面查找和替换，以提高效率和正确率。查找和替换可利用"开始"功能区的"编辑"域进行。

3.1.3 文档的格式设置

为了使文档页面美观、层次清晰、重点突出、图文并茂，需要对文档进行格式编排。Word 文档主要有三种格式设置：字符格式的设置、段落格式的设置、页面格式的设置。

1. 字符格式的设置

字符格式的设置就是对文字的字体、字号、字形、字符间距、字符位置、特殊效果等进行设置。

进行字符格式的设置可以直接利用"开始"功能区"字体"域中的工具按钮（见图 3-8）。如需要进一步设置，也可单击"字体"域右下角的 按钮，弹出"字体"对话框（见图 3-9），利用"字体"对话框进行修改。用"字体"对话框可以设置各种字符效果，如上 / 下标、删除线等。设置更为详细的文字效果时可单击"字体"对话框"字体"选项卡中的"文字效果"按钮，可设置文本填充、文本轮廓等（见图 3-10）。

图 3-8 "字体"域中的工具按钮   图 3-9 "字体"对话框

在"字体"对话框的"高级"选项卡中，可设置"字符间距"和"OpenType 功能"（见图 3-11）。字符缩放就是对字符在横向按一定比例压缩或放大。字符间距和字符位置可以选择相应的数值。

图 3-10 "设置文本效果格式"对话框   图 3-11 "字体"对话框的"高级"选项卡

在 Word 中还提供了对中文字的特殊处理，如加拼音、加圈、纵横混排等中文版式处理的功能。还有简体字与繁体字的转换。

带圈文字： ㊟ ㊝ ㊥ ㊙ ㊛ ㊞

加拼音文字：
nán jīng yì shù xué yuàn
南 京 艺 术 学 院

双行合一： 南 京 艺术学院

纵横混排： ꮺ 艺术学院

简体字转换为繁体字： 南京藝術學院

2. 段落格式的设置

段落格式的设置是指对整个段落的外观进行排版。选择"开始"功能区的"段落"域，可对段落进行相关设置（见图3-12）。用户可以根据需求，对各个段落分别进行设置，各段落的格式可以各不相同。

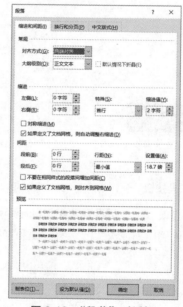

图 3-12 "段落"对话框

（1）对齐方式

执行对齐操作，只要将工作点放到需要对齐的段（行）中，单击"段落"域中相应的工具按钮即可。或者单击"段落"域右下角的 按钮，弹出"段落"对话框（见图3-12），在"缩进和间距"选项卡中进行设置。对齐方式主要有如下几种：

① 左对齐：输入的字符从页左边界开始向右排，到达右边界时自动将排不下的字符移到下一行与左边界对齐。如果是英文单词，会将最后一个排不下的单词整个移到下一行，与左边界对齐。

② 两端对齐：字符全部充满一行，如果字符不够一行就不充满。主要用于中文文本的编辑。

③ 居中：字符在页面居中，向两边扩展，本行写满后就换到下一行，继续从中间向两边展开。

主要用于设置标题等部分。

④ 右对齐：字符向页的右边界对齐，向左延伸。主要用于信件、聘书等需要最后落款的单位、人名、日期等内容。

⑤ 分散对齐：字符全部充满一行，字符数不够就靠拉大字符间距来充满一行。

（2）缩进

① 段落缩进：正文与页边距之间的距离。

操作方法：将工作点移动到需要缩进的段落，然后选用下列操作之一。

a. 拖动标尺上的左缩进或右缩进滑块到合适的位置。

b. 在"缩进和间距"选项卡中的"缩进"选项区域进行缩进参数的设置。

c. 单击"增加缩进量"或"减少缩进量"按钮，使段落缩进（左缩进）到下一制表位或回到上一制表位。

② 首行缩进：每段的第一行缩进的位置。

操作方法：将工作点移动到需要首行缩进的段落，然后选用下列操作之一。

a. 拖动标尺上的首行缩进滑块到合适的位置。

b. 在"缩进和间距"选项卡中的"缩进"选项区域的"特殊格式"下拉列表中选择"首行缩进"命令，并设置相应的数值。

③ 悬挂缩进：将文字悬挂于第一行之下。

操作方法：将工作点移动到需要悬挂的段落，然后选用下列操作之一。

a. 拖动标尺上的悬挂缩进滑块到合适的位置。

b. 在"缩进和间距"选项卡中的"缩进"选项区域的"特殊格式"下拉列表中选择"悬挂缩进"命令，并设置悬挂缩进参数。

（3）间距

选中要设置间距的段落，单击"开始"功能区"段落"域中的"行和段落间距"按钮 ，在弹出的下拉列表中选择一种合适的间距值即可。除此之外，还可以利用对话框进行操作：

① 调整行距。选取要更改行间距的段落，在"缩进和间距"选项卡中的"间距"选项区域的"行距"下拉列表框中选择合适的行距类型，需要设置数值时，可在"设置值"文本框中输入行距的数值。

② 调整段间距。选取要改变段间距的段落，在"缩进和间距"选项卡中的"间距"选项区域的"段前"或"段后"文本框中输入适当的值，单击"确定"按钮。

（4）边框和底纹

设置边框和底纹的目的是使内容更加醒目。具体操作方法是：选定区域，单击"开始"功能区"段落"域中的框线按钮旁的下拉按钮，在下拉列表中选择"边框和底纹"命令，弹出"边框和底纹"对话框（见图3-13），在其中选择边框和底纹的类型，最后单击"确定"按钮。

① 边框：对选定的段落或文字添加边框，可选择线型、颜色、宽度等框线的外观效果。

② 页面边框：对页面设置边框，设置方法如"边框"选项卡，增加了"艺术型"选项，其应用范围是整篇文档或节。

③ 底纹：对选定的段落添加底纹。"填充"为底纹的背景色、"样式"为底纹的图案（填充点的密度等）、"颜色"为底纹内填充点的颜色（即前景色）。

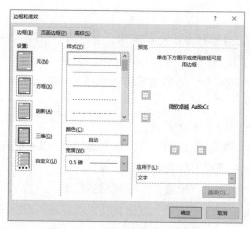

图 3-13 "边框和底纹"对话框

（5）项目符号和编号

提纲性质的文档称为列表，列表中的每一项称为项目。对文档中出现的若干并列的项目，为使其简单明了，有层次感，可为其加上项目符号或编号。项目符号用各种符号表示项与项之间的关系，而编号则用数字序号或字母来标明各项的关系。

选中需要设置项目符号或编号的文本，再根据需要，单击"开始"功能区"段落"域中的"项目符号""编号""多级列表"三个按钮中的一个或右侧的下拉按钮，下拉菜单分别如图 3-14～图 3-16所示。

图 3-14 "项目符号"下拉列表　　　　　图 3-15 "编号"下拉列表

① 项目符号：符号可以是字符，也可以是图片。通过"定义新项目符号"命令设定新的项目符号。

② 编号：为连续的数字或字母。根据层次的不同有相应的编号。也可以通过"定义新编号格式"命令设定新的编号格式。

③ 多级列表：确定多级列表的多级符号或编号的样式。

Word 还有自动编号功能，可充分利用这一特性，自动进行段落的编号。

（6）中文版式

中文版式用于自定义中文或混合文字的版式。在"段落"对话框中选择"中文版式"选项卡（见图 3-17），可进行换行、字符间距等设定。并可通过单击"选项"按钮进行进一步设置（见图 3-18）。

图 3-16　"多级列表"下拉列表　　　　　图 3-17　"中文版式"选项卡

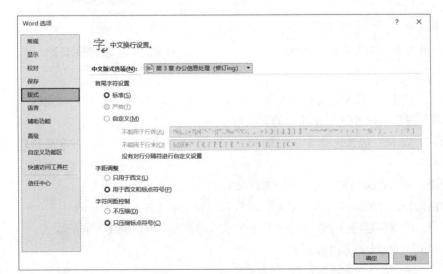

图 3-18　"Word 选项"对话框

3．页面格式的设置

页面布局可以对文档的整个页面格式进行相应的设置。

（1）页面设置

单击"布局"功能区"页面设置"域中的工具按钮可进行相应的设置。或单击"页面设置"域右下角的　按钮，弹出"页面设置"对话框（见图3-19），在其中进行相应的设置。

①页边距：文本与纸张边缘的距离。

②纸张：选择纸张的大小。用户也可以根据需要自定义纸张大小。

③布局：节的起始位置的设置，页眉和页脚的相关设置，页面的对齐方式，还可为每行加行号。

④文档网格：设置每页、每行打印的行数、字数，文字打印的方向，行和列网格线是否要打印等。

（2）页面背景

页面背景的设置可以为文档加上水印、页面边框或页面的背景颜色（见图3-20）。

图 3-19 "页面设置"对话框

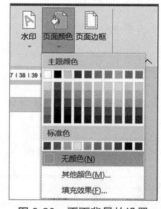

图 3-20 页面背景的设置

（3）分隔符

在文档中，为排版的需要，有时要人为地设置分页或分节。单击"布局"功能区"页面设置"域中的"分隔符"按钮，弹出图3-21所示的下拉列表。

①分页符：Word一般按选定页面大小自动分页，如果需要强制分页，可以在分页处通过插入一个分页符来实现。

②分栏符：指示后面的文字将从下一栏开始。

③自动换行符：可分隔网页上对象周围的文字，如分隔题注文字与正文。

④分节符：分节就是将整个文本分为若干个节，每个节都可以创建不同的版式。

在"分节符"区域选择适当的选项：

a.下一页：新节从下一页开头开始。

b.连续：在分节符后即开始排正文。

c. 偶数页：在下一个偶数页顶部开始排正文。

d. 奇数页：在下一个奇数页顶部开始排正文。

节的结尾标记存储了该节的所有格式信息，可以被复制或删除。

（4）分栏

为使版面生动，更具可读性，有时也是为了节省版面，可对文档进行分栏排版，编辑报纸、杂志经常用到这一功能。

单击"布局"功能区"页面设置"域中的"栏"按钮，可直接在下拉列表中进行相应的分栏操作，也可以在"栏"下拉列表中选择"更多栏"命令，弹出"栏"对话框（见图 3-22），在其中进行分隔线、栏宽、栏间距等的设置。

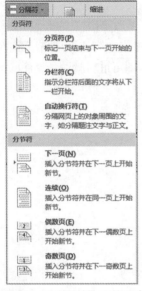

图 3-21　"分隔符"下拉列表

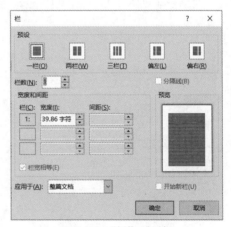

图 3-22　"栏"对话框

（5）页眉和页脚

页眉指放在页面顶部的信息，页脚是指放在页面底部的信息。设置页眉、页脚需要选择"插入"功能区的"页眉和页脚"域，可直接利用屏幕上出现的"页眉""页脚""页码"工具栏，也可通过单击按钮下方的下拉按钮，在下拉列表中选择"编辑页眉"命令，出现"页眉和页脚工具 - 设计"功能区（见图 3-23），此时正文编辑的文字全部变虚，可对页眉和页脚进行编辑。

图 3-23　"页眉和页脚工具 - 设计"功能区

在"页眉和页脚工具-设计"功能区中，又分如下六个域："页眉和页脚""插入""导航""选项""位置""关闭"。

除了页码外，还可以将系统日期、系统时间、文档部件、图片、剪贴画等插入页眉或页脚。

（6）插入页码

单击"插入"功能区"页眉和页脚"域中的"页码"按钮,在弹出的下拉列中根据需要进行设置,也可选择下拉列中的"设置页码格式"命令,弹出"页码格式"对话框（见图 3-24）,在其中设置编号格式和页码编号。

（7）脚注和尾注

脚注和尾注是对文档中的文本进行注释、加备注或提供引用。在同一文档中可以既有脚注也有尾注。

脚注是对文档的内容进行注释说明，位于页面的底端。尾注是对文档引用的文献进行注释，位于文档的结尾处。

要插入脚注，首先要将光标移动到需要设置脚注的位置，然后单击"引用"功能区"脚注"域中的相应按钮进行操作。如要对脚注和尾注进行详细设置，可单击"脚注"域右下角的▣按钮，弹出"脚注和尾注"对话框（见图 3-25），在其中选择相应的项目，即可进行脚注和尾注的操作。

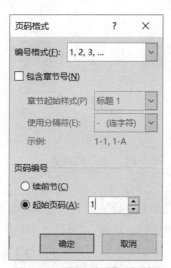

图 3-24 "页码格式"对话框

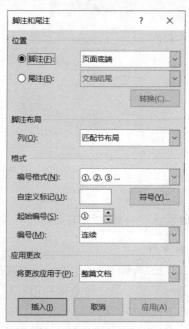

图 3-25 "脚注和尾注"对话框

3.1.4 文档中的表格制作

1. 表格的创建

根据一个表格的行、列数，可以在文本的任意位置插入表格。具体操作步骤如下：

移动插入点到要插入表格的位置,单击"插入"功能区"表格"域中的"表格"按钮,弹出图 3-26所示的下拉列表。可在菜单的格子框中按下鼠标左键并拖动，当格子下方显示表格的行 × 列数达到要求后释放鼠标,将自动插入表格。也可选择"插入表格"命令,弹出"插入表格"对话框（见图 3-27），在"行数""列数""固定列宽"等文本框中输入需要的数值，确定后可在插入点处插入所需的表格。

如要创建复杂表格，可选择"绘制表格"命令，手动绘制所需要的表格。如果选择"快速表格"命令，可以在下一级菜单 Word 预先定义好的表格格式中选择需要的表格。

图 3-26　"表格"下拉菜单

图 3-27　"插入表格"对话框

2．表格的编辑与修饰

表格生成后，光标定位在表格内时会出现"表格工具"功能区。表格内的文字编辑、排版与一般文字处理相同。其他操作如下：选择"表格工具 - 设计"功能区（见图 3-28），可设置表格的外观，如表格和单元格的边框、底纹的设置，内置格式样式的选用等。选择"表格工具 - 布局"功能区（见图 3-29），可进行表格属性的设置（可调出"表格属性"对话框，见图 3-30），也可进行单元格的合并与拆分、插入（单元格、行、列等）、删除（行、列、单元格、表格等）、单元格大小的设置、列宽与行高的设置、列间距的调整等操作。单元格中的文本可以设置对齐方式、文字方向和单元格边距等。

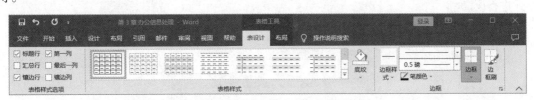

图 3-28　"表格工具 - 设计"功能区

图 3-29　"表格工具 - 布局"功能区

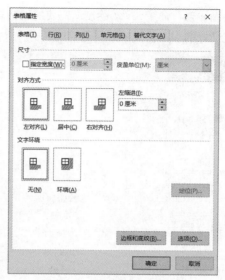

图 3-30　"表格属性"对话框

3．表格与文本的转换

在 Word 中，可以将表格转换为文本，也可以将文本转换为表格。表格转换为文本的操作方法是：选中要转换的表格，单击"表格工具-布局"功能区"数据"域中的"转换为文本"按钮（见图 3-29）。文本转换为表格的操作方法是：选中要转换的文本，单击"插入"功能区"表格"域中的"表格"按钮，在弹出的下拉列表中选择"文本转换成表格"命令。

4．表格的数据处理

对 Word 表格中的数值也可以进行计算，并将结果作为一个域插入选定的单元格。Word 表格有 6 种运算符：加、减、乘、除、乘方和百分数，分别用 +、-、*、/、^、% 表示。也可以用常用的数学函数进行计算。单元格的标识可采用字母（行的方向，从左到右是从"A"开始）和数字（列的方向，从上到下是从"1"开始），如一行一列为"A1"。运算时，可单击"表格工具-布局"功能区"数据"域中的"公式"按钮，弹出"公式"对话框（见图 3-31），可直接在"公式"文本框中输入公式，也可以在"粘贴函数"下拉列表中选择所需的函数。通过"编号格式"下拉列表可以对计算结果的数值格式进行设定。

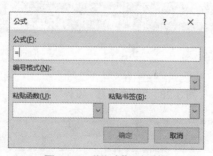

图 3-31　"公式"对话框

表格中的内容可以根据需要进行排序，排序可以按笔画、数字、日期、拼音等顺序重新排列。方法是：将光标定位于指定的列中，单击"表格工具-布局"功能区"数据"域中的"排序"按钮，弹出"排序"对话框（见图3-32），选择排序的关键字及类型，指定排序方式是"升序"还是"降序"，还可单击对话框中的"选项"按钮，弹出"排序选项"对话框（见图3-33），设置排序的其他选项。

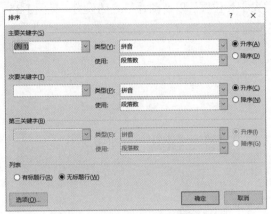

图 3-32   "排序"对话框

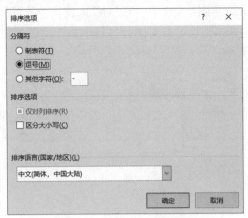

图 3-33   "排序选项"对话框

3.1.5 文档中对象的插入

在 Word 文档中，可以将整个文件作为对象插入当前文档中，也可插入其他文档中的文本、图片、图表、图形、文本框、艺术字、公式等。

1. 插入对象

单击"插入"功能区"文本"域中的"对象"按钮，在弹出的下拉列表中选择"文件中的文字"命令，可以插入其他文件中的文本。当需要插入带有数据图表的文稿、演示文稿或PDF文档等原始文件时，可以将这些文件作为对象插入文档，还可以调用创建此文件的应用程序进行编辑。具体操作方法是：单击"插入"功能区"文本"域中的"对象"按钮，弹出"对象"对话框（见图3-34），选择需要的文档或图表类型，在对应的编辑窗口中进行相应的编辑，完成后在Word编辑区双击即可退出插入文件的操作，返回Word编辑。若要再次对插入的对象进行编辑时，再双击对象，就可以再次进入对象的编辑状态。

图 3-34   "对象"对话框

2．插入图片

插入图片的操作：单击"插入"功能区"插图"域中的"图片"按钮，在弹出的对话框中选择图片来源（图片文件）。可以对插入文档中的图片进行"大小和位置"以及图片格式的设置（见图3-35、图3-36），也可以对图片进行编辑（见图3-37），还可通过鼠标操作，灵活地改变图片大小、移动图片等。

图 3-35　"布局"对话框

图 3-36　"设置图片格式"窗格

图 3-37　"图片工具 - 格式"功能区

双击要进行编辑的图片，在"图片工具 - 格式"功能区中有"调整""图片样式""排列""大小"等域，可对图片进行颜色、艺术效果等调整，也可以对图片边框、图片效果、图片版式等进行设置，还可以选择排列的位置等，可裁剪或修改图片的大小。

3．插入形状

Word具有强大的绘图功能，利用自带的各种图形，可使文档更加形象、美观。插入的形状包括Word自带的现成的形状，如线条、矩形、基本形状、箭头总汇、公式形状、流程图、星与旗帜、标注等。插入形状的操作为：单击"插入"功能区"插图"域中的"形状"按钮，弹出图3-38所示的下拉菜单，选择相应的形状并绘制。对绘制好的图形，同样可以改变大小、填充颜色、设置阴影与三维效果等。要进一步对图形进行设置，可双击绘制好的图形，在"绘图工具-形状格式"功能区（见图3-39）中进行。对制作的多个图形，可利用组合命令将多个图形组合成一个整体对象，也可将组合后的整体图形再进行拆分。

图 3-38　"形状"下拉列表

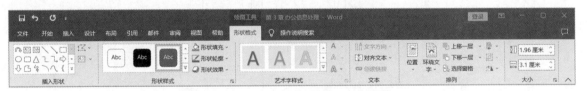

图 3-39　"绘图工具 - 形状格式"功能区

4．插入 SmartArt 图

Word 提供了 SmartArt 功能。SmartArt 图形是 Word 设置的图形、文字以及样式的集合，包括列表（36 个）、流程（44 个）、循环（16 个）、层次结构（13 个）、关系（37 个）、矩阵（4 个）、棱锥图（4 个）和图片（31 个）共 8 类 185 个图样。插入 SmartArt 图的操作方法是：单击"插入"功能区"插图"域中的 SmartArt 按钮，弹出图 3-40 所示的"选择 SmartArt 图形"对话框，选择相应的 SmartArt 图形并绘制。在绘制时要充分考虑布局、形状以及样式等。

5．插入文本框

文本框属于一种图形对象，也是一种"容器"，在文本框内可放置文本、表格和图形等内容。文本框可以创造特殊的文本版面效果，实现与页面文本的环绕等。插入文本框的操作方法是：单击"插入"功能区"文本"域中的"文本框"按钮，弹出图 3-41 所示的下拉列表，选择合适的文本框或绘制文本框。插入文本框后将相应内容置于文本框内。用户可以修改文本框的大小、改变文本框的位置、设置文本框的形状格式和布局等。

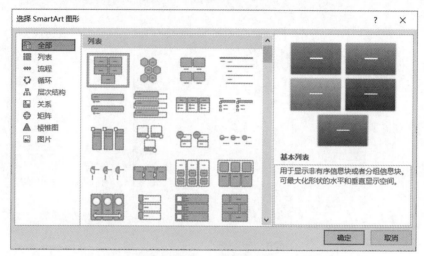

图 3-40 "选择 SmartArt 图形"对话框

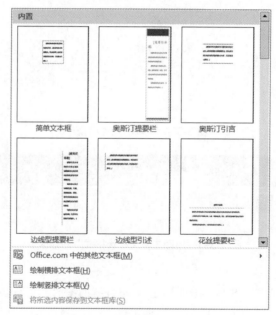

图 3-41 "文本框"下拉列表

6．插入艺术字

在 Word 中一般字体和字号可以满足日常基本的文件排版要求，但在一些特殊的情况下，需要对字符进行特殊效果的处理。Word 可以通过艺术字体来实现。

单击"插入"功能区"文本"域中的"艺术字"按钮，弹出图 3-42 所示的下拉列表，选择某一种样式，在随后出现的艺术字图文框中输入文本即可。输入艺术字后，用户还可以对艺术字进一步格式化，此操作可以在"绘图工具 - 形状格式"功能区（见图 3-39）的"艺术字样式"域中进行，也可单击"开始"功能区"字体"域中的"文本效果"按钮,在弹出的下拉列表(见图3-43)中进行。

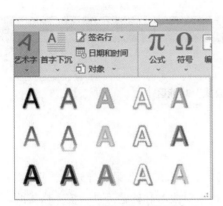

| 图 3-42 "艺术字"下拉列表 | 图 3-43 "文本效果"下拉列表 |

改变艺术字的大小、位置以及删除艺术字的操作都和对图片的操作类似。

7. 首字下沉

要设置首字下沉,首先将光标移动到该段中,单击"插入"功能区"文本"域中的"首字下沉"按钮,在弹出的下拉菜单中选择"下沉"或"悬挂",也可选择"首字下沉选项"命令,弹出"首字下沉"对话框(见图3-44),在其中进行进一步的设置。

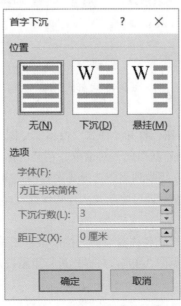

图 3-44 "首字下沉"对话框

8．插入公式

在很多文稿中，有大量的数学公式、数学符号要表示，Word 中的公式编辑器可方便地实现公式的表达，并能自动调整公式中各元素的大小、间距和格式编排等，也可以根据需要自定义样式。

将插入点移动到需插入公式的位置，单击"插入"功能区"符号"域中的"公式"按钮，出现图 3-45 所示的"公式工具 - 公式"功能区，在文本编辑区出现"在此编辑公式"的公式编辑区，利用公式工具可以在公式编辑区编写各种复杂的公式。

图 3-45　"公式工具 - 公式"功能区

3.1.6　文档的高效排版与打印

1．样式

样式是一组已命名的字符、段落、表格等格式的组合。样式的集合组成样式表。Word 中有很多已经设置好的样式，用户也可以自定义样式。使用样式可以对段落和标题等进行统一格式的设置，也可以通过修改样式对使用该样式的文本的格式进行统一修改，有利于构造长文档的大纲和目录。

样式的设置可使用"开始"功能区"样式"域，进行如下操作：

（1）使用已有样式

选中需要应用样式的文本，单击"样式"域（见图 3-46）中相应的样式即可。

图 3-46　"样式"域

（2）新建样式

单击"样式"域右下角的 按钮，打开"样式"窗格（见图 3-47），单击"新建样式"按钮，弹出图 3-48 所示的"根据格式化创建新样式"对话框，在"名称"文本框中输入样式的名称，再单击对话框左下角的"格式"按钮，在下拉列表中选择要设置格式的类别（如字体、段落、制表位等），设置相应的格式，单击"确定"按钮后即可将新建的样式保存到样式表中。

（3）修改和删除样式

单击"样式"窗格中需修改的样式名称右边的下拉按钮，在弹出的下拉列表中选择"修改样式"命令，弹出"修改样式"对话框（见图 3-49），对样式进行重新设定，修改完毕后单击"确定"按钮即可。

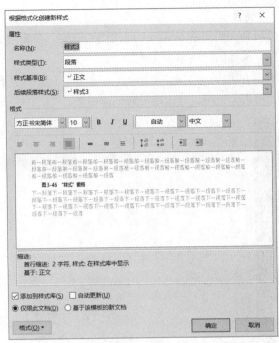

图 3-47　"样式"窗格　　　　图 3-48　"根据格式化创建新样式"对话框

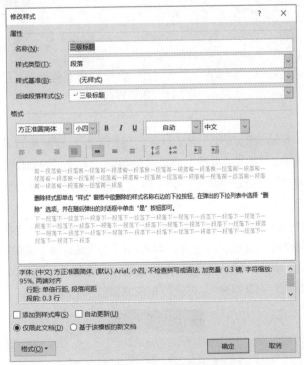

图 3-49　"修改样式"对话框

　　删除样式即单击"样式"窗格中欲删除的样式名称右边的下拉按钮,在弹出的下拉列表中选择相应的删除命令,并在随后弹出的对话框中单击"是"按钮即可。

2．模板

模板为文档的基本结构，即文档的框架。在新建文档时，可通过 Word 提供的模板快速生成所需的文档。模板的扩展名为 .dotx。

操作方法为：选择"文件"→"新建"命令，选择需要使用的模板（见图 3-50）。用户可以使用已有的模板，也可以修改模板或创建模板。

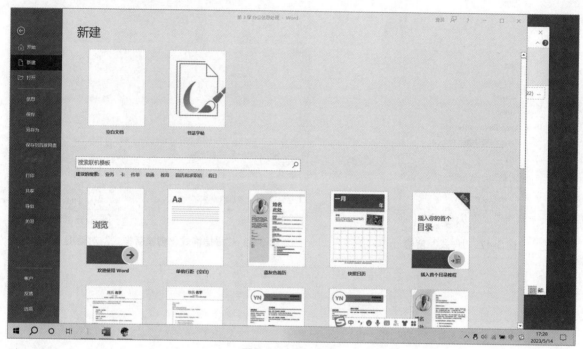

图 3-50　模板列表

3．生成目录

目录通常是长文档不可缺少的部分，有了目录，用户就能很容易地知道文档中有什么内容、查找内容，便于用户阅读。Word 提供了自动生成目录的功能，使目录的制作变得非常简便，而且在文档发生了改变以后，还可以利用更新目录的功能来适应文档的变化。

（1）创建标题目录

Word 一般是利用标题或者大纲级别创建目录的。因此，在创建目录之前，应确保出现在目录中的标题应用了内置的标题样式。也可应用包含大纲级别的样式或者自定义的样式。单击"引用"功能区"目录"域（见图 3-51）中的"目录"按钮，在展开的目录选项（见图 3-52）中选择"自定义目录"命令，弹出"目录"对话框（见图 3-53），再进行相应的操作。

图 3-51　"目录"域

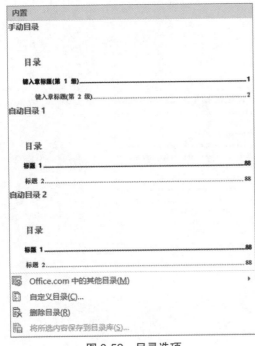

图 3-52　目录选项

图 3-53　"目录"对话框

（2）创建图表目录

图表目录也是一种常用的目录，可以在其中列出图片、图表、图形、幻灯片或其他插图的说明，以及它们出现的页码。图表目录的操作在"目录"对话框的"图表目录"选项卡中完成。

（3）创建引文目录

引文目录与其他目录类似，可以根据不同的引文类型，创建不同的引文目录。在创建引文目录之前，应该确保在文档中有相应的引文。引文目录的操作在"目录"对话框的"引文目录"选项卡中完成。

（4）更新目录

Word 所创建的目录是以文档的内容为依据的，如果文档的内容发生了变化，如页码或者标题发生了变化，就要更新目录，使它与文档的内容保持一致。

在创建了目录后，如果想改变目录的格式或者显示的标题等，可以再执行一次创建目录的操作，重新选择格式和显示级别等选项。执行完操作后，会弹出一个对话框，询问是否要替换原来的目录，单击"是"按钮替换原来的目录即可。

如果只是想更新目录中的数据，以适应文档的变化，可以在目录上右击，在弹出的快捷菜单中选择"更新域"命令即可。用户也可以选择目录后，按【F9】键更新域。

4．文档的打印

文档编排好后，可以将文本通过打印机打印出来。

打印文件可以选择"文件"→"打印"命令，或者按【Ctrl+P】组合键，打开"打印"窗口（见图 3-54），用户可根据需要设置相应的参数。

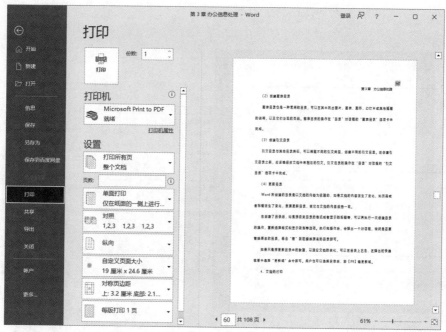

图 3-54　"打印"窗口

●●●●3.2　数据统计和分析软件●●●●

数据统计和分析软件也是办公信息处理中最常用的软件之一。它采用电子表格的形式对数据进行组织和处理、统计和分析，符合人们的日常工作习惯。其代表产品目前有 Microsoft 的 Excel 和金山公司的电子表格。

3.2.1　Excel 软件的基本知识

启动 Excel 2016 程序后，出现图 3-55 所示的窗口，具有"文件""开始""插入""页面布局""公式""数据""审阅""视图""帮助""操作说明搜索"等功能区。

图 3-55　Excel 2016 窗口

1．工作簿

一个 Excel 文件就是一个工作簿（book），文件名则是工作簿的名称。它由若干个工作表组成，默认情况下包含 3 张工作表，一个工作簿最多有 255 张工作表。

2．工作表

工作表（sheet）是 Excel 界面的主体。默认的工作表标签为 Sheet1、Sheet2、Sheet3。单击任一工作表标签可将其激活为当前活动工作表，双击任一工作表标签可更改工作表名称。工作表可根据需要进行增加或删除。每张工作表最多可包含 1 048 576 行、16 384 列。

3．单元格

行和列交叉的小方格称为单元格。每列用大写字母标识，称为列标，如 A，B，…，Z，AA，AB，…，XFD；每行用数字标识，从 1 到 1 048 576，称为行号。单元格名称或地址用所在位置的列标和行号来表示，如"H3"表示该单元格位于工作表的第 H 列第 3 行。当前正在使用的单元格为活动单元格，由黑框框住。

3.2.2　工作表的输入与编辑

1．工作表的数据输入

工作表中的信息为数据，常见的数据有文本型、数值型、日期型、时间型等。

（1）直接输入数据

可直接在单元格或编辑栏中输入数据。在默认情况下，数值型数据为右对齐，文本型数据为左对齐。对于一些数值形式的数据，如身份证号码、电话号码等，可在数字前加单引号，或者是 =" 数字串 "，则其属性转化为文本型数据。数值的输入可以使用普通方式，也可使用科学记数法。对一些逻辑值可直接输入 TRUE、FALSE 等。

（2）利用"自动填充"功能输入有规律的数据

对一些有规律的数据，如等差、等比、系统预定义的数据填充序列和用户自定义的新序列等，可用"填充柄"自动填充，即直接拖动"填充柄"沿水平或垂直方向填充有规律的数据。

（3）从外部导入数据

单击"数据"功能区"获取外部数据"域中的相应按钮（见图 3-56），可将其他外部数据（如自 Access、自 Web、自文本、自其他来源等）导入。

2．工作表的编辑

（1）数据的修改

数据修改有两种方法：一是双击单元格，直接在单元格内修改，二是选中单元格后在编辑栏里修改。移动插入点可在需要处插入或删除数据。

（2）插入单元格（或行、列）

选定需插入单元格（或行、列）的单元格区域，单击"开始"功能区"单元格"域中的"插入"按钮，在弹出的下拉列表（见图 3-57）中进行操作。

（3）删除单元格（或行、列）

选定需删除的单元格（或行、列），单击"开始"功能区"单元格"域中的"删除"按钮，在弹出的下拉列表（见图 3-58）中选择相应命令。若选择"删除单元格"命令，弹出"删除文档"对话框（见图 3-59），选择相应的选项进行操作即可。

图 3-56 "获取外部数据"域

图 3-57 "插入"下拉列表

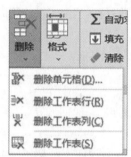

图 3-58 "删除"下拉菜单

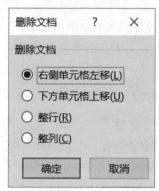

图 3-59 "删除文档"对话框

（4）隐藏行（列）

选中需要隐藏的行（列），单击"格式"功能区"单元格"域中的"格式"按钮，在弹出的下拉列表中选择"可见性"→"隐藏和取消隐藏"命令，在弹出的子菜单中选择相应的命令进行操作（见图 3-60）。也可直接右击，在弹出的快捷菜单中进行操作。

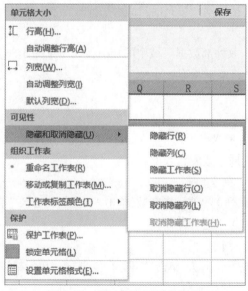

图 3-60 行（列）可见性操作

（5）数据复制、移动和删除

数据的复制、移动和删除与 Word 的操作方法大同小异。操作时首先选中需要复制或移动的对象并右击，在弹出的快捷菜单中选择"复制"或"剪切"命令，然后将鼠标指针移动到需要粘贴的位置右击，在弹出的快捷菜单中选择"粘贴"命令即可。

如果需要删除，可直接选中要删除的数据，按【Del】键或右击，在弹出的快捷菜单中选择"清除内容"命令即可。

（6）撤销与恢复操作

在操作过程中如需要对已执行的操作撤销时可通过单击"撤销"按钮 完成。如要恢复某操作可通过单击"恢复"按钮 完成。

（7）单元格批注

批注是为了注释一些复杂的内容而添加的解释性信息。对批注的操作主要有：新建批注（单击"审阅"功能区"批注"域中的"新建批注"按钮）、编辑批注（选中需要编辑批注的单元格，单击"审阅"功能区"批注"域中的"编辑批注"按钮）、复制批注（选中需要复制批注的单元格并右击，在弹出的快捷菜单中选择"复制"命令，在目标处右击，在弹出的快捷菜单中选择"选择性粘贴"命令，弹出"选择性粘贴"对话框，如图 3-61 所示）、删除批注（单击"审阅"功能区"批注"域中的"删除"按钮）等。

（8）查找和替换

Excel 的"查找和替换"功能可以查找或替换文本或数字，也可进行格式搜索。单击"开始"功能区"编辑"域中的"查找和选择"按钮，弹出"查找和替换"对话框（见图 3-62），在其中进行相应的操作。

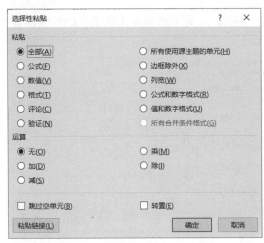

图 3-61　"选择性粘贴"对话框

图 3-62　"查找和替换"对话框

3．工作表的格式化

为了使工作表的外观更加整齐、美观、合理，Excel 有多种工作表的格式设置方法。主要通过以下方法实现：

（1）使用"开始"功能区（见图 3-55）

"开始"功能区包含"剪贴板""字体""对齐方式""数字""样式""单元格""编辑"七个域，

可设置字体、字号等，也可进行字体修饰。

单击"样式"域中的"套用表格格式"按钮，系统已预先定义了若干种制表格式供用户套用（见图3-63），以节省时间并获得较好的效果。

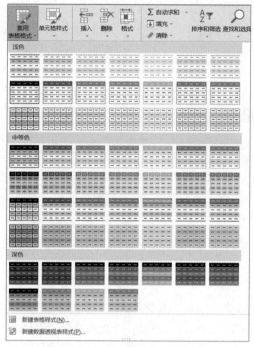

图 3-63 "套用表格格式"下拉菜单

单击"开始"功能区"样式"域中的"条件格式"按钮，可对工作表中满足条件的单元格设置指定的格式（见图3-64）。

图 3-64 "条件格式"下拉列表

（2）使用设置单元格格式命令

选择需要设置的单元格或单元格区域后右击，在弹出的快捷菜单中选择"设置单元格格式"命令，弹出"设置单元格格式"对话框（见图 3-65），它有 6 个选项卡，分别为数字、对齐、字体、边框、填充和保护。数据的格式化就可以根据上述 6 个选项卡进行相应的设置。

图 3-65　"设置单元格格式"对话框

4．工作表的管理

工作表的管理包括对工作表的打印以及保护等操作。

（1）工作表的重命名、插入、删除、移动、复制等

对整个工作表的上述操作，可指向需要操作的工作表标签，利用右键快捷菜单（见图 3-66）进行相应的操作。

（2）工作表窗口的拆分

当需要查看一张工作表的两个不同位置时，就需要对窗口进行拆分。具体操作方法：使用垂直滚动条和水平滚动条上的拆分　，用鼠标拖动它们到工作表区即可完成拆分。还可以单击"视图"功能区"窗口"域中的"拆分"按钮。

取消拆分也是使用鼠标拖动拆分块至原滚动条处，或再次单击"拆分"按钮。

（3）工作表窗口的冻结

当浏览一个较大的工作表时，为了能够看到某行或某列，可将这些行或列锁定，以方便浏览。

具体操作方法：选定需要冻结的行的下方和列的右方，单击"视图"功能区"窗口"域中的"冻结窗格"按钮，在弹出的下拉列表（见图 3-67）中选择相应的命令。如选择"冻结窗格"命令即可冻结上方的行和左方的列。再次单击"冻结窗格"按钮，在弹出的下拉列表中选择"取消冻结窗格"命令即可撤销冻结。此操作方法也适用于对首行和首列的冻结或取消冻结。

（4）工作表的保护

可对工作表的各个元素进行保护，以防止其他用户访问，也可允许特定用户访问指定的区域。

具体操作方法：选中需要保护的工作表，单击"审阅"功能区"保护"域中的"保护工作表"按钮，在弹出的"保护工作表"对话框（见图 3-68）中进行相应的操作。撤销保护的操作方法：单击"审阅"功能区"更改"域中的"撤销工作表保护"按钮。

对工作簿的保护和撤销保护方法类似于对工作表的相关操作。

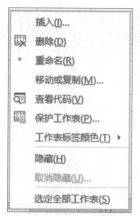

图 3-66 工作表右键快捷菜单

图 3-67 "冻结窗格"下拉列表

（5）工作表的打印

打印之前需要对工作表的页面进行设置。打印时选择"文件"→"打印"命令，打开"打印"窗口（见图 3-69），在其中进行相应的设置，单击"打印"按钮即可开始打印。

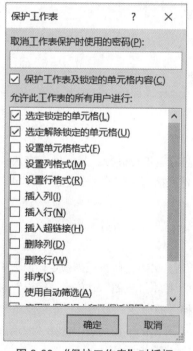

图 3-68 "保护工作表"对话框

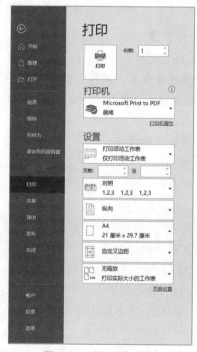

图 3-69 "打印"窗口

3.2.3 公式和函数的使用

电子表格软件能够对输入的数据进行计算。公式是电子表格的灵魂，而函数是 Excel 最精彩的部分。

Excel 公式的操作在"公式"功能区（见图 3-70）中进行。"公式"功能区包含"函数库""定义的名称""公式审核""计算"四个域。

图 3-70　"公式"功能区

1．Excel 的公式

公式是对工作表数据进行运算的方程式，它遵循一个特定的语法与次序：最前面是等号（＝），后面是参与计算的元素（运算数），这些参与计算的元素通过运算符隔开。每个运算数可以是不改变的数值（常量数值）、单元格或引用单元格区域、标识、名称或工作表函数。

公式中常用的运算符如下：

（1）算术运算符

＋（加）、－（减）、＊（乘）、/（除）、^（乘幂）、%（百分号）。

（2）比较运算符

＝（等于）、＜（小于）、＞（大于）、＞＝（大于或等于）、＜＝（小于或等于）、＜＞（不等于）。

（3）文本连接符

＆。

（4）引用运算符

"："（冒号）区域运算符、"，"（逗号）联合运算符、" "（空格）交叉运算符。

当多个运算符同时出现在一个公式里时，其优先顺序有严格规定，如需要改变顺序可使用圆括号。

2．Excel 的函数

Excel的函数是内置的现成的公式，它为用户进行计算和数据处理带来了极大的方便。函数内容主要包括：常用函数、财务、日期与时间、数学与三角函数、统计等。函数的语法形式为

函数名称（参数 1，参数 2，…）

其中，参数可以是常量、单元格、区域、公式或其他函数。

函数的输入有两种方法：一种是直接输入法，另一种是粘贴函数。具体操作方法如下：

（1）直接输入法

在"＝"后直接准确地输入函数名和参数。

（2）粘贴函数

选定需要输入函数的位置，单击"公式"功能区"函数库"域中的"插入函数"按钮，在弹出的"插入函数"对话框（见图 3-71）中选择函数的类别，在"函数参数"对话框中输入需要的参数，最后单击"确定"按钮。

单击"自动求和"按钮，在弹出的下拉列表（见图 3-72）中选择相应的选项，可自动完成求和、平均值、计数、最大值、最小值等操作。

3．地址的引用

Excel公式允许引用单元格的地址，其引用方式有：相对地址引用、绝对地址引用、混合地址引用和三维地址引用。

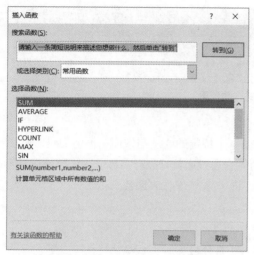

图 3-71 "插入函数"对话框　　　　　图 3-72 "自动求和"下拉列表

（1）相对地址引用

相对地址引用指被引用的单元格与引用的单元格之间的位置关系是相对的。如果公式所在的单元格位置改变，引用也随之改变。

（2）绝对地址引用

绝对地址引用指被引用的单元格与引用的单元格之间的位置关系是绝对的，无论被引用的单元格中的公式放在哪个位置，引用的仍然是公式中所指的单元格内容。其表达方法为在列标和行号前加"$"符号。

（3）混合地址引用

混合地址引用指在一个公式中，单元格地址既有绝对引用，又有相对引用，行和列可以采用不同的地址格式。

（4）三维地址引用

三维地址引用指在同一工作簿中多张工作表上引用同一个单元格或单元格区域。对不同的工作簿，在使用三维引用时必须标识工作簿名、工作表名和单元格名。

3.2.4　图表的应用

图表是工作表数据的图形表示，图表具有直观、生动等特点，方便用户查看数据，便于分析和比较数据之间的关系。图表是与生成它的工作表数据相链接的，当工作表中的数据发生改变时，图表也将自动更新。

1. 图表的创建

图表有两种形式：嵌入式图表、独立图表。创建图表的操作方法如下：

在工作表上选取创建图表的数据，单击"插入"功能区"图表"域中的需要生成的图表的按钮（见图 3-73），或单击"图表"域右下角 按钮，弹出"插入图表"对话框（见图 3-74），选择相应的图表类型插入图表。

图 3-73　"图表"域、"演示"域及"迷你图"域

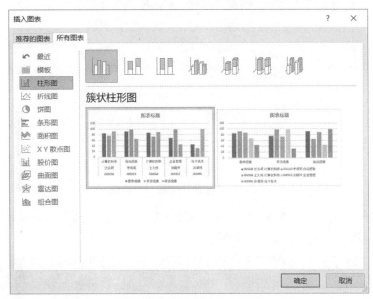

图 3-74　"插入图表"对话框

2．图表的编辑

图表中的图表区、图形区、数据系列、坐标轴、分类标记、标题、数据标记、网格线、图例、文字框、箭头和趋势线等都是一个个的独立项，称为图项。对图表的编辑是指对更改图表类型及对图表中的图项的编辑，包括数据的增加和删除等。

要对图表进行操作，必须先选中图表，可对图表进行移动、复制、缩放及删除等操作；也可在出现的"图表工具"功能区中，分别进行"图表设计"（见图3-75）、"格式"（见图3-76）的设定。

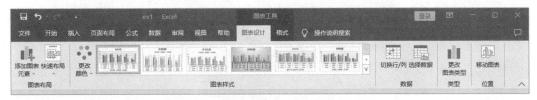

图 3-75　"图表工具 - 图表设计"功能区

图 3-76　"图表工具 - 格式"功能区

3．迷你图的创建与编辑

迷你图是 Excel 的新增功能（见图 3-73），利用它可以在一个单元格中创建小型图表，以此来快速观察数据的变化趋势。

创建迷你图的方法：选中要创建迷你图的单元格，然后单击"插入"功能区"迷你图"域中所需类型的迷你图，弹出图 3-77 所示的"创建迷你图"对话框，选择相应的数据范围和位置范围即可。

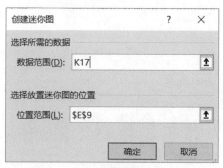

图 3-77　"创建迷你图"对话框

要格式化迷你图，可选中已创建的迷你图，在图 3-78 所示的"迷你图工具 - 迷你图"功能区中，可进行包括类型、显示、样式、组合等的设置。

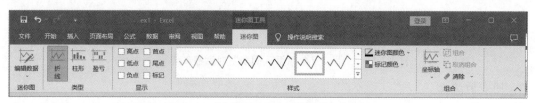

图 3-78　"迷你图工具 - 迷你图"功能区

3.2.5　数据管理与分析

电子表格不仅具有数据计算处理的能力，还具有数据库管理的一些功能，它可以对数据进行排序、筛选、分类汇总等操作。对数据的管理与分析主要在"数据"功能区（见图 3-79）中进行。

图 3-79　"数据"功能区

1．数据清单

数据清单又称数据列表，在建立时必须注意以下几点：

① 每列应包含相同类型的数据，列相当于数据库中的字段，字段名必须是字符串。

② 每行应包含一组相关的数据，行相当于数据库中的记录。

③ 列表中，不应包含空行或空列。

④ 单元格内容开始处不要加无意义的空格。

⑤ 数据列表与其他数据（如标题）之间，至少留出一个空行或空列。

⑥ 每个列表最好占一张工作表。

满足以上条件的数据清单就可以当作数据库管理。

2．数据排序

电子表格可根据列进行排序。

（1）简单排序

简单排序是指根据一列按升序或降序排列。可通过单击"数据"功能区"排序和筛选"域中的升序或降序按钮快速排序，也可单击"数据"功能区"排序和筛选"域中的"排序"按钮，通过弹出的"排序"对话框（见图 3-80）实现。

图 3-80 "排序"对话框

（2）复杂排序

复杂排序即多关键字排序，可以通过在"排序"对话框（见图 3-80）中单击"添加条件"或"复制条件"按钮添加关键字。在多关键字的情况下，首先按第一关键字（主要关键字）进行排序。当第一关键字的值相同时，按第二关键字排序，依此类推。此排序通过单击"数据"功能区"排序和筛选"域中的"排序"按钮来实现。

（3）自定义排序

用户可单击"排序"对话框（见图 3-80）中的"选项"按钮，打开图 3-81 所示的"排序选项"对话框，可选择排序的方向和方法。可设置对汉字按笔画排序、对英文字母按字母排序。

图 3-81 "排序选项"对话框

在"排序"对话框的"次序"下拉列表中除了可以选择"升序"或"降序"命令，还可以选择"自定义排序"命令。在弹出的"自定义序列"对话框（见图 3-82）中，添加自定义序列。

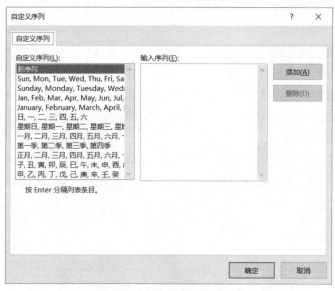

图 3-82 "自定义序列"对话框

3．数据筛选

数据筛选是将数据清单中符合条件的行筛选出来。数据筛选分自动筛选和高级筛选两种。

（1）自动筛选

在数据表中任选一个单元格，单击"数据"功能区"排序和筛选"域中的"筛选"按钮，在每个列标题右边出现一个下拉按钮，单击所需筛选的列标题右侧的下拉按钮，在弹出的下拉列表中选择所要筛选的值，或通过"自定义"功能输入筛选的条件。

若要取消筛选，可再次单击"筛选"按钮，则数据恢复全部显示。

（2）高级筛选

单击"数据"功能区"排序和筛选"域中的"高级"按钮，弹出"高级筛选"对话框（见图 3-83）。它可以用较为复杂的组合条件选取需要的记录。高级筛选不仅可以筛选数据清单区域，也可以在数据清单以外的任何位置建立条件区域。条件区域至少两行，首行为与数据清单相应字段精确匹配的字段。同一行上的条件关系为逻辑与，不同行之间的条件关系为逻辑或。筛选的结果可在原数据清单位置显示，也可在数据清单以外的位置显示。

4．分类汇总

分类汇总就是将字段值相同的连续记录放在一起，进行求和、求平均、计数、求最大值、求最小值等运算。在分类汇总操作前，必须对数据清单按汇总的字段进行排序。

（1）简单汇总

仅对数据清单的一个字段做一种汇总方式，称为简单汇总。

将光标定位在工作表中，首先按分类字段进行排序，然后单击"数据"功能区"分级显示"域中的"分类汇总"按钮，在弹出的"分类汇总"对话框（见图 3-84）中进行相应的设置。

图 3-83　"高级筛选"对话框

图 3-84　"分类汇总"对话框

（2）嵌套汇总

对同一字段进行多种方式的汇总，称为嵌套汇总。分类汇总的嵌套是在已经汇总的基础上再进行汇总，所以要取消选择"替换当前分类汇总"复选框。

对分类汇总的结果可进行分级显示的操作。如 1 级显示为总的信息，2 级显示为分类的信息……直到显示完全部的信息。

若要取消分类汇总，则再次单击"分类汇总"按钮，在弹出的"分类汇总"对话框（见图 3-84）中单击"全部删除"按钮即可。

5．数据合并计算

数据合并计算是指可以通过合并计算的方法来汇总一个或多个源区域中的数据。Excel提供了两种合并计算的方法：一种是通过位置，即当源区域有相同位置时的数据汇总；另一种是通过分类，当源区域没有相同的布局时，则采用分类方式进行汇总。

合并计算时首先要为汇总信息定义一个目的区，用来显示摘录的信息。此目标区域可位于与源数据相同的工作表内，或在另一个工作表或工作簿内。其次，需要选择待合并计算的数据源。此数据源可来自单个工作表、多个工作表或多个工作簿中。Excel 可以指定多个源区域进行合并计算，在合并计算时不需要打开包含源区域的工作簿。

合并计算通过单击"数据"功能区"数据工具"域中的"合并计算"按钮完成（弹出对话框见图 3-85）。如希望当源数据改变时，Excel 自动更新合并计算表，可选择"合并计算"对话框的"创建指向源数据的链接"复选框，这样，每次更新源数据时就不需要再执行一次"合并计算"。但当源和目标区域在同一张工作表时则不能创建链接。

6．数据透视表

数据透视表是一种交互式工作表，利用数据透视表可以对已有的数据清单、表和数据库中的数据做进一步汇总和分析。它可以对行和列进行转换以查看源数据的不同汇总结果，并显示不同页面以筛选数据，还可以根据需要显示区域中的明细数据。数据透视表是一种动态表格，它提供了一种从不同角度观看数据清单的简便方法。

创建数据透视表的步骤如下：

单击数据清单中的任一单元格，然后单击"插入"功能区"表格"域中的"数据透视表"按钮，弹出图 3-86 所示的数据透视表对话框，在对话框中选择要分析的数据和放置数据透视表的位置，单击"确定"按钮后弹出图 3-87 所示的界面。移动行字段、列字段、数据项到透视表所在位置，最终生成数据透视表。

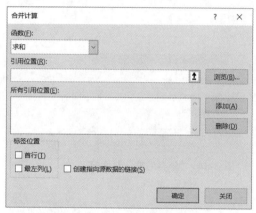

图 3-85 "合并计算"对话框

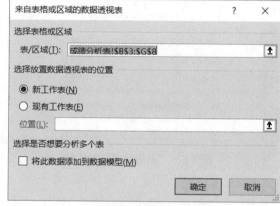

图 3-86 数据透视表对话框

建立数据透视表后，若要对其进行编辑和格式化，可在"数据透视表字段"窗格中对透视表的布局和设计分类汇总方式等进行相应的更改，也可以通过"数据透视表工具"进行操作。"数据透视表分析"（见图 3-87）可用于数据透视表的分析编辑，"设计"可用于数据透视表的格式化。

图 3-87 数据透视表布局

若要清除数据透视表数据，单击"数据透视表工具 - 数据透视表分析"功能区"操作"域中的"清除"按钮，在弹出的下拉菜单中选择"全部清除"命令即可。

●●●●3.3　演示文稿软件●●●●

演示文稿软件 PowerPoint 是 Microsoft Office 系列软件中的一个重要组件，它由一系列幻灯片组成，制作的演示文稿包含文字、图形、图像、声音以及视频等各种多媒体信息，广泛应用于新闻发布、产品推广、授课讲座等。本节以 PowerPoint 2016 为例，介绍演示文稿软件的使用方法。

3.3.1　演示文稿的创建

1．创建演示文稿

第一次使用演示文稿，就像使用其他 Office 软件一样。首先启动该软件，在默认情况下，系统会自动为用户创建一个默认的首张演示文稿（即创建了第一张幻灯片），该张幻灯片的默认版式是"标题"，即大部分情况下第一张幻灯片所采用的版式。这样就创建了演示文稿（见图 3-88）。

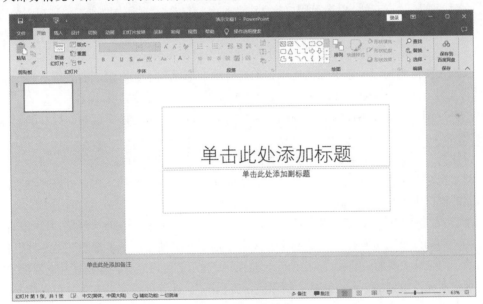

图 3-88　演示文稿窗口

普通视图下的演示文稿有"文件""开始""插入""设计""切换""动画""幻灯片放映""录制""审阅""视图""帮助""操作说明搜索"等功能区，功能区下方是幻灯片编辑区，幻灯片编辑区可以创建和编辑演示文稿中的幻灯片，编辑区下方是备注区，可以输入对幻灯片或幻灯片内容的简单说明。幻灯片编辑区最左侧是幻灯片窗口，窗口的底部是状态栏，显示当前编辑的幻灯片的序号、总的幻灯片张数等，还有视图切换区、比例缩放区等。

PowerPoint 提供了多种创建新演示文稿的方法。最常用的是创建"空白演示文稿"。方法是选择"文件"→"新建"命令，显示图 3-89 所示窗口，选择"空白演示文稿"即可。此外，还可以搜索联机模板和主题，选择相应的模板创建新演示文稿。

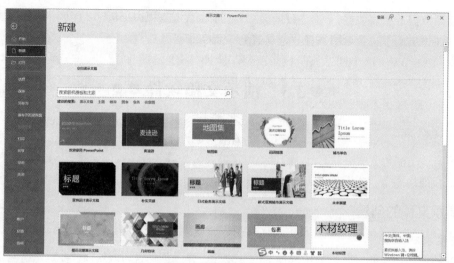

图 3-89 新建演示文稿

2. 演示文稿的视图

演示文稿的视图共有五种,以满足用户建立、编辑、浏览幻灯片的不同需求。5 种视图分别是"普通视图""大纲视图""幻灯片浏览""备注页""阅读视图"。此外,还有"幻灯片放映"和"母版视图"。

① "普通视图"是主要的编辑视图,可用于编辑或设计演示文稿。

② "大纲视图"将演示文稿显示为由每张幻灯片中的标题和主文本组成的大纲。每个标题都显示在包含"大纲"视图的左侧窗格,自行插入的文本框不会在大纲视图显示内容。

③ "幻灯片浏览"视图可同时看到演示文稿的所有幻灯片,可轻松实现对幻灯片的删除、复制和移动等操作。

④ "备注页"视图放大了备注页部分,方便用户对备注内容进行编辑。

⑤ "阅读视图"用于查看演示文稿(如通过大屏幕)、放映演示文稿。用户可以在设有简单控件以方便审阅的窗口中查看演示文稿。

⑥ "幻灯片放映"视图可用于向观众放映演示文稿,这时幻灯片会占据整个屏幕,并可以看到图形、计时、电影、动画效果和切换效果在实际演示中的具体效果。"使用演示者视图"是一种可在演示期间使用的基于幻灯片放映的关键视图,借助两台监视器,演示者可以运行其他程序并查看演示者备注,而这些是观众所无法看到的。若要选择"使用演示者视图",计算机必须具有多监视器功能,同时也要打开多监视器支持和演示者视图。

⑦ "母版视图"包括"幻灯片母版""讲义母版""备注母版",是存储有关演示文稿信息的主要幻灯片,其中包括背景、颜色、字体、效果、占位符大小和位置。

3.3.2 演示文稿的编辑

创建了幻灯片后就要对幻灯片进行编辑,也就是编辑演示文稿。演示文稿的编辑主要有:

1. 创建新的幻灯片

单击"开始"功能区"幻灯片"域中的"新建幻灯片"按钮的上半 📄 ,或者按【Ctrl+M】组合键,即可创建一张新的幻灯片。如果单击"新建幻灯片"按钮的下半部分文字或下拉按钮,则出现下拉列表（见图 3-90），可以选择列表中的某一种版式或选择新建幻灯片的方式，如"复制选定幻灯片""幻灯片（从大纲）""重用幻灯片"等。

图 3-90 "新建幻灯片"下拉列表

2．输入、编辑文本

用户一般在幻灯片的占位符（占位符：一种带有虚线或阴影线边缘的框，在这些框内可以放置标题及正文，或者是图表、表格和图片等对象）中直接输入文本。若无文本占位符，也可以通过插入文本框后输入文本。文本的编辑方法与 Word 的编辑方法类似。

在输入文本时，PowerPoint 会自动将超出占位符位置的文本切换到下一行，用户也可按【Shift+Enter】组合键进行人工换行，或按【Enter】键另起一段。

3．插入对象

演示文稿由若干张幻灯片组成，而每张幻灯片又由若干个对象构成，对象是幻灯片的重要组成元素。对每一张幻灯片可以插入的对象很多：表格、图像、视频和音频、文本框、图表、批注、超链接及其他对象等。对象的插入一般通过"插入"功能区（见图 3-91）实现。

图 3-91 "插入"功能区

PowerPoint 有制作电子相册的功能，单击"插入"功能区"图像"域中的"相册"按钮，弹出图 3-92所示的"相册"对话框，选择来自文件中的一组图片，即可制作成多张幻灯片的电子相册（见图 3-93）。

图 3-92　"相册"对话框

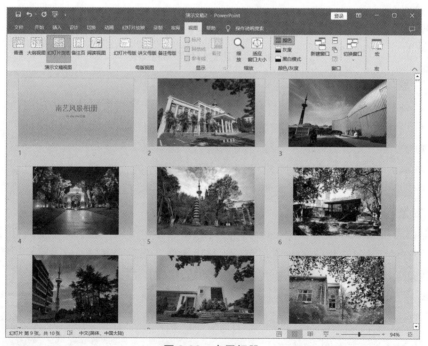

图 3-93　电子相册

　　如要插入音频，单击"插入"功能区"媒体"域中的"音频"下拉按钮，弹出音频下拉列表，选择相应的音频文件，单击"确定"按钮后即可插入。应用"音频工具"（见图 3-94），可对插入的音频进行编辑。

图 3-94　音频工具

插入视频的操作与插入音频类似。插入视频后可应用"视频工具"（见图 3-95）对插入的视频进行编辑。

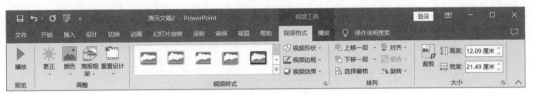

图 3-95　视频工具

4．保存演示文稿

对于完成的演示文稿的保存，主要方法有如下两种：

① 选择"文件"→"保存"命令。

② 如果要将文件存放在其他的磁盘、文件夹内，或以另外的文件名、其他的文件类型保存，则需选择"文件"→"另存为"命令，弹出"另存为"对话框，进行相应的操作后单击"保存"按钮即可将所编辑的文件以修改的文件名、选定的文件类型保存到指定的文件夹中。

3.3.3　演示文稿的格式化

1．设计幻灯片版式

"版式"指的是幻灯片内容在幻灯片上的排列方式。版式由占位符组成，而占位符内可放置文字也可放置表格、图表、图片、图形、组织结构图等内容。每次添加新幻灯片时，都可以在"幻灯片版式"中为其选择一种版式。版式涉及所有的配置内容，但也可以选择一种空白版式。具体操作方法：单击"开始"功能区"幻灯片"域中的"幻灯片版式"按钮 🖬，在下拉列表（见图3-96）中选择需要的版式。

2．使用幻灯片母版

每张幻灯片都有与之对应的母版，主要有幻灯片母版、讲义母版和备注母版。幻灯片母版控制幻灯片上标题和文本的格式与类型；讲义母版是演示文稿的打印版本，它可以在每页中包含多张幻灯片并给观众注释留出空间；备注母版控制备注页的版式以及备注文字的格式。

修改和使用幻灯片母版的主要优点是可以对演示文稿中的每张幻灯片（包括以后添加到演示文稿中的幻灯片）进行统一的样式修改。

（1）幻灯片母版

幻灯片母版是指一张具有特殊用途的幻灯片，它可以存储相关模板信息，这些模板信息包括字形、占位符大小和位置、背景设计和配色方案等。它可以使除标题幻灯片以外的幻灯片具有相同的外观格式。

单击"视图"功能区"母版视图"域中的"幻灯片母版"按钮，进入"幻灯片母版"视图（见图 3-97）。"幻灯片母版"功能区包含"编辑母版""母版版式""编辑主题""背景""大小""关闭"域。

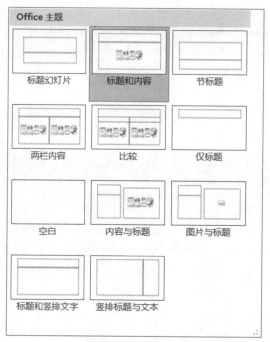

图 3-96　幻灯片版式

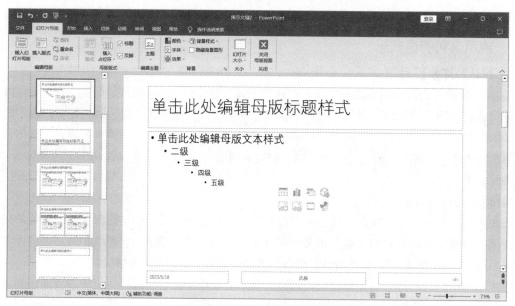

图 3-97　"幻灯片母版"视图

　　幻灯片母版的主要功能：更改文本格式、设置页眉/页脚和幻灯片编号、向母版中插入对象、设置母版的版式、主题等。

　　（2）讲义母版

　　讲义母版（见图 3-98）用于控制幻灯片以讲义形式打印的格式，可增加页眉/页脚、页码等。

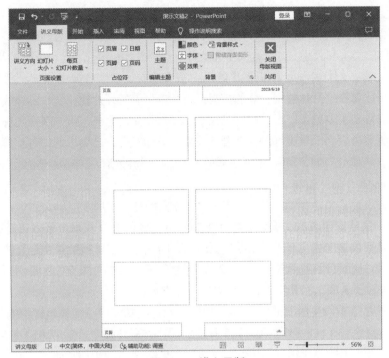

图 3-98　讲义母版

（3）备注母版

备注母版（见图 3-99）用于设置备注幻灯片的格式。

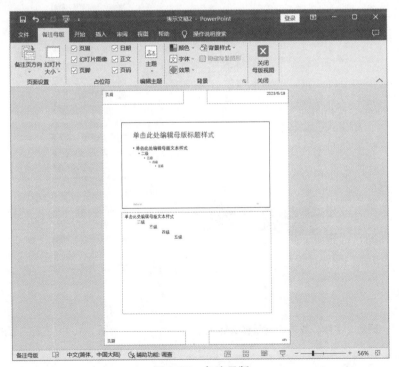

图 3-99　备注母版

3．设计模板

利用设计模板是控制演示文稿统一外观的最有效办法。设计模板是包含演示文稿样式的文件，包括项目符号、字体的类型和大小、占位符大小和位置、背景设计和填充、配色方案以及幻灯片母版等，甚至还可以包含内容。幻灯片设计模板提供给用户很多现有的样式各异的模板，用户可以很便捷地应用这些模板，可以每张幻灯片使用不同的模板，也可以所有幻灯片使用统一的样式模板。

PowerPoint 内置了很多免费模板，也可以在 Office.com 和其他合作伙伴网站上获取可以应用于演示文稿的数百种免费模板。用户还可以根据自己的需要设计符合自己要求的幻灯片模板。

选择"文件"→"新建"命令，可以选择所需的模板，或通过搜索联机模板和主题，下载需要的模板。

4．主题

PowerPoint 中内置了大量主题。它可以作为一套独立的方案应用于演示文稿中，简化用户创建演示文稿的过程。主题是主题颜色、主题字体和主题效果三者的组合。用户可以选择已有的主题，也可通过搜索，选择下载其他主题。还可以通过更改主题的颜色、字体或效果自定义演示文稿。

配色方案是指对演示文稿的背景、文本和线条、阴影、标题文本、填充、强调、强调文字 / 超链接、强调文字 / 已访问的超链接等所用颜色的一个整体设计方案。

PowerPoint 中内置了 42 种主题配色方案。单击"设计"功能区"变体"域中的下拉按钮，在下拉列表中选择"颜色"命令（见图 3-100），在弹出的配色方案列表（见图 3-101）中选择，或选择"自定义颜色"命令，在弹出的"新建主题颜色"对话框（见图 3-102）中进行调整。

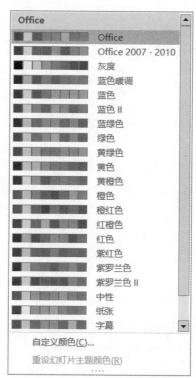

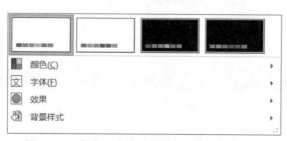

图 3-100　颜色、字体、效果、背景样式等选项　　　　图 3-101　主题内置的颜色

PowerPoint 中内置了字体。选择图 3-100 所示"字体"命令，在弹出的字体列表（见图 3-103）中选择或自定义。

图 3-102 "新建主题颜色"对话框

图 3-103 主题内置的字体

PowerPoint 中还内置了效果。选择图 3-100 所示"效果"命令，弹出内置的效果列表（见图 3-104）供用户选择。

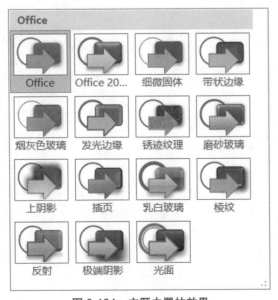

图 3-104 主题内置的效果

5．设置幻灯片背景

演示文稿中提供了丰富的背景设置，通过对幻灯片颜色和填充效果的更改，可以获得不同的背景效果。背景的设置主要包括如下操作：

（1）预设背景

选择图 3-100 所示"背景样式"命令，在弹出的下拉列表中可以直接选择内置的 12 种背景。

（2）填充背景

单击"设计"功能区"自定义"域中的"设置背景格式"按钮，弹出"设置背景格式"窗格（见图 3-105），在"填充"→"渐变填充"（见图 3-106）中进行相应设置。或右击幻灯片，在弹出的快捷菜单中选择"设置背景格式"命令进行设置。

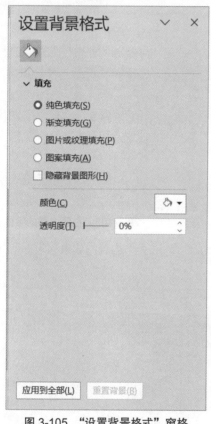

图 3-105 "设置背景格式"窗格

图 3-106 "渐变填充"设置

（3）图片或纹理背景

如图 3-105 所示，在"填充"→"图片或纹理填充"（见图 3-107）中进行相应设置。

PowerPoint 为了进一步美化幻灯片背景，在进行"图片或纹理填充"时可进行"填充" 、"效果" 、"图片" 的设置，在"效果"中有"艺术效果"的设置（见图 3-108），在"图片"中有"图片校正"和"图片颜色"的设置（见图 3-109）。

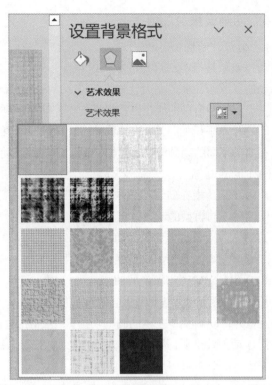

图 3-107　"图片或纹理填充"设置　　　　　图 3-108　"艺术效果"的设置

图 3-109　"图片校正"和"图片颜色"的设置

3.3.4　动画设置及超链接

1．幻灯片动画

动画效果是指在幻灯片的放映过程中，幻灯片上的各种对象以一定的次序及方式进入画面中产生的动态效果。每张幻灯片上的文本、图片、表格等对象都可以设置动画效果，设置动画效果可以突出重点、控制信息的流程以及提高幻灯片演示的趣味性。

幻灯片动画指的是当幻灯片放映时，幻灯片上的对象，以及幻灯片切换时的动态效果。幻灯片动画有两类不同的动画设计：片内动画、幻灯片间动画。

（1）片内动画

片内动画是指在幻灯片放映时，逐步显示同一幻灯片上不同层次、不同对象的内容。片内动画有以下四种不同类型的动画效果：

①进入：对象进入场景的动画。

②强调：对所选对象进行强调的动画。

③退出：对象退出场景的动画。

④动作路径：指定对象行走路径的动画。

设置片内动画主要在"动画"功能区（见图 3-110）进行。首先选中需要设置动画的对象，给该对象添加动画效果后即可在编辑区预览到动态效果，如果要进行更具体的设置，可在"效果"选项卡中进行，如图 3-111 所示。

图 3-110　"动画"功能区

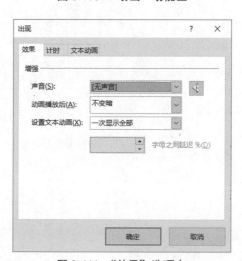

图 3-111　"效果"选项卡

在"高级动画"域中，可通过单击"添加动画"按钮对动画进行设置（见图 3-112），也可单击"动画窗格"按钮，打开"动画"任务窗格。窗格中的编号表示播放顺序，时间线代表效果的持续时间，图标代表动画的类型。选择列表中的项目后会看到相应菜单图标（向下的下拉按钮），单击该图标即可显示相应菜单。

如要设置动画路径,可选择图 3-112 中的"其他动作路径"命令,在弹出的"添加动作路径"对话框(见图 3-113)中进行选择。

图 3-112　"添加动画"列表

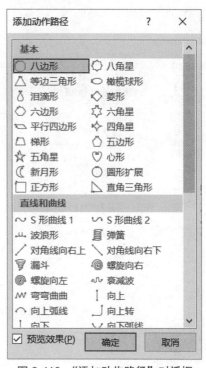

图 3-113　"添加动作路径"对话框

片内动画的设置可以单独使用任何一种动画效果,也可以将多种效果组合在一起。

(2)幻灯片间动画

幻灯片间动画是指不同幻灯片在相互切换时产生的变换动作。幻灯片切换可以设置产生特殊的视觉效果,也可以控制切换效果的速度、添加声音,甚至还可以对切换效果的属性进行自定义。幻灯片的切换既可为每张幻灯片设置不同的动作,也可为这一组幻灯片切换设置同一样式的切换动作。

设置幻灯片的切换动画,主要在"切换"功能区(见图 3-114)中进行。

图 3-114　"切换"功能区

一般幻灯片动画的设置就是围绕这两种动画进行综合设置。在片内动画设置时除了系统提供给用户的现有"动作"外,用户还可以自定义。自定义动画时,动作设置就更为灵活了。

2.超链接

在使用幻灯片放映时,有时候希望从一张幻灯片跳到另外一张幻灯片,或者单击某个幻灯片内的对象时能跳到另外的幻灯片。此时,就需要创建超链接。超链接的目标对象范围很广,可以是现有文件或网页、本文档中的幻灯片、新建文档或者电子邮件地址等。

　　创建超链接的步骤：选中要创建超链接的幻灯片中的对象，单击"插入"功能区"链接"域中的"链接"按钮，在弹出的"插入超链接"对话框（见图3-115）中选择插入超链接的类型。最后单击"确定"按钮，这样即可创建超链接。

图 3-115　"插入超链接"对话框

　　修改超链接与创建超链接很相似，只要选中要修改的超链接后在弹出的超链接对话框中修改目标对象即可。

　　超链接的删除：选中要删除超链接的对象并右击，在弹出的快捷菜单中选择"取消超链接"命令即可。

　　3．动作按钮

　　动作按钮的本质是超链接，是超链接的一种特殊形式，此时的链接不是文本或者其他对象，而是系统提供的图形按钮。

　　创建动作按钮的具体操作步骤如下：

　　① 单击"插入"功能区"插图"域中的"形状"按钮下方的下拉按钮，弹出"形状"下拉列表，移动滚动条到"动作按钮"行（见图3-116），选择需要的按钮图形。

图 3-116　动作按钮

　　② 在要设置按钮的幻灯片上按住鼠标左键不放"画"出按钮。

　　③ 画完后在弹出的"操作设置"对话框中设置相应的动作（见图3-117），一般是使用"超链接到"，单击下拉按钮选择对应的对象，单击"确定"按钮即可。"动作设置"对话框也可以单击"链接"域中的"动作"按钮打开。

图 3-117　"操作设置"对话框

④ 将动作按钮调整到合适的位置及大小。

3.3.5　演示文稿的播放与打印

1．设置放映方式

制作演示文稿，最终便是要播放给观众看。通过幻灯片放映，可以将精心创建的演示文稿展示给观众或客户，以正确表达自己想要说明的问题。因此，在放映前可以对所制作的演示文稿做一定的设置。

PowerPoint 对幻灯片放映的操作主要在"幻灯片放映"功能区（见图3-118）。单击"幻灯片放映"功能区"设置"域中的"设置幻灯片放映"按钮，弹出"设置放映方式"对话框（见图3-119）。对话框中主要有5个选项区域：放映类型、放映幻灯片、放映选项、推进幻灯片以及多监视器。

图 3-118　"幻灯片放映"功能区

（1）放映类型

PowerPoint 提供了三种幻灯片放映类型：演讲者放映（全屏幕）、观众自行浏览（窗口）和在展台浏览（全屏幕）。

① 演讲者放映：演讲者具有完整的控制幻灯片放映的权限，并可采用自动或人工方式进行放映。

② 观众自行浏览：可进行小规模的演示，演示文稿出现在窗口内，可以使用滚动条从一张幻灯片跳到另外一张幻灯片，并可在放映时移动、编辑、复制和打印幻灯片。

③ 在展台浏览：自动运行演示文稿，放映时只有鼠标可以控制放映的切换，其他控制基本失效。

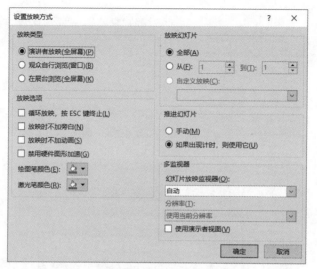

图 3-119 "设置放映方式"对话框

（2）放映幻灯片

放映幻灯片规定了在放映时的放映范围。

（3）放映选项

放映选项有四个复选框，分别是：

① 循环放映，按ESC键终止：选中该复选框表示最后一张幻灯片放映结束后，自动跳到第一张幻灯片继续播放，按【Esc】键才能被终止。

② 放映时不加旁白：选中该复选框表示放映时如果有旁白则该旁白无效。

③ 放映时不加动画：选中该复选框表示在幻灯片放映时，原先设定的动画效果将失去作用，但是动画效果的设置参数仍然有效。

④ 禁用硬件图形加速。为避免放映幻灯片时可能出现的卡顿或卡死现象，用户可根据具体情况启用或禁用硬件图形加速功能。

（4）推进幻灯片

推进幻灯片有"手动"和"如果出现计时，则使用它"两种。

① 手动：指在幻灯片放映时必须由人为干预才能切换幻灯片。

② 如果出现计时，则使用它：指在"幻灯片切换"对话框中设置了换页时间，幻灯片播放时可以按设置的时间自动放映。其他模块及功能一般保持默认即可。

2．放映演示文稿

在幻灯片放映的时候，可以通过人工播放每张幻灯片，也可以通过设置来让幻灯片自动播放。设置自动播放的第一种方法就是人工为每一张幻灯片设置时间，然后运行幻灯片放映并查看所设置的时间；而另一种方法则是使用"排练计时"功能。单击"幻灯片放映"功能区"设置"域中的"排练计时"按钮，按自己需要的速度将幻灯片放映一遍。放映完最后一张幻灯片时，单击"是"按钮，接受排练时间，或单击"否"按钮，重新开始排练。设置了排练时间后，幻灯片在放映时如果没有单击鼠标，则按排练时间放映。在浏览视图，可以看到每张幻灯片的下方都标出了该片的放映时间。

还可以通过创建自定义放映使一个演示文稿适用于多种观众。单击"幻灯片放映"功能区"开始放映幻灯片"域中的"自定义幻灯片放映"按钮，在弹出的下拉列表中选择"自定义放映"命令，弹出图 3-120 所示的"自定义放映"对话框，新建需要放映的幻灯片并保存。

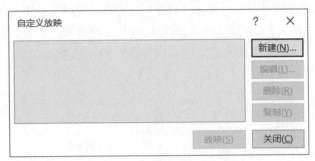

图 3-120　"自定义放映"对话框

3．打印幻灯片

幻灯片除了具有放映的功能外，还可以打印成资料，也可以直接打印在投影胶片上。打印可以是默认的黑白色，也可以自己设定为灰度或彩色打印。选择"文件"→"打印"命令，在图 3-121 所示的窗口中可以设置演示文稿的打印选项。

图 3-121　"打印"窗口

① 打印版式：可设置为整页幻灯片、备注页或大纲等。

② 打印选定区域：仅打印所选幻灯片。

③ 自定义范围：可输入要打印的特定幻灯片。

④ 彩色：选择该项，可以选择颜色、灰度、纯黑白三种方式中的一种。

4．演示文稿的打包

演示文稿打包以后可以在未安装 PowerPoint 的计算机上播放。使用 PowerPoint 提供的打包功能，可以将需要打包的所有文件放到一个文件夹里打包，将该包文件复制到磁盘或网络上的某个位置，即可将该文件解包到目标计算机或网络上并运行该演示文稿。

选择"文件"→"导出"命令，打开图 3-122 所示窗口，选择"将演示文稿打包成 CD"命令，可方便地在大多数计算机上观看此演示文稿。此外，还可通过选择"创建 PDF/XPS 文档"命令，将文件转换为 PDF 或 XPS 格式，执行此操作后可以防止他人轻易修改内容，在大多数计算机上看起来相同，文件容量较小。需要注意的是，当文档另存为 PDF 或 XPS 文件后，将无法将其转换回 Microsoft Office 文件格式，除非使用专业软件或第三方加载项。

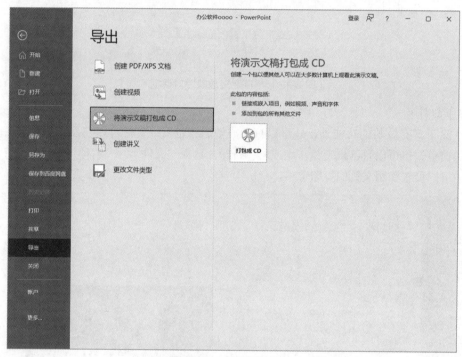

图 3-122 "导出"窗口

●●●●小　结●●●●

办公信息处理软件是目前使用最广泛的应用软件，它不仅是人们日常工作的重要工具，也是人们日常生活和学习中不可缺少的得力助手。本章以微软公司 Office 2016 为例，详细介绍了文字处理软件、数据统计和分析软件、演示文稿软件这三大组件的基本使用方法。

读者通过文字处理软件的学习，可以进行文档的编辑与管理、文档的格式设置，可在文档中制作表格、实现图文混排，还可以利用文档的高效排版功能，方便快捷地完成文档的制作。

本章还介绍了数据统计和分析软件的常用功能和实现这些功能的操作方法。主要内容有工作表的输入与编辑、公式和函数的使用、图表的应用等，并可实现对数据清单进行排序、筛选、分类汇总等处理。数据透视功能能够对数据源中的数据进行重新组合并统计，从而生成所需要的透视表。

在演示文稿软件介绍中，主要内容有演示文稿的创建与编辑的操作方法、幻灯片版式的设计、幻灯片母版的应用、幻灯片配色方案的设计以及模板的设计等，并介绍了动画和超链接的设置方法以及幻灯片的放映技术。

　　读者通过本章的学习，可以掌握办公信息处理软件的基本使用方法，而更多的应用则有待于进一步学习和实践。

••●●习　　题●●••

1. Word 提供了几种查看文档的视图模式？
2. 怎样实现对某一多次出现的词的查找与替换？
3. 如何使用"格式刷"？
4. 怎样给文件加上页眉和页脚？
5. 怎样实现对 Word 文档的分栏？
6. 如何实现对文档字符格式的设置？
7. 脚注和尾注有什么不同？
8. 如何在 Word 文档中插入图片和文本框？如何设置它们的格式？
9. Word 文档提供了哪些自选图形？
10. 如何进行"艺术字"的设置？
11. Word 模板的扩展名是什么？
12. 如何自动生成 Word 文档的目录？
13. 什么是工作簿？什么是工作表？什么是单元格？
14. 如何使用"填充柄"？
15. 在 Excel 公式中有哪几种运算符的类型？
16. 什么叫公式？什么叫函数？它们的作用和意义是什么？
17. 什么叫数据清单？如何进行排序、筛选和分类汇总？
18. 如何创建图表？图表主要由哪些部分组成？
19. 数据透视表的主要功能是什么？
20. PowerPoint 有哪几种视图？各有什么作用？
21. 设置放映时间有哪几种方法？各有什么优缺点？
22. 如何创建超链接？
23. PowerPoint 有哪些动作按钮？如何使用？
24. 如何设置幻灯片间的动画？
25. 如何完成幻灯片的打印设置？

第4章 计算机网络基础知识

学习目标

- 了解计算机网络的发展、功能及组成。
- 掌握计算机网络的体系结构、协议标准、类型及各种服务。
- 了解局域网的设备及配置。
- 掌握 Internet 的概念和应用。
- 了解 IPv6 相关知识。
- 了解网络信息安全相关知识。

●●●● 4.1 计算机网络概述 ●●●●

计算机网络是指利用通信线路和通信设备，将分散在不同地点并具有独立功能的多台计算机系统互相连接起来，按照网络协议进行数据交换，实现资源共享的计算机系统集合。

本节主要介绍计算机网络的产生与发展、功能、组成分类及拓扑结构。

4.1.1 计算机网络的产生与发展

计算机网络的研究始于 20 世纪 60 年代中期，其发展大致分为以下三个阶段。

1. 终端 - 计算机网络

20 世纪 50 年代初期，计算机与通信没有任何联系，而在 50 年代后期，随着分时系统的出现，产生了具有通信功能的单机系统，如图 4-1 所示。基本思想是在计算机上增加一个通信装置，使主机具备通信功能。实质上它是具有通信功能的单机系统，这种系统被称为终端 - 计算机网络。这一阶段的网络是以主计算机为中心的远程联机系统，构成面向终端的计算机网络。

图 4-1　单机系统

2. 具有通信功能的多机系统

为了克服单机系统的不足，出现了前端处理机（front end processor，FEP）和在低速端较集中的地区设置集中器 C（concentrator），如图 4-2 所示（图中 M 表示 modem），并将前端处理机和集中器的任务由小型机或微型机来承担。至此,形成了多机互联系统。20 世纪 60 年代初期,这种面向终端的计算机通信网络得到很大发展,有一些至今仍在发挥作用。这一阶段是以共享资源为目的,将多台同类计算机系统通过通信线路互连的网络。

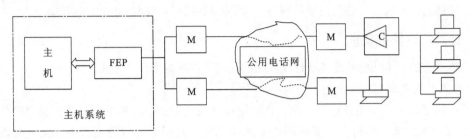

图 4-2　多机互联系统

3．计算机 - 计算机网络

多机互联系统出现以后,还不能满足当时军事、科学研究机构和一些大型企业的要求,因为这些部门拥有不止一台主机,分布在较广的不同地区。主机之间经常需要交换数据,进行各种业务的联系,希望资源共享或共同完成某项任务。该网络在 1968 年由美国国防部高级研究计划署提出,1969 年建成的 ARPANET 只有 4 个结点,1971 年发展到 15 个,到 20 世纪 80 年代扩展到 100 多个结点。

20 世纪 70 年代中期引入了专有计算机体系结构概念的变革,"开放"系统的思想非常流行,即依附具有已定义接口的公开标准的体系结构,实现了不同厂家计算机设备的互连。

20 世纪 80 年代最具代表性的开放系统互连(OSI)模型及相关标准成为后期解决网络互连产品的主要依据,也使得各行各业在采用不同厂商的产品构建自己的局域网、广域网方面获得较大发展。

进入 20 世纪 90 年代,局域网的发展更加迅速,它作为一种有效的信息传递手段,极好地满足了小范围内(如一所学校、一幢办公楼等)许多独立的微机之间的信息交换。在这一阶段由于许多新型传输介质(光缆、五类双绞线等)的投入使用,已出现了传输速率达到 100 Mbit/s 的高速局域网。

随着各种企业信息管理、工业控制、办公自动化、智能大厦、多媒体通信等方面的发展和兴起,系统信息流量和系统规模越来越大,传送的信息也由文本数据演变为语音、图像等多媒体数据,所以对带宽、局域网间的互连提出了更新、更高的要求。各种智能交换器、网桥、路由器的不断面市进一步促进了网络应用技术的发展。宽带技术的快速发展,有效地解决了远程通信所需的公共通信平台的传输速率,出现了千兆位以太网标准级产品,大大扩展了局域网的应用范围。

20 世纪 90 年代中期覆盖全球的 Internet,是全世界最大的计算机网络,它起源于美国的 ARPANET。

1983 年形成 Internet 主干。

1983 年至 1994 年核心主干网 NSFNET 处于发展时期,主要用于教育和科研领域。

1994 年进入 Internet 商业化时期。它将全美 27 个区域网与北美其他国家、欧洲、亚洲、非洲和澳大利亚等 150 多个国家和地区的网络运行在公共通信协议 TCP/IP(transmission control protocol/ internet protocol)下,并提供了广泛的应用服务和共享。

随着 Internet 的发展,且由于经济的全球化,企业面临空前的激烈竞争,一种称为 Intranet 的网络(即企业内部网)已经成为连接企事业内部各部门与外界交流信息的重要基础设施。Intranet 充分利用 Internet 所提供的丰富的信息资源,无疑对增加企业的综合实力具有十分重要的作用,同时也推动了 Internet 的高速发展。

进入 20 世纪 90 年代后，计算机网络的发展更加迅速，目前正向综合化、智能化、高速化发展，即人们常说的新一代计算机网络。

这一阶段是以开放、互连为特征的网络（这一阶段的计算机网络才更有意义）。

4.1.2 计算机网络的功能

计算机网络的基本功能就是实现计算机间的通信、资源共享和分布式处理。

1．计算机网络通信

将计算机通过通信线路连接在一起，在网络操作系统和通信软件的支持下，信息的传递将直接通过通信线路来完成，即指在计算机网络上的计算机之间相互进行数据传输、信息交换和思想交流，保证数据的一致性，提高人们的工作效率。目前计算机网络的通信业务主要有：信息查询与检索，如 WWW、Gopher 等；文件传输与交换，如 FTP 等；电子邮件（E-mail）；电子数据交换（EDI）；远程登录与事务处理，如 Telnet 等；新闻服务 News 和电子公告牌 BBS；信息广播，如 Push 等；信息点播，如视频点播 VOD；计算机协同工作 CSCW；远程教学、远程医疗和远程计算；电视会议和可视电话等。

2．资源共享

资源共享是计算机网络的又一重要功能。共享的资源可以分为硬件资源、软件资源和数据资源 3 个方面。

① 硬件共享：在计算机网络环境中，可以方便地实现硬件设备的共享。用户可以将连接在本地计算机的硬件设备，如打印机、光盘驱动器、大容量硬盘等外围设备共享。允许其他用户通过计算机网络来使用，用户可以将自己的文件在网上连接到其他计算机的打印机上直接输出。硬件设备还包括通信线路和通信设备、综合布线系统、局域网交换设备等。

② 软件共享：软件共享是指在网络环境中，用户可以将某些重要的软件或大型软件只安装到网络的特定服务器上，而无须在每个用户的计算机上安装一个备份。计算机网络，尤其是大型网络，包括大量的共享应用软件，允许网络上的多个用户同时访问，不必担心侵犯版权和数据完整性，从而可以节省大量的投资。

③ 数据共享：随着计算机的发展，计算机的应用范围越来越广，计算机不再局限于个别的业务处理，并在一个企业内部、高等院校或者政府部门内实现信息化。在计算机网络中，人们可以建立整个企业用的基础生产数据库，由各个应用程序通过网络来使用和更新。这样的公用数据库就是所谓的数据共享，数据共享保证了系统的整体性，如保存在数据库、磁带和光盘中的原始数据。

3．分布式处理

分布式处理又称分布式计算，是指可在多台计算机之间共享式并发地处理数据的一种处理方式。即把处理任务分散到网络中的多台计算机上，在控制系统的统一管理控制下，协调地完成大规模信息处理任务的计算机系统，从而更有效和高效地处理庞大的数据。如腾讯的分布式计算系统，利用大数据、智能云和分布式系统技术，将复杂的计算任务分解到多台计算资源上，使用户能够在短时间内获得最新的信息结果。

4.1.3　计算机网络系统的组成

计算机网络系统由网络硬件系统和网络软件系统组成。网络硬件系统主要包括网络工作站、网络服务器、局域网交换设备、网络互连设备、网络外围设备；网络软件系统主要包括网络操作系统、网络通信软件、网络协议和协议软件、网络管理软件和网络应用软件。

1．网络工作站

计算机网络的用户终端设备通常是 PC，具有数据传输、信息浏览和桌面数据处理等功能。在客户机 - 服务器网络中，网络工作站被称为客户机。

2．网络服务器

在网络中被网络工作站访问的计算机系统通常是一台高性能计算机，如大型机、小型机、UNIX 工作站和高档 PC 等。网络服务器包括各种信息资源，并负责管理资源和协调网络客户的访问。网络服务器是计算机网络的核心部分，网络中可共享的资源大都集中在网络服务器中，如网络数据库、大容量磁盘与磁盘阵列、网络打印机等。网络用户可以访问网络服务器，共享文件、数据库、应用软件和外围设备等。按照计算机性能，可将网络服务器分为大型服务器、小型服务器、UNIX 工作站服务器和 PC 服务器；按照所提供服务的种类，又可分为文件服务器、打印服务器、数据库服务器、Web 服务器、电子邮件服务器、代理服务器和应用服务器等。

3．局域网交换设备

按照所采用的网络技术，有以下几种局域网交换设备：

① ATM 局域网交换设备，如 ATM 局域网交换机（Switch）、ATM 集线器（Hub）等。

② FDDI 交换设备，如 FDDI 交换机、FDDI 集中器等。

③ 以太网交换设备，如以太网交换机、10Base-T 集线器、10Base-F 集线器等。

④ 快速以太网交换设备，如快速以太网交换机、100Base-TX 集线器、100Base-FX 集线器等。

⑤ 千兆位以太网交换设备，如千兆位以太网交换机等。

4．网络互连设备

（1）局域网之间互连

局域网之间互连有两种互连方式：一种是不同类型的局域网之间的互连，可以通过网桥和路由器来实现；另一种是指同类局域网之间的互连，可以使用中继器来实现。

（2）局域网与广域网互连

局域网与广域网互连分为两种情况：一种是与数字数据通信网（DDN、X.25、ISDN、帧中继等）的互连，通常采用路由器来实现；另一种是与模拟电话网（如公用电话网）的互连，通常采用访问服务器和调制解调器来实现。

电缆主要包括两类电缆：一类是用于连接网络工作站和局域网交换设备之间的用户线电缆（综合布线中称为水平电缆，一般采用五类屏蔽/非屏蔽双绞线）；另一类是用于网络交换设备之间互连的中继线电缆（主干或垂直电缆，一般采用光缆或五类屏蔽/非屏蔽双绞线）。

网络接口卡通常称为网卡，用于连接计算机与电缆，并通过电缆线在计算机与局域网交换设备之间传输数据。

5．网络外围设备

网络外围设备是网络用户共享的硬件设备之一，通常是一些昂贵的设备，如高性能网络打印机、大容量硬盘（磁盘阵列）、绘图仪等。

6．网络操作系统

网络操作系统是网络的核心和灵魂，负责管理网络中各种软、硬件资源。它在很大程度上决定网络的性能、功能和类型等。网络操作系统的主要功能有控制和管理网络运行、资源管理、文件管理、用户管理、系统管理等。目前主流网络操作系统有 UNIX、Windows、Linux 和 NetWare 等。

7．网络通信软件

网络通信软件实现网络中结点间的通信。

8．网络协议和协议软件

网络协议和协议软件通过协议程序实现网络协议功能。

9．网络管理软件

网络管理软件用来对网络资源进行管理和维护。

10．网络应用软件

网络应用软件是指为用户提供服务并解决某方面的实际应用问题的软件，如数据库管理系统（如 Oracle、Sybase、Informix 等）、电子邮件、计算机辅助设计（computer aided design，CAD）、计算机辅助教学（computer aided instruction，CAI）、办公自动化（OA）、管理信息系统（MIS）、多媒体应用软件（如 VOD）等。此外，还包括自行开发的在网上使用的应用型软件。

4.1.4　计算机网络的分类

一个计算机网络从逻辑功能上可分为计算机资源子网和通信资源子网两部分。网络的形式和网络的协议多种多样：根据其覆盖面大小，可分为局域网、城域网和广域网；根据网络拓扑结构，又可分为星形、树状、总线、环形和网状；根据其交换或控制方式，又可分为线路交换、报文交换和分组交换等。

传统的计算机网络的分类方法是根据计算机分布的地理位置划分为局域网、城域网和广域网。

1．局域网（local area network，LAN）

局域网就是在一个小的范围内，将独立的计算机系统互连起来实现资源共享的网络，一般用于短距离内的计算机通信。可以是一栋大楼内或是一组相邻的建筑物之间，或是一个办公室内部计算机的互连。局域网实际上就是对各种数据通信设备提供互连的网络。它的地理范围一般在几十千米以内，传输速率有 10 Mbit/s、100 Mbit/s、155 Mbit/s、1 000 Mbit/s 等。

一般来说，LAN 技术具有价格低、可靠性高、安装方便和管理方便等优点。

2．城域网（metropolitan area network，MAN）

城域网是在一个城市范围内所建立的计算机通信网，属宽带局域网。城域网的一个重要用途是用作主干网，通过它将位于同一城市内不同地点的主机、数据库及 LAN 等互相连接起来，这与 WAN 的作用有相似之处，但两者在实现方法与性能上有很大差别。城域网基于一种大型的局域网，通常使用和局域网相似的技术。它可以覆盖一个城市，既可以是专用的，也可以是公用的，传输速率一般在 10 Mbit/s 以上，作用距离为 5 ～ 50 km。

3．广域网（wide area network，WAN）

广域网主要用来连接分隔在不同地区的各种类型的局域网，一般是通过公共网络来达成，如电话网络、租用的专线、分组交换数字网络等。WAN是一种跨越地域的网络，通常覆盖一个国家或地区，主机通过通信子网连接。目前常用的通信子网包括：

（1）综合业务数字网（ISDN）

综合业务数字网是由CCITT（国际电话电报咨询委员会）所定义的，其主要目的在于制定一个世界统一的规范，让网络上的数据传输速率更加快速，并提供给用户更多种类的传输服务。ISDN包含了两种含义：一种是ISN，指用户服务网络；另一种是IDN（integrated digital network，电话综合数字网），是综合各种单一独立的电子通信服务，使之成为一个完整的多功能网络服务系统。ISDN不仅要利用IDN的数字交换和数字传输，而且要在用户终端之间实现端到端的双向数字传输，并把各种信息源的电信业务（电话、电报、传真、数据、图像）采用一个共同的接口，综合在同一网内进行传输和处理，可在不同的业务终端之间实现通信，使数字技术的综合和电信业务的综合互相结合在一起构成综合业务数字网。ISDN目前在国内主要使用基本速率接口，即2B＋D，在一对电话用户线上传输速率为144 kbit/s，同时提供2个64 kbit/s的B信道和1个16 kbit/s的D信道。其中一个B信道可传送数字电话，另一个B信道可传送文字、图像等非电话业务。D信道主要用于传送电路交换的信令信息，也可用来传送遥控信息和分组交换的数据信息。有时还可以将2B合在一起传送图像和语音，其中图像占112 kbit/s、语音占16 kbit/s。

目前，电视技术在快速发展，视频点播、电视会议的需求逐步增加，诞生了宽带综合业务数字网（B-ISDN），它是一种基于光缆的快速分组交换网，具有电路交换时延小、分组交换速率高（最高可达2.4 Gbit/s）及速率可变等特点，因此它已成为世界各国重点研究试验的对象。它的业务范围包括ISDN的全部业务及宽带交互性的通信业务（如可视电话、会议电视、点播电视等）、宽带分配型业务（如广播电视、高清晰度电视、远程教学、远程广告等）、宽带突发性业务（如大容量高速数据传输）以及宽带检索型业务（如宽带可视图文、图像检索、文件检索、数据检索等）。

（2）数字数据网（DDN）

数字数据网（digital data network，DDN）是利用数字信道提供半永久性连接电路，以传输数据信号为主的数字传输网。主要由数字信道、DDN结点、网管控制和用户环路组成。它主要向用户提供端到端的数字型数据传输信道，适用于信息量大、实时性强的中高速数据通信业务，如局域网的互连、大型同类主机的互连、业务量大的专用网以及图像传输、会议电视等。

（3）帧中继（FR）

帧中继（frame relay，FR）网主要由用户设备、接入设备和帧中继结点机构成。目前用户设备可以是任何类型的计算机或终端设备，接入设备指具有帧中继接口的路由器、网桥、多路复用设备及帧中继装拆设备，如FPAD（传真分组组合／拆卸）等。

4.1.5　网络的拓扑结构

计算机网络的拓扑结构指通信子网中结点与链路相互连接的不同物理形态，反映了计算机网络的结构形态。根据通信子网中信道类型的不同，通信子网分为两类，即点-点通信的子网和广播通信的子网，实质是信道分布的拓扑结构。采用点-点通信的子网和广播通信的子网常见的网络拓扑结构共有图4-3所示的几种，对于广播式还包括无线电网和卫星网。

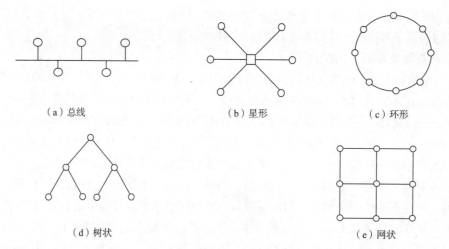

（a）总线　　　　　　　　（b）星形　　　　　　　　（c）环形

（d）树状　　　　　　　　　　　　　（e）网状

图 4-3　常见的网络拓扑结构

1．总线（bus）

总线拓扑是采用一根传输线作为传输介质，所有的结点都通过网络连接器串联在同一条线路上。总线上的任意一个结点发送信息后，将带有目的起始地址的信息包发送到共享媒体上，该信息沿总线传播，与总线相连的任意一台计算机都可以接收到该信息，然后检查信息包的物理地址是否和自己的相同。若相同，则接收该信息。

总线拓扑具有结构简单、布线容易、不需要特殊的网络设备、造价低的特点。但因没有中心结点，当网络发生故障时，故障点的查找比较困难。

2．星形（star）

星形是由一个中心结点和其他外部结点单独连接而成。它是目前最流行的网络拓扑结构，该结构由中枢设备完成网络数据的转发。中枢设备可以是一台文件服务器，也可以是无源或有源的连接器（如共享式 Hub 或交换机）。

星形拓扑结构采用了中枢设备，能够实现集中管理，当网络发生故障时，故障点的查找比较容易，一个结点发生故障，不影响网络中其他计算机的使用。但若中枢设备出现故障，整个网络将不能使用。

3．环形（ring）

环形拓扑的每个结点仅有两个邻接结点，数据按一个方向逐点环绕传递。在环形拓扑结构中，信号依次通过所有的工作站，最后回到发送信号的主机。每一结点都检查线路上传送的信号，如果目标地址和自己的相符，则接收信息。

在环形拓扑结构中，每一台主机都起到类似中继器的作用，所以，环状拓扑中信号可以得到较好的保证。但是，一旦某个结点出现故障，将导致整个网络传输中断，此结构目前用得较少。

4．树状（tree）

树状拓扑是总线拓扑的延伸，它是一个分层分支的结构，一个分支和结点故障不影响其他分支和结点的工作。

5．网状（net）

在一组结点中，将任意两个结点通过物理信道连接成一组不规则的形状，就构成了网状结构。

在广域网的设计中，大部分采用星形、网状拓扑结构，网络中的结点间互连主要采用了点到点连接方式,其优点是没有信道竞争,避免了由信道访问冲突导致的管理复杂。

在局域网的设计中,由于局域网的线路距离短、传输延迟小、信道访问控制相对容易,一般采用总线或环形拓扑。网络中所有主机共享一条信道,采用广播式的方式接收或发送数据,其优点是提高了网络线路的利用率,降低了网络成本。

树状拓扑结构比较适用于具有分层结构设计的网络,例如 TCP/IP 网间网,尤其是著名的Internet,就采用了树状拓扑结构,以对应网间网的管理层次和路由(routing)层次,处于不同层次的结点,其地位是不同的。

● ● ● ● 4.2　计算机网络体系结构 ● ● ● ●

计算机网络是一个复杂的、具有综合性技术的系统,计算机网络体系结构为不同的计算机之间互连和互操作提供相应的规范和标准,是计算机之间相互通信的层次及各层中的协议和层次之间接口的集合。

4.2.1　网络协议

协议是计算机之间通信的规则,常用的网络协议有 NetBEUI 协议、NWLink IPX/SPX 协议和TCP/IP 协议等。

为了共享计算机网络的资源以及在网络中交换信息,就需要实现不同系统中实体间的通信。实体包括用户应用程序、文件传送包、数据库管理系统、电子邮件设备和终端等。系统包括计算机、终端和各种互连设备等。一般来说,实体是能发送和接收信息的任何东西,而系统是物理上明显的物体,它包含一个或多个实体。两个实体要想成功通信,它们必须具有同样的语言,交流什么、怎样交流及何时交流都必须遵从有关实体间某种互相都能接受的一些规则,这些规则的集合称为协议。

1. NetBIOS 和 NetBEUI

NetBIOS 协议即网络基本输入/输出系统,开始由 IBM 公司提出。NetBEUI 即 NetBIOS 扩展用户接口,是微软公司在 IBM 公司协议的基础上更新的协议,其传输速率很快,是不可路由协议,用广播方式通信无法跨越路由器到其他网段。NetBEUI 适用于只有几台计算机的小型局域网,其优点是在小型网络上的速率很高。

2. NWLink 和 IPX/SPX

IPX/SPX(Internet packet exchange/sequenced packed exchange,因特网分组交换/顺序交换协议)是 Novell NetWare 网络操作系统的核心。其中,IPX 负责到另一台计算机的数据传输编址和选择路由,并将接收到的数据送到本地网络通信进程中。SPX 位于 IPX 的上一层,在 IPX 的基础上,保证分组的顺利接收,并检查数据的传送是否有误。

IPX/SPX 协议是面向局域网的高性能的协议,是可路由的协议,和 TCP/IP 相比,IPX/SPX 更易于实现和管理。由于 NetWare 在商业上的成功,IPX/SPX 曾经是 Windows 95 默认安装的协议。现在,由于 Internet 的发展,人们更多的是安装 TCP/IP 协议。

NWLink 是微软公司为了与 NetWare 通信而开发的 IPX/SPX 协议栈的一种形式,NWLink 是用于Windows NT 的 IPX,它与 NetWare 服务器互连,实现平台间的过渡。NWLink 传输速率较快,也是可路由的协议，可跨越路由器到其他网段。

3．TCP/IP 协议

TCP/IP 协议由 TCP（transmission control protocol，传输控制协议）和 IP（internet protocol，互联网协议）组成。TCP/IP 是 Internet 的标准协议，包含一百多个协议，也是 UNIX 操作系统使用的协议，广泛应用于大型网络中，由于是面向连接的协议，附加了一些容错功能，所以其传输速率不高，但可路由，可跨越路由器到其他网段，是远程通信的有效的协议，同时也是 Internet 的协议。

通过对三种协议的比较，用户可根据所建设或所用的网络规模、网段的划分、操作系统的不同，合理选择协议。若是只有一个小于 10 台计算机的局域网，只安装 NetBEUI 协议；若有多个网段或远程客户机，则应使用可路由协议；若一台计算机有多个网卡，还有 Modem，就应对这些网络接口绑定不同的协议，如不要把 NetBEUI 和 NWLink IPX/SPX 绑在 Modem 上。并注意绑定的顺序，工作站和服务器用相同的协议时才能正常工作，所以，应把常用的协议放在前面。例如，工作站上绑定了 NWLink，服务器绑定了 TCP/IP 和 NWLink（TCP/IP 在前），当工作站用 NWLink 访问服务器时，服务器先用 TCP/IP 协议响应，若发现两个协议不符，才用 NWLink，这样就浪费了时间。

图 4-4 举例说明了协议之间的关系。1 号站和 2 号站都有一个或多个希望通信的应用程序，在每一对相似的实体中需要一种面向应用的协议，以协调两个应用模块的行动，并保证共同的语法和语义。这一协议不需知道有关中间通信网络设施的情况，但是要利用网络服务实体所提供的服务。网络服务实体与另一站中的相应实体间要有一个协议，这一协议要处理诸如信息控制和差错控制之类的事务。在 1 号站连接的 A 网到 2 号站连接的 B 网之间所通过的网站也必须遵循互联网协议。

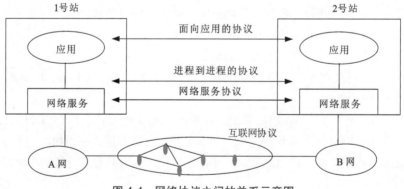

图 4-4　网络协议之间的关系示意图

4.2.2　网络标准

"标准"由一个机构或一群人协商，用正式文字定义规范的文件，包括特性、技术规格或可作为实践的原则、指标，确保遵循标准设计、制造的产品、材料、程序或服务能满足特定的目的。

目前，国际上有许多标准化组织，如 ISO 就是指国际标准化组织，IEEE 是指电气电子工程师学会，ITU 是国际电信联盟等。

1．ISO 标准与 OSI 网络参考模型

国际标准化组织（International Organization for Standardization, ISO）于 20 世纪 80 年代初正式成立，ISO 涉及的领域包括环保、汽车、造船、飞行物、农业、食品、通信、军事工程、冶金、建筑等几乎

所有行业。

ISO/IEC 是国际标准化组织和国际电工委员会的英文缩写，是致力于国际标准的、自愿的、非营利专门机构，最著名的 ISO 标准是 ISO/IEC 7498，称为 X.200 建议，又称 OSI 参考模型。并在 1984 年正式发布，1988 年不断完善的"开放系统互连"七层参考模型（ISO/OSI）作为计算机网络互连的标准，也得到了当时国际电话电报咨询委员会（International Telegraph and Telephone Consultative Committee，CCITT）公共数据网络服务组织的承认，并为各层开发了一系列协议标准。ISO/OSI 将计算机网络体系结构分为七层，如图 4-5 所示。

所谓"开放系统互连"是指任何一个系统，只要遵循OSI标准，就可以通过网络和另一个遵循OSI标准的系统通信。这里系统是指一台或多台计算机、服务器、工作站及有关计算机硬件设备运行的操作系统、通信协议和应用软件的集合。ISO/OSI各层的主要功能简述如下：

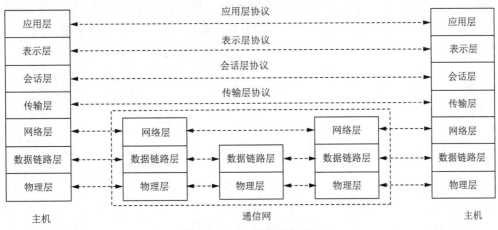

图 4-5　OSI 七层网络模型

① 物理层（physical layer）：该层是设备之间的物理接口，规定了标准的机械、电气、功能和过程的特性，以便在数据链路层实体之间建立、拆除物理连接，如规定使用电缆和接头的类型、传送信号的电压等。在这一层，数据帧对应的比特流被转换成媒体易于传输的电光等信号，并在媒体中传输。物理层的主要功能是利用物理传输介质为数据链路层提供物理连接，是最基本的通信信道。

② 数据链路层（data link layer）：将网络层的数据包封装（encapsulation）成数据帧（frame），即数据链路层的传送基本单位，帧含有源站点设备和目的站点设备的物理地址。根据网络的类型不同，数据帧分为以太网帧、令牌环帧和FDDI（光纤分布式数据接口）帧，其功能是使相邻结点间的数据可靠传送，处理传送中出现的差错，调节信息流量以及数据链路的维护。例如，使用最广泛的高级数据链路层控制协议（hight-level data link control，HDLC）是一个面向位的通信规程，它采用循环冗余校验和信息帧顺序编号，可防止漏收和重复收，提高了传输速率。

③ 网络层（network layer）：将传输层生成的数据分段（segment）并封装成数据包（packet），包中封装有网络层包头，其中含有源站点和目的站点的网络逻辑地址信息。根据数据包的目标网络地址，实现网络间的路由，确保数据及时传送。即为报文通过通信子网选择最适当的路径，处理路径选择和分组交换技术，并负责建立、维持和终止连接。最具有代表性的是公共分组交换网协议X.25。

④ 传输层（transport layer）：将会话层生成的数据分段，负责数据的可靠传输和流量控制，即在

主机到主机（端到端）之间提供可靠、透明的数据传输，并提供端到端差错恢复和信息流控制。

⑤ 会话层（session layer）：负责建立和管理进程通信，提供包括访问验证和会话管理在内的建立和维护应用之间通信的机制，完成信息流传送参数设置、对话服务等，如服务器验证用户登录便是由会话层完成的。

⑥ 表示层（presentation layer）：提供格式化的表示和转换数据服务，主要用于处理在两个通信系统中交换信息的表示方法，包括数据格式交换、数据加密与解密、数据的压缩和解压缩等功能。

⑦ 应用层（application layer）：提供网络系统和用户应用软件之间的接口服务。其任务是向用户提供各种直接的服务。例如数据库应用服务、文件服务、共享打印机服务、电子邮件和远程登录等。

2．TCP/IP 参考模型

TCP/IP 参考模型是由美国国防部创建的。它将网络分成4层，OSI 参考模型中的第1层和第2层合并成为网络接入层（network access layer）；对应 OSI 参考模型中的第3层（网络层）称为 Internet 层；OSI 参考模型中的4层不变，仍然为传输层；将 OSI 参考模型中的5、6、7层合并成一层，称为应用层（application layer），如图4-6所示。

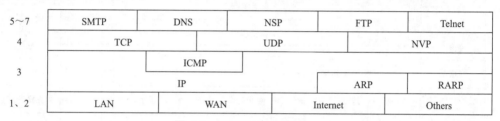

图 4-6　TCP/IP 参考模型

其中：

第1、2层为网络协议表示 TCP/IP 的实现基础。

第3层网络层中的 IP 为互联网协议（internet protocol），ICMP 为互联网控制报文协议（internet control message protocol），ARP 为地址解析协议（address resolution protocol），RARP 为反向地址解析协议（reverse address resolution protocol）。

第4层为传输层协议提供了两个主要的协议：TCP（transmission control protocol，传输控制协议）和 UDP（user datagram protocol，用户数据报协议）。另外，还有一些其他协议，例如用于传送数字化语音的网络语音协议 NVP（network voice protocol）。传输层的目的是在机器间建立端到端的连接和事务服务，它可以在进程之间提供可靠、有效的端到端传输服务。所有第4层功能结合在一起，可以给高层协议提供一个强健、透明的传输服务。

第5～7层为应用层，协议中的 SMTP 为简单邮件传送协议（simple mail transfer protocol），DNS 为域名服务（domain name service），NSP 为名字服务协议（name service protocol），FTP 为文件传送协议（file transfer protocol），Telnet 为通信网络（telecommunication network）。

3．IEEE 标准

IEEE 是世界上最大的专业组织之一，与 ISO 不同，IEEE 仅针对电气电子工程。在电子和计算机工业中的很多重要标准都是由该组织制定的。对计算机网络而言，该组织成立了 IEEE 802 委员会，制定了一系列局域网络标准。常见的有 IEEE 802.3 通信标准（以太网标准，Ethernet）、IEEE 802.5 通信标准（令牌环网，Token Ring）等。

••••4.3　计算机局域网••••

4.3.1　网络硬件设备

组成小型局域网的主要硬件设备有网卡、集线器、交换机等网络传输设备和中继、交换机、网桥、路由器、网络传输介质等网络互连设备。以下主要介绍网卡、集线器等网络传输设备和中继器、交换机、网桥、路由器、网络传输介质等局域网互连设备。

1. 网卡

网卡（network interface card，NIC）又称网络适配器，是完成网络互连的物理层设备的硬件，如图 4-7 所示。

网卡插在计算机或服务器扩展槽中，通过网线（如双绞线、同轴电缆或光纤）与网络交换数据、共享资源。

网卡的种类很多，不同的网络布线方式需要具有不同的接口网卡。如在以太网标准中，对应 10Base-2、10Base-5、10Base-T 三种布线方式，由于使用的传输介质和连接器不同，对应的网卡接口分成 BNC 接口、AUI 接口和 RJ-45 接口。网卡大多是插在主板的扩展槽中，也有集成在主板中，对前者而言，网卡又有 8

图 4-7　网卡

位 ISA 网卡、16 位 ISA 网卡、32 位 EISA 网卡、32 位 VESA 网卡、32 位 MCA 网卡、32 位 PCI 网卡、16/32 位 PCMCIA 网卡等。

每块网卡都有一个全球唯一的地址码，该地址码称为该网卡结点的介质访问地址（MAC 地址）。不同类型的局域网其 MAC 地址的规定也不同。

2. 集线器

集线器（hub）是局域网中计算机和服务器的连接设备，是局域网的星形连接结点，每个工作站是用双绞线连接到集线器上，由集线器对工作站进行集中管理，如图 4-8 所示。

图 4-8　集线器

作为网络传输介质间的中央结点，它克服了介质单一通道的缺陷。以集线器为中心的优点是：当网络系统中某条线路或某结点出现故障时，不会影响网上其他结点的正常工作。

集线器可分为无源（passive）集线器、有源（active）集线器和智能（intelligent）集线器。无源集线器只负责把多段介质连接在一起，不对信号做任何处理，每一种介质段只允许扩展到最大有效距离的一半；有源集线器类似于无源集线器，但具有对传输信号进行再生和放大作用，从而扩展介质的长度；而智能集线器，除具有有源集线器的功能外，还可将网络的部分功能集成到集线器中，如网络管理、选择网络传输线路等。

随着集线器技术的发展，已出现交换技术和网络分段方式，提高了传输带宽。从这个意义上讲，集线器又可分为切换式、共享式和可堆叠共享式三种。其中，切换式集线器可以重新生成每一个信号并在发送前过滤每一个包，而且只将其发送到目的地址，并可以使 10 Mbit/s 和 100 Mbit/s 的站点用于同一网段中；共享式集线器可以提供所有连接点的站点间共享一个最大频宽；而可堆叠共享式集线器可将共享式集线器进行堆叠连接，扩大网络连接的范围。

3．中继器

中继器（repeater）属于网络物理层互连设备。由于信号在网络传输介质中有一定衰减和噪声，使有用的数据信号变得越来越弱。为了保证有用数据的完整性，并在一定范围内传送，要有中继器将所接收到的弱信号分离，并再生放大以保持与原数据相同。

4．交换机

交换机（switch）属于数据链路互连设备，可看作多端口的桥（multi-port bridge）。虽然交换机和以太网的集线器都起着数据传送“枢纽”的作用，但两者有着根本的不同。传统的集线器是将某个端口传送来的信号经过放大后传输给所有其他端口，而交换机能够通过检查数据包中的目标物理地址来选择目标端口，交换机为通信双方提供了一条独占的线路，例如一个 16 端口的交换机，理论上在同一时刻允许 8 对网络接口设备交换数据，在网络传输密集的场合，交换机的效率远高于集线器。此外，现在的交换机大多可以划分虚拟网络（virtual LAN），可以将交换机的端口划分到不同的广播域中，大大增加了网络的安全性，提高了网络的有效带宽，同时便于网络的架设和维护。

5．网桥

网桥（bridge）是一个网段与另一个网段之间建立连接的桥梁，是一种数据链路层设备。网桥根据数据帧源和目标的物理地址决定是否对数据帧进行转发，这在一定程度上提高了网络的有效带宽。

6．路由器

路由器（router）属于网络层互连设备，用于连接多个逻辑上分开的网络，有自己的操作系统，运行各种网络层协议，用于实现网络层功能。

路由器有 LAN 端口和串行（即广域网）等多个端口，其中的每个 LAN 端口连接一个局域网，串口连接电信部门，将局域网接入广域网。

7．网络传输介质

网络传输介质是网络中传输数据、连接各网络站点的实体。如双绞线、同轴电缆、光纤，网络信息还可以利用无线电系统、微波无线系统和红外技术传输。

4.3.2　局域网常用的传输介质

在计算机局域网中，主要的有线传输介质有双绞线、同轴电缆、光纤。掌握有关线缆的规定对于网络的架设非常重要，只有选择合适的网络传输介质，制作高质量的网线，才能建设一个稳定、低成本、高性能的网络。

1．双绞线

双绞线主要是用来传输模拟信号的，但同样适用于数字信号的传输，特别适用于较短距离信息的传输。

在 10Base-T 和 100Base-T 中，均使用双绞线作为传输介质。一根双绞线由两根绝缘铜线绞合在一起，充当一条通信链路。双绞线具有质量小、安装容易、价格低、全双工的特点，双绞线分为非屏蔽双绞线和屏蔽双绞线两种。

非屏蔽双绞线（UTP）就是普通电话线，一般用于办公大楼内局域网布线，但抗干扰性能相对差些，价格低，并在规定的距离内传输性能较好，目前以太网大量采用这种介质。

屏蔽双绞线（STP）采用金属包层作为屏蔽层，其特点是抗外部干扰，安全性能好，但比使用UTP更昂贵，而且操作更复杂。屏蔽双绞线具有较高的传输速率，在 100 m 的距离内可达 500 Mbit/s，除了在 IBM 网络产品中使用外，在其他网络布线中使用较少。

非屏蔽双绞线分为5类。1类用于基本通信，不能用于数据传输；2类用于语音和低速数据传输，用于数据传输时速率小于 4 Mbit/s；3类用于 10Base-T 或 4 Mbit/s 的 Token Ring 网络，传输速率为 16 Mbit/s；4类用于 10Base-T 或 16 Mbit/s 的 Token Ring 网络，传输速率为 20 Mbit/s；5类用于 10Base-T 或多媒体数据传输，传输速率为 100 Mbit/s。目前，1类和2类非屏蔽双绞线已不再使用。

每一条非屏蔽双绞线电缆都是 8 芯的，分成 4 对，4 对中两两对绞，每一对双绞线使用同一种颜色，一条为全色，另一条大部分为白色，中间包含着少量的其他颜色。双绞线的 4 种颜色分别是橙色、绿色、蓝色和棕色。另外 4 条的颜色为白橙、白绿、白蓝和白棕。

在用常见的 5 类双绞线和 RJ-45 插头制作网线时，应注意区分 8 根线的颜色，并按照 EIA/TIA 568B 的标准进行排列，其顺序为白橙、橙、白绿、蓝、白蓝、绿、白棕、棕。注意第一引脚为白橙，然后用压线钳将线剪齐并压紧即可。制好后的网线如图 4-9、图 4-10 所示。

在双绞线的表皮上标有线缆的型号，来注明用途。

① CM：表示用于楼层中、房间内的水平布线。

② CMR：表示用于穿越楼层的垂直布线、入楼层之间的布线。

③ CMP：表示楼层中的水平布线和穿越楼层的垂直布线均可以使用。

图 4-9　双绞线（两端分别已经接上了 RJ-45 插头）　　　　图 4-10　RJ-45 头与双绞线连接

2．同轴电缆

同轴电缆（coaxial cable）也由两根导体构成，但方式不同，是由内、外导体排列在同一根轴上，同轴电缆分为四层，内导体一般为铜导线，外导体为铜管，它们用于传输电信号，其他两层用于绝缘，以便于适应更宽的频率范围。由于同轴电缆的屏蔽性和同轴性，它的抗电磁干扰能力强于屏蔽双绞线。同轴电缆可以比双绞线架设更长的距离、更多的工作站，但比 STP 昂贵，布线成本较高。

按用途分，同轴电缆可分为基频（baseband）传输和宽频（broadband）传输两种方式。采用前者，数据信号占用整个信道，同一时间只能传送一种信号；采用后者，可采用频分多路复用技术（frequency division multiplexing，FDM）将电缆分成多个传输信道，用不同的信道传输数据、声音和图像。常见的同轴电缆有如下几种：

① RG-58A/U：称为"细同轴电缆"，直径 0.18 英寸（1 英寸=2.54 cm），需要与网卡的 BNC 接头

配合使用，主要用于架设10Base-2网络。

② RG-11：称为"粗同轴电缆"，直径0.40英寸，需要与网卡的AUI接头配合使用，主要用于架设10Base-5网络。

③ RG-59：直径0.25英寸，主要用于宽带传输线路，如电视电缆、ARCNet网络的架设等。

3．光纤

光纤是光导纤维的简称。光纤是由一根很细的可传导光波的石英玻璃纤维和保护层构成。光纤优于双绞线和同轴电缆之处有如下几点：

① 更大容量：光纤的潜在带宽与数据传输速率是巨大的，以2 Gbit/s的传输速率传播10 km已实验成功，一般传输距离为几十千米，传输速率可达数千兆比特每秒。若传输距离更长，需要架设中继站。

② 小型轻便：光纤比同轴电缆和双绞线要细得多，至少在具有相同信息传输能力的情况下要细得多。

③ 低衰减：使用光纤比使用同轴电缆和双绞线信号衰减明显要小得多，即使在很大范围内信号也非常稳定。

④ 电磁隔离：光纤系统不受外部电磁场的干扰，因此它不会受脉冲噪声或交叉信号的干扰。光纤也不向外辐射能量，所以只引起对其他装置的很小的干扰，同时还具有防止窃听的高度安全性。

光纤一般分为多模光纤和单模光纤两种：传送可见光的光纤称为多模光纤；传送激光的光纤称为单模光纤。光纤传输可用波分复用技术（wavelength division multiplexing，WDM），可以在一条光纤上复用、发送和传输多个位。

4.3.3 常用局域网

对于局域网，按照网络标准和布线方式分为以太网、令牌环网络和光纤分布式数据接口、ATM局域网等。

1．以太网

以太网是总线网络，主要采用的种类有：

① 10Base-T：主要传输介质有双绞线、同轴电缆、微波、红外线等。10Base-T即10 Mbit/s以太网。

② 100Base-T：即快速以太网（fast Ethernet），主要靠提高线路速率来提高网络的流通量，主要类型有：

a. 100Base-TX：采用两对线的5类UTP，传输距离为100 m。

b. 100Base-T4：采用4对线的3类（或4类、5类）UTP，传输距离为100 m。

c. 100Base-FX：采用多模光纤，传输距离可达400 m。

③ 交换式以太网：交换式以太网（switched Ethernet）只是在现有以太网中加入一个交换式集线器，使各网点以独占10 Mbit/s带宽的方式连接。其最大优点是不需对现有网络做大的改动，仍用共享式10 Mbit/s以太网的网卡、中继器、UTP或光纤、同轴电缆。

④ 千兆位以太网：是指以光纤为传输介质，数据传输速率可达到700～1 000 Mbit/s的网络，并能利用以太网交换式全双工操作去构建主干网和连接超级服务器、工作站。

2．令牌环网

令牌环网是IBM公司于20世纪70年代发展的，这种网络比较少见。在老式的令牌环网中，数据传输速率为 4 Mbit/s 或 16 Mbit/s，新型的快速令牌环网数据传输速率可达 100 Mbit/s。令牌环网的传输方法在物理上采用了星形拓扑结构，但逻辑上仍是环形拓扑结构。结点间采用多站访问部件（multistation access unit，MAU）连接在一起。MAU 是一种专业化集线器，它是用来围绕工作站计算机的环路进行传输。由于数据包看起来像在环中传输，所以在工作站和 MAU 中没有终结器。

在这种网络中，有一种专门的帧称为"令牌"，在环路上持续地传输来确定一个结点何时可以发送包。令牌为 24 位长，有 3 个 8 位的域，分别是首定界符（start delimiter，SD）、访问控制（access control，AC）和终定界符（end delimiter，ED）。首定界符是一种与众不同的信号模式，作为一种非数据信号表现出来，用途是防止它被解释成其他内容。这种独特的 8 位组合只能被识别为帧首标识符（SOF）。由于以太网技术发展迅速，令牌环网存在固有缺点，令牌在整个计算机局域网已不多见。

3．光纤分布式数据接口（FDDI）

光纤分布式数据接口（fiber distributed digital interface，FDDI）是由美国国家标准局 1982 年制定的网络标准。FDDI 的传输介质是光纤，传输速率为 100 Mbit/s，支持长达 2 km 的多模光纤。其传输方式是在发送端经过转换系统将电信号转成光信号，经光纤送到接收端，再经转换系统，将光信号转成电信号。FDDI 吸收了 IBM 令牌环网技术的许多特征，其主要特点是具有双环结构，以及具有以太网和令牌环网所没有的管理、控制和可靠性设施，可以避免冲突问题，故能提高传输速率。

4．ATM 局域网

ATM（asynchronous transfer mode，异步传输模式）是 1989 年 CCITT 制定的以信元（cell）交换和虚通道方式，采用固定长度的数据包传输，这种技术有很高的灵活性，而且容易综合多种服务，可以简单实现多类服务（如数据、语音、图像等）。ATM 局域网主要通过一组 ATM 交换机互连，标准速率为 155 Mbit/s 和 622 Mbit/s，其他连接用户工作站的 LAN 则连在 ATM 交换机上，速率遵从那个 LAN 的数据传输速率。ATM 网络通过增加 ATM 交换结点和使用高（低）数据速率的连接设备，可以较容易地增加其容量。

4.3.4　局域网的选择与安装

1．局域网的选择

局域网可分为小型局域网和大型局域网。小型局域网是指占地空间小、规模小、建网经费少的计算机网络，常用于办公室、学校多媒体教室、游戏厅、网吧，甚至家庭中的两台计算机也可以组成小型局域网。大型局域网主要用于企业 Intranet 信息管理系统、金融管理系统等。

选择适合的局域网形式至关重要，一般要考虑以下问题：

① 根据网络主干带宽和桌面带宽的需要，来确定是低速的、小流量的简单数据处理，还是要求多媒体、大流量的信息处理，这牵涉选择合适的网络交换中枢设备，如采用共享式的集线器，还是选择快速的以太网交换机，还是选择高速的 ATM 交换机，或综合采用各种设备。

② 正确选择合适的网络操作系统，该网络操作系统必须能够满足各种功能、容量、安全可靠性及扩展性等方面的要求。

③ 当牵涉数据库操作时，必须考虑选用的数据库能够适应各种情况和规模。

④ 选择可靠、性能价格比十分优越的服务器平台。

⑤ 工作站的桌面操作系统和应用软件必须友好、全面。

⑥ 开放式、易扩展的网络布线。

2．安装网卡

安装网卡必须先安装网卡的驱动程序。由于现在的网卡大部分具有即插即用的功能，Windows 系统也具有强大的即插即用功能，因此在安装网卡驱动时基本上不需要用户手动安装，系统会自动搜索新硬件并安装其驱动程序。如果所使用的网卡驱动程序不在 Windows 系统的硬件列表中，可以通过控制面板里的"添加设备"或"设备管理器"选项，手动进行安装。网卡驱动安装完毕后，在"设备管理器"窗口中会出现该设备的详细信息，在任务栏上会出现"安装了新的网络设备"的提示信息，告诉用户系统检测到所安装的新网络设备。然后再使用"网络和共享中心"进行网络设置。

"网络和共享中心"可以设置计算机与 Internet 的连接方式，也可设置计算机名称、计算机描述和工作组名称以及文件和打印机共享方式。可以通过设置"启用文件和打印机共享"，允许其他用户访问自己的文件和打印机。

在设置计算机名和工作组名称时，通常在同一个网络中工作组的名称应该相同。但要注意的是，在同一工作组中，计算机名必须是唯一的，这是局域网中计算机的重要标识。在"计算机描述"文本框中可以随意输入备注式的说明文字，在特定情形下，其他用户可以看到它们。

3．IP 地址配置

很多情况下，需要指定计算机的 IP 地址。和计算机名一样，同一局域网内的 IP 地址取值也是唯一的。通常用到的 IP 地址类似于"192.168.0.×"，× 的取值范围是 $1 \sim 254$。

在"本地连接"属性中，选择 TCP/IP 选项，单击"属性"按钮，在 IP 地址文本框中输入上述地址。注意网络中不能同时有两台计算机的 IP 地址相同。在"子网掩码"文本框中输入"255.255.255.0"，单击"确定"按钮退出，也可使用自动获得 IP 地址。

设置无误后，单击"确定"按钮。有时系统会提示用户需要重新启动计算机才能使新的设置生效，用户可以立即重启或者稍后重启计算机。

4．配置系统

现在，打开"计算机"中的"网络"窗口，会发现里面空无一物，因为还没有配置好需要共享的资源。

打开"计算机"，在需要共享的驱动器、打印机上右击，在弹出的快捷菜单中选择"共享"命令，为共享设备给出一个名字，并设置访问权限，其他用户在"网络"中会看到它们。

用户也可以在资源管理器中选择相应的文件夹，以同样的方式实现共享。这样做有如下好处：不与其他人共享同一驱动器中的其他资源；便于其他用户能够更快速地访问相关资源。例如，可以只将桌面目录 Desktop 共享出来，实现这个目的。

至此，一个简单的 Windows 网络组建工作即告完成，可以感受一下网络带来的便利。

●●●● 4.4　Internet 概述 ●●●●

4.4.1　Internet 的发展及组成

Internet（因特网）是全球性的、开放性的计算机互连网络，也是一个世界范围内庞大的信息资源库。它将分布在世界各地的成千上万台计算机连接起来，按照统一的网络协议即 TCP/IP 协议进行通信。任何一台计算机，只要遵守 TCP/IP 协议，即可连入 Internet。

1．Internet 的发展

1969 年美国国防部高级研究计划局（DARPA）资助建立了一个名为 ARPANET（即"阿帕网"）的网络，它将位于洛杉矶的加利福尼亚大学、位于圣芭芭拉的加利福尼亚大学、位于加州旧金山的斯坦福大学，以及位于盐湖城的犹他州州立大学的计算机主机连接起来，位于各个结点的大型计算机采用分组交换技术，通过专门的通信交换机（IMP）和专门的通信线路相互连接。这个阿帕网就是 Internet 最早的雏形。

ARPANET 主要进行分组交换设备、网络通信协议、网络通信与系统操作软件等方面的研究，它发展十分迅速，到了 1975 年，连入的主机达到 100 多台。随后的几年中，研究人员开始研究网络与网络的互连技术。到了 1983 年，TCP/IP 协议正式成为 ARPANET 的网络协议标准，此时，大量的网络和主机连入，使得 ARPANET 成为 Internet 最早的主干网。

为了使更多的部门共享 ARPANET 的资源，1984 年，美国国家科学基金会（NSF）决定组建 NSFNET。NSFNET 一开始就使用 TCP/IP 协议，通过 56 kbit/s 的通信线路，实现了美国 6 个超级计算机中心的互连。NSFNET 采取的是一种三级层次结构，整个网络由主干网、地区网和校园网组成。各大学的主机通过本校的校园网连接到地区网，地区网再连接到主干网。随着网络规模的发展，NSFNET 和 ARPANET 成为美国乃至世界 Internet 的基础。

NSFNET 发展的同时，其他一些国家、地区和科研机构也在建设和 NSFNET 兼容的广域网络。20 世纪 90 年代以来，各地的网络逐渐连接到 Internet 上，于是形成了今天的世界范围内 Internet 互连网络。

随着 Internet 的崛起，我国的 Internet 建设和应用也迅速发展起来。1987 年 9 月，钱天白教授通过中国学术网（CANET）发出了第一封 E-mail，标志着我国 Internet 发展的开始。1994 年中国科学技术网（CSTNET）首次实现和 Internet 直接连接，同时建立了我国顶级域名 .cn 服务器，标志着我国正式接入 Internet。

Internet 最初仅用于科学研究、学术和教育领域，自 1991 年起，商业化应用为用户提供了多种网络信息服务，特别是 WWW（world wide web）服务模式的产生，可以通过浏览器进入许多公司、大学或研究所的 WWW 服务器系统中查询、检索相关信息，极大地方便了用户获得 Internet 提供的服务。WWW 技术使 Internet 的应用达到了一个崭新的阶段，以至于正在改变着人们的工作、学习和生活方式。在 Internet 的基础上，现已发展出一种物物相连的互联网，即为物联网（internet of things，IoT），它是 Internet 的拓展与延伸，用于进行智能化识别和管理，它将各地的诸如交通工具、家用电器、电子仪器等物品或设施，利用互联网连接在一起并互相交换数据，对将来建成智慧校园、智慧家居、智慧城市等目标的实现具有重要的现实意义，多所高校也都开设了物联网相关专业。

2．Internet 的组成

Internet 主要由通信线路、路由器、主机和信息资源几大部分组成。从用户使用的角度来看，Internet 是一个覆盖全球的信息资源网络，用户在上网漫游时，并不需要了解 Internet 中的具体结构。但从逻辑结构上来看，Internet 是由大量网络互连起来的一个巨大的广域网络。

（1）通信线路

通信线路是 Internet 的基础设施。它将 Internet 中的路由器、计算机和其他终端设备连接起来。目前，通信线路包括有线线路和无线线路两大类。有线线路使用双绞线、同轴电缆和光纤等介质，无线线路则使用无线电等。

（2）路由器

路由器是 Internet 中最重要的设备。它将 Internet 中的各个网络互连起来，可以根据数据所要到达的目的地，选择适当的路由算法，获得一条最佳转发路径，将数据从一个网络传送到另一个网络。有时可能经多个路由器转发，才能到达目的结点。

（3）主机

主机是 Internet 中信息资源与服务的载体。目前，Internet 中主要使用客户机 - 服务器模式，因此主机可以分为服务器和客户机两类。服务器向用户提供信息资源和服务。文件服务器、WWW 服务器、FTP 服务器、邮件服务器和数据库服务器等都是 Internet 上常见的服务器类型。客户机则用于访问服务器信息资源和接受服务，其上安装有各类客户端软件。

（4）信息资源

Internet 是一个庞大的信息资源库，其上的信息内容涉及科学、经济、教育、文化、医疗卫生等多个方面，信息类型包括文本、图片、声音和视频等多种。信息资源是用户最关心的问题，如何组织和管理好这些资源，以便用户能快速查询，是十分重要的。WWW 服务的出现，使用户可以方便地浏览信息，特别是搜索引擎的产生，为快捷地在 Internet 上繁多的信息中找到需要的信息提供了极好的手段。

4.4.2　IP 地址和域名

1．IP 地址

IP 地址用于标识 Internet 上的主机，共32位。这个地址在整个网络中是唯一的，为了便于记忆和书写方便，可将这32位数分成4组，每组8位，然后将每一组都用相应的十进制数表示，例如210.28.48.52。IP 地址分为两部分：第一部分是网络号，用来标识 Internet 上某个特定的网络；第二部分是主机号，用来标识某个特定网络上的主机。根据网上主机的多少，IP 地址共分为5类：A 类、B 类、C 类、D 类和 E 类。大量使用 A、B、C 这3类，D 类分配给不标识的网络，用于特殊用途（多点广播），E 类暂时保留。IP 地址分配情况见表4-1。

表 4-1　IP 地址分配情况

类号	IP 第一组的数字	适用网络规模	所支持的网络数	每个网络所支持的 HOST 数目
A	1～126	拥有大量主机的网络	126	16 777 214
B	128～191	大的网络，国际性大公司和政府机构网	16 382	65 534
C	192～223	分配给局域网络	2 097 150	254
D	224～239	分配给不标识的网络，用于特殊用途		
E	240～254	暂时保留		

每个 IP 地址由三部分组成，即类型号、网络号和主机号，如图 4-11 所示。

其中：

A 类地址用第 1 位为 "0" 来标识。

B 类地址用第 1，2 位为 "10" 来标识。

C 类地址用第 1～3 位为 "110" 来标识。

D 类地址用第 1～4 位为"1110"来标识。

E 类地址用第 1～5 位为"11110"来标识。

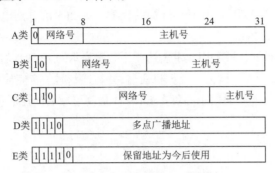

图 4-11　IP 地址的分类及格式

例如：IP 地址为 210.28.48.8，从中可知该地址属于 C 类 IP 地址，210.28.48 是网络号，8 是主机号。A 类地址网络号的长度为 7 位，主机号的长度为 24 位；B 类地址网络号的长度为 14 位，主机号的长度为 16 位；C 类地址网络号的长度为 21 位，主机号的长度为 8 位。即 A 类地址空间中包括 126（2^7-2）个 A 类网络地址，每个 A 类网络地址包括 2^{24}-2（即 16 777 214）台主机；B 类地址空间中包括 16 382（2^{14}-2）个 B 类网络地址。每个 B 类网络地址包括 2^{16}-2（即 65 534）台主机；C 类地址空间中包括 2 097 150（2^{21}-2）个 C 类网络地址，每个 C 类网络地址包括 2^8-2（即 254）台主机。从各类网络所容纳的主机数目可以看出：A 类网络地址数量最少，主机数量最多，适用于大型网络；B 类网络地址适用于中等规模的网络；C 类网络地址适用于主机数不多的小型网络；D 类地址适用于特殊用途、不标识的网络；E 类地址暂时保留，不分配。

32 位 IP 地址的 IPv4 有 4 段数字，每一段最大值不超过 255。但由于互联网的蓬勃发展，IP 位址的需求量愈来愈大，IPv4 已不能满足互联网发展的需求，为了扩大地址空间，拟通过 IPv6（Internet Protocol version 6）重新定义地址空间。IPv6 将 IP 地址长度从 32 位扩展到 128 位，以解决地址短缺问题。

2．域名

因为接入 Internet 的某台计算机要和另一台计算机通信，就必须确切地知道对方的 IP 地址。人们要记住这么多枯燥的数字不是容易的事，对于习惯用文字进行记忆的人来说，希望有一种比 IP 地址更符合其习惯的标记方法。于是，人们创造出另一套命名 Internet 地址的系统——域名（domain name）系统。Internet 中计算机的域名通常具有如下格式：www.sz.js.cn。域名的第 1 段"www"代表具体的计算机名，域名的第 2 段"sz.js"代表计算机所在的 Internet 子网的名称，域名的第 3 段"cn"通常代表该计算机所在的国家或地区的简称，如 cn 代表中国，fr 代表法国，uk 代表英国等。不过，在美国域名的第 3 段往往代表某一类机构，如 com（商业组织）、edu（教育机构）、gov（政府部门）、net（主要网络支持中心）、int（国际组织）、mil（军事部门）、org（其他机构）。人们既可以用域名来标识 Internet 上的一台主机，也可以用 IP 地址来标识。域名和 IP 地址之间的翻译是通过域名服务器（domain name server，DNS）进行的，计算机和计算机之间通过 IP 地址进行通信，所以当给出一个域名时，计算机会请求 DNS 服务器的帮助，从右边的第一级开始至左边，向域名服务器查询地址。其域名类似于如下结构：

计算机主机名 . 机构名 . 网络名 . 顶级域名

例如，vacuumweb.cc.eu.ede 表示美国电子大学计算机中心的一台名叫 vacuumweb 的计算机，而中国清华大学电子工程系名叫 vacuumweb 的计算机的全名为 vacuumweb.ee.tsinghua. edu.cn。域名中的最后一个域有约定，可以区分组织或机构的性质，如 263 信息网电子邮件站点的 IP 地址是 202.96.44.18，域名为 freemail.263.net。

域名是一种分层的管理模式，域名用文字表达比用数字表示的 IP 地址容易记忆。加入 Internet 的各级网络依照 DNS 的命名规则对本网内的计算机命名，并在通信时负责完成域名到各 IP 地址的转换。由属于美国国防部的国防数据网络通信中心负责 Internet 最高层域名的注册和管理，同时它还负责 IP 地址的分配工作。

4.4.3　IPv6

IPv6 是 internet protocol version 6 的缩写，也被称为下一代互联网协议。由于 Internet 用户的飞速增长，IPv4 所拥有的 32 位 IP 地址很快就会耗尽，IPv6 成为替代现行版本 IP 协议（IPv4）的下一代 IP 协议。IPv6 的使用不仅能解决网络地址资源数量的问题，而且也解决了多种接入设备连入互联网的障碍。

相较于 IPv4，IPv6 具有如下特点：

① 扩展的寻址能力：IPv6 将 IP 地址长度从 32 位扩展到 128 位，支持更多级别的地址层次、更多的可寻址结点数以及更简单的地址自动配置。通过在组播地址中增加一个"范围"域提高了多点传送路由的可扩展性。

IPv6 有 3 种基本地址类型，即单播地址、多播地址和任播地址。任播地址是一种新的地址类型，用于发送包给一组结点中的任意一个。

IPv6 地址的长度是 IPv4 的 4 倍。IPv4 地址采用点分十进制的表示方法，IPv6 的地址则采用"冒号十六进制"表示方法。例如，用点分十进制表示的 128 位数为

$$104.230.140.100.255.255.255.255.0.0.17.128.150.10.255.255$$

用冒号十六进制则表示为

$$68E6 : 8C64 : FFFF : FFFF : 0 : 1180 : 960A : FFFF$$

② 灵活的首部格式：IPv6 使用一种全新的、不兼容的数据报格式。IPv4 使用固定格式的数据报首部，在首部中，除选项外，所有的字段都在一个固定的位置上占用固定数量的 8 位组数，而 IPv6 使用了一组可选的首部。

③ 增强的选项：IPv6 允许数据报包含可选的控制信息，包含了 IPv4 不具备的选项，提供新的功能。

④ 支持资源分配：IPv6 提供一种新的机制，允许对网络资源预分配，取代了 IPv4 的服务类型说明。新的机制支持实时语音和图像等应用，保证了一定的带宽和延迟。

⑤ 支持协议扩展：IPv6 的一个重要改变是该协议允许新增特性，协议不需要描述所有细节。这种扩展能力使协议能适应底层网络硬件的改变和各种新的应用需求。

4.4.4　Internet 接入方式

网络接入技术是指用户计算机或局域网接入广域网的技术，即用户终端与 ISP 的互连技术。用户主机或局域网通常都是通过接入网接入广域网。网络接入技术主要分为 5 类。

1．PSTN 接入

公用电话交换网（public switched telephone network，PSTN）是一种用于全球语音通信的电路交换网络，它可通过调制解调器拨号实现用户的 Internet 接入。Modem 是通过电话线连接因特网必不可少的设备，其主要功能是进行模拟 / 数字信号的转换，利用它可使传输模拟信号的电话线在计算机间传送数字信号。但由于 PSTN 拨号上网速度慢，该技术基本已被 ADSL 技术所替代。

2．ISDN 接入

ISDN（integrated services digital network，综合业务数字网）由电话综合数字网（IDN）发展而来。ISDN 是数字交换和数字传输的结合，它以迅速、准确、经济、有效的方式提供目前各种通信网络中现有的业务，而且将通信和数据处理结合起来，开创了很多前所未有的新业务。ISDN 是一个全数字的网络，也就是说，不论原始信号是话音、文字、数据还是图像，只要可以转换成数字信号，都能在 ISDN 网络中进行传输。在传统的电话网络中，实现了网络内部的数字化，但在用户到电话局之间仍采用模拟传输，很容易由于沿途噪声的积累引起失真。而对于 ISDN 来说，实现了用户线的数字化，提供端到端的数字连接，传输质量大大提高。

由于 ISDN 实现了端到端的数字连接，它可以支持包括话音、数据、图像等各种业务。随着电子通信在全球不断扩大，许多人需要和不同地区的用户交换信息。ISDN 的业务覆盖了现有通信网的全部业务，如传真、电话、可视图文、监视、电子邮件、可视电话、会议电视等，可以满足不同用户的需要。ISDN 还有一个基本特性是向用户提供了标准的入网接口。用户可以随意将不同业务类型的终端结合起来，连接到同一接口上，并且可以随时改变终端类型。

但由于 ISDN 拨号方式接入需要到电信局申请开户，另外其上网速度仍然不能满足用户对网络上多媒体等大容量数据的需求，因此，也被 ADSL 所取代。

3．xDSL 接入

DSL（digital subscriber line，数字用户线路）是以铜质电话线为传输介质的传输技术组合，它包括 HDSL、SDSL、VDSL、ADSL 和 RADSL 等，一般称为 xDSL。它们主要的区别体现在信号传输速率和距离的不同，以及上行速率和下行速率对称性的不同。

HDSL 与 SDSL 支持对称的 T1/E1（1.544 Mbit/s）/（2.048 Mbit/s）传输。其中，HDSL 的有效传输距离为 3～4 km，且需要两至四对铜质双绞电话线；SDSL 最大有效传输距离为 3 km，只需一对铜线。比较而言，对称 DSL 更适用于企业点对点连接应用，如文件传输、视频会议等收发数据量大致相同的工作。同非对称 DSL 相比，对称 DSL 的市场要少得多。

VDSL、ADSL 和 RADSL 属于非对称式传输。其中，VDSL 技术是 xDSL 技术中最快的一种，在一对铜质双绞电话线上，上行数据的传输速率为 13～52 Mbit/s，下行数据的传输速率为 1.5～2.3 Mbit/s，但是 VDSL 的传输距离只在几百米以内，VDSL 可以成为光纤到家庭的具有高性能价格比的替代方案；ADSL 在一对铜线上支持上行传输速率 640 kbit/s～1 Mbit/s，下行传输速率 1 Mbit/s～8 Mbit/s，有效传输距离在 3～5 km 范围以内；RADSL 能够提供的速率范围与 ADSL 基本相同，但它可以根据双绞铜线质量的优劣和传输距离的远近动态地调整用户的访问速率。正是 RADSL 的这些特点使 RADSL 成为用于网上高速冲浪、视频点播（IAV）、远程局域网络（LAN）访问的理想技术，因为在这些应用中用户下载的信息往往比上载的信息（发送指令）要多得多。

4．光纤接入

光纤接入网采用光纤作为主要的传输媒体来取代传统的双绞线。由于光纤上传送的是光信号，因而需要在交换局将电信号进行电光转换变成光信号后再在光纤上进行传输。在用户端则要利用光网络单元（ONU）再进行光电转换恢复成电信号后送至用户设备。

根据光纤向用户延伸的距离，也就是 ONU 所设置的位置，光纤接入网又有多种应用形式。其中，最主要的 4 种形式是光纤到大楼（FTTB）、光纤到小区（FTTZ）、光纤到路边（FTTC）、光纤到户（FTTH）。

光纤接入网，特别是 FTTH 光纤接入网，具有频带宽、容量大、信号质量好、可靠性高、可以提供多种业务乃至未来宽带交互型业务，是实现 B-ISDN 的最佳方案等优点，因而被认为是接入网的发展方向。

5．无线接入

传统的窄带无线接入是速率小于 2 Mbit/s 的接入，可以提供语音和低速数据业务，上端一般连接 PSTN 交换机。在众多窄带无线接入技术中，空中接口采用 PHS（个人手持电话系统）制式的无线市话系统得到的应用最多，规模也最大。从 2003 年开始，SCDMA 制式的无线接入应用也呈上升趋势，特别是在我国广大农村电信服务中被广泛推荐使用。

与传统的仅提供窄带语音业务的无线接入技术不同，宽带无线接入技术（BWA）源于 Internet 的发展和对宽带 IP 数据业务的不断增长，主要面向的是 IP 数据业务。宽带无线接入方式的主流技术除包括已经发展成熟的 3.5 GHz、5.8 GHz 固定无线接入和本地多点分配系统（LMDS）等传统的固定宽带无线接入技术外，也包括新兴的 IEEE 802.16 固定 / 移动宽带无线接入技术。随着宽带技术的发展，宽带无线接入系统的传输能力在不断增强，空中接口也更加开放，逐步成为缺乏本地网资源的新兴运营商争夺市场份额的有效手段。

目前被广泛关注并被逐步应用的是 IEEE 提出的 802.16 技术。这是一种新兴的宽带无线接入技术，主要用于城域网，有固定、游牧、便携、简单移动和自由移动五类业务应用场景。随着 802.16 技术从固定无线接入发展到移动无线接入，其应用的场景也会从固定接入发展到自由移动。802.16 技术具有较高的频谱利用率和传输速率，非常适合提供宽带上网和移动视频业务，因此很有优势。

4.4.5　Internet 提供的服务

1．域名服务

把域名翻译成 IP 地址的软件称为域名系统（DNS）。从功能上说，域名系统基本上相当于一本电话簿，已知一个姓名就可以对应查到一个电话号码。

域名系统与电话簿的区别是可以自动完成查找过程。此外，完整的域名系统应该具有双向查找功能。所谓域名服务器（domain name server），实际上就是装有域名系统的主机。一般上网的计算机，在配置 TCP/IP 网络软件时都要求指定一个或两个域名服务器完成该主机应用中从域名到 IP 地址的转换。

2．电子邮件服务

电子邮件（electronic mail，E-mail）服务是一种利用计算机和通信网络传递信息的现代化通信手段。它为当今世界人们利用计算机网络发送和接收电子信件提供了一种快速而方便的方法。它是 Internet 上最基本、使用率最高、覆盖范围最广的服务项目。在 Internet 上的电子邮件系统主要采用

TCP/IP 的电子邮件协议，即 SMTP、POP3 等。只有遵守这些协议，才能相互传递邮件。

SMTP（简单邮件传送协议）：主要负责发送。在 TCP/IP 的电子邮件协议中有两个电子邮件传送协议：邮件传送协议（MTP）和简单邮件传送协议（SMTP）。在 Internet 中，电子邮件的传送主要依靠 SMTP 进行，它最大的特点是简单。

POP3（邮局协议）：POP3 是接收协议，是电子邮件系统的基本协议之一。用户可以利用 POP3 协议访问邮件服务器上的邮件信箱，接收自己的电子邮件。

与传统的邮件相比，电子邮件还有如下优点：

① 不论发送多少邮件，费用是固定的。

② 由于电子邮件是通过邮件服务器来传递的，即使对方不在，仍可将邮件传入对方的信箱，而且发送的时间不受限制。

③ 邮件的接收方可对内容进行修改并转发给他人。

④ 发送时间短，一般只需 1 min 左右。若对方地址不对，则会自动将邮件退回。

为了发送和接收电子邮件，每个邮件系统必须为用户分配一个"信箱"，即一块磁盘空间，用于保存收到的邮件，以供用户以后阅读和处理。一般电子邮件系统都具有电子邮件的发送、接收、存储、转发、回复等多种邮件服务功能，邮件的内容可以是文字、数字、可执行程序、声音、图像等。

在 Internet 中，电子邮件地址格式规定为"本地部分@域名"（如 nyit@nua.edu.cn）。

3．WWW 浏览服务

WWW（world wide web，万维网）是 Internet 上提供的一种信息查询服务，是一种分布式客户机 - 服务器（client-server）结构。用户端与服务器软件分别位于两台完全不同的计算机中，而且这两台计算机可能是在很遥远的两地。

WWW 服务器又称 Web 服务器，服务器软件负责文件的存取管理，而用户端软件则负责文件内容的展现。

WWW 服务器启动后，随即在其主机上等待着用户端提出服务需求。用户端软件可选出文件需求指令给任何服务器，而某一服务器在收到该项需求后，随即将用户所需要的相关文件送回用户端。

WWW 是以超文本和超媒体技术为基础的。

超文本是一种直接面向文件进行阅览的方式，替代了通常的菜单式列表方式，能提供具有一定格式的文本和图形，与传统的文本相比，超文本是非线性的，是以不同层次、不同关系和网状结构体现浏览思想的，是以联想跳跃式结构组织浏览信息的。而文本是线性的，浏览时按顺序进行。

超媒体由超文本演变而来，即在超文本中嵌入除文本之外的视频和音频等信息，也就是说，超媒体是多媒体的超文本。

超文本标记语言（hypertext markup language，HTML）是一种专门用于 WWW 的编程语言，用来描述超文本（超媒体）各个部分的构造，告诉浏览器如何显示文本，如何生成与其他文本或图像的链接等，是一种十分简单易学的语言。

统一资源定位符（uniform resource locator，URL）是 WWW 上的一种编址机制，用于对 WWW 的众多资源进行标识，以便于检索和浏览。在 Internet 中，为了便于查找存储在各种不同服务器上的文件，WWW 系统使用了一种称为 URL 的特殊地址。每一个文件无论它以何种方式存在，服务器上都有唯一的 URL 地址，可以把 URL 看作一个文件在 Internet 上的标准通用地址，用户可以准确无误

地将它找到并且传送到发出检索请求的 WWW 客户机上。URL 的一般格式为

< 通信协议 >://< 主机 >/< 路径 >/< 文件名 >

其中,"通信协议"指提供该文件的服务器所使用的通信协议(WWW 使用的 HTTP 协议、Gopher 协议、FTP 协议和 WAIS 协议等);"主机"指上述服务器所在主机的 IP 地址或域名;"路径"指该文件在上述主机上的路径;"文件名"指文件的名称。例如:

http://www.ncsa.uiuc.edu/SDG/Software/WinMosaic/Homepage.html

其中,HTTP(hypertext transfer protocol)是 WWW 服务器与 WWW 客户机之间遵循的通信协议。www.ncsa.uiuc.edu 用来标识该文件存储在美国伊利诺斯州立大学的 NCSA WWW 服务器上,/SDG/Software/WinMosaic/ 是路径,Homepage.html 是这个文件的名称。

为了进行安全的数据传输,HTTPS(hypertext transfer protocol secure,超文本传输安全协议)成为首选。HTTPS 是由 HTTP 加上 TLS/SSL 协议构建的可进行加密传输、身份认证的网络协议,主要通过数字证书、加密算法、非对称密钥等技术完成互联网数据传输加密,实现互联网传输安全保护。通过 HTTPS,可提高数据保密性、数据完整性和身份校验安全性。

4．FTP 远程文件传输

文件传送协议(FTP)是指把网络上一台计算机中的文件移动或复制到另外一台计算机上,是Internet 上广泛使用的应用之一。FTP 服务采用典型的客户机 - 服务器工作模式。

需要进行远程文件传输的计算机必须安装和运行 FTP 客户程序。Windows 操作系统通常都安装了 TCP/IP 协议,其中包含了 FTP 客户程序,无须另外安装。

启动 FTP 客户程序主要有两种方式:一种是命令提示符的方式(即所谓的 DOS 方式);另一种是使用浏览器,在浏览器的地址栏中输入如下格式的 URL 地址:

ftp://[用户名 : 口令 @]FTP 服务器域名 [: 端口号]

如果不输入用户名和口令,客户机与 FTP 服务器建立连接时仍需要用户输入用户名和口令。经验证后才能进行文件传输。

为了安全和方便,还可以安装并运行专门的 FTP 客户程序,如 CuteFTP、LeapFTP 等,它们提供图形化的用户界面。

FTP 服务器可以提供上传和下载文件的服务,还允许用户对远程服务器中的文件进行各种操作,如文件列表、文件更名、新建文件和删除文件等。

FTP 客户程序与 FTP 服务器建立连接需要使用用户名和口令,但匿名 FTP 服务不需要用户注册,通过公共账号和密码即可登录 FTP 服务器,为用户共享资源提供了极大的方便。匿名登录可使用 anonymous 账号,用电子邮件账户名作为口令。Internet 中很多服务器使用 anonymous 作为公开账号。

5．远程登录

Internet 远程登录服务(Telnet)可以使用户从本地计算机登录到远程计算机,然后向远程计算机输入数据,直接执行远程计算机上的应用程序等。Telnet 上采用了客户机 - 服务器模式,用户端计算机上需要运行 Telnet 上客户软件,通过该软件进行远程登录,登录成功后,用户计算机暂时成为远程计算机的一个仿真终端。要运行 Telnet,用户必须预先在服务器上注册账户。

Windows 操作系统的 TCP/IP 协议中包含了 Telnet 客户程序,无须另外安装。

启动 Telnet 客户程序主要有两种方式:一种是命令提示符的方式;另一种是使用浏览器。在浏览

器的地址栏中输入如下格式的URL地址：

telnet://[用户名：口令 @]telnet 服务器域名 [：端口号]

●●●● 4.5　网络信息安全 ●●●●

4.5.1　网络信息安全特性

随着计算机技术和网络技术的迅猛发展，网络安全的重要性也越来越显现。我国的网民数量世界第一，已成为网络大国。信息网络已经成为社会发展的重要保证。

由于网络信息涉及国家的政府、军事、文教等诸多领域，传输、存储和处理的许多信息是敏感信息，甚至是国家机密，因此，如何在网络环境下使用计算机，必须考虑网络安全问题。

拥有网络信息安全意识是保证网络信息安全的重要前提，同时要遵守网络信息安全的法律法规和道德规范。而保证信息安全，最根本的就是保证信息安全的基本特征发挥作用。信息安全主要有以下特征：

1．完整性

完整性（integrity）是最基本的安全特征。它是指信息在传输、交换、存储和处理过程中，不被非法授权修改和破坏，不被丢失，即保持信息原样性，使信息能正确生成、存储、传输。

2．机密性

机密性（confidentiality）指信息不泄露给非授权的个人、实体或过程，强调有用信息只被授权对象使用的特征。

3．可用性

可用性（availability）是衡量网络信息系统面向用户的一种安全性能。它是指网络信息可被授权实体正确访问，并按要求能正常使用或在非正常情况下（如系统遭受攻击或破坏时）能恢复使用的特征。

4．真实性

真实性（authenticity）指数据不被伪造，保持数据（包括用户身份）的原始真实性。

5．不可否认性

不可否认性又称抗抵赖性，指通信双方在信息交互过程中，确信参与者本身，以及参与者所提供的信息的真实同一性，即所有参与者都不可能否认或抵赖本人的真实身份，以及提供信息的原样性和完成的操作与承诺。

6．可控性

可控性指对流通在网络系统中的信息传播及具体内容能够实现有效控制的特性，即计算机系统一旦受到攻击或破坏时，具有信息自动恢复和控制的能力。

4.5.2　网络信息安全防御措施

世上没有绝对安全的网络，因此，只有采取切实有效的安全防御措施，使计算机网络具备应有的安全功能。常见的安全防御措施有以下几种。

1．真实性鉴别与访问控制

真实性鉴别又称身份识别或身份鉴别，是安全系统应具备的最基本的功能，它对通信双方的身份和所传送的信息的真伪能准确地进行鉴别。当用户向系统请求服务时，要出示自己的身份证明，而系统应具备查验用户身份证明的能力。

身份鉴别常用的方法有3类：①依据某些只有被鉴别对象本人才知道的相关信息进行鉴别，如口令、私有密钥等；②依据某些只有被鉴别对象本人才具有的信物（令牌）进行鉴别，如磁卡、IC卡等；③依据某些只有被鉴别对象本人才具有的生理和行为特征进行鉴别，如指纹、面部、声音、笔迹等。

身份鉴别是访问控制的基础。

访问控制就是控制用户对信息等资源的访问权限，其基本任务是防止非法用户进入系统及防止合法用户对系统资源的非法使用。访问控制可以根据用户的不同身份而进行授权，在系统中定义哪些用户可以访问哪些资源，规定可访问的用户对它的操作权限，如是否可读、是否可写以及是否可修改等。

2．数据加密与密钥管理

数据加密技术是网络安全核心技术之一，也是其他安全措施的基础。它可使网络通信在被窃听的情况下也能保证数据的安全。数据加密技术是指在数据传输时对信息进行一些运算，如改变符号的排列方式或按照某种规律进行替换，将其重新编码，从而达到隐藏信息的作用，使非法用户无法读懂信息内容，有效保护信息系统和数据的安全性。

数据加密技术可以分为：数据存储、数据传输、数据完整性的鉴别以及密钥管理技术等。信息的加密算法或解密算法都是在一组密钥控制下进行的，对密钥的保密和安全管理在数据系统中是极其重要的，如果密钥泄露将会对通信安全造成威胁。因此，引入密钥管理机制，对密钥的产生、存储、传递和定期更换进行有效控制，对提高网络的安全性和抗攻击性也是十分重要的。

3．数字签名

数字签名技术是在通信过程中附加在消息（如邮件、公文、网上交易数据等）上并随着消息一起传送的一串代码。它能够验证信息的完整性以及消息的真实性。数字加密的过程是将摘要信息用发送者的私钥加密，与原文一起传送给接收者。接收者只有用发送的公钥才能解密被加密的摘要信息，然后用散列算法对收到的原文产生一个摘要信息，与解密的摘要信息对比。如果相同，则说明收到的信息是完整的，在传输过程中没有被修改，否则说明信息被修改过，因此数字签名是个加密的过程，数字签名验证是个解密的过程。

4．保护数据完整性和可用性

保护数据完整性和可用性即通过一定的机制（如加入消息摘要）以发现信息是否被非法修改，避免用户或主机被伪信息欺骗，即保证数据在传送前和传送后保持完全一致。

保护数据的可用性是采取一些措施，如容灾技术，保护数据在任何情况下（如通信线路切断、系统故障等）不会丢失。

5．审计管理

审计管理即通过记录用户操作、对一些有关信息进行统计等手段，监督用户活动，使系统在出现安全问题时能够追查原因。

6．防火墙

防火墙（firewall）是一种位于内部网络与外部网络之间或专用网与公共网之间的网络安全系统，

它可以是硬件，也可以是软件。它对流经内部网的信息进行扫描，确保流入或流出内部网信息的合法性，还能过滤掉黑客的攻击，关闭不使用的端口，禁止特定端口的流出通信等，它还可以禁止来自特殊站点的访问，从而防止来自不明入侵者的所有通信，保护内部网免受非法用户的侵入。在逻辑上，防火墙是一个分离器、限制器和分析器。随着技术的发展，一些破译的方法也使得防火墙存在一定的隐患，所以在防火墙技术上还有待进一步开发。

7. 云安全

云安全（cloud security）是网络时代信息安全的最新体现，它融合了并行处理、网格计算（即分布式计算）、未知病毒行为判断等新兴技术和概念，通过网状的大量客户端对网络中软件行为的异常监测，获取互联网中木马、恶意程序的最新信息，推送到服务器端进行自动分析和处理，再把病毒和木马的解决方案分发到每一个客户端。

云安全的概念源于云计算（cloud computing）的发展。云计算是一个新兴的商业计算模型，是一种基于互联网的超级计算模式。美国国家标准与技术研究院（NIST）对云计算的定义是：云计算是一种按使用量付费的模式，这种模式提供可用的、便捷的、按需的网络访问，进入可配置的计算资源共享池（资源包括网络、服务器、存储、应用软件、服务等），这些资源能够被快速提供，而只需投入很少的管理工作，或与服务供应商进行很少的交互。

云计算利用高速互联网的传输能力，将数据的处理过程从个人计算机或服务器移动到互联网上的超级计算机集群中。对用户而言，云计算具有随时获取、按需使用、随时扩展、按使用付费等优点。

随着云计算的推广和普及，云安全问题得到重视。和传统的安全风险不同，在云计算中恶意用户和黑客都是通过云端互动环节攻击数据中心的。云安全技术的应用，可使识别和查杀病毒不再仅仅依靠本地硬盘中的病毒库，而是依靠庞大的网络服务，实时采集、分析以及处理。

由于云安全仍然是门较新的技术，所以还存在许多问题需要更深入地探究、解决，更新的加密技术、安全协议等也会在未来越来越多地呈现出来。

要保证网络信息安全，不但需要先进的技术手段，还需要切实可行的管理措施和认真负责的态度，建立一个独立、安全的网络安全环境。

●●●● 小　　结 ●●●●

本章主要介绍计算机网络的发展、网络功能及组成、网络的体系结构、协议标准、网络的类型及各种服务系统、计算机网络设备及配置、网络信息安全等计算机网络方面的基本知识。学习完本章内容，能够对计算机网络的发展和计算机网络功能及组成有一个系统的了解，能够掌握计算机网络的基本概念、网络的拓扑结构、适用范围和网络协议标准、层次结构等方面的知识，熟悉计算机网络的分类、计算机局域网所用的传输介质、IP 地址和域名、网络服务系统和网络设备与局域网的选择等基本内容，初步学会对 IP 地址的简单配置，了解网络信息安全的特性和安全防御措施。本章的学习将对深入学习计算机网络相关知识、更好地运用计算机网络、组建和维护网络、保障网络信息安全起到重要的作用。

●●●●习　　题●●●●

1.　什么是计算机网络？对计算机网络的概念有几种定义方式？

2.　局域网和广域网有何区别？各有什么特性？

3.　计算机网络主要有什么用途？

4.　计算机网络有哪几种拓扑结构？各有什么特点？

5.　局域网所需要的硬件设备常见的有哪些？

6.　交换机、集线器的主要功能是什么？

7.　TCP 与 UDP 的区别是什么？

8.　什么是 TCP 协议？什么是 IP 协议？

9.　IP 地址是什么？IP 地址是如何配置的？

10.　下一代互联网协议 IPv6 的特点是什么？

11.　HTTP 和 HTTPS 是什么协议？有什么区别？

12.　ISO/OSI 与 TCP/IP 有何区别？

13.　TCP/IP 各层之间有何关系？

14.　简述 IP 互联网的工作机理。

15.　为什么要进行网络互连？

16.　简述 IP 互联网的主要作用和特点。

17.　什么是域名解析及域名解析的过程？什么是域名服务系统？

18.　网络信息安全有哪些特性？

19.　网络信息安全有哪些手段？

20.　简述云计算和云安全的定义。

第5章 计算机数字图像与图形

学习目标

- 掌握计算机图像与图形的基本知识。
- 了解图像与图形处理的基本理论和设备。
- 掌握图形图像处理软件的基本应用。

●●●●5.1 计算机图像与图形的基本知识●●●●

在数字图像与图形处理中，计算机图像与图形是两个首先要区分的概念，在此基础上应用计算机图像处理技术和计算机图形创作技术进行数字图像与图形的处理和创作。

5.1.1 图像与图形概述

1. 图像与图形的定义

在日常生活中，人们经常把图形与图像混为一谈，但是在计算机中图形与图像是两个不同的概念，必须加以区分。

计算机图像是指通过相应的输入设备（如扫描仪、数字照相机等）捕捉实际事物的画面并输入计算机产生的数字图像，或由计算机图像处理软件处理的结果，这些图像是由像素点阵构成的位图。

计算机图形是指在计算机（软件）的作用下，将无法感知到形态的数据转换成可以显示输出的图，图形即是由计算机绘制的直线、圆、矩形、曲线、图表等组成的矢量图。例如，在计算机图形软件中，输入圆心坐标为 (x, y)，半径为 r，计算机图形软件就能绘制出一个以 (x, y) 为圆心，r 为半径的圆的图形。

2. 数字图像的获取

数字图像的获取是指从现实世界中获得数字图像的过程。图像获取的过程实际上是将模拟信号转化为数字信号的过程。它的处理步骤主要为以下四步：

① 扫描：将画面划分为 $M \times N$ 个网格，每个网格称为一个采样点，用其亮度值表示。这样，一幅模拟图像就转换为 $M \times N$ 个采样点组成的一个阵列。

② 分色：将彩色图像的采样点的颜色分解成三个基色（如R、G、B三基色），如果不是彩色图像（即灰度图像或黑白图像），则每一个采样点只有一个亮度值。

③ 采样：测量每个采样点的每个分量（基色）的亮度值。采样时要满足采样定理，即采样频率

不低于信号最高频率的两倍，以保证能恢复原图像信号。

④ 量化：对采样点的每个分量进行模/数转换，把模拟量的亮度值使用数字量来表示。

经过以上四个步骤获取的数字化图像通常称为"图像"。

3．矢量图与位图的定义与比较

上面提到计算机图形是矢量图，计算机图像是位图，那么什么是矢量图、位图呢？

矢量图是用一系列计算指令来表示的图，本质上是用多个数学表达式的编程语言表达。矢量图使用线段和曲线描述图像，同时矢量图也包含了色彩和位置信息。

位图是使用像素来描述图像的，计算机屏幕其实就是由大量像素点组成的。在位图中，图像将由每一个网格中的像素点的位置和色彩值决定。当在更高分辨率下观看图像时，每一个小点看上去就像是一个马赛克色块。

矢量图与位图的比较：

① 矢量图由矢量线组成，而位图由像素组成。

② 矢量图可以无限放大，而且不会失真，而位图不能。

③ 位图可以表现的色彩比较多，而矢量图则相对较少。

5.1.2 图像处理技术和图形创作技术的分类

1．图像处理技术

图像处理技术是指利用图像处理软件对已有的数字化图像进行再创作，不仅可以对图像进行调整、修复、合成、剪切等处理，还可以通过图像处理软件提供的各类滤镜、插件等对图像添加各种特效。

从创作目的来分，可以将图像处理技术分为：

① 图像润饰技术。

② 图像修复技术。

③ 图像合成技术。

④ 图像特效技术。

2．图形创作技术

图形创作技术是指利用各种图形处理软件创作出各类图形的技术。

图形创作技术应用范围非常广泛，包括平面设计、动画制作、动漫制作、建筑绘图、服装设计、工业设计、广告设计等很多领域。

5.2 图像与图形处理的设备

计算机图形图像处理对于计算机软、硬件环境有较高的要求。

5.2.1 图形图像处理系统

图形图像处理系统包含计算机硬件与图形图像处理相关软件两大部分。用于图形图像处理的计算机硬件系统要求有较高性能的CPU、较快的运行速度、较大容量的内存以及大容量的硬盘，以存储占用空间较多的图形图像文件和处理图形图像文件时产生的大量临时文件。另外，用于图形图像处理的计算机必须配置较好的显卡和高刷新速率、高分辨率、色彩还原好的显示器，这是因为好的显卡和显示器能最大限度地显示真色彩，不易产生色差。

对于专业的图形图像处理系统，最好使用显示器校色仪（如 Spyder2express 等）或者专门的校色软件对显示器进行校色，以保证显示器颜色的准确、鲜活、一致。

图形图像处理系统硬件部分还包括数字图像采集与输出设备。数字图像采集设备主要有扫描仪、数字照相机、数字化仪等。数字图像输出设备主要有显示器、打印机等。

5.2.2　图形图像处理系统的存储设备

图像的数据量往往很大，因而需要大量的空间存储图像。在图像处理和分析系统中，大容量和快速的图像存储器是必不可少的。用于图像处理和分析的数字存储器可分为三类：快速存储器、在线或联机存储器、不经常使用的数据库（档案库）存储器。

计算机内存就是一种提供快速存储功能的存储器。目前微型计算机的内存常为 4～16 GB 或更大。另外一种提供快速存储功能的存储器是特制的硬件卡，即帧缓存（又称显存），它是屏幕所显示画面的一个直接映像，又称位映射图（bit map）或光栅。帧缓存的每一个存储单元对应屏幕上的一个像素点，整个帧缓存对应一帧图像。它可存储多幅图像并以每秒 25 或 30 幅图像的视频速度读取，也可以对图像进行放大或缩小、垂直翻转和水平翻转。

固定硬盘和 U 盘是微型计算机的必备外存储器。固定硬盘为计算机提供了大容量的存储介质，但是其盘片无法更换，存储的信息也不便于携带和交换。

U 盘是以闪存存储器为存储介质，它通过 USB 接口与计算机相连。U 盘具有存储容量大、体积小、保存数据期长且安全可靠、方便携带、抗震性能强、防磁防潮、耐温、性能价格比高等突出优点。

移动硬盘和 U 盘性能基本相同，可靠性高，数据保存可达 10 年以上，数据传输速率较快，容量可达太字节级别，操作方便，支持热拔插，无须外接电源，只要插入主机上的 USB 接口就可使用。

●●●●5.3　图像与图形处理的基本理论●●●●

在进行创作之前，了解图像与图形处理的基本理论是非常必要的。本节主要内容包括计算机图形学的概念、研究内容和应用领域，计算机图像处理所涉及的专业术语及其含义，图形图像的保存格式以及计算机图形图像处理中的色彩理论等内容。

5.3.1　计算机图形学的基本概念

计算机图形学已经成为计算机科学与技术中最为活跃的学科分支之一。国际标准化组织（ISO）给计算机图形学做出了如下定义："计算机图形学是研究通过计算机将数据转换为图形，并在专用显示设备上显示的原理、方法和技术的学科。"计算机图形学在工程技术和社会生活的各个领域得到广泛应用，如汽车、飞机、船舶等的设计与制造；机械、电子、建筑的计算机辅助设计和制造；电影特技和动画、广告业、娱乐业、军事、医学、艺术、文化教育和培训等。

1．计算机图形学的研究内容

计算机图形学研究的主要内容包括如何在计算机中表示图形和利用计算机进行图形的生成、处理和显示等相关原理与算法。从处理技术上看，图形大致分为两类：一类是由线条组成的二维图形；另一类是类似于照片的明暗三维图，即通常所说的真实感图形。计算机图形学的研究主要针对这两类图形展开，大体可以归纳为以下几类：

① 二维图形中基本图元（包括点、直线段及各种曲线等）的生成算法。

② 二维图形的基本操作和图形处理的算法，如对图形的平移、放大、缩小、旋转、剪切、填充等操作。

③ 三维几何造型技术的研究，包括基本元素的建立与生成、规则曲面与自由曲面的构造以及三维形体之间的布尔运算等。

④ 真实感图形的生成算法，主要包括三维形体的消隐、光照模型的建立、阴影及彩色渲染图的生成等。

⑤ 科学计算可视化，其主要研究内容是将科学计算中大量的难以理解的数据通过计算机图形显示出来，从而加深人们对科学过程的理解。

⑥ 计算机动画，其主要研究运动控制技术以及与动画有关的造型、绘制、合成等技术。如运动捕获动画数据的处理、基于物理的动力学动画等。

⑦ 虚拟现实，其主要研究内容是服务于实物虚化和虚物实化的数据转换和数据预处理；实时、逼真图形图像生成与显示技术；多维信息数据的融合、数据转换、数据压缩、数据标准化以及数据库的生成；模式识别；高级计算模型的研究；分布式与并行计算；高速、大规模的远程网络技术等。

2．计算机图形学的应用领域

计算机图形学被广泛应用于工业、商业、军事、娱乐、教育等众多领域，下面简要介绍一些应用实例。

① 计算机辅助设计/制造（CAD/CAM）。这是计算机图形学在工业领域的重要应用，包括机械、汽车、航空航天、纺织、服装、电子、建筑等领域的计算机辅助设计/制造。

② 科学计算可视化（visualization in scientific computing，VISC）。目前科学计算可视化广泛应用于医学、复杂的运动学、动力学、流体力学、压力场、磁场的分布、有限元分析、气象分析的图形仿真中。

③ 地形地貌和自然资源图。计算机图形学根据有关的数据绘制地理图、地形图、海洋地理图、气象图以及人口密度图等。现在，在网络中应用广泛的电子地图、虚拟城市等也属于计算机图形学的应用。

④ 计算机动画与虚拟现实。通过计算机创作的二维动画和三维动画已经成为动画业的主流，目前动漫产业也在我国迅速发展起来。而且，计算机动画技术已被广泛应用于制作电视节目、商业广告等领域。在虚拟现实方面，早期主要应用于军事演习、飞行员和汽车驾驶员的训练等方面，通过计算机产生的动画模拟了真实环境。目前，虚拟现实还被广泛应用于博物馆、展览馆、新媒体艺术等领域。

⑤ 建立友好的图形用户界面。一个友好的图形化用户界面能够大大提高软件的易用性和推广性。这就是为什么 Windows 操作系统能成为计算机主流操作系统的主要原因之一。而友好用户界面也不仅仅体现在计算机用户界面上，还体现在手机等电子产品中。

当然，计算机图形学在其他很多领域都被广泛应用，如人体造型、过程控制、图像的远距离通信、多媒体计算机系统及应用、电视电话、服装试穿显示、理发发型预测显示、电视会议、办公自动化、现场视频管理等。随着计算机技术的不断发展，它还会在更多领域发挥其巨大的作用。

5.3.2　数字图像处理的基本理论

数字图像处理是利用计算机对图像做一系列特定的、能得到预期结果的操作，以"改造图像"，其目的主要是从图像中提取一些特定信息，或者使图像实现预期的效果。

以下是数字图像处理中涉及的专业术语：

1．像素

像素（pixel）是图像最基本的组成元素。对于计算机处理的数字图像来说，每幅图像可看作由 $A \times B$ 个数据（像素）组成的矩阵，矩阵中的每个元素就是像素。单一像素长与宽的比例最常见的是 1:1，但依照不同的系统尚有"1.45:1"以及"0.97:1"的比例。计算机处理的数字图像与显示的物理图像是一一对应的，数字图像的每个像素的数值（灰度值）记录着物理图像中对应小区域的平均亮暗信息。

2．分辨率

分辨率是指单位长度上像素的多少，单位长度上像素越多，图像就越清晰，其单位一般表示为像素/英寸或像素/厘米。分辨率是一个综合性的术语，它既可以指图像文件包括的信息量，也可以指显示设备能够产生的清晰度等级。分辨率同时也影响最终输出文件的质量和大小。

（1）显示器分辨率

显示器分辨率是指显示器屏幕上水平和垂直像素数目。如目前常用的显示器分辨率为 1 920 × 1 080 像素，即水平方向每行 1 920 像素，垂直方向每列 1 080 像素。显示器分辨率有时也用屏幕上的信息密度（即显示器在水平方向每英寸的像素数，dpi）来表示。如 PC 显示器的典型分辨率约为 90 dpi，苹果机显示器的典型分辨率约为 72 dpi。

（2）图像分辨率

图像分辨率是指图像中每单位长度所包含的像素或点的数目，常以像素/英寸（ppi）为单位。如 72 ppi 表示图像中每英寸包含 72 个像素或点。分辨率越高，图像越清晰，图像文件所需的磁盘空间也越大，编辑和处理所需的时间也越长。

当图像尺寸大小一样时，分辨率越高图像文件就越大；当图像分辨率高于显示器分辨率时，图像在显示器屏幕上显示的尺寸会比打印机输出时的图像尺寸要大。显示器分辨率与图像分辨率不同的是：显示器分辨率是固定的，不可更改，而图像分辨率是可以更改的。

（3）输出分辨率

输出分辨率又称打印分辨率，指照排机、绘图仪或激光打印机等输出设备在输出图像时每英寸所产生的油墨点数。若使用与打印机输出分辨率成正比的图像分辨率，就能产生较好的输出效果。在打印机中，一般喷墨彩色打印机的输出分辨率为 182 ～ 720 dpi，激光打印机的输出分辨率为 300 ～ 600 dpi，而照排机则可达到 1 200 ～ 2 400 dpi，甚至更高。

3．图像分辨率基本标准

通常，一些有用的图像分辨率都有一些基本的标准：

① 在 CorelDRAW 软件中，默认分辨率为 72 ppi，这是满足普通显示器的分辨率。

② 大型灯箱图像分辨率一般不低于 30 ppi。

③ 发布于网页上的图像分辨率通常可以设置为 72 ppi 或 96 ppi。

④ 报纸图像分辨率通常设置为 120 ppi 或 150 ppi。

⑤ 彩版印刷图像分辨率通常设置为 300 ppi。

⑥ 对于一些特大的墙面广告等分辨率可设置在 30 ppi 以下。

4．颜色空间的类型

颜色空间的类型是指彩色图像所使用的颜色描述方法，又称颜色模型。常用的颜色模型有 RGB（红、绿、蓝）模型、CMYK（青、品红、黄、黑）模型、HSV（色彩、饱和度、亮度）模型，YUV（亮度、色度）模型等。从理论上讲，这些颜色模型都可以相互转换。

5．像素深度

像素深度即像素的所有颜色分量的位数之和，它决定了不同颜色（亮度）的最大数目。

6．图像的压缩编码

由于一幅图像的数据量很大，为了节省存储数字图像时所需要的存储器容量，降低存储成本，提高图像在因特网中的传输速率，压缩图像的数据量是非常重要的。

一幅图像的数据量可按下面的公式进行计算（以字节为单位）：

图像数据量 = 图像水平分辨率 × 图像垂直分辨率 × 像素深度 /8

压缩后的图像数据量 = 压缩前的图像数据量 / 压缩倍率

数据压缩可分成两种类型：一种是无损压缩；另一种是有损压缩。无损压缩是指压缩以后的数据进行图像还原（也称为解压缩）时，重建的图像与原始图像完全相同。有损压缩是指使用压缩后的数据进行图像重建时，重建后的图像与原始图像虽有一定的误差，但应不影响人们对图像含义的正确理解。

5.3.3　图形图像文件及其属性

计算机图形图像文件大致上可以分为两大类：一类为位图文件；另一类为矢量图文件。位图以点阵形式描述图形图像，而矢量图以数学方法描述一种由几何元素组成的图形图像。多年来不同公司开发了许多图像应用软件，再加上应用本身的多样性，因此出现了许多不同的图像文件格式。

1．BMP

BMP（bitmap）是 Windows 中的标准图像文件格式，它有压缩和非压缩两种形式，解码速度快，支持多种图像的存储，常见的各种 PC 图形图像处理软件都支持 BMP 格式。BMP 位图文件默认的文件扩展名是 .bmp（有时它也会以 .dib 或 .rle 作为扩展名）。

2．GIF

GIF（graphics interchange format）是由 CompuServe 公司开发的图像文件格式，是在各种平台的各种图形图像处理软件上均能够处理的、经过压缩的一种图像文件格式，存储色彩最高只能达到 256 种，故不能用于存储真彩色的图像文件。GIF 文件比较适合网络传输，速度要比传输其他图像文件格式快得多。GIF 格式还能存储成背景透明的形式，并且可以将数张图存成一个文件，从而形成动画效果。

3．PNG

PNG（portable network graphics）同 GIF 一样，也是使用无损压缩方式的一种位图文件格式，但其图像质量远胜过 GIF。PNG 用来存储灰度图像时，灰度图像的深度可多到 16 位，存储彩色图像时，彩色图像的深度可多到 48 位，并且还可存储多达 16 位的 Alpha 通道数据。PNG 图像使用的是高速交替显示方案，显示速度很快，只需要下载 1/64 的图像信息就可以显示出低分辨率的预览图像。与 GIF 不同的是，PNG 图像格式不支持动画。

4．TIF/TIFF

TIFF（tag image file format）是 Macintosh 和 PC 上使用最广泛的位图格式，在这两种硬件平台上移植 TIFF 图形图像十分便捷，大多数扫描仪也都可以输出 TIFF 格式的图像文件。该格式支持 256 色、24 位真彩色、32 位色、48 位色等多种色彩位，同时支持 RGB、CMYK 以及 YCbCr 等多种色彩模式。TIFF 文件可以是不压缩的，文件体积较大，细微层次的信息较多，有利于原稿阶调与色彩的复制。TIFF 文件也可以是压缩的，支持 RAW、RLE、LZW、JPEG、CCITT3 组和 CCITT4 组等多种压缩方式。唯一的不足之处是，由于 TIFF 独特的可变结构，所以对 TIFF 文件解压缩非常困难。

5．RLE

RLE（run length compressed）是一种压缩过的位图文件格式。RLE 压缩方案是一种极其成熟的压缩方案，特点是无损失压缩（lossless），既节省了磁盘空间，又不损失任何图像数据。但在打开这种压缩文件时，要花费更多的时间。此外，一些兼容性不太好的应用程序可能会打不开 RLE 文件。

6．SVG

SVG 是可缩放的矢量图形格式。它是一种开放标准的矢量图形语言，可任意放大图形显示，边缘异常清晰，文字在 SVG 图像中保留可编辑和可搜寻的状态，没有字体的限制，生成的文件很小，下载很快，非常适合用于设计高分辨率的 Web 图形页面。

7．CDR

CDR 格式是著名绘图软件 CorelDRAW 的专用图形文件格式。由于 CorelDRAW 是矢量图形绘制软件，所以 CDR 可以记录文件的属性、位置和分页等。但它在兼容度上比较差，所有 CorelDRAW 应用程序中均能够使用，但其他图像编辑软件打不开此类文件。

8．EPS

EPS（encapsulated postscript）是跨平台的标准格式，扩展名在 PC 平台上是 eps，在 Macintosh 平台上是 epsf，主要用于矢量图像和光栅图像的存储。EPS 格式采用 PostScript 语言进行描述，并且可以保存其他一些类型信息，例如多色调曲线、Alpha 通道、分色、剪辑路径、挂网信息和色调曲线等，因此 EPS 格式常用于印刷或打印输出。Photoshop 中的多个 EPS 格式选项可以实现印刷打印的综合控制，在某些情况下甚至优于 TIFF 格式。

9．TGA

TGA（tagged graphics）格式是由美国 Truevision 公司为其显卡开发的一种图像文件格式。TGA 的结构简单，属于一种图形图像数据的通用格式，在多媒体领域有很大影响，是计算机生成图像向电视转换的一种首选格式。TGA 格式支持 32 位图像，其中包括 8 位 Alpha 通道数据用于显示实况电视。该格式的文件使 Windows 与 3ds Max 相互交换图像文件成为可能。用户可以在 3ds Max 中生成色彩丰富的 TGA 文件，然后在 Windows 的应用程序中（Photoshop、Painter、Illustrator、FreeHand 等）调出此格式的文件进行渲染。

10．PCD

PCD 是一种 Photo CD 文件格式，由 Kodak 公司开发。该格式主要用于存储只读光盘上的彩色扫描图像，它使用 YCC 色彩模式定义图像中的色彩。Photo CD 图像具有非常高的质量。

11．JPG/JPEG

JPG/JPEG（joint photographic expert group）是 24 位的图像文件格式，也是一种高效率的压缩格式。由于其高效的压缩效率和标准化要求，目前已广泛应用于彩色传真、静止图像、电话会议、印刷及新闻图片的传送。

12．PSD

PSD（photoshop document）/PDD 是 Photoshop 中使用的一种标准图形文件格式，可以存储为 RGB 或 CMYK 模式，还能够自定义颜色数并加以存储。PSD 文件能够将不同的物件以层（layer）的方式分离保存，便于修改和制作各种特殊效果。PDD 和 PSD 一样，都是 Photoshop 中专用的图形文件格式，能够保存图像数据的每一个细小部分，包括层、附加的蒙版通道以及其他内容。

5.3.4　色彩理论

世界上任何事物都有颜色，任何图像也都是由不同颜色组成的。色彩是人们最为敏感的，能引起共同的审美愉悦的形式要素。事实上，一件艺术作品的色彩总是具有独立的欣赏价值，它是最有表现力的要素之一，并且直接影响着人们的情感。

掌握色彩知识对于人们进行图形图像处理有着重要的作用。下面来介绍一下色彩的基本理论。

1．色彩的本质

色彩始于光，也源于光，包括自然光与人工光。光线微弱，色彩也就微弱；光线明亮的地方，色彩就可能特别强烈。当光线微弱的时候，如黄昏和黎明，不容易辨别不同的色彩。在明亮的光线和阳光下，如在热带气候下，色彩看起来就比原色更加强烈。

让一束光线透过一块棱柱形的玻璃，然后让它反射在一张白纸上，当光束以不同的角度（根据它们的波长）穿过棱柱时，光束就会折射，并以不同的色彩反射在白纸上。我们的视觉在称为光谱的窄带上识别这些作为单个色条的颜色。在这个光谱上很容易识别的主要颜色有红、橙、黄、绿、蓝、靛和紫。这些颜色逐渐调和在一起时，就能看到它们之间的中间色。

2．色彩的分类

视觉所感知的一切色彩可以分为无彩色系和有彩色系两大类。有彩色就是具备光谱上的某种或某些色相，统称为彩调。与此相反，无彩色就没有彩调，只有黑、白、灰。

无彩色有明有暗，表现为白、黑。有彩色表现较复杂，但每一种色彩都具有三个属性，即色相、明度和纯度。这就是色彩最基本的构成要素。

3．色彩三要素

色彩三要素即色相、明度和纯度。

（1）色相

色相是色彩的第一要素，是指能够确切地表示某种颜色的色别的名称。最初的基本色相为红、橙、黄、绿、蓝、紫。在各色中间加插一两个中间色，其头尾色相，按光谱顺序为红、红橙、黄橙、黄、黄绿、绿、绿蓝、蓝绿、蓝、蓝紫、紫、红紫，即可制出十二基本色相。这十二色相的彩调变化，在光谱色感上是均匀的。如果进一步再找出其中间色，便可以得到二十四色相。图 5-1 所示为色环图。

（2）明度

明度是色彩的第二要素，它是指色彩的明暗程度，即色彩的亮度、深浅度。

对于无彩色而言最亮是白，最暗是黑，以及介于黑白之间不同亮度的灰，都具有明暗强度的表现。若按一定的间隔划分，就构成明暗尺度。有彩色既靠自身所具有的明度值，也靠加减灰、白调来调节明暗。有彩色的明暗，其纯度的明度，以无彩色灰调的相应明度来表示其相应的明度值。

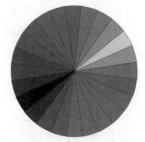

图 5-1　色环图

（3）纯度

纯度是色彩的第三要素，是指色彩的鲜浊程度，即颜色中色素的饱和度。色彩纯度的高低取决于它含中性色黑、白、灰总量的多少。如蓝色，当它混入白色后，它的鲜艳度会降低，但明度提高了，成为淡蓝色；如果混入的是黑色，它的鲜艳度也会降低，明度变暗，成为深蓝色。

在看待色彩的三要素时，既要看到它们各自独立的一面，同时又要意识到它们实际上是一个不可分割的整体。

4．色彩视觉心理

不同波长色彩的光信息作用于人的视觉器官，通过视觉神经传入大脑后，经过思维，与以往的记忆及经验产生联想，从而形成一系列的色彩心理反应。

（1）色彩的冷、暖感

色彩本身并无冷暖的温度差别，是视觉色彩引起人们对冷、暖感觉的心理联想。

① 暖色：人们见到红、红橙、橙、黄橙、红紫等色后，马上联想到太阳、火焰、热血等物象，产生温暖、热烈、危险等感觉。

② 冷色：人们见到蓝、蓝紫、蓝绿等色后，很容易联想到太空、冰雪、海洋等物象，产生寒冷、理智、平静等感觉。

色彩的冷、暖感觉，不仅表现在固定的色相上，而且在比较中还会显示其相对的倾向性。如同样表现天空的霞光，用玫红表现朝霞那种清新而偏冷的色彩，感觉很恰当；而描绘晚霞则需要暖感强的大红。但如与橙色对比，前面两色又都加强了寒感倾向。

人们往往用不同的词汇表述色彩的冷、暖感觉。

暖色：阳光、不透明、刺激的、稠密的、深的、近的、重的、男性的、强硬的、干的、感情的、方角的、直线型、扩大、稳定、热烈、活泼、开放等。

冷色：阴影、透明、镇静的、稀薄的、淡的、远的、轻的、女性的、微弱的、湿的、理智的、圆滑的、曲线型、缩小、流动、冷静、文雅、保守等。

中性色：绿色和紫色是中性色。黄绿、蓝、蓝绿等色，使人联想到草、树等植物，产生青春、生命、和平等感觉。紫、蓝紫等色使人联想到花卉、水晶等稀贵物品，故易产生高贵、神秘等感觉。至于黄色，一般被认为是暖色，因为它使人联想起阳光、光明等，但也有人视它为中性色，当然，同属黄色相，柠檬黄显然偏冷，而中黄则感觉偏暖。

（2）色彩的轻、重感

这主要与色彩的明度有关。明度高的色彩使人联想到蓝天、白云、彩霞及许多花卉、棉花、羊毛等。产生轻柔、飘浮、上升、敏捷、灵活等感觉。明度低的色彩易使人联想到钢铁、大理石等物品，产生沉重、稳定、降落等感觉。

（3）色彩的软、硬感

其感觉主要也来自色彩的明度，但与纯度亦有一定的关系。明度越高感觉越软，明度越低则感觉越硬，但白色反而略有软感。明度高、纯度低的色彩有软感，中纯度的色彩也呈柔感，因为它们易使人联想起骆驼、狐狸、猫、狗等好多动物的皮毛，还有毛呢、绒织物等。高纯度和低纯度的色彩都呈硬感，如它们明度越低则硬感越明显。色相与色彩的软、硬感几乎无关。

（4）色彩的前、后感

各种不同波长的色彩在人眼视网膜上的成像有前后顺序，红、橙等光波长的色在后面成像，感觉比较迫近；蓝、紫等光波短的色则在外侧成像，在同样距离内感觉就比较遥远。

实际上，这是视错觉的一种现象，一般暖色、纯色、高明度色、强烈对比色、大面积色、集中色等有前进的感觉；相反，冷色、浊色、低明度色、弱对比色、小面积色、分散色等有后退的感觉。

（5）色彩的膨胀、收缩感

由于色彩有前后的感觉，因而暖色、高明度色等有扩大、膨胀感；冷色、低明度色等有缩小、收缩感。

（6）色彩的华丽、质朴感

色彩的三要素对华丽及质朴感都有影响，其中纯度关系最大。明度高、纯度高的色彩，丰富、强对比的色彩感觉华丽、辉煌。明度低、纯度低的色彩，单纯、弱对比的色彩感觉质朴、古雅。但无论何种色彩，如果带上光泽，都能获得华丽的效果。

（7）色彩的活泼、庄重感

暖色、高纯度色、丰富多彩色、强对比色感觉跳跃、活泼有朝气；冷色、低纯度色、低明度色感觉庄重、严肃。

（8）色彩的兴奋与沉静感

其影响最明显的是色相，红、橙、黄等鲜艳而明亮的色彩给人以兴奋感，蓝、蓝绿、蓝紫等色使人感到沉着、平静。绿和紫为中性色，没有这种感觉。纯度的关系也很大，高纯度色呈兴奋感，低纯度色呈沉静感。最后是明度，暖色系中高明度、高纯度的色彩呈兴奋感，低明度、低纯度的色彩呈沉静感。

5. 色彩性格

各种色彩都有其独特的性格，简称色性。它们与人类的色彩生理、心理体验相联系，从而使客观存在的色彩仿佛有了复杂的性格。

（1）红色

红色的波长最长，穿透力强，感知度高。它易使人联想起太阳、火焰、热血、花卉等，感觉温暖、兴奋、活泼、热情、积极、希望、忠诚、健康、充实、饱满、幸福等向上的倾向，但有时也被认为是幼稚、原始、暴力、危险、卑俗的象征。红色历来是我国传统的喜庆色彩。

深红及紫红给人感觉是庄严、稳重、热情的色彩，常见于欢迎贵宾的场合。含白的高明度粉红色则有柔美、甜蜜、梦幻、愉快、幸福、温雅的感觉，几乎成为女性的专用色彩。

（2）橙色

橙色与红色同属暖色，具有红色与黄色之间的色性，它使人联想起火焰、灯光、霞光、水果等物象，是最温暖、响亮的色彩。感觉活泼、华丽、辉煌、跃动、炽热、温情、甜蜜、愉快、幸福，但也有疑惑、嫉妒、伪诈等消极倾向性。

含灰的橙色呈咖啡色，含白的橙色呈浅橙色，俗称血牙色，再加上橙色本身，这些都是着装中常用的甜美色彩，也是众多消费者特别是妇女、儿童和青年喜爱的服装色彩。

（3）黄色

黄色是所有色相中明度最高的色彩，具有轻快、光辉、透明、活泼、光明、辉煌、希望、功名、健康等印象。但黄色过于明亮而显得刺眼，并且与其他色相混合极易失去其原貌，故也有轻薄、不稳定、变化无常、冷淡等不良含义。

含白的淡黄色感觉平和、温柔，含大量淡灰的米色或本白则是很好的休闲自然色，深黄色却另有一种高贵、庄严感。由于黄色极易使人想起许多水果的表皮，因此它能引起富有酸性的食欲感。黄色还被用作安全色，因为这极易被人发现，如室外作业的工作服。

（4）绿色

在大自然中，除了天空和江河、海洋，绿色所占的面积最大，草、叶植物，几乎到处可见，它象征生命、青春、和平、安详、新鲜等。绿色最适应人眼的注视，有消除疲劳的功能。黄绿带给人们春天的气息，颇受儿童及年轻人欢迎。蓝绿、深绿是海洋、森林的色彩，有着深远、稳重、沉着、睿智等含义。含灰的绿如土绿、橄榄绿、墨绿等色彩，给人以成熟、老练、深沉的感觉，是人们广泛选用及军、警规定的服色。

（5）蓝色

与红、橙色相反，蓝色是典型的寒色，表示沉静、冷淡、理智、高深、透明等含义，随着人类对太空事业的不断开发，它又有了象征高科技的强烈现代感。

浅蓝色系明朗而富有青春朝气，为年轻人所钟爱，但也有不够成熟的感觉。深蓝色系沉着、稳定，为中年人普遍喜爱的色彩。其中略带暖昧的群青色，充满着动人的深邃魅力，藏青则给人以大度、庄重的印象。当然，蓝色也有其另一面的性格，如刻板、冷漠、悲哀、恐惧等。

（6）紫色

紫色具有神秘、高贵、优美、庄重、奢华等气质，有时也有孤寂、消极的感觉。尤其是较暗或含深灰的紫，易给人以不祥、腐朽、死亡的印象。但含浅灰的红紫或蓝紫色，却有着类似太空、宇宙色彩的幽雅、神秘之时代感，被现代生活所广泛采用。

（7）黑色

黑色为无色相无纯度之色。往往给人感觉沉静、神秘、严肃、庄重、含蓄，另外，也易让人产生悲哀、恐怖、不祥、沉默、消亡、罪恶等消极印象。尽管如此，黑色的组合适应性却极广，无论什么色彩特别是鲜艳的纯色与其相配，都能取得赏心悦目的良好效果。但是不能大面积使用，否则，不但其魅力大大减弱，相反会产生压抑、阴沉的恐怖感。

（8）白色

白色给人的印象是洁净、光明、纯真、清白、朴素、卫生、恬静等。在它的衬托下，其他色彩会显得更鲜艳、更明朗。但多用白色可能会产生平淡无味的单调、空虚之感。

（9）灰色

灰色是中性色，其突出的性格为柔和、细致、平稳、朴素、大方。它不像黑色与白色那样会明显影响其他的色彩。因此，作为背景色彩非常理想。任何色彩都可以和灰色相混合，略有色相感的含灰色能给人以高雅、细腻、含蓄、稳重、精致、文明而有素养的高档感觉。当然滥用灰色也易暴露其乏味、寂寞、忧郁、无激情、无兴趣的一面。

（10）土褐色

土褐色是含一定灰色的中、低明度的各种色彩，如土红、土绿、熟褐、生褐、土黄、咖啡、古铜、驼绒、茶褐等色，性格都显得不太强烈，其亲和性易与其他色彩配合，特别是和鲜色相伴，效果更佳。也使人想起金秋的收获季节，故均有成熟、谦让、丰富、随和之感。

（11）光泽色

除了金、银等贵金属色以外，所有色彩带上光泽后，都有其华美的特色。金色富丽堂皇，象征荣华富贵，名誉忠诚；银色雅致高贵，象征纯洁、信仰，比金色温和。它们与其他色彩都能配合，几乎达到"万能"的程度。小面积点缀，具有醒目、提神的作用，大面积使用则会产生过于炫目的负面影响，显得浮华而失去稳重感。如若巧妙使用、装饰得当，不但能起到画龙点睛的作用，还能产生强烈的高科技现代美感。

• • • • 5.4　图像处理软件的应用 • • • •

计算机图像处理软件是用于处理图像信息的各种应用软件的总称，种类较多，但应用最广泛的还是 Adobe 公司的 Photoshop 图像处理软件，它为使用者提供了广阔的应用领域和设计空间。

5.4.1　中文版 Photoshop 简介

Adobe Photoshop 简称 PS，是一款图像处理软件，主要处理以像素所构成的数字图像。使用其众多的编修与绘图工具，可以有效地进行图片编辑和创造工作。PS 有很多功能，在图像、图形、文字、视频、出版等各方面都有涉及。

下面列出一些 Photoshop 的实用功能：

① 功能强大的选择工具：Photoshop 拥有多种选择工具，极大地方便了用户的不同要求。而且多种选择工具还可以结合起来处理较为复杂的图像。

② 制定多种文字效果：利用 Photoshop 不仅可以制作精美的文字造型，而且还可以对文字进行复杂的变换。

③ 多姿多彩的滤镜：Photoshop 不仅拥有多种内置滤镜可供用户选择使用，而且还支持第三方滤镜。这样，Photoshop 就拥有了"取之不尽，用之不竭"的滤镜。

截至 2022 年底，2022 年 11 月发布的 Adobe Photoshop 2023 为市场最新版本。

Photoshop 2023 不但推出了新的 iPad 版本，还推出了 Web Beta 版。PC 版也更新了许多新增和增强功能，例如：悬停时自动选择、共享以供注释，较之前的版本新增的功能有创新的 3D 绘图与合成、3D 对象和属性编辑、利用 Adobe Sensei 提供的全新 Neural Filters（测试版），包括景观混合器、色彩传递和协调，探索一系列创意想法。借助改进的渐变效果、改进的"导出为"工作流程等提升用户的创意工作流程。本节以 Photoshop 2023 为例，全面介绍 Photoshop。

Photoshop 的工作界面主要由菜单栏、工具栏、选项栏、控制面板、图像编辑窗口、状态栏等组成，如图 5-2 所示。

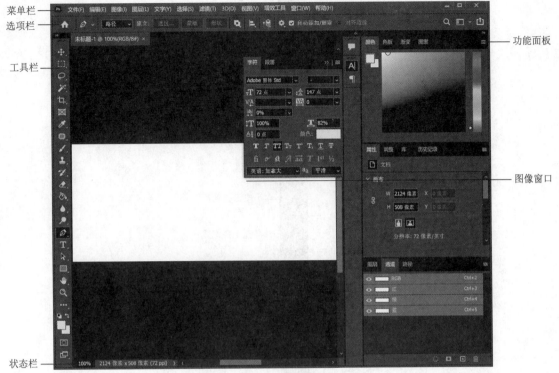

菜单栏
选项栏
工具栏
状态栏
功能面板
图像窗口
文件(F) 编辑(E) 图像(I) 图层(L) 文字(Y) 选择(S) 滤镜(T) 3D(D) 视图(V) 增效工具 窗口(W) 帮助(H)
字符 段落
颜色 色板 渐变 图案
属性 调整 库 历史记录
图层 通道 路径
RGB
Ctrl+2
Ctrl+3
Ctrl+4
Ctrl+5

图 5-2　Photoshop 2023 工作界面

（1）菜单栏

菜单栏（见图 5-3）为整个环境下所有窗口提供菜单控制，包括：文件、编辑、图像、图层、文字、选择、滤镜、视图、窗口和帮助等。Photoshop 中通过两种方式执行所有命令，一是菜单，二是快捷键。

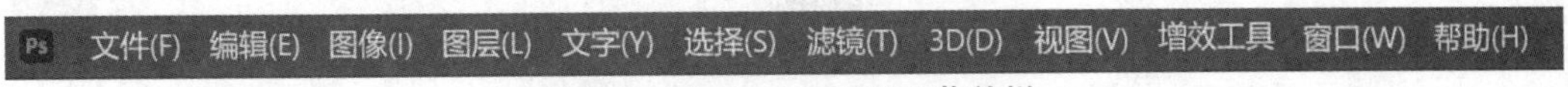

Ps
文件(F) 编辑(E) 图像(I) 图层(L) 文字(Y) 选择(S) 滤镜(T) 3D(D) 视图(V) 增效工具 窗口(W) 帮助(H)

图 5-3　Photoshop 2023 菜单栏

（2）工具栏

工具栏是 Photoshop 中最常用也是最有用的，在其中提供了很多工具，如图 5-4 所示，在后面的例子中会详细讲述。

（3）选项栏

选项栏与用户所选择的工具栏中的工具相关联，可以实现对不同工具属性的设置，以实现多种特定的效果。

（4）功能面板

在 Photoshop 工作界面右侧显示的是功能面板，共 14 个面板。包括“颜色”面板、“色板”面板、“渐变”面板、“图案”面板等，有些面板并没有显示，用户只需通过“窗口”→“显示”命令就可以将想要的功能面板打开。在功能面板中，用户可以监视、修改和设置图像的各种属性。

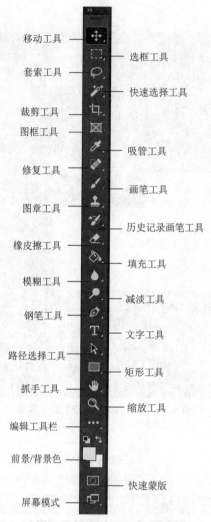

图 5-4　Photoshop 工具栏

（5）图像窗口

中间窗口是图像窗口，它是 Photoshop 的主要工作区，用于显示和处理图像文件。图像窗口带有自己的标题栏，提供了打开文件的基本信息，如文件名、缩放比例、颜色模式等。如同时打开两幅图像，可通过单击图像窗口进行切换。图像窗口切换可使用【Ctrl+Tab】组合键。

（6）状态栏

状态栏位于工作区域的最下方，由文本行、缩放栏、预览框 3 部分组成。

5.4.2　Photoshop 文档操作

1. 启动 Photoshop 并创建文档

启动 Photoshop 后，就可以创建文档了。

选择"文件"→"新建"命令，弹出"新建文档"对话框，如图 5-5 所示。

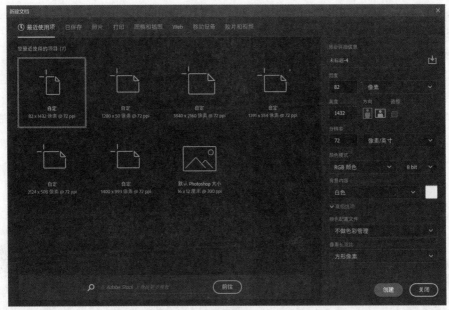

图 5-5　"新建文档"对话框

① 预设详细信息：新建文档的名称。

② 宽度/高度：是新建图像文件的宽度和高度，其单位可以是像素、厘米或英寸等，默认为像素。

③ 分辨率：是指图像分辨率，单位为像素/英寸或者像素/厘米，默认为像素/英寸，即表示所新建的图像每单位长度包含多少个像素点。数字越大，图像越清晰，信息量越大，文件也越大。

④ 颜色模式：包含RGB模式、CMYK模式、Lab模式、灰度模式和位图模式。

a. RGB 就是 red、green、blue（红、绿、蓝）三种颜色，RGB 色彩模式就是以这三种颜色为基色进行叠加而模拟出大自然色彩的色彩组合模式。人们日常用的彩色计算机显示器、彩色电视机等的色彩大多数都使用这种模式。在 Photoshop 使用 RGB 色彩模式编辑图像时的通道窗口中可以看到组成这幅画面的三种通道。

b. CMYK 就是 cyan（青）、magenta（品红）、yellow（黄）、black（黑），这是印刷上普遍使用的色彩模式。

c. Lab模式是3通道颜色模式，它的一个通道是亮度，即L，另外两个是色彩通道，用a和b来表示。a通道包括的颜色是从深绿色（低亮度值）到灰色（中亮度值）再到亮粉红色（高亮度值）；b通道则是从亮蓝色（低亮度值）到灰色（中亮度值）再到黄色（高亮度值）。因此，这种色彩混合后将产生明亮的色彩。Lab模式所定义的色彩最多，与光线及设备无关，并且处理速度与RGB模式同样快，比CMYK模式快很多。因此，可以放心大胆地在图像编辑中使用Lab模式。而且，Lab模式在转换成CMYK模式时色彩没有丢失或被替换。因此，最佳避免色彩损失的方法是应用Lab模式编辑图像，再转换为CMYK模式打印输出。

d. 灰度模式在图像中使用不同的灰度级，在 8 位图像中，一共有 256（2^8）种灰度值，每一个像素由 0（黑色）～ 255（白色）之间一个亮度值表示。

e. 位图模式只使用黑、白两色来表示图像中的像素。

⑤ 背景内容：有白色、背景色、透明3个选项，用来设置图像的背景颜色。

对上述选项设置完毕后，单击"确定"按钮即可完成新文档的创建。

2．打开与保存文件

选择"文件"→"打开"命令，弹出"打开"对话框，选择所需要的图像文件，单击"打开"按钮即可。

选择"文件"→"存储为"命令，弹出"存储为"对话框，在"保存在"下拉列表中选择文件存放的位置。在"格式"下拉列表中选择要保存的文件格式，在"文件名"文本框中输入要保存的文件的名称，然后单击"保存"按钮即可。

选择"文件"→"导出"→"导出为"命令，弹出"导出为"对话框，如图5-6所示，在"文件设置"→"格式"下拉列表中选择要保存的文件格式，单击"导出"按钮后在"文件名"文本框中输入要保存的文件的名称，选择文件存放的位置，然后单击"保存"按钮即可。

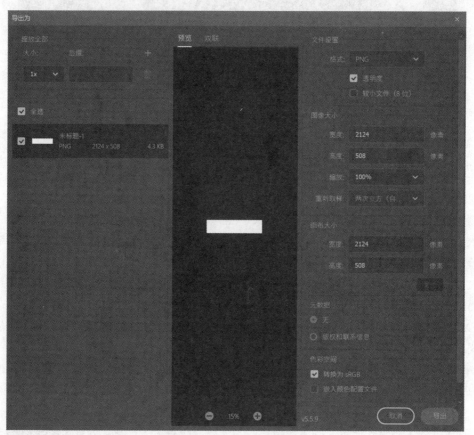

图5-6 "导出为"对话框

掌握了 Photoshop 的应用基础之后，接下来介绍 Photoshop 具体的图像处理方法。

5.4.3 图像区域选取

在 Photoshop 中，如果要对图像中的某个区域进行操作，首先要选取这一区域，而选取图像中某一区域可以有多种工具和方法。在 Photoshop 中直接创建选区的工具有矩形选框工具、椭圆选

框工具 ○、单行选框工具 ⁼̲、单列选框工具 ⌷、套索工具 ᵖ、磁性套索工具 ᵖ、多边形套索工具 ᵖ、魔棒工具 ⟍ 和快速选取工具 ⟍。

不同的工具有不同的功能和使用方法，要根据实际的需要做出正确的选择。

① 使用矩形选框工具、椭圆选框工具、套索工具创建选区时，只需选取工具，在图像中单击并拖动鼠标即可。用矩形和椭圆选框工具选取的是规则区域，若要使选取的区域是正方形或圆形，只要在拖动鼠标的同时，按住【Shift】键即可。而套索工具则可以根据鼠标的移动选取任意形状的区域。

② 使用单行或单列选框工具时只需在需要选取的图像区域单击即可选取一个像素的行或列。

③ 磁性套索工具常用于对具有清晰轮廓线的图像的选取，使用时只需在选取的图像边缘单击并拖动即可，在拖动的过程中速度尽量放慢并靠近轮廓线，这样磁性套索工具就能吸附于轮廓线进行选择。

④ 使用多边形套索工具时只需根据多边形形状用鼠标在图像上反复单击，最后一次单击的点与第一次的重合后就创建了一个封闭的选区。

⑤ 魔棒工具主要用于选取具有相似颜色的选区，只要在需选取的颜色上反复单击即可。

⑥ 利用快速选取工具，可以使用可调整的圆形笔尖，迅速地绘制选取范围。因为当拖移笔尖时，选取范围不但会向外扩张，还可以自动寻找并沿着图像的明确边缘描绘边界。

5.4.4　绘图工具与文字工具

1．绘图工具

Photoshop 中的绘图工具包括矩形工具、椭圆工具、三角形工具、多边形工具、直线工具以及自定形状工具，如图 5-7 所示。

图 5-7　绘图工具

使用绘图工具可以创建形状图层、工作路径或者填充像素，这是通过选项栏设置的。基本图形选项栏如图 5-8 所示。

图 5-8　基本图形选项栏

2．文字工具

Photoshop 中的文字工具包括横排文字工具、直排文字工具、直排文字蒙版工具、横排文字蒙版工具四种，如图 5-9 所示。

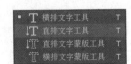

图 5-9　文字工具

当创建文字时，"图层"面板中会添加一个新的文字图层。用文字工具在图像中单击可将文字工具置于编辑模式，此时，可以输入并编辑字符，还可以从各个菜单中执行一些其他命令。输入文字的具体步骤如下：

① 选择"横排文字工具"或"直排文字工具"。

② 在图像编辑区单击，为文字设置插入点。

③ 输入所需的字符。若要另起一行，可按【Enter】键（Windows）或退格键（Mac OS）。

④ 完成文字的输入或编辑后，执行下列操作之一结束编辑：

a. 单击选项栏中的"提交"按钮✔。

b. 按数字键盘上的【Enter】键。

c. 按主键盘上的【Ctrl + Enter】组合键（Windows）或【Command + Return】组合键（Mac OS）。

d. 选择工具箱中的任意工具，在"图层"、"通道"、"路径"、"动作"、"历史记录"或"样式"面板中单击，或者选择任何可用的菜单命令。

使用"横排文字蒙版工具"或"直排文字蒙版工具"时，可创建一个文字形状的选区。文字选区出现在当前图层中，并可像其他选区一样被移动、复制、填充或描边。

创建文字选区的具体步骤如下：

① 选择"横排文字蒙版工具"或"直排文字蒙版工具"。

② 选择希望选区出现在其上的图层，在编辑区单击设置插入点或拖动鼠标创建文字编辑区，然后输入文字。

③ 输入文字时当前图层上会出现一个红色的蒙版。文字提交后，当前图层上的图像中会出现文字选区。

④ 如果要保留文字选区内的图像而删除选区外的图像，则按【Ctrl+Shift+I】组合键将选区反向选择，然后按【Del】键删除即可。

5.4.5 图像色彩调节

Photoshop 提供了非常完备的色调和色彩调整工具命令，用户可以迅速且自由地增强、修复和校正图像的色彩和色调（明亮度、暗度和对比度）。这些功能都集中在"图像"菜单中，如图 5-10 所示。其中，部分命令的功能十分相似，可视情况灵活运用。

图 5-10 "图像"菜单

5.4.6　图层应用

Photoshop 中的图层就好像是将一张张透明片堆叠在一起。可以透过图层的透明区域看到下面的图层，但它的功能与透明片相比要强得多，它不但可以保存图像信息，还可以通过图层合成模式、图层不透明度设置以及图层调整命令等调整图层中的对象，实现更多更炫的效果。另外，使用图层可以使各图层中的图像成为相对独立的元素，使操作更方便，同时也达到保护图像元素的效果。

Photoshop 中对于图层的控制主要通过"图层"面板完成。打开"图层"面板的方法：选择"窗口"→"图层"命令即可打开"图层"面板，如图 5-11 所示。

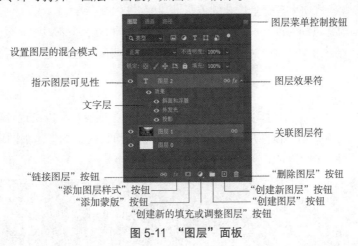

图 5-11　"图层"面板

在"图层"面板中，图层的排列顺序与图像的排列顺序是一致的，处在上层的图像会遮挡住下面图层中的图像。

1. 图层的合成模式

① 正常模式：这是绘图与合成的基本模式，也是一个图层的标准模式。在正常模式下，一个图层上的像素将遮盖其下图层的所有像素。

② 溶解模式：本模式将前景色调以颗粒的形状分配在选择区域中，但是此效果只有在图层不透明度不为 100% 时才有效。溶解模式还可以将一个选择融入一幅背景图像中，以及将图层融合在一起。这种模式应用于羽化图形与纹理图形效果最佳。

③ 正片叠底和滤色模式：正片叠底模式与滤色模式是一正一反的关系。在正片叠底模式下，两张图片合成的效果是加色过程，图像效果会整体变暗，与黑色进行合成则为黑色，与白色合成，原图片将不发生变化；在滤色模式下，两张图片的合成效果是减色过程，图片效果会整体变亮，与黑色进行合成，原图片将不发生变化，与白色合成则为白色。

④ 叠加模式：加强绘图区域的亮度与阴影区域。在一幅图像中创建一个幻影似的物体和超亮的标题时叠加模式特别有用。

⑤ 柔光与强光模式：这是组合效果模式，如果一个背景区域的亮度超过50%，那么柔光模式就增加绘图和合成选择的亮度，而强光模式则掩蔽其亮度。如果下面的背景区域像素的亮度值低于50%，柔光模式就加深该区域，而强光则增加其色调值。

⑥ 变暗与变亮模式：变暗模式只影响图像中比前景色色调浅的像素；相反，变亮模式只影响图

像中比所选前景色色调深的像素。

⑦ 差值模式：本模式同时对绘图的图像区域与当前前景色进行估算，如果前景色色调更高，则背景色色调改变其原始数值的对立色调。这种模式下用白色在一幅图像上绘画会产生最显著的效果，因为没有一个背景图像包含比绝对白色更亮的色调数值。

⑧ 色相模式：本模式只改变色调的阴影，绘图区域的亮度与饱和度均不受影响。这种模式在对区域进行染色时极其有用。

⑨ 饱和度模式：如果前景色色调为黑色，这种模式就将色调区域转化为灰度。如果前景色色调是一个浅色调，那么此模式增大其背景像素的色彩饱和度。

⑩ 颜色模式：本模式可同时改变一个选择图像的色调与饱和度，但不改变背景图像的色调成分。

⑪ 亮度模式：本模式增加图像的亮度特性，但不改变色调值。在增亮一幅图像中，过饱和的色调区域时要小心谨慎。

2．图层样式

在 Photoshop 中，用户可以通过图层样式自由调整图层的各项参数，以实现各种特效。要对某一图层添加图层样式，只需要选中该图层，然后单击"图层"面板底部的"添加图层样式"按钮或者双击图层即可打开"图层样式"对话框，如图 5-12 所示。

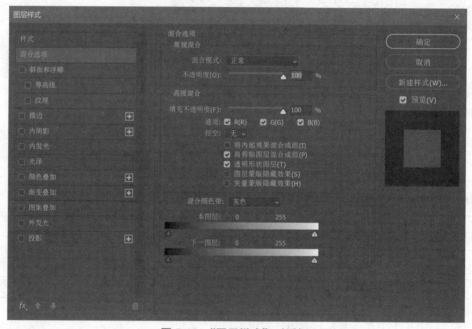

图 5-12 "图层样式"对话框

在"图层样式"对话框中，可以对图层进行各种设置，实现各种效果，在下面的例子中会有涉及。

3．图层蒙版

图层蒙版是在图层中使用的蒙版，它只对单一的图层起作用，每一个图层只能建立一个蒙版，每建立一个图层蒙版，在"通道"面板中就会出现一个蒙版通道。

可以将图层蒙版理解为在当前图层上面覆盖一层玻璃片，然后用各种绘图工具在蒙版上（即玻璃片上）涂色（只能涂黑、白、灰色）。涂黑色的地方蒙版变为不透明，看不见下面图层的图像；涂白色则使涂色部分变为透明，可看到下面图层上的图像；涂灰色使蒙版变为半透明，透明的程度由涂色的灰度深浅决定。

5.4.7　路径

路径在 Photoshop 中是使用贝赛尔曲线所构成的一段闭合或者开放的曲线段。路径是 Photoshop 中的重要工具，其主要用于进行光滑图像选择区域及辅助抠图、绘制光滑线条、定义画笔等工具的绘制轨迹、输入/输出路径及在选择区域之间转换等。

1．路径工具

Photoshop 提供了一组用于生成、编辑、设置路径的工具组，它们位于 Photoshop 软件中的工具箱浮动面板中，按照功能可将它们分成三大类。

① 锚点定义工具：主要用于贝赛尔曲线组的锚点定义及初步规划，包括钢笔工具、自由钢笔工具。

② 锚点增删工具：用于根据实际需要增删贝赛尔曲线节点，包括添加锚点工具、删除锚点工具。

③ 锚点调整工具：用于调节曲线锚点的位置与调节曲线的曲率，包括转换点工具、直接选择工具和路径选择工具。

2．"路径"面板

"路径"面板是路径工具的控制中心。路径的复制、编辑和保存等操作都要在"路径"面板中完成，如图 5-13 所示。

"路径"面板底部的七个控制按钮是编辑路径更直接、更方便的途径。从左向右依次介绍如下：

图 5-13　"路径"面板

：用前景色填充路径用前景色填充已制作的路径，可填充整个路径或路径中选定的部分。

：用画笔描边路径，用前景色勾画已制作的路径的轮廓。

：将路径作为选区载入，把用路径工具所制作的路径转换为选区。

：从选区生成工作路径，把已制作的选区转换为路径。

：添加图层蒙版。

：制作一个新路径。

：删除当前选中的路径。

5.4.8　通道与蒙版

在 Photoshop 中，通道和蒙版是两个较难理解但又非常有用的技术。下面就来拨开通道与蒙版这层迷雾，对它们进行一个深入浅出的学习。

1．通道

Photoshop 将组成图像的每一个单色定义为一个通道。在不同的色彩模式下，其通道也不同，如在 RGB 模式下，图像由四个通道组成：红通道存储红色信息；绿通道存储绿色信息；蓝通道存储蓝色信息；RGB 通道用于显示所有单色通道的复合颜色信息。每个通道中的图像都是一幅灰度图像。用户可以通过"通道"面板对通道进行编辑，如图 5-14 所示。

在"通道"面板中，可以创建新的通道，一般将新创建的通道称为 Alpha 通道。Alpha 通道是一种特殊的通道，它所保存的信息不是颜色信息，而是创建的选区和蒙版信息，如图 5-15 所示。

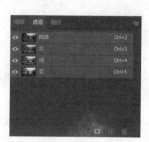

图 5-14　"通道"面板　　　　　　　　　图 5-15　Alpha 通道

2. 蒙版

蒙版是 Photoshop 中一个非常有用的应用，通过蒙版使目标对象（即图层）的某一部分遮盖，另一部分被显示，以此实现不同图层之间的混合，达到图像合成的目的。有时需要对图像中某一部分进行细致刻画，需要将其他部分先保护起来，这时蒙版就是一个很好的保护工具。

Photoshop 蒙版是将不同灰度色值转化为不同的透明度，并作用到它所在的图层中，使图层不同部位透明度产生相应的变化。黑色为完全不透明，白色为完全透明。

Photoshop 提供了三种创建蒙版的方法：利用 Quick Mask（快速蒙版）创建蒙版、利用 Alpha 通道创建蒙版、利用图层创建蒙版。

（1）Quick Mask（快速蒙版）

Photoshop 提供了快速方便的制作临时蒙版的方法，这种临时蒙版就是快速蒙版。当图层中存在选区时，单击工具栏最下方的"以快速蒙版模式编辑"按钮 ，即可将任何选区作为快速蒙版；而再次单击"以标准模式编辑"按钮 ，又可以将快速蒙版转换为选区。将选区作为蒙版来编辑的优点是：几乎可以使用任何 Photoshop 工具或滤镜来修改蒙版。例如，如果用选框工具创建了一个矩形选区，可以单击"以快速蒙版模式编辑"按钮进入快速蒙版模式，并可以使用画笔工具扩展或收缩选区，或者也可以使用滤镜扭曲选区边缘。

（2）利用 Alpha 通道创建蒙版

Alpha 通道蒙版简单地说就是一个通道，准确地讲就是通道中的灰度图。通道类蒙版是基于灰度图中的一种关键信息——灰阶。用于遮挡时，蒙版灰阶值越大，目标图层显现的程度越大，即目标图层的不透明度越大；反之，蒙版灰阶值越低，目标图层显现的程度越低，也即目标图层的不透明度越小。

直接创建 Alpha 通道的方法如下：

打开一个图像文件,在"通道"面板的菜单中选择"新建通道"命令,双击通道,弹出"通道选项"对话框,如图5-16所示。编辑Alpha通道即可。

图 5-16　"通道选项"对话框

通过选区创建Alpha通道的方法如下:

打开一个图像文件,利用魔棒工具、钢笔工具、套索工具,框选图形中有效的部分,然后在"通道"面板中单击"将选区存储为通道"按钮即可,如图5-17所示。

图 5-17　创建通道面板

(3)利用图层创建蒙版

利用图层创建的蒙版是图层蒙版,此蒙版作用于目标图层,控制其不同区域的显示、隐藏或半透明。

通过图层蒙版可以方便地实现图像的拼接融合,并且这是一个可逆的过程,能保护图像的完整性。在涂抹时,如果将需要的部分擦掉,那么只要将前景色设置为白色,在需要的部分涂抹就可以将其显示出来,使用起来很方便。

5.4.9　滤镜与动作

1．滤镜

滤镜是 Photoshop 中最具创造力的工具之一。Photoshop 2023 中具有 47 种内置滤镜，这些滤镜功能强大且用途广泛，几乎摄影印刷和数字图像的所有特技都可以通过滤镜制作出来。滤镜为处理图像提供了强大的支持，应用滤镜可以对图像进行随心所欲的处理。

Photoshop 中的滤镜主要分为两部分：一部分是 Photoshop 内置的滤镜；另外一部分是第三方开发的外挂滤镜。外挂滤镜的优点在于更为直观，执行效率更高，但只要熟练掌握了内置滤镜，也可以做出大部分外挂滤镜的效果。

Photoshop 中包含了六类内置滤镜，多数滤镜类下还包含若干种滤镜特效，如图 5-18 所示。

在 Photoshop 的滤镜菜单中，凡是后面带有"…"符号的滤镜命令都有对话框，用户可以在对话框中进行滤镜参数的设置。滤镜对话框主要由预览框、参数设定选项和命令按钮 3 部分组成。图 5-19 所示为"表面模糊"命令的对话框。通过参数设定选项可以设置参数，在预览框中可以预览滤镜参数设置的效果，当指针移动到预览框上后会变成手掌状，单击并拖动鼠标可以移动预览框中的图像进行预览，也可以单击"+"和"-"按钮来放大或缩小预览图像。

图 5-18　滤镜特效

图 5-19　"表面模糊"对话框

在 Photoshop 中使用滤镜时，必须掌握一些滤镜的使用方法和技巧，总结如下：

① 先确定滤镜的工作范围，然后再执行滤镜命令。如果在使用滤镜时没有确定好滤镜的工作范围，则此滤镜会对整个图像起作用。

② 使用滤镜对图像的部分进行滤镜操作时，可以先将选区进行羽化，这样，执行滤镜命令后的部分与图像其他部分具有过渡效果，能较好地融合到一起。

③ 滤镜在执行时，往往要花费较长的时间，为提高工作效率，最好使用对话框中的预览框来观察参数设置的效果，以提高滤镜参数设置的准确性。

④ 如果对滤镜的效果不是很熟悉，建议先将滤镜的参数设置得小一些，然后再反复按【Ctrl+F】组合键来重复滤镜效果，直到达到满意的效果为止。

⑤ 可通过选择"编辑"→"还原"命令或按【Ctrl+Z】组合键来反复对比滤镜运用前后的效果。

2．动作

有时，会遇到要对大批量图片进行同样的处理的情况，这时，如果要逐一重复处理，未免枯燥无味且浪费时间。Photoshop 为用户提供了很好的解决方法——动作。动作是用来记录 Photoshop 操作步骤的命令，这样便于再次回放以提高工作效率和标准化操作流程。这项功能支持记录针对单个文件或一批文件的操作过程。用户不但可以把一些经常进行的"机械化"操作录成动作来提高工作效率，也可以把一些颇具创意的操作过程记录下来并分享给别人。

选择"窗口"→"动作"命令或按【Alt+F9】组合键打开"动作"面板，下面来认识一下"动作"面板。

在 Photoshop "动作"面板中预置了 12 种默认的动作，如图 5-20 所示。

当然也可以根据创作的需要创建自定义的动作，将其保存在自定义的动作组中，这需要首先创建一个新的动作组。方法如下：单击动作面板下方的"新建组"按钮，弹出"新建组"对话框，在"名称"文本框中输入组的名称为"组1"，如图 5-21 所示。

图 5-20　默认动作　　　　　　　　　　　图 5-21　"新建组"对话框

接下来新建自定义动作，单击"动作"面板下方的"新建动作"按钮，弹出"新建动作"对话框，如图 5-22 所示。

设置完成后，单击"记录"按钮，此时"动作"面板上已添加了一新的动作，并自动成为"开始记录"状态，如图 5-23 所示。

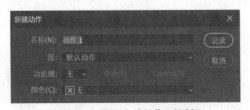

图 5-22　"新建动作"对话框　　　　　　图 5-23　添加新动作后的"动作"面板

接下来的每一个操作都将被记录下来，在此过程中可以单击"停止"按钮停止动作的记录；如果要继续，只要单击"开始记录"按钮即可继续。还可以选择不需要的动作，单击"删除"按钮将其删除。当所有操作都完成后，单击"停止"按钮停止动作的记录即可。

下面只需对需要执行相同动作的文件进行批处理即可。如要为多幅图片添加自定义的画框效果，则选择"文件"→"自动"→"批处理"命令，弹出"批处理"对话框，选择组为"画框效果"，"动作"为"淡出效果（选区）"；"源"文件地址选取所需要改变的文件的文件夹地址；"目标"地址选取所需要存储改后的文件的文件夹地址，选中"覆盖动作中的'存储为'命令"复选框；在"文件命名"选项组中为改后的文件命名。具体设置可参考图 5-24。单击"确定"按钮开始动作的批量执行。

要保存动作，可在"动作"面板中单击右上角的菜单按钮，在弹出的菜单中选择"存储动作"命令，弹出"存储"对话框，将其存储到想要存储的位置即可，该文件是以 .atn 为扩展名的文件。

如果要将动作导入 Photoshop 中，只要打开"动作"面板，单击右上角的菜单按钮，在弹出的菜单中选择"载入动作"命令，弹出"载入"对话框，选择要载入的动作文件即可。

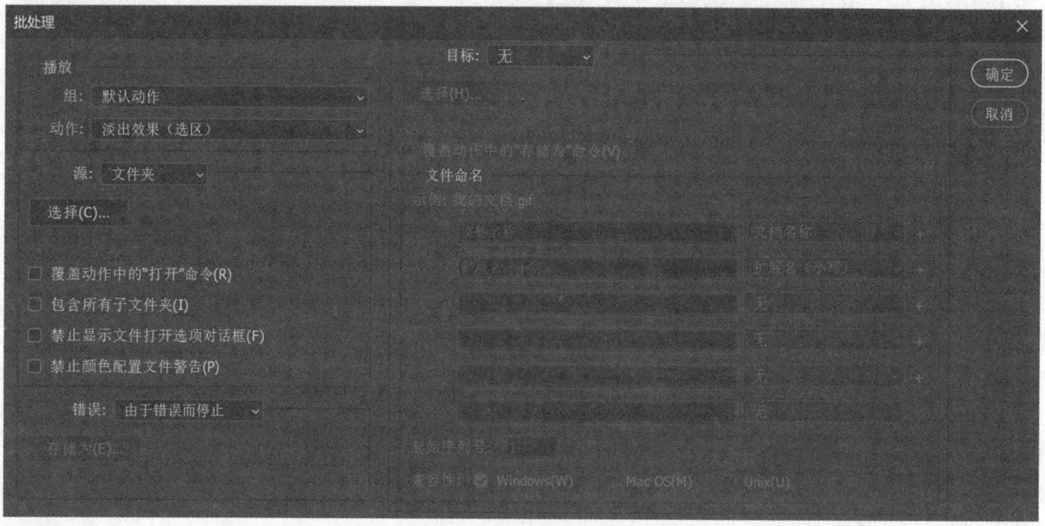

图 5-24 "批处理"对话框

●●●● 5.5 图形处理软件的应用 ●●●●

计算机图形处理软件有很多，其中 Corel 公司推出的 CorelDRAW 是最成功的专业级软件之一。其非凡的设计能力广泛地应用于商标设计、标志制作、模型绘制、插图描画、排版及分色输出等诸多领域。

5.5.1 CorelDRAW 简介

CorelDRAW 是由全球知名的专业图形设计与桌面出版软件开发商 Corel 公司于 1989 年推出的矢量图形设计软件。CorelDRAW 绘图设计系统汇集了图像编辑、图像抓取、位图转换、动画制作等一系列实用的应用程序，构成了一个高级图形设计和编辑出版软件包。Corel 公司于 2004 年推出了

CorelDRAW 12 版本，CorelDRAW 12 图像软件包提供给用户三个难以置信的强有力的图像应用程序。这套新组件包括 CorelDRAW 12 插图、页面排版和矢量绘图程序，Corel Photo-paint12 数字图像处理程序和 Corel R.A.V.E 3 动画创建程序等。

CorelDRAW 12 通过引入智慧的工具使快速创作的进程变得更加容易。这些新的工具的加入节约了时间，增强并改进了 Corel 文件兼容性，用户将会从 CorelDRAW 12 的新特性、智慧工具和其他增强的属性中获益，这套组件包括以下新特性：

① 新增的智慧型绘图工具。

② 新增的动态向导。

③ 增强的捕捉目标工具。

④ 新的文本特性。

⑤ 新增的 Unicode 支持。

⑥ 新增的导出 Office 特性。

⑦ 新增的微量修饰笔刷。

5.5.2　CorelDRAW 工作界面介绍

对于初学者来说，需要学习这部分内容。图 5-25 所示为 CorelDRAW 12 的操作界面。

（1）标题栏

显示应用程序的名称和当前文件的名称，以及"最小化"、"最大化"（还原）和"关闭"按钮。

图 5-25　CorelDRAW 12 的操作界面

（2）菜单栏

菜单栏包含了几乎所有的编辑命令，用户在此可选择并使用任何命令。CorelDRAW 12 有 11 个菜单，每个菜单中带有一组菜单命令。

（3）"常用"工具栏

在"常用"工具栏中以按钮的形式集中了常用的菜单命令，方便用户的使用，节省了操作时间，如图 5-26 所示。

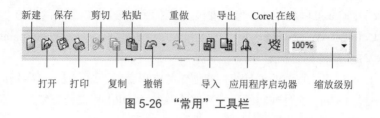

图 5-26 "常用"工具栏

（4）属性栏

当选用了某一个工具后，属性栏中将会出现与之对应的工具属性，可在此属性栏中进行调整。

（5）工具箱

工具箱位于工作界面的最左侧。工具箱中包含了各种基本的绘图工具，使用工具箱中的工具来编辑图形，是用户进行图形绘制、编辑工作最直接有效的方法。如果工具按钮的右下角有一个黑色的小三角形，说明在其中还有与之相关联的工具。要显示这些工具只要单击小三角形按钮即可，如图 5-27 所示。

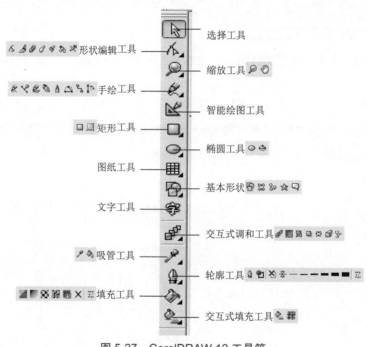

图 5-27 CorelDRAW 12 工具箱

（6）绘图区

绘图区是图形的绘制和编辑区域。

（7）泊坞窗

泊坞窗提供了更方便的操作和组织管理对象的方式。它因停靠在绘图窗口的边缘而得名。其最大的特色是它为用户提供了更便捷的操作方式。一般每个应用软件都会为用户提供许多用于设置参数和调节功能的对话框，用户在使用时必须先打开、设置，再关闭。如果需重新设置参数则需要重复上述操作，非常不便。而 CorelDRAW 12 的泊坞窗彻底解决了这一问题，它始终位于绘图区的右侧，用户可方便地进行参数的设置和查看效果。

（8）调色板

调色板位于最右侧，是存放颜色的地方。CorelDRAW 12 提供了相对丰富的颜色，直接从中选择颜色即可使用。

（9）状态栏

状态栏左侧的数值显示当前鼠标指针的位置，中间文字为当前选择的对象的相关信息，右侧显示当前对象的填充色、轮廓色等信息。

5.5.3　图形的绘制与编辑

1. 基本绘图工具的使用

在 CorelDRAW 12 中，任何复杂的图形都是由一些简单的基本构图元素组成的，因此，基本绘图工具是 CorelDRAW 绘图的基础。下面介绍矩形工具、椭圆工具、多边形工具、螺旋形工具、基本形状工具等基本绘图工具的使用方法和技巧，并学会利用这些基本绘图工具制作图形。

（1）矩形工具

在工具箱中选择矩形工具，在绘图区域按住鼠标左键拖动到适合位置释放即可绘制一个矩形。如图 5-28 所示，在页面中绘制了一个矩形且处于选中状态，此时在属性栏中显示了矩形的基本属性（如大小、位置等）。当鼠标在矩形区域之外单击，矩形上的九个小点会消失，这时处于非选中状态。

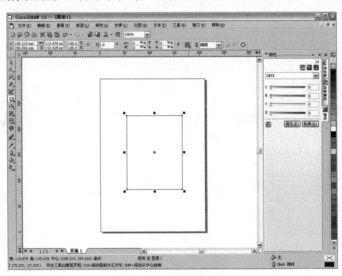

图 5-28　绘制矩形

（2）椭圆工具

选择工具箱中的椭圆工具，在绘图区按住鼠标左键拖动到适合位置释放即可绘制一个椭圆，如图 5-29 所示。

（3）多边形工具

利用多边形工具可以绘制出对称多边形、星形和多边星形。在多边形属性栏中设定好属性就可以绘制出任意想要的图形。

（4）螺旋形工具

螺旋形工具在工具箱中与多边形工具位于同一类别中，利用螺旋形工具可以绘制出对称式螺纹和对数式螺纹。

（5）网格纸工具

网格纸工具也同样位于多边形工具的扩展栏中，在工具箱中选择网格纸工具，在绘图区中按下鼠标拖动到适合位置释放即可绘制一个网格。在属性栏中可设置网格纸的行和列的网格数。

（6）绘制预设形状

CorelDRAW 12 为用户提供了很多预设的形状工具，包括平行四边形及梯形等基本形状、箭头形状、流程图形状、星形、标注等。它们都位于基本形状扩展栏中。选择某一工具后，在其属性栏中还有多种形状的选择。图 5-30 所示为基本形状属性栏。

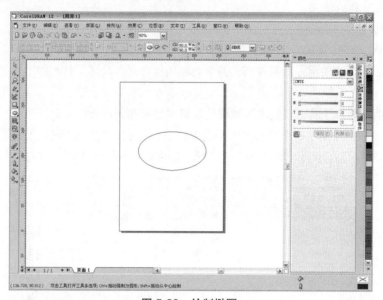

图 5-29　绘制椭圆

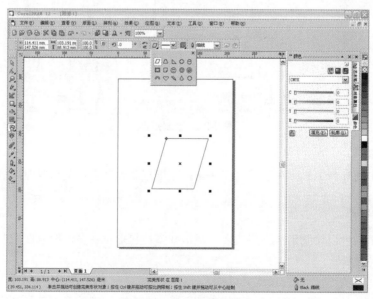

图 5-30　基本形状属性栏

2．曲线的绘制

在 CorelDRAW 12 中可以使用多种绘图工具绘制曲线，也可以将矩形、椭圆、多边形或者文本对象转换成曲线。

在 CorelDRAW 12 中，手绘工具位于工具箱的第 4 项扩展栏中。单击小三角形按钮将其展开，其中包含手绘工具、贝塞尔工具、艺术笔工具、钢笔工具、多点线、三点曲线工具、交互式连接工具以及度量工具。

（1）贝塞尔工具

利用贝塞尔工具可以绘制直线、折线和精确平滑的曲线。

（2）艺术笔工具

CorelDRAW 12 的艺术笔工具为用户提供了多种笔刷模式和很多精美的艺术笔效果。在工具箱中选择艺术笔工具后，在属性栏中可对其进行属性的设置，比如模式的设置、手绘平滑度设置、艺术媒体工具宽度的设置以及笔触列表的设置，如图 5-31 所示。

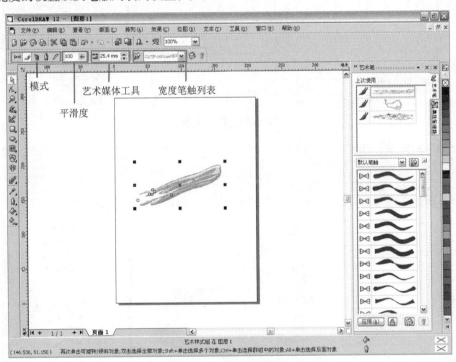

图 5-31　艺术笔属性栏

在艺术笔工具中有五种模式：预设模式、画笔模式、喷灌模式、书法模式和压力模式。在预设模式中包含了多种线条类型，如图 5-32 所示。在画笔模式下，用户可以使用多种颜色样式的笔刷，如图 5-33 所示。在喷灌模式下，有多种图形对象可供选择，如图 5-34 所示。在书法模式下用户可以绘制出类似书法的效果，如图 5-35 所示。在压力模式下可以用压力感应笔或者键盘输入的方式改变线条的粗细。

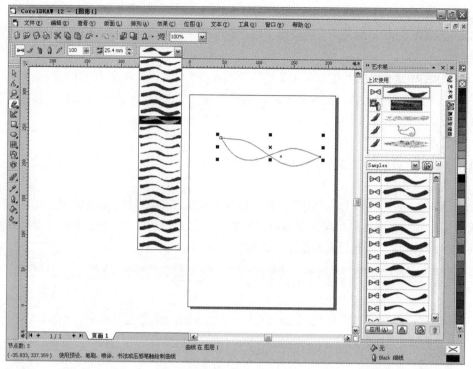

图 5-32　线条类型

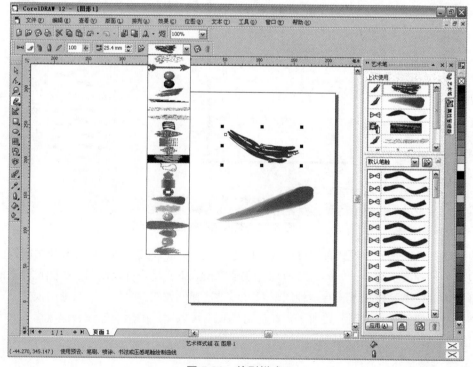

图 5-33　笔刷样式

图 5-34　喷灌模式文件列表

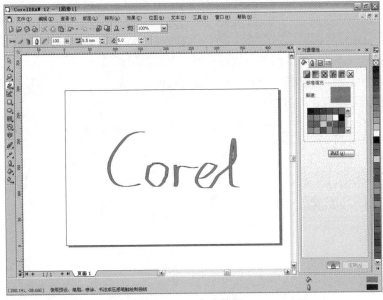

图 5-35　书法效果

5.5.4　对象的排序和组合

本节介绍如何对 CorelDRAW 12 中的对象进行对齐、排序、组合等操作。

1．对象的对齐与分布

在 CorelDRAW 12 中，多个对象的对齐和分布首先要按住【Shift】键并在要选择的对象上单击，使要选择的对象同时被选中，然后选择"排列"→"对齐与分布"→"对齐与属性"命令，弹出"对齐与分布"对话框，如图 5-36、图 5-37 所示，在其中按需要进行设置即可。

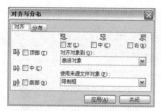

图 5-36 "对齐"选项卡　　　　　　图 5-37 "分布"选项卡

2．利用辅助线与网格进行对齐

利用"对齐与分布"命令只能对对象进行粗略对齐和分布，在绘图过程中，经常需要对对象进行精确的对齐和分布，此时可以使用辅助线和网格进行对齐。

选择"查看"→"网格"命令可以显示网格。选择"查看"→"网格和标尺设置"命令可以对网格显示进行设置，如图 5-38 所示。

其中，有两种设置形式：频率和间距。频率设置的是网格的密度，间距设置的是网格点的间距。

要使对象在编辑时对齐网格，只需选择"查看"→"对齐网格"命令即可。

要设置辅助线，首先要选择"查看"→"标尺"命令和"查看"→"辅助线"命令，使标尺和辅助线均处于显示状态。然后在标尺上按住鼠标左键拖动即可拖出一条辅助线，拖动到需要的位置释放鼠标即可。

要移动辅助线，只需在辅助线上单击，使其成为红色，然后按住鼠标左键移动即可。在 CorelDRAW 12 中，还可对辅助线进行旋转。在辅助线选中变为红色后，在辅助线上再次单击，此时辅助线就处于旋转状态，通过拖动两端的旋转控制点即可旋转辅助线。

要对辅助线进行设置，可选择"查看"→"辅助线设置"命令，在弹出的对话框中可对辅助线的位置、角度等项目进行设置，如图 5-39 所示。

图 5-38 设置网格

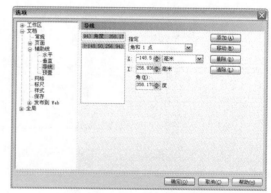

图 5-39 设置辅助线

3．对象的排序

与 Photoshop 类似，在 CorelDRAW 12 中绘制的图形对象也存在着重叠关系，后绘制的图形位于先绘制图形的上方，如果它们的位置有重叠，则上方的图形就会覆盖下方的图形。对象的排序可以利用菜单进行，也可以利用图层对对象进行排序。

在 CorelDRAW 12 中同样拥有图层，只是它并不是位于"图层"面板中，而是位于"对象管理器"中。选择"窗口"→"泊坞窗"→"对象编辑器"命令，即可在右侧的泊坞窗中显示对象管理器。

在默认状态下，新绘制的图形对象都位于一个图层中，即图层 1。这些对象以绘制的先后顺序排列在窗口中，与绘图区中图形的摆放顺序一致，先绘制的图形位于下方。可以按住鼠标左键拖动对象使其移动到适当的位置后释放鼠标来调整对象的排序。如果希望将对象移动到新图层中，则先单击窗口左下角的"新建图层"按钮，在图层 1 上添加一个新图层，即图层 2，然后在泊坞窗中将对象移动到相应位置即可。

4．对象的组合

（1）群组

群组是将多个对象结合成一个整体，以方便整体操作。当移动一个对象时，其他对象也会随着移动；当填充一个对象时，其他对象也会被填充。

操作方法：按住【Shift】键的同时选中要群组的对象，然后选择"排列"→"群组"命令，或按【Ctrl+G】组合键即可。

在 CorelDRAW 12 中还可以设置嵌套群组，比如将 A 对象与 B 对象组成一个群组后，又将这个群组与 C 对象组成一个群组，这就是嵌套群组。

选择挑选工具，按住【Ctrl】键单击群组中的子对象可以选取子对象或子群组，对其进行单独的设置。

如果要取消群组，则选择"排列"→"取消群组"命令，如果是嵌套群组则此操作只能解除最外层的群组；如果要取消所有的群组，则选择"排列"→"取消所有群组"命令。

（2）结合

结合是将多个对象结合在一起成为一个新的对象。

操作方法：同时选中要进行结合的多个对象，选择"排列"→"结合"命令，就可将多个对象结合成一个对象。

注　意

如果在结合前对象有填充颜色，那么结合后的新对象将以最后选取的对象的颜色填充，如果在选取对象时是以圈选的方式选择对象的，那么新对象将以圈选框最下方的对象的颜色填充。对于重叠部位则只显示边框线而不进行填充。

要取消结合，只需选择"排列"→"拆分"命令，即可将结合对象拆分成多个独立的对象，但拆分后的图形并不能回到以前的填充颜色。

（3）对象的焊接

焊接是指将几个图形对象结合成一个图形对象，被焊接的图形对象的交叉线消失，新的图形对象的轮廓由被焊接的多个图形对象的外边界组成。

（4）对象的修剪

修剪是将目标对象与来源对象的相交部分裁剪掉，使目标对象的形状发生改变，但其填充色不变。

（5）对象的相交

相交是将两个或两个以上相交的部分保留，其他部分删除，使相交部分成为一个新的图形对象，新生成的图形对象的填充和轮廓与目标对象的相同。

5.5.5 颜色填充与轮廓线编辑

1．颜色模式

在 CorelDRAW 12 中提供了多种色彩模式，其中最常用的颜色模式有 RGB 模式、CMYK 模式、Lab 模式、HSB 模式和灰度模式等。

2．认识和使用调色板

默认状态下，在 CorelDRAW 12 窗口的最右侧有一个默认的调色板。其实，CorelDRAW 12 为用户提供了很多调色板，可以通过选择"窗口"→"调色板"→"调色板浏览器"命令或"窗口"→"泊坞窗"→"调色板浏览器"命令打开调色板浏览器泊坞窗，如图 5-40 所示。单击调色板浏览器中"固定的调色板"前的"+"号，会发现其中有 25 项不同的调色板，选中某一项前的复选框，其对应的颜色板会出现在右侧，单击调色板下方的展开按钮可以将这一调色板展开，如图 5-41 所示。单击调色板浏览器中"自定义调色板"前的"+"号，其中包含四类颜色：CMYK、RGB、256 shades of Gray 和 Percent Gray。单击 CMYK 和 RGB 前的"+"号，会发现其中都包含有四类调色板：Misc、Nature、People 和 Things，而每一类展开后又有很多专门的调色板，这为用户的创作带来很大的方便，如图 5-42 所示。

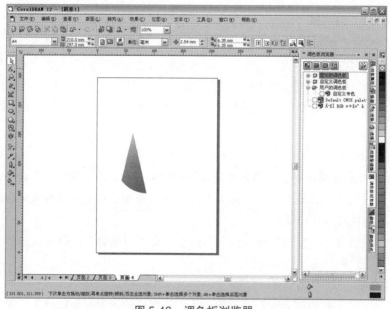

图 5-40　调色板浏览器

使用调色板对图形对象进行填充的方法：选中要填充的对象，在调色板中需要的颜色上单击即可对图形对象的内部进行填充。如果右击，则填充的是图形对象的轮廓线。

在调色板浏览器泊坞窗的上方有四个按钮，从左到右依次为创建一个新的空白调色板、使用选定的对象创建一个新调色板、使用文档创建一个新调色板和打开调色板编辑器。

单击"创建一个新的空白调色板"按钮，弹出图 5-43 所示的"保存调色板为"对话框，输入调色板的文件名，单击"保存"按钮后就会在"用户的调色板"下创建一个新的空白调色板。

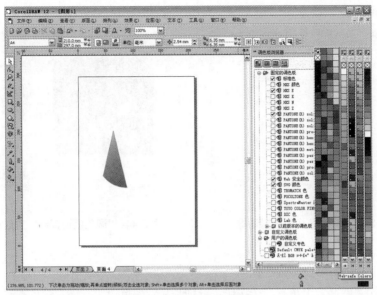

图 5-41　固定的调色板

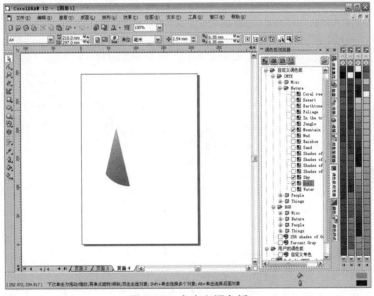

图 5-42　自定义调色板

选中绘图区中要保存其颜色的图形对象（可以是一个也可以是多个），单击"使用选定的对象创建一个新调色板"按钮，此时仍弹出图 5-43 所示的对话框，设置文件名并保存，此时在"用户的调色板"下创建一个新的调色板，选中其前面的复选框，刚才选中的对象的填充颜色就会出现在调色板中。

单击"使用文档创建一个新调色板"按钮，仍弹出图 5-43 所示的对话框，保存后在"用户的调色板"下创建一个新的调色板，其中保存了整个文档（包含每个页面）中所有对象的填充颜色。

单击"打开调色板编辑器"按钮，弹出图 5-44 所示的"调色板编辑器"对话框。其下拉列表中包含了除固定调色板之外的所有调色板，用户可以选择要编辑的调色板。在选中某个调色板之后，可以对调色板中的颜色进行编辑、添加、删除、排序、重置等操作。

图 5-43 "保存调色板为"对话框   图 5-44 "调色板编辑器"对话框

3．使用颜色泊坞窗填充颜色

单击工具箱中颜色泊坞窗按钮或选择"窗口"→"泊坞窗"→"颜色"命令，将打开颜色泊坞窗，如图 5-45 所示。在其右上角有三个按钮，分别是显示颜色滑块、显示颜色查看器、显示调色板，用户可以根据需要进行选择。

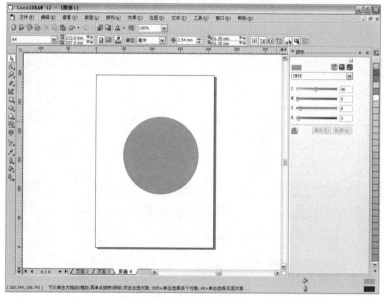

图 5-45 颜色泊坞窗

使用颜色泊坞窗进行颜色填充的方法：选择要填充的图形对象，在颜色泊坞窗中设置好颜色后，单击"填充"按钮，图形内部将被填充；单击"轮廓"按钮，图形的轮廓线将被填充。

4．使用对象属性泊坞窗进行填充

选择"窗口"→"泊坞窗"→"属性管理器"命令，将打开对象属性泊坞窗，选择第一个填充选项卡，如图 5-46 所示。

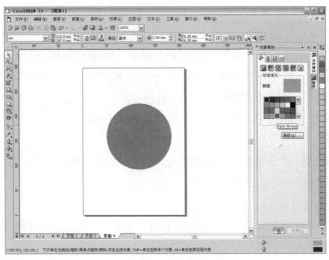

图 5-46　对象属性泊坞窗

在该选项卡的下方有六个按钮，分别是标准填充、渐变填充方式、填充图案、底纹填充、PostScript 填充和无填充，这六个填充方式与工具箱中填充扩展栏中的前六个相对应。

（1）标准填充

在标准填充方式下，选择要填充的对象，单击标准填充下需要的颜色，对象内部的填充颜色会随之改变。如果对列表中的颜色不满意，可以单击"高级"按钮，打开标准填充对话框，在这里可以有更多的选择。其中包含了三个选项卡，分别为模型、混合器和调色板。

（2）渐变填充方式

在渐变填充方式下，在"从"下拉列表中选择渐变的起始颜色，在"到"下拉列表中选择渐变的终止颜色。在右侧的正方形中单击，可以设置渐变的位置和方向。

在渐变填充方式下，有线性喷泉式填充、径向喷泉式填充、圆锥喷泉式填充和方形喷泉式填充四种方式。

单击"高级"按钮，弹出"渐变填充方式"对话框，在这里可以对渐变进行更高级的设置。

对于渐变填充方式另一个很重要的工具是工具箱中的"交互式填充工具"。选择了"交互式填充工具"后，在属性栏中就会出现其属性选项，在其中可以选择"线性"、"射线"、"圆锥"和"方角"四种。选择其中的一种，则图形就被预设的填充颜色填充，并且在图像中出现调节标志。

（3）填充图案

在图案填充方式下，用户可以用 CorelDRAW 12 中预设的图案以平铺的方式填充图形对象。在CorelDRAW 12 中提供了三种图案填充方式，分别是双色图样填充、全色图样填充和位图图样填充。

（4）底纹填充

在 CorelDRAW 12 中提供了很多底纹填充的样式，它可以随机对图形对象进行填充，可以使对象有一个比较自然的外观。

这里要注意的是，底纹填充只适用于 RGB 颜色，并且底纹填充会使文件变大、操作时间增加。

（5）PostScript 填充

PostScript 填充是由 PostScript 语言设计出来的一种特殊的图案填充。这种填充方式也非常占用系统资源，处理时间较长。

5．交互式网格填充

这是一个非常有用的填充工具，可以制作相当丰富多变的填充效果。

在绘图区绘制一圆形，保持选中状态，在工具箱中选择"交互式网格填充"，此时在圆形对象上自动添加了网格，在属性栏中可以设置网格的大小。

用户还可以对网格的形状进行调整，使其产生更多的颜色效果。

6．轮廓线的编辑

每一个图形对象在默认状态下都是有轮廓的，对对象的轮廓线进行编辑不仅可以设置轮廓线的有无，还能设置轮廓线的颜色、样式和粗细等。

（1）使用轮廓工具进行编辑

在工具箱中有专门对对象轮廓线进行编辑的工具。图5-47所示为其轮廓工具扩展栏。其中包括轮廓画笔对话框、轮廓颜色对话框、无轮廓、细线轮廓、1/2点轮廓、1点轮廓、2点轮廓、8点轮廓、16点轮廓和24点轮廓。

（2）使用对象属性泊坞窗进行编辑

在对象属性泊坞窗中同样可以对对象的轮廓线进行编辑。如图5-47所示，其右侧即为对象属性泊坞窗的轮廓线的编辑选项卡。在其中可以对对象轮廓的粗细、颜色、轮廓线的样式和轮廓线端头的样式等进行编辑，非常方便。其使用方法也非常简单，只需选择要设置的对象，在泊坞窗中直接进行设置即可。

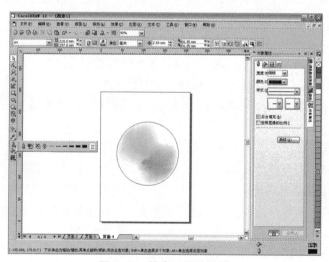

图5-47　轮廓工具扩展栏

5.5.6　位图处理基础

在CorelDRAW 12中对位图的处理可以将矢量图转换为位图，也可以导入位图再进行处理。

1．导入位图

① 新建一个CorelDRAW文档或新建一个绘图页面。

② 选择"文件"→"导入"命令，弹出图5-48所示的"导入"对话框。

图 5-48　"导入"对话框

③ 选中"预览"复选框，可以查看所选择的图片。

④ 单击"选项"按钮，可以展开或合拢更复杂的设置选项。图 5-48 所示为展开后的对话框。

⑤ 选中"外部链接位图"复选框，则会在处理位图的同时也改变源图。

⑥ 在"文件类型"下拉列表框中选择"裁剪"选项，单击"导入"按钮后弹出图 5-49 所示的"裁剪图像"对话框，可以对图像进行裁剪。

⑦ 在"文件类型"下拉列表框中选择"重新取样"选项，单击"导入"按钮后弹出图 5-50 所示的"重新取样图像"对话框，可以对图像的尺寸和分辨率进行调整。

⑧ 无论是直接导入图像还是需要进行裁剪或重新取样后导入图像，当单击"导入"或"确定"按钮后，指针会变成一个直角的形状，按下鼠标会直接导入图像，图像大小与源图或设置的大小一致。如果是按住鼠标左键拖动出一个红色虚线区域后释放，则图像会以这个红色区域的大小显示。

2．将矢量图转换为位图的方法

选中要转换的矢量图，选择"位图"→"转换为位图"命令，弹出图 5-51 所示的对话框。在这个对话框中可以设置位图的颜色、分辨率。如果选中"光滑处理"复选框，则会使位图在低分辨率的情况下边缘更光滑。"透明背景"是指将位图的背景设置为透明。

图 5-49　"裁剪图像"对话框

图 5-50　"重新取样图像"对话框

图 5-51　"转换为位图"对话框

3. 设置位图的颜色模式

选中位图,选择"位图"→"模式"命令,在其弹出的子菜单中可以任意选择七种颜色模式中的一种,如图 5-52 所示。

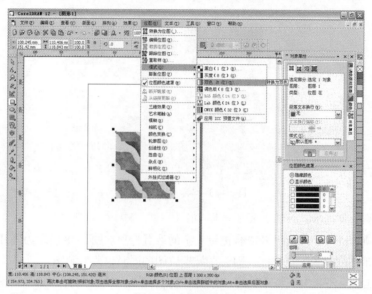

图 5-52　颜色模式

这里还可以通过选择"位图"→"模式"→"调色板"命令,弹出"转换至调色板色"对话框,对位图进行优化处理,如图 5-53 所示。

4. 位图颜色遮罩

使用位图颜色遮罩可以隐藏位图的一部分颜色。选择"位图"→"位图颜色遮罩"命令,即可在右侧打开位图颜色遮罩泊坞窗,如图 5-54 所示。

图 5-53　"转换至调色板色"对话框

"隐藏颜色"和"显示颜色"是指隐藏或者显示所选的颜色。

设置隐藏或显示的颜色,只要在列表框中选中颜色条,单击"选择颜色"按钮 ,在位图中选择要隐藏或显示的颜色即可。或者单击"编辑颜色"按钮 ,直接设置颜色。

"容限"是指与用户所选择的颜色相近似的颜色范围,数值越大,颜色范围也越大,反之就越小。

设置好后单击"应用"按钮即可。如果要删除遮罩,只要将颜色列表框中颜色前的复选框取消选中即可,更简单的方法是直接单击"移除遮罩"按钮 ,即可将所有颜色遮罩都删除。

单击"保存遮罩"按钮 可以对颜色遮罩进行保存。单击"打开遮罩"按钮 可以导入已保存的遮罩。

5. 位图特效

在 CorelDRAW 12 中提供了一些位图处理的特效,如图 5-55 所示。下面将对其逐个介绍。

（1）三维效果

选择"位图"→"三维效果"命令，弹出图 5-56 所示的菜单，其中包含多种三维效果。

图 5-54　位图颜色遮罩泊坞窗　　　　图 5-55　位图特效　　　　　　图 5-56　"三维效果"菜单

①"三维旋转"命令可以得到立体的旋转效果。

②"柱面"命令可以得到圆柱体状的立体效果。

③"浮雕"命令可以得到浮雕效果，并且可以控制浮雕的深度和角度。

④"卷页"命令可以使图片的一角或多角出现卷页效果。

⑤"透视"命令可以在图片上创建透视效果。

⑥"挤远 / 挤近"命令可以使图片出现挤压效果，分为捏合和挤压两种方式。

⑦"球面"命令可以创建如球面一样的变形效果。

（2）艺术笔触

选择"位图"→"艺术笔触"命令，弹出图 5-57 所示的菜单。艺术笔触类似于 Photoshop 中的滤镜效果，用户可以利用艺术笔触创建丰富的艺术效果。

（3）模糊

选择"位图"→"模糊"命令，弹出图 5-58 所示的菜单。CorelDRAW 12 为用户提供了 9 种模糊艺术效果，用户可以根据实际需要进行选择。

图 5-57　"艺术笔触"菜单　　　　　　　　图 5-58　"模糊"菜单

（4）相机

选择"位图"→"相机"命令，在此命令下只有一个"扩散"子菜单项，可实现图像中层次的扩散。

（5）颜色变换

选择"位图"→"颜色变换"命令，在弹出的子菜单中包含了"位平面""半色调""梦幻色调""曝光" 4 个子菜单项，可以将图片颜色转换成上面 4 种模式。

（6）轮廓图

选择"位图"→"轮廓图"命令，在弹出的子菜单中包含了"边缘检测""查找边缘""跟踪轮廓"3 个子菜单项，可以实现线描的样式。

（7）创造性

选择"位图"→"创造性"命令，在弹出的子菜单中包含了 14 种创造性特效效果。

（8）扭曲

选择"位图"→"扭曲"命令，在弹出的子菜单中包含了 10 种扭曲效果，用户可以在图形上创建水波、漩涡、风动、块状、龟裂等效果。

（9）杂点

选择"位图"→"杂点"命令，在弹出的子菜单中包含了 6 种命令，用户可以为图形添加或移除杂点，还可以修改图片上的蒙尘和划痕等。

（10）鲜明化

选择"位图"→"鲜明化"命令，在弹出的子菜单中包含了 5 种命令，用户通过这些命令可以得到清晰化、锐化效果的图片。

●●●● 小　结 ●●●●

本章系统地介绍了计算机数字图像与图形的基础知识，包括图像与图形的基本理论、图像与图形处理的基础知识以及图像处理软件 Photoshop 和图形创作软件 CorelDRAW 12 的基本操作技术。本章作为计算机图形图像的理论介绍章节，为计算机图形图像创作的实践课程提供了理论基础和基本的图形图像软件应用基础。学习完本章后，要求读者能够掌握图形图像的基本理论、专业术语及含义、色彩常识以及软件的基本操作，为实践课程的学习打下基础。

●●●● 习　题 ●●●●

1. 计算机中的图形与图像的主要区别有哪些？
2. 简述获取数字图像的步骤。
3. 你知道哪些图像处理技术？哪些图形创作技术？
4. 列出几种你所了解的图形和图像文件格式的扩展名。
5. 你知道哪些主要的数字图像采集设备？哪些主要的数字图像输出设备？
6. 简述你所了解的色彩常识。
7. Photoshop 主要有哪些功能？
8. Photoshop 图层的合成模式有哪些？
9. 解释通道与蒙版的概念。
10. CorelDRAW 12 有哪些基本绘图工具？
11. 在 CorelDRAW 12 中如何对位图进行处理？

第6章 计算机数字音频

学习目标

- 了解数字音频的主要参数与各种格式。
- 掌握数字音频编辑的基本方法。
- 了解计算机合成声音。

●●●● 6.1 数字音频基础 ●●●●

声音是计算机信息处理的主要对象之一，是多媒体技术研究的一项重要内容。而计算机对声音进行处理的前提是将声音数字化。数字音频是一种利用数字化手段对声音进行录制、存放、编辑、压缩或播放的技术。

6.1.1 数字化音频

声音由振动而产生，通过空气而传播。它是随时间变化的一种波，由许多不同频率的谐波所组成。

计算机通过传声器（俗称"麦克风"）获取声音，并将声音转换为相应的电压信号，电压信号在时间与振幅上都是连续变化的模拟信号。声卡将模拟信号进行数字化处理转换为数字信号，通常称为模/数转换，用离散的数值来描述模拟信号，将连续变化的声音信号以固定的时间间隔进行采样，每个采样值量化为整数，同时转换为计算机能识别的二进制代码以相应的编码方式进行记录。形成的数字音频用于声音的存储、编辑、传输与播放。

将模拟信号的声波转化为二进制数字编码的形式，这个过程称为声音信号的数字化。声音信号数字化的过程如图 6-1 所示。

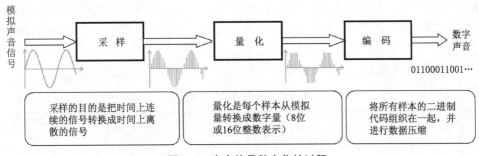

图 6-1　声音信号数字化的过程

数字音频是以数字形式存储声音，使得声音的复制与重放无损失；作为计算机能够识别的信息，在编辑、特效处理以及与其他媒体的结合上更加方便；在传输过程中，增强了抗干扰能力；在声音的记录中，扩大了声音的强度范围。因此，数字音频技术已成为声音处理领域中的主流技术。

数字音频所涉及的主要参数有采样频率、量化位数、声道数目、编码方式等。

6.1.2　采样频率

采样频率是指单位时间内对模拟信号取值的次数。采样频率的高低与声音质量、数据量的大小有着密切的关系。采样频率越高，数据量与运算量越大，而过低的采样频率会引起失真。人耳可听的全频带声音的频率范围是 20 Hz ～ 20 kHz，如音乐声、风雨声等。其中人说话的声音的频率范围是 300 ～ 3 400 Hz，称为话音或语音。根据奈奎斯特定理，为了保证不失真，采样频率不应低于声音信号最高频率的 2 倍。

常用的数字音频采样频率见表 6-1。

表 6-1　常用的数字音频采样频率

采样频率	品　质	频率范围
11 025 Hz	AM 广播和低端多媒体	0 ～ 5 512 Hz
22 050 Hz	FM 广播和高端多媒体	0 ～ 1 025 Hz
32 000 Hz	广播级标准（略高于 FM 广播）	0 ～ 16 000 Hz
44 100 Hz	CD	0 ～ 22 050 Hz
48 000 Hz	DAT	0 ～ 24 000 Hz
96 000 Hz	DVD	0 ～ 48 000 Hz

6.1.3　量化位数

量化位数又称采样精度、量化比特率或位深度。量化就是将连续的模拟信号的振幅用离散的数值来表示。将采样取得的数值，通过四舍五入的方法，将其"归属"到量化位数内对应的"等级"上。例如，8 位量化位数，这里的 8 位是指 8 位二进制，8 位二进制内有 256 个数值，256 个数值就代表256 个等级。将信号连续的振幅分为 256 个等级，在相邻等级之间的数值四舍五入上下归属到位。由此可见，在这种"归属"的过程中有一定的误差，也就是说会损失一定的信息，这称为量化噪声。

量化位数表示的是声音的振幅，决定的是声音的动态范围。"动态范围"是表示声音数据中最大信号与非零的最小信号之间的差距的指标。经常用来表征录音系统、录音设备或录音格式能够记录的声音信号强度的最大范围。音频信号强度的相对变化范围越大，音响效果就越好。因此，量化位数越高，相当于信号的动态范围越大，声音的保真度越好，量化噪声也越少，数字化后的音频信号就越可能接近原始的信号，但所需要的存储空间也越大。另一方面，位数总是有限的，量化的数目增多，意味着所需要的存储空间增大，所以在处理声音质量与系统实现复杂程度及成本之间必须找到一个折中方案。

在实际应用中，常用的量化位数见表 6-2。

表 6-2　常用的量化位数

量化位数 /bit	品　质	振幅值	动态范围
8	电话	256	48 dB
16	CD	65 536	96 dB

量化位数 /bit	品　质	振　幅　值	动态范围
24	DVD	16 777 216	144 dB
32	最高	4 294 967 296	192 dB

6.1.4　声道数目

无论是单声道、双声道还是多声道。每个声道各自产生一组声波数据，双声道立体声数字化后，所占空间比单声道多一倍。

6.1.5　编码方式

经过采样和量化后的数据，还必须按照一定的要求进行编码，按某种格式将数据进行组织，最终将模拟声音信号转变为数字声音信号，以便于计算机存储、处理或在网络上进行传输等。

编码可以按照不同的方法进行。脉冲编码调制（pulse code modulation，PCM）是一种把模拟信号转换成数字信号最基本的编码方法，CD-DA（compact disc-digital audio，精密光盘数字音频）就是采用这种未压缩数据量的编码方式。

数字音频的码率（比特率）是指单位时间播放音频的比特数据量。未经过压缩的PCM音频码率的计算公式为：码率=采样频率 × 量化位数 × 声道数。例如CD-DA音频采样频率为44.1 kHz，量化位数为16 bit，具有2个声道，因此它的码率就是44.1 × 16 × 2，结果为1 411.2 kbit/s（见表6-3），而这段CD-DA音频的数据量（文件容量）只需要用码率 × 时长就可以得到。

自适应差分脉冲编码（adaptive differential pulse code modulation，ADPCM）是在 PCM 编码基础上发展起来的一种有损压缩编码。

压缩算法包括无损压缩和有损压缩。无损压缩主要是去除声音信号中的"冗余"部分；有损压缩指压缩后的数据不能完全复原，要丢失一部分信息。有时候由于一般人耳对音频的细节并不太敏感，利用人耳听觉特性，也可以去除与听觉"不相关"部分。

压缩编码的基本指标之一是压缩比，它定义为同一段时间间隔内的音频数据压缩后的数据量与压缩前的数据量之比。压缩比越小，丢失的信息越多，信号还原失真也越大。而压缩的目的是减少数据量与提高传输率。当数字音频应用于通信与网络时，还受着通信信道带宽的制约。因此，在进行编码时，既希望最大限度地降低数据量，又希望尽可能不要对信息造成损伤，减少数据压缩的还原效果和原版效果的差别。两者是相互矛盾的，只能根据不同信号特点和不同的需要折中选择合适的压缩程度。

数字音频的比特率与数据量见表 6-3。

表 6-3　数字音频的比特率与数据量

歌曲长度/s	采样频率/kHz	量化位数/bit	编码算法	声道数	压缩比	比特率/（kbit/s）	文件容量/KB
60	44.1	16	PCM	双		1 411.2	10 335
60	22.05	16	PCM	双		705.6	5 167
60	11.025	8	PCM	单		88.2	645
60	44.1	16	CCITT A-Law	双	1:2	705.6	5 167
60	44.1	16	ADPCM	双	1:4	352.8	2 584
60	44.1	16	MP3	双	1:11	128	939

6.1.6 数字音频格式

经数字化的声音可以以一定格式的文件形式存储在计算机中。不同的文件格式往往采用不同的编码方式，在容量的大小上也各有差异，在使用中也有不同的应用范围。

1．WAV

WAV 格式是微软公司开发的一种声音文件格式，又称波形声音文件，是最早的数字音频格式，成了 PC 世界数字化声音的代名词。WAV 格式支持许多压缩算法，采用 PCM 编码、ADPCM 编码等生成的数字音频数据都以 WAV 格式存储。目前所有的音频播放软件都支持这一格式，它也是音频编辑软件的操作对象与默认文件保存格式之一。

2．CDA

CDA 只是激光唱盘中的一个头文件或索引文件，它的音频数据需要通过专门的软件转换成 WAV 文件。CD-DA 已成为一种音质标准：立体声、44.1 kHz 采样率、16 bit 量化数位与 PCM 编码方式。CD-DA 音质信号每分钟需 10 MB 以上的存储容量。这种文件的特点是音质好并易于生成和编辑，但由于音频数据量大，对数据的存储与传输都造成压力，所以不适合在网络上实时播放。播放软件都支持 CD 播放，专业的数字音频编辑软件都提供了抓取 CD 音轨的功能，此外还有一些专门的抓取 CD 音轨的软件。

3．APE

APE 格式是数字音频的一种无损压缩格式，通过 Monkey's Audio 软件可以将 WAV 音频文件压缩为 APE 格式。压缩后的 APE 文件容量要比 WAV 源文件小一半多，可以用作网络音频文件传输，而且可以节约传输时间。更重要的是，通过 Monkey's Audio 解压缩还原以后得到的 WAV 文件可以做到与压缩前的源文件完全一致。许多播放软件都支持 APE 格式文件的播放。Monkey's Audio 软件还提供了 APE 格式的转换。

4．MP3

MP3（moving picture experts audio layer III）格式是数字音频的一种有损压缩格式。它的压缩比可以达到 1∶10 甚至 1∶12，但是人耳却基本不能分辨出失真来。音质几乎达到了 CD 的标准。正是因为 MP3 体积小、音质高的特点，使得 MP3 格式几乎成为网上音乐的代名词。专业的数字音频编辑软件都可以将 WAV 格式转换为 MP3 格式，通过设定不同的采样率、声道与比特率存储为不同音质的 MP3 格式文件。作为有损压缩文件格式，从压缩的状态还原回去，会产生损失。

5．WMA

WMA 是 Windows Media Audio 编码后的文件格式，由微软开发，是以减少数据流量、保持音质的方法来达到更高的压缩率为目的，其压缩率一般可以达到 1∶18，生成的文件大小只有相应的 MP3 文件的一半。另外，WMA 还支持音频流技术，即一边读一边播放，因此 WMA 可以很轻松地实现在线广播，适合在网络上在线播放，在仅仅 20 kbit/s 的流量下提供可听的音质。微软在 Windows Media Player 中提供了播放支持。虽然它也是用于聆听，不能编辑，但几乎所有的 Windows 平台的音频编辑工具都对它提供了读写支持。通过 Microsoft 自己推出的 Windows Media File Editor 可以实现简单的直接剪辑。

6．RA

RA 是 Real Networks 公司制定的声音文件格式，它也是为了解决网络传输带宽资源而设计的，因此主要目标是压缩比和容错性，其次才是音质。压缩比可达到 1∶96，可以采用流媒体的方式在网络上实时播放，也就是说边下载边播放。可以在非常低的带宽下（低达 28.8 kbit/s）提供足够好的音质，这种文件格式几乎成了网络流媒体的代名词。可以根据用户的 Modem 速率选择最佳的 Real 文件。现在 Real 的文件格式主要有 RA（RealAudio）、RM（RealMedia，RealAudio G2）、RMX（RealAudio Secured）等。这些格式的特点是可以随网络带宽的不同而改变声音的质量，在保证大多数人听到流畅声音的前提下，令带宽较富裕的听众获得较好的音质。一些主流软件可以支持 Real Media 的读 / 写，可以实现直接剪辑的软件是 Real Networks 自己提供的捆绑在 Real Media Encoder 编码器中的 Real Media Editor，但其功能非常有限。

6.1.7　数字音频回放

计算机声音的回放，是将数字音频转换成模拟信号，这个过程称为声音的重建，再将模拟声音信号经过处理和放大送到扬声器发出声音。声音的重建是声音信号数字化的逆向过程，首先将压缩编码的数字音频恢复为压缩编码前的状态，把声音样本从数字量转换为模拟量，通过插值处理，使时间上离散的一组样本转换成在时间上连续的模拟声音信号，声音的重建也是由声卡完成的。

计算机数字音频的播放控制，由众多专门用于音频文件播放的软件完成，如 Windows Media Player、QuickTime Player、RealPlayer、Winamp、QQ 音乐等，它们带有一些音频压缩编码的解码器，可以播放常见的音频格式的文件。不仅可以播放本地计算机硬盘上存储的音频文件，而且还可以直接播放与下载网络上的音频文件。可以通过播放列表安排播放次序，有的还配置了均衡、混响等效果器，甚至编制了各种风格的音响特征配置供用户选择使用。

●●●● 6.2　数字音频编辑 ●●●●

数字音频编辑工作通过音频处理软件来完成，目前一些常用的音频处理软件有 Wavelab、Sound Forge、Audition、Samplitude、Nuendo 等。这些软件基本都具备音频编辑所需的大部分功能。下面以 Audition 为例介绍数字音频编辑的主要功能。

6.2.1　Audition 视图界面

Audition 软件程序的主窗口提供了三种专业的工作视图界面：编辑视图（Edit View）用于编辑独立的音频文件；多轨视图（Multitrack View，见图 6-2）用于混合多轨音频文件或混合 MIDI 音乐及视频；CD 视图（CD View），用于刻录音乐 CD。

三种视图最基本的结构是各自不同的菜单栏与 Main（主）面板。它们可以独立完成各自的工作，又可以成为完整的工作流程中的一个阶段，三种视图可以随时切换。

编辑视图采用破坏性编辑方法编辑独立的音频文件，并将编辑后的数据保存到源文件中。而多轨视图采用非破坏性编辑方法对多轨音频进行混合，编辑与施加的效果是暂时性的，不影响源文件，编辑产生的参数记录在项目文件中，缩混的结果可以导出为新的音频文件。而 CD 视图为刻录音乐 CD 提供了必需的条件。

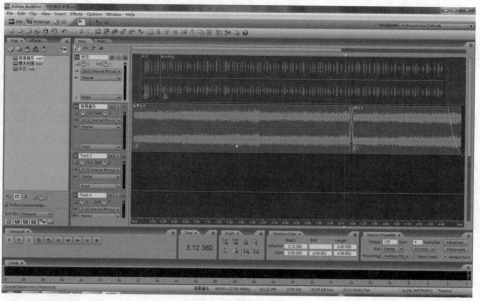

图 6-2　多轨视图

1．面板

Audition 通过在主窗口中自由组合与安置面板（见图 6-3 左图），形成不同的工作空间，为适合个性化的工作环境提供了方便。

（1）面板的打开与关闭

① 在 Window 菜单中选择或取消面板名称，可以显示与隐藏面板。

② 单击面板中的"关闭"按钮🞪或浮动窗口右上角的"关闭"按钮🞪，可以关闭面板。

③ 单击面板右上角的三角按钮▶，在弹出的菜单中，Close Panel 命令表示关闭面板；Close Frame 命令表示关闭面板组。

④ Main 面板不会被关闭。

（2）面板与浮动窗口

① 按住【Ctrl】键的同时拖动面板，可以将此面板转变为浮动窗口（见图 6-3 右图）。

② 将面板拖至主窗口标题栏上，或主窗口之外，也可将此面板转变为浮动窗口。

③ 单击面板右上角的三角按钮，在弹出的菜单中，Undock Panel 命令可以将面板转换为浮动窗口；Undock Frame 命令可以将面板组转换为浮动窗口。

面板与浮动窗口如图 6-3 所示。

图 6-3　面板与浮动窗口

（3）面板的定位与结组

面板组可以组合多个面板，文件面板与效果器面板组合成一个面板组的效果图 6-4 所示。

单击并拖动面板的标签到另一个面板或面板组上时，另一个面板会显示出六个部分，包括标签区域、中心区域以及四周的四个区域，当鼠标指针指向某个区域时，此区域高亮显示为目标区域，释放鼠标，此面板将放置在目标区域位置上，如图6-3所示。它们的位置变化将会是：

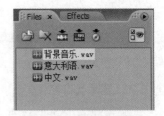

图 6-4　文件与效果器面板组

① 如果拖放到中心或标签区域，面板会与目标区域所属面板或面板组结组，不影响原面板区域的位置。

② 如果拖放到四周的某个区域，面板会被放置在目标区域中，并且平分占据原面板或面板组区域的位置。

③ 如果拖动面板左上角的面板标签，将移动单个面板。

④ 如果拖放到面板组右上角的夹角区域，将移动整个面板组。

（4）面板大小调整

当鼠标指针放在两块面板之间，出现双向箭头时，单击并拖动可以调整相邻两块面板的大小。

2．显示工具栏

选择 Window → Tools 命令可以显示或隐藏 Toolbar（工具栏），如图 6-5 所示。在默认情况下，它在菜单栏的下方。拖动 Toolbar 的左边界放置到其他任何位置上，可以将其变成 Tool（工具）面板。反过来，拖动 Tool 面板的标签到菜单栏的下方，当阴影显示为整个程序窗口宽度时释放鼠标，Tool 面板即恢复到 Toolbar 的默认位置上。

Toolbar 上的工具根据 Edit View（编辑视图）、Multitrack View（多轨视图）与 CD View（CD 视图）三种基本视图的切换而自动改变，显示的工具总是与相应视图的操作有关。但编辑视图按钮、多轨视图按钮、CD 视图按钮与工作区下拉列表都存在于三种工具栏中。图 6-5 所示为多轨视图工具栏。

图 6-5　多轨视图工具栏

① Edit View（编辑视图）按钮（快捷键为【8】）：单击该按钮切换到编辑视图，并显示用于编辑视图的工具。

② Multitrack View（多轨视图）按钮（快捷键为【9】）：单击该按钮切换到多轨视图，并显示用于多轨视图的工具。

③ CD View（CD 视图）按钮（快捷键为【0】）：单击该按钮切换到 CD 视图。

④ Workspace（工作间）下拉列表：在下拉列表中列出了三种默认视图、预置工作间与自定义工作间，以及 New Workspace（新建工作间）、Delete Workspace（删除工作间）与 Reset Current Workspace（恢复当前默认工作间）选项。它与 Window → Workspace 子菜单下的内容完全一致。

3．显示快捷方式栏

选择 View → Shortcut Bar → Show 命令可以打开或关闭 Shortcut Bar（快捷方式栏）。在默认情况下，快捷方式栏显示在工具栏的下方。在 View → Shortcut Bar → Group 菜单中可以选择显示与隐藏快捷方式组；在 View → Shortcut Bar → Group 菜单下方的 File、Edit、Clip 与 Options 子菜单中可以选择显示与隐藏某个快捷方式。

快捷方式栏显示的快捷方式也是与三种基本视图相关联的，根据不同的视图显示相关的快捷方式，其中，当前操作不可用的快捷方式显示为灰色。图 6-6 所示为多轨视图快捷方式栏。

图 6-6   多轨视图快捷方式栏

4．显示状态栏

选择 View → Status Bar → Show 可以打开或关闭 Status Bar（状态栏）。在默认情况下，状态栏显示在窗口的最下方，如图 6-7 所示。View → Status Bar → Show 菜单中的命令用于显示与隐藏某种信息类型。在显示的状态栏上右击，在弹出的快捷菜单中可以选择 Hide Status Bar（隐藏状态栏），以及选择显示与隐藏某类信息。

图 6-7   多轨视图状态栏

在 View → Status Bar 子菜单中或在状态栏上右击，在弹出的快捷菜单中的各项命令的含义如下：

① Show（显示）：打开或关闭状态栏。当状态栏显示时，右击状态栏，在弹出的快捷菜单中选择 Hide 命令可以关闭状态栏。

② Data Under Cursor（鼠标数据）：显示鼠标数据。

③ Sample Format（采样格式）：显示项目的采样信息。

④ File Size（文件尺寸）：显示当前文件的大小。

⑤ File Size（Time）[文件尺寸（时长）]：显示当前文件或项目的时间长度。

⑥ Free Space（剩余空间）：显示可用的剩余磁盘空间。

⑦ Free Space（Time）[剩余空间（时长）]：显示可用的剩余磁盘空间的时间长度。

⑧ Keyboard Modifiers（快捷键显示）：显示键盘中的【Ctrl】、【Shift】和【Alt】键的状态，以检测这些键是否处于按下状态。

⑨ SMPTE/MTC Slave Stability（SMPTE/MTC 可靠性）：对比 Audition 内部时钟，指示 SMPTE/MTC 时间码的可靠性。80% 以上的可靠性足以保持同步。

⑩ Display Mode（显示模式）：指示 Main（主）面板中的当前内容。

6.2.2　多轨视图

Multitrack View 主要用于多轨音频剪辑与多轨缩混工作。启动 Audition 3.0 程序，选择 Window → Workspace → Multitrack View（Default）或单击工具栏中的"多轨视图"按钮 ，或是从 Toolbar 右侧的 Workspace 下拉列表中选择 Multitrack View，切换到 Multitrack View（Default）（默认的多轨视图）。

在 Multitrack View（Default）中，菜单栏下面是 Toolbar，并调用了 Files（文件）与 Effects（效果器）面板组、Main 面板组与 Mixer（调音台）面板组以及 Time（时间）、Selection/View（选择 / 视图）、Transport（录放控制）、Zoom（缩放）、Session Properties（项目属性）、Levels（电平）面板，窗口的最下方显示 Status Bar（状态栏）。

1．多轨视图工具栏

多轨视图工具栏上的编辑工具有如下四种鼠标模式：

① Hybrid Tool（混合工具）▷（快捷键为【R】）：单击选择素材并定位开始时间指针，拖动选择范围。按住右键拖动素材，并出现快捷菜单。

② Time Selection Tool（时间选择工具）Ⅰ（快捷键为【S】）：单击选择素材并定位开始时间，拖动选择范围。

③ Copy/Move Clip Tool（复制/移动工具）▷₊（快捷键为【V】）：单击选择素材，拖动移动素材。按住右键拖动素材，并出现快捷菜单。

④ Scrub Tool（擦播工具）◁）（快捷键为【A】）：在音轨中单击并向前或向后拖动，将移动开始时间指针到单击的位置并开始回放，出现回放指针，释放鼠标停止回放，回放指针消失。拖动的速度慢，以较慢的速度回放；拖动的速度快，回放的速度增长直到正常的回放速度。

可以在擦播的同时选择区域，单击设置时间开始指针到想要选择的范围的开始处，然后按住【Shift】键，使用 Scrub Tool 拖动回放，释放鼠标时，停止回放并选择了回放的那段素材。按住【Shift】键，拖动已选择的一段素材的边界，可以边听边扩大或缩小选择范围。

按住【Ctrl】键拖动，开始时间指针跟随拖动并回放，可以准确地定位开始时间指针。

按住【Alt】键拖动一小段距离，回放的速度与拖动速度成比例，回放的速度可以比正常速度更快或更慢。

使用 Scrub Tool，只独奏单一音轨，拖动开始时间指针上方或下方的手柄可以回放所有音轨。

2．多轨视图快捷方式栏

多轨视图的快捷方式栏提供了相关的快捷按钮：

① Create a new Session file（新建项目文件）按钮（快捷键为【Ctrl + N】）：创建新项目，单击该按钮，弹出新建项目的采样率设置对话框。

② Open a Session file（打开项目文件）按钮（快捷键为【Ctrl + O】）：单击该按钮，弹出文件选择对话框，打开已有的项目文件。

③ Import a media file（导入媒体文件）按钮（快捷键为【Ctrl + I】）：单击该按钮，弹出导入对话框，导入音频、MIDI、视频等媒体文件到文件面板。

④ Export a Mix Down（导出缩混文件）按钮（快捷键为【Ctrl + Shift + Alt + M】）：单击该按钮，弹出导出缩混文件对话框，可以指定缩混选项，缩混到音频文件。

⑤ Save Session（保存项目文件）按钮（快捷键为【Ctrl + S】）：保存项目文件。第一次保存时，弹出对话框，须命名文件与指定路径。

⑥ Save Session As（项目文件另存为）按钮（快捷键为【Ctrl + Shift + S】）：将当前项目另存为其他项目，弹出对话框，须命名文件与指定路径。

⑦ Undo last action（撤销上次操作）按钮（快捷键为【Ctrl + Z】）：撤销上一次操作。可以撤销上一次保存后的所有操作。

⑧ Copy clip（复制素材）按钮（快捷键为【Ctrl + C】）：将选择的素材复制到剪贴板。可用于粘贴。

⑨ Cut（剪切）按钮（快捷键为【Ctrl + X】）：剪切选择的素材或选择的部分，放到剪贴板中，可用于粘贴。

⑩ Paste（粘贴）按钮（快捷键为【Ctrl + V】）：将剪贴板中的内容从开始时间指针处开始代替原有的数据。

⑪ Adjust waveform boundaries to selection（调整选择区域的边界）按钮■：自动调整素材的边界到选择的范围内。被选择的素材，在范围外的部分收缩到范围的边界；范围内的素材，如果可以扩展，将扩展直到选择区域的边界为止。

⑫ Snap to ClIps（吸附到素材）按钮■：移动素材时，可以吸附到另一个素材的开始或结尾。

⑬ Snap to Loop Endpoints（吸附到循环结束点）按钮■：移动素材时，可以停靠到循环素材的开始或结束点。

⑭ Snap to Markers（吸附到标记）按钮■：移动素材时，可以停靠到标记点。

⑮ Snap to Ruler divisions（吸附到标尺刻度）按钮■：移动素材时，可以停靠到标尺的刻度上。

⑯ Add current selection to Marker List（增加当前选择到标记列表）按钮■（快捷键为【F8】）：将当前选择部分添加标记。

⑰ Reveal source file to Bridge（桥）按钮■：安装了 Adobe Bridge 后方可使用。

⑱ Mute clip（静音素材）按钮■：将当前选择的素材静音，再次单击取消静音。

⑲ Split clip at cursor（从光标处切开素材）按钮■（快捷键为【Ctrl + K】）：从开始时间指针处切开素材，如果是选择部分，将从选择范围的两边切开素材。

⑳ Trim to selection（修剪素材）按钮■：将素材被选择部分外的两边删除。

㉑ Crossfade selected clips（交叉淡化素材）按钮■：对选择的素材范围实行交叉淡化。

㉒ Punch In recording（插入式录音）按钮■：在回放过程中，插入录音。

㉓ Lock Clip in time（锁定素材）按钮■：将素材锁定在时间线上，不能被移动。再次单击解锁。

㉔ Group/Ungroup clips（结组/解组素材）按钮■（快捷键为【Ctrl + G】）：将几块素材组合在一起，可以同时移动，保持结组的素材之间的距离不变。

㉕ Preferences（首选项）按钮■（快捷键为【F4】）：单击该按钮，打开首选项对话框。

㉖ Audio Hardware Setup（音频硬件设置）按钮■：单击该按钮，打开音频设置对话框。

㉗ SMPTE Slave Enable toggle（时间码）按钮■（快捷键为【F7】）：打开与关闭 MIDI 设备的输入同步。

㉘ Help（帮助）按钮■：打开帮助文件。

3．Files 面板

Files 面板中显示打开的音频文件、MIDI 文件与视频文件的列表，为管理与使用这些文件提供了方便。文件面板还提供了一些高级选项：显示与隐藏标记、改变文件夹的排序、回放单个文件等。在默认情况下，Files 面板与 Effects 面板组合在一起，如图 6-8 所示。

图 6-8　Files 面板

（1）文件使用按钮

① Import File（导入文件）按钮■：打开 Import（导入）对话框，可以导入文件并出现在面板的列表中。

② Close File（关闭文件）按钮■：关闭所有选择的文件。

③ Edit File（编辑文件）按钮■：将一个在列表中已选择的文件在 Edit View（编辑视图）中打开。

注　意

如果选择多个文件，只有最后单击的一个文件在编辑视图中打开。

④ Insert Into Multitrack（插入多轨）按钮 🖼：可以同时插入多个被选择的文件，分别到当前项目的单个音轨。

⑤ Insert Into CD List（插入CD列表）按钮 🖼：将插入所有选择的文件到CD视图。

⑥ Show Options（显示选项）按钮 🖼：在面板的右上角，可以显示与隐藏列表下方的高级选项。

（2）文件类型显示

在"Sort By（排序）"下拉列表中选择一个选项，可以改变文件的排序方式。

单击下列一个或多个按钮，可以显示或隐藏一种或多种类型的文件：Show Audio Files（显示音频文件）按钮 🖼、Show Loop Files（显示循环文件）按钮 🖼、Show Video Files（显示视频文件）按钮 🖼 与 Show MIDI Files（显示MIDI文件）按钮 🖼。

Show Markers（显示标记）按钮 🖼：可以显示与隐藏标记。当显示标记按钮被选择时，一个加号（+）出现在所有包含标记的文件的旁边，单击加号显示标记名称。

Full Path（全路径）按钮 🖼：显示每个文件全部路径名称（驱动器、文件夹与文件名）。

（3）预览音频文件

Files 面板提供了播放功能，方便预览循环文件与其他文件。在操作多轨视图时，这些选项特别方便，因为它们可以以项目速度预览循环文件。

① Auto Play（自动播放）按钮 🖼：自动播放列表中选择的文件。

② Loop Play（循环播放）按钮 🖼：连续循环播放。

③ Play（播放）按钮 🖼：播放选择预览的文件。

④ Stop（停止）按钮 🖼：停止预览播放。

⑤ Preview Volume（音量旋钮）🖼：调整预览的音量。

⑥ Follow Session Tempo（跟随项目速度）：可以以项目速度预览可循环文件（仅多轨视图）。可循环文件用循环图标 🖼 表示。

选择 Window→Files 命令，可以打开或关闭 Files 面板。单击面板中的"关闭"按钮 🖼 可以关闭此面板。

4．Effects 面板

Effects 面板中列出了所有的效果器供使用。单击列表中的"+"号，可以显示更多效果器名称，如图 6-9 所示。

除了 Adobe Audition 效果器，可以找到系统中所有第三方 DirectX 插件与指定文件夹中的 VST 插件。

可根据需要改变效果器的分组，单击 Effects 面板下方的按钮：

① Group By Category（按类别分组）按钮：分层排列，与编辑视图的 Effects 菜单中的次序相同。再次单击该按钮将取消按类别分组，显示所有的效果器，大致与出现在 Edit View 的 Effects 菜单与 Generate 菜单相似。

② Group Real-Time Effects（按实时效果器分组）按钮：分层排列组合所有 Real-Time Effects（实时效果器）、Off-Line Effects（非线性效果器）与 Multitrack Effects（多轨效果器）。再次单击该按钮

取消实时效果器组，返回到先前的视图。

选择 Window → Effects 命令，可以打开或关闭 Effects 面板。单击面板上的"关闭"按钮▣可以关闭此面板。

图 6-9　包含 DirectX 与 VST 效果器的 Effects 面板

5．Main 面板

Main 面板由轨道控制器、水平滚动条、垂直滚动条、标尺与开始时间指针等组成，如图 6-10 所示。

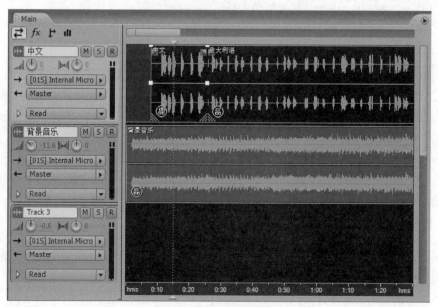

图 6-10　Main 面板

（1）轨道控制器

轨道控制器如图 6-11 所示，在其中可以设置轨道的各个属性。

图 6-11　轨道控制器

拖动轨道控制器的边框可以放大轨道控制器，显示更多内容。

单击 Inputs/Outputs（输入/输出）按钮 🔁、Effects（效果器）按钮 𝒇𝒙、Sends（发送）按钮 🏳 与 EQ（均衡器）按钮 ⑪可以改变所有音轨的音轨控制器中间区域的显示内容。

① Inputs/Outputs 按钮 🔁：单击此按钮，显示输入/输出设置区域。输入/输出设置区域：

a. 输入图标 ➜旁边的下拉列表可用于 None（关闭）、选择与设置硬件输入口。

b. 输出图标 ⬅旁边的下拉列表可用于 None（关闭）、选择、设置硬件输出口与选择公共轨道。

② Effects（效果器）按钮 𝒇𝒙：单击此按钮，显示效果器设置区域。效果器设置区域：

a. FX Power（效果器电源）按钮 ⏻：可以开启或停止此轨道上的所有效果器。

b. FX Pre-Fader/Post-Fader（推子前/后）按钮 ➡️：可以设置在音轨音量推子前或后发送。

c. Freeze Track（冻结）按钮 ⧖：可以冻结与解除冻结的效果器。

d. 效果器插槽：电源开关控制插槽中单个效果器的电源。如果加载了效果器，插槽上显示效果器名称。一共有 16 个插槽。单击插槽右边的显示/隐藏按钮 ▷，在弹出的下拉列表中可以打开 Effects Rack（效果器机架）、No Effect（拆除效果器）以及选择按类型排列的各种效果器。右击插槽，在弹出的快捷菜单中可以打开 Effects Rack（效果器机架）、Bypass Effect（旁通效果器）、Remove Effect（删除效果器）、Bypass All Effects（旁通所有效果器）与 Remove All Effects（删除所有效果器）。单击最右边的滚动按钮，可以滚动显示所使用的不同效果器的电源与名称。

③ Sends（发送）按钮 🏳：单击此按钮，显示发送设置区域。发送设置区域：

a. 发送设置区域左上角显示发送线路名称（S1、S2～S16）。

b. Power（电源）按钮 ⏻：打开与关闭发送。

c. Pre-Fader（推子前）按钮 ➡️/Post-Fader（推子后）按钮 ➡️：控制在音轨音量推子前或后发送。

d. Volume（音量）旋钮 ⬆ 与 Stereo Pan（立体声声像）旋钮 ⬆：控制发送的音量与声像，在默认情况下，发送音量旋钮为无限小。

e. 单击插槽可以从菜单上选择 None（取消发送）、Output Bus（输出公共轨道）与 Add Bus（添加公共轨道）。

f. 右侧的滚动条可以在可视区中滚动显示不同名称的发送。

④ EQ 按钮 ⑪：单击此按钮，显示 EQ 设置区域。EQ 设置区域：

a. EQ Power（均衡电源）按钮 ⏻：打开或关闭 EQ。

b. 单击插槽可以打开图形 EQ 窗口设置参数，在下方的数值框中可以直接输入参数数值。

⑤ 轨道类型图标：🎚️表示 Audio（音频轨道）、♪表示 MIDI（MIDI轨道）、▇表示 Video（视频轨道）、➡️表示 Bus（公共轨道）、➡️表示 Master（主轨道）。

⑥ 轨道名称文本框：在该文本框中可以直接输入更改轨道名称。

⑦ 轨道控制区域的共用控制 Mute（静音）按钮 M 、Solo（独奏）按钮 S 与 Arm For Record（录音准备）按钮 R ：可以打开或关闭轨道的静音、独奏与准备录音。

⑧ 音量旋钮 🔊🎚️ 与立体声声像旋钮 🎚️🎚️：可以调整音量与立体声声像，或是在其后的数值框中直接输入数值来改变音量与立体声声像。

⑨ 轨道电平：轨道电平在轨道播放时，显示轨道输出音量电平；录音时，显示轨道输入音量电平。右击电平表，可以更改显示内容以及区域范围。

⑩ Track Automation Mode（轨道自动化操作模式）：在"自动化操作模式"下拉列表中可以选择不同的自动化操作方式，如图6-12所示。

图 6-12　轨道自动化操作模式

a. Off（关闭）：在回放与缩混期间，忽略轨道包络设置，包络线仍然被显示，可以手动增加或调整编辑点。允许在 Mixer 面板中进行实时调节，但不被存储和记录，对轨道包络线不产生任何影响。

b. Read（读）：在回放与缩混期间，应用轨道包络线设置控制轨道回放，在 Main 面板与 Mixer 面板所做的任何改变不再被记录，但可以听到这些改变。回放结束后，仍然回到先前的包络设置。

c. Latch（碰锁）：在回放与缩混期间，一旦开始调整设置，就开始记录并连续不断地记录新的设置，并在轨道包络线上创建对应的编辑点，直到回放停止时才结束记录。

d. Touch（触碰）：与 Latch 类似，但开始调整前与停止调整后，包络线返回到先前记录的设置，只记录调整的部分。

e. Write（写）：与 Latch 类似，但回放开始的编辑点作为当前设置被记录，一旦开始回放，就开始记录，无须等待设置改变。回放停止，记录停止。

⑪ Show/Hide Automation Lanes（显示/隐藏自动化通道）按钮▷：单击此按钮，可以显示或隐藏自动化轨道，如图6-13所示。

自动化通道：打开的自动化通道中的参数菜单可以选择设置通道的属性。

a. Volume: Fader Volume（音量：音量推子）。

b. Mute: On / Off（静音：打开或关闭静音）。

c. Track EQ（轨道均衡器）：打开或关闭轨道均衡器的电源及其他参数

图 6-13　Show/Hide Automation Lanes 按钮

d. Send a Output（发送输出）：打开或关闭发送电源、发送声像与发送音量。

e. Insert FX（轨道效果器）：打开或关闭效果器电源、干湿混合。

f. Input Gain: Gain Amount（输入增益：输入增益总量）。

g. Show Additional Automation Lane（增加其他自动化通道）：增加一条其他自动化通道。

h. Close Automation Lane（关闭自动化通道）：关闭此自动化通道。

i. Hide All Automation Lanes（隐藏所有自动化通道）：隐藏全部打开的自动化通道。

轨道控制器的其他按钮：

⑫ Safe During Write（写保护）按钮🔒：可防止此项自动化设置在其他操作中被无意改变。

⑬ Clear Edit Points（清除编辑点）按钮：从包络线上清除选择的编辑点。

⑭ Show Additional Automation Lane（显示另外的自动化通道）按钮：打开另一个参数的自动化通道与包络线。

⑮ Close Automation Lane（关闭自动化通道）按钮：关闭自动化通道。

⑯ 自动化通道：自动化通道显示参数包络线。

（2）水平滚动条

水平滚动条的默认位置是在 Main 面板轨道的上面。右击水平滚动条，在弹出的快捷菜单中可以设置水平滚动条的位置以及缩放视图：

① Zoom In（放大）：水平放大可视区域的波形或项目。

② Zoom Out（缩小）：水平缩小可视区域的波形或项目。

③ Zoom Full（全部）：显示整个项目，并占满全部可视区域。

④ Above Display（出现在显示区上方）：将水平滚动条出现在显示区上方。

⑤ Below Display（出现在显示区下方）：将水平滚动条出现在显示区下方（仅在当前视图有效）。

将指针放在水平滚动条上，显示为"手"形状时单击拖动可以移动可视区域的波形。

另外，将指针放在水平滚动条的左边界或右边界上，出现双向箭头加放大镜图标时，拖动缩小滚动条将放大可视区域的波形或项目，拖动放大滚动条将缩小可视区域的波形或项目。

（3）垂直滚动条

垂直滚动条的默认位置是在 Main 面板轨道的右侧，右击垂直滚动条，在弹出的快捷菜单中可以设置垂直滚动条的位置以及缩放视图：

① Zoom In（放大）：垂直放大可视区域的波形或减少可视轨道数目。

② Zoom Out（缩小）：垂直缩小可视区域的波形或增加可视轨道数目。

③ Zoom To Used Tracks（全部使用的轨道）：显示全部使用的轨道，并占满全部可视区域。

④ Left Of Track Controls（出现在轨道控制器左边）：将垂直滚动条显示在轨道控制器左边。

⑤ Left Of Display（出现在显示区左边）：将垂直滚动条出现在显示区左边（仅在当前视图有效）。

⑥ Right Of Display（出现在显示区右边）：将垂直滚动条出现在显示区右边（默认位置）。

拖动垂直滚动条，可以在垂直方向上滚动轨道视图。

另外，将指针放在垂直滚动条的上边界或下边界上，出现双向箭头加放大镜图标时，拖动缩小滚动条将放大可视区域的波形或减少可视轨道数目，拖动放大滚动条将缩小可视区域的波形或增加可视轨道数目。

在轨道中使用鼠标滚动轮滚动可以滚动轨道视图，在轨道控制器中使用鼠标滚动轮滚动可以放大与缩小可视区中的波形图与增减轨道数目。

（4）标尺

标尺以指定的时间格式显示时间刻度。

右击标尺，在弹出的快捷菜单中可以设置 Display Time Format（显示时间格式）、选择 Snapping（吸附方式）与 Zooming（缩放方式）。

① Display Time Format 与 View→Display Time Format 菜单中的命令相同：

a. Decimal（mm:ss:ddd）：以分钟、秒和千分之一秒显示时间。

b. Compact Disc 75 fps：使用与音频光盘相同格式显示时间，其中每秒等于75帧。

c. SMPTE 30 fps：以 SMPTE 格式显示时间，其中每秒等于 30 帧。

d. SMPTE Drop（29.97 fps）：以 SMPTE 落帧格式显示时间，其中每秒等于 29.97 帧。

e. SMPTE（29.97 fps）：以 SMPTE 不落帧格式显示时间，其中每秒等于 29.97 帧。

f. SMPTE 25 fps（EBU）：使用欧洲标准帧速率显示时间，其中每秒等于 25 帧。

g. SMPTE 25 fps（Film）：使用与电影相同的格式显示时间，其中每秒等于 25 帧。

h. Samples（采样率）：从编辑的文件开始已经经过的实际采样数值作为参数，显示时间。

i. Bars and Beats（小节与节拍）：以小节与节拍显示时间。调整设置，选择 Edit Tempo（编辑速度）。

j. Custom（自定义）30 fps：以自定义格式显示时间。要修改自定义格式，选择 Edit Custom Time Format（编辑自定义时间格式），输入每秒帧数，然后单击"确定"按钮。

k. Edit Tempo：打开 Edit Tempo 对话框，根据音频文件的小节或节拍数改变项目速度。

② Edit Custom Time Format（编辑自定义时间格式）：打开 Preference（首选项）对话框，在 General（通用）页面编辑 Custom Time Code Display（自定义时间格式）。

③ 选择指定的时间显示格式将同时改变 Time（时间）面板与 Selection/View（选择/视图）面板上的时间显示格式。

④ 选择 Snapping 与 Edit→Snapping 菜单中的命令相同：

a. Snap to Markers（吸附到标记）：移动素材时可以准确停靠在标记点。

b. Snap to Ruler Coarse（吸附到标尺的主要刻度）：只吸附到标尺显示的时间数值上。

c. Snap to Ruler（Fine）[吸附到标尺的刻度（精细）]：吸附到标尺显示的时间单位的细分刻度上。

注意

一次只能使用一种标尺吸附功能。

d. Snap to Clips（吸附到素材）：使移动的素材吸附到其他素材的开始或结尾。

e. Snap to Loop Endpoints（吸附到循环结束点）：使移动的素材吸附到其他循环素材的开始或结尾。

f. Snap to Frames（吸附到帧）：如果时间显示格式是帧（像 Compact Disc 与 SMPTE），移动素材总是吸附到帧边界。这个命令尤其便于音频 CD 制作。

⑤ Zooming（缩放方式）：

a. Zoom In（放大）：水平放大可视区域的波形或项目。

b. Zoom Out（缩小）：水平缩小可视区域的波形或项目。

c. Zoom Full（全部）：显示整个项目，并占满全部可视区域。

d. Zoom to Selection（缩放选择区域）：将选择区域显示为当前视图。

e. Zoom In to Left Edge of Selection（从选择区域的左边界放大）：以当前选中区域的左边线为基准进行水平放大。

f. Zoom In to Right Edge of Selection（从选择区域的右边界放大）：以当前选中区域的右边线为基准进行水平放大。

另外，将指针放在标尺上，指针形状显示为双向箭头加放大镜图标时，选择区域，释放鼠标后，所选择的区域将放大，占据整个轨道。标尺的时间显示单位将被细分。

将指针放在标尺上，当指针形状显示为"手"形状时，单击拖动可以移动可视区域的波形。

（5）开始时间指针

开始时间指针是在 Main 面板中的一条垂直的黄色虚线。设置开始时间指针，就是设置播放或录音的起始位置。拖动开始时间指针两端的黄色三角形手柄，可以将指针拖放到某个位置。

6．Mixer 面板

Mixer 面板的轨道控制与 Main 面板相同，在输入部分增加了输入音量增益按钮 与相位反转按钮 ，将 Main 面板的音量旋钮改变为音量推子，并增加了立体声合并为单声道的转换按钮 。在使用中，常常通过外接的调音台等外置设备来操纵 Mixer 面板中的各项操作。

单击输入按钮 、效果器按钮 fx、发送按钮 、EQ 按钮 与输出按钮 、左边的显示 / 隐藏按钮 可以显示与隐藏设置区域，同时缩小或扩大轨道音量推子的显示长度。

调音台的最右边是 Master（主）（主轨道），控制总的音量输出。

拖动可移动推子。按住【Alt】键在推子上方或下方单击，推子可直接到达鼠标单击位置。右击推子，弹出 Zero 菜单，选择相应命令可以回到 0 dB。

选择 Window → Mixer 命令可以打开或关闭 Mixer 面板，如图 6-14 所示。单击面板中的"关闭"按钮 可以关闭此面板。

图 6-14　Mixer 面板

7．Time 面板

Time 面板（见图 6-15）的显示格式与 Ruler、Selection/View 面板中的时间显示格式一致。在播放或录音时，随着回放光标变化，可以监控时间。停止时显示时间指针的位置。

右击面板，在弹出的快捷菜单中可以设置时间显示格式。与右击标尺所弹出的快捷菜单中的 Display Time Format 命令以及菜单命令 View → Display Time Format 中的内容相同。

选择 Window → Time 命令可以打开或关闭 Time 面板。单击面板上的"关闭"按钮 可以关闭此面板。

8．Selection/View 面板

Selection/View 面板（见图 6-16）上显示的时间格式与 Ruler、Time 面板上显示的时间格式一致。在 Begin（开始）、End（结束）、Length（长度）数值框中输入新的数值会改变选择范围或可见部分。

图 6-15　Time 面板

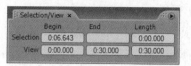

图 6-16　Selection/View 面板

① Selection Begin（选择区域的开始时间）：显示选择区域的开始时间，如果没有选择，显示开始时间指针位置的时间。

② Selection End（选择区域的结束时间）：显示选择区域结束的时间，如果没有选择时为空。

③ Selection Length（选择区域的时间长度）：显示选择区域的时间长度，如果没有选择时为0。

④ View Begin（可视部分的开始时间）：显示可视部分的开始时间。

⑤ View End（可视部分的结束时间）：显示可视部分的结束时间。

⑥ View Length（可视部分的时间长度）：显示可视部分的时间长度。

选择 Window→Selection/View 命令可以打开或关闭 Selection / View（选择/视图）面板。单击面板上的"关闭"按钮 可以关闭此面板。

9．Transport 面板

像许多基于硬件的录音与回放设备一样，Audition 提供输送控制用于回放、录音、停止、暂停、快进与倒回波形与项目，如图 6-17 所示。

（1）回放按钮

当开始录音或回放时，回放光标在主面板中显示为一条白线。回放时，

图 6-17　Transport 面板

回放光标在波形图中移动，指示当前时间位置。

① Stop（停止）按钮■：停止回放，回放光标消失。

② Play（播放）按钮▶：从开始时间指针处回放，回放光标移动，到文件结束停止。

③ Pause（暂停）按钮▐▐：暂停回放或暂停录音，回放光标停止，再次按下暂停按钮继续回放或录音。

④ Play from Cursor to End of View（从开始时间指针到视图结束回放）按钮：从开始时间指针回放到视图中音频波形结束。

⑤ Play Looped（View or Sel）[循环回放(视图或选择部分)]按钮：循环回放当前音频的可视部分。

⑥ Go To Beginning or Previews Marker（到起始位置或前一个标记）按钮：将开始时间指针移到上一个标记的位置。如果没有标记，开始时间指针将被移回到波形或项目的起始位置。

⑦ Go To End or Next Marker（到结束位置或后一个标记）按钮：将回放开始时间指针前进到下一个标记的位置。如果没有标记，开始时间指针将前进到波形或项目的终点位置。

⑧ Rewind（倒回）按钮◀◀：使开始时间指针快速倒回，改变开始时间指针位置。

⑨ Fast Forward（快进）按钮▶▶：使回放开始时间指针快速前进，改变开始时间指针位置。

⑩ Record（录音）按钮●：单击此按钮开始录音，单击"停止"按钮结束录音。

注　意

必须先按下轨道的录音"准备"按钮。

（2）回放方式

右击 Transport 面板上的播放、录音、快进与快速回放几个按钮可以调出相关选项进行设置。

右击播放按钮或带圈的播放按钮，可在弹出的快捷菜单中选择播放按钮的功能：

① Play View（回放可视部分）：从文件的开始回放到可视部分的结束停止，不管开始时间指针的位置。

② Play From Cursor To End Of View（回放从光标到可视部分的结束）：从开始时间指针开始回放，到可视部分的结束停止。

③ Play From Cursor To End Of File（回放从光标到文件结束）：从开始时间指针回放，到文件的结束停止。如果文件的长度短于可视部分，文件结束后，将继续播放。

④ Play Entire File（回放整个音频文件）：不管开始时间指针在什么位置上，从文件的开始回放到文件的结束停止。

⑤ Play Preroll and Selection（回放前卷与选择部分）：如果没有选择部分，从开始时间指针前的前卷部分开始回放到开始时间指针停止；如果有选择时，从开始时间指针前的前卷部分开始回放到选择部分的结束停止。

⑥ Play Postroll（回放后卷）：从开始时间指针位置回放后卷部分，到后卷部分的结束停止。

⑦ Play Preroll, Postroll, and Selection（回放前卷、后卷与选择部分）：从开始时间指针前的前卷部分开始回放，到选择部分后的后卷部分结束停止。

⑧ Preroll and Postroll Options（前卷与后卷选项）：打开可以设置编辑视图与效果器预览中的前卷与后卷的时间。

选择前四种回放方式，可以取消回放前卷。

（3）快进或倒回速度

右击快进或倒回按钮，可在弹出的快捷菜单中选择快进与倒回的速度：

① Variable（3x，5x，10x）[可变速度（3倍、5倍、10倍）]：如果一直按住快进或倒回按钮，将以3倍、5倍、10倍的速度加快。

② Variable（2x，4x，8x）[可变速度（2倍、4倍、8倍）]：如果一直按住快进或倒回按钮，将以2倍、4倍、8倍的速度加快。

③ Constant 2x（2倍固定速度）：以2倍的固定速度快进或倒回。

④ Constant 3x（3倍固定速度）：以3倍的固定速度快进或倒回。

⑤ Constant 5x（5倍固定速度）：以5倍的固定速度快进或倒回。

⑥ Constant 6x（6倍固定速度）：以6倍的固定速度快进或倒回。

⑦ Constant 8x（8倍固定速度）：以8倍的固定速度快进或倒回。

⑧ Constant 2x（Reverse 1x）[2倍固定速度（1倍倒转）]：以2倍的固定速度快进或倒回。

（4）循环回放范围

右击循环回放按钮，可在弹出的快捷菜单中选择循环回放的范围：

① Loop View（or Selection）[循环回放可视部分（或选择部分）]：如果没有选择部分，从开始

时间指针的位置开始循环回放可视部分；如果有选择部分，循环回放选择部分。

② Loop Entire（or Selection）[循环回放整个音频文件（或选择部分）]：如果没有选择部分，从开始时间指针的位置开始循环回放整个音频文件；如果有选择部分，循环回放选择部分。

（5）录音方式

右击录音按钮，可在弹出的快捷菜单中选择录音方式：

① Continuous Linear Record（连续线性录音）按钮●：开始录音后，按下停止按钮结束录音。

② Loop While Recording（View or Sel）[（在可见部分或选择区域中）循环录制]：当光标达到音轨可视范围结束时循环。如果有选择部分，当光标到达选择部分结束时开始循环。

③ Loop While Recording（Entire or Sel）[（在整个文件或选择区域中）循环录制]：当光标达到音轨结束时循环。如果有选择部分，当光标到达选择部分结束时开始循环。

另外，还可以使用空格键控制回放。按空格键开始回放，再次按空格键停止回放。

选择 Window→Transport Controls 命令，可以打开或关闭 Transport 面板。单击面板上的"关闭"按钮⊠可以关闭此面板。

10．Zoom 面板

使用 Zoom 面板（见图 6-18），可以缩放调整可视区域内的视图。

① 水平放大按钮🔍：可以水平放大可视区域的波形或项目。

② 水平缩小按钮🔍：可以水平缩小可视区域的波形或项目。

③ 缩小全轴按钮🔍：可以在编辑视图中显示全部音频波形，或

图 6-18　Zoom 面板

在多轨视图中显示整个项目。

④ 放大选择区按钮🔍：可以对选中的区域进行水平放大，以匹配当前显示区。

⑤ 左边缘放大选择按钮🔍：可以以当前选中区域的左边线为基准进行水平放大。

⑥ 右边缘放大选择按钮🔍：可以以当前选中区域的右边线为基准进行水平放大。

⑦ 垂直放大按钮🔍：可以增加编辑视图中音频波形的纵向显示精度或减少多轨视图中显示的音轨数量。

⑧ 垂直缩小按钮🔍：可以减少编辑视图中音频波形的纵向显示精度或增加多轨视图中显示的音轨数量。

选择 Window → Zoom Controls 命令，可以打开或关闭 Zoom 面板。单击面板上的"关闭"按钮⊠可以关闭此面板。

11．Session Properties 面板

在 Session Properties 面板（见图 6-19）中可以设置项目的 Tempo（速度）、Time（拍号）与 Key（调）等。

所有能够循环的素材自动调整匹配新的设置；正常的素材不受影响。

图 6-19　Session Properties 面板

项目速度与拍号也影响 MIDI 音轨。

可设置下列选项：

① Tempo（速度）：指定项目速度，每分钟节拍数。

② beats/bar（节拍）：指定每小节的节拍数。

③ Key（调）：指定音频循环的调。

④ Time（拍号）：指定项目的拍号。选择一个不同的拍号自动更新 bears/bar 设置。

⑤ Advanced（高级）：打开高级项目属性对话框，可以自定义属性，如混音与节拍器设置。

⑥ Metronome（节拍器）：转换内置节拍器的打开与关闭。

想要预览项目中的循环文件，在 Insert Audio 对话框中选择 Loop 选项，或在 Files 面板中选择 Follow Session（跟随项目）选项。

选择 Window → Session Properties 命令可以打开或关闭 Session Properties 面板。单击面板上的"关闭"按钮⊠可以关闭此面板。

12．Levels 面板

在录音与回放时，可以使用电平表监控输入与输出信号的振幅。多轨视图提供了两种电平表。一个是显示整个项目的振幅即电平面板；另一个是轨道电平表即音轨控制器中的电平表，显示单个轨道的振幅。

可以水平或垂直放置 Levels 面板，如图 6-20 所示，下方的电平代表右通道。

图 6-20　Levels（电平）面板

刻度以 dBFS（decibels below full scale）单位显示电平信号，0 dB 是破音出现前可能的最大振幅。黄色峰值指示标志持续 1.5 s，以便决定峰值振幅。上方为左声道，下方为右声道。

如果振幅太低，声音质量降低；如果峰值太高，会出现破音而产生失真。当电平超出最大数值 0 dB 时，红色的破音指示灯点亮。

要关闭破音指示灯，可以分别单击它们，或选择 Options → Metering → Reset All Indicators 命令。

右击电平表，在弹出的快捷菜单中，或在 Options → Metering 菜单中可以改变分贝显示范围：

① Monitor Inputs Level（External Monitoring）[监听输入电平（外部监听）]：此电平表显示外部监听的监听输入音量。

② Meter Inputs Only（仅输入电平）：选择此项，只监听输入电平。默认情况下，多轨电平表显示输入与输出电平。

③ Show All Meters（显示整体电平）：在 Levels 面板中显示 Master 电平，可以快速评估所有电平。

④ Reset All Indicators（重设所有指示灯标志）：清除所有指示灯标志。

⑤ Adjust For DC（调整 DC 偏移）：录音期间，任何偏移被电平表中的破音指示灯指示。

注意

如果声卡录音伴有 DC 偏移，选择 Adjust For DC，改变波形的中心在零振幅线上下。这种偏移可能被电平表测量的振幅戏剧性地改变，引起显示电平不准确。

⑥ Show Valleys（显示谷值）：显示低振幅点的谷值指示标志。如果谷值指示标志靠近峰值指示标志，动态范围（最小与最大声音之间的区别）低。如果两个指示扩展分开远，动态范围高。

⑦ 120 dB Range（120 dB 范围）、96 dB Range（96 dB 范围）、72 dB Range（72 dB 范围）、60 dB

Range（60 dB 范围）、48 dB Range（48 dB 范围）、24 dB Range（24 dB 范围）：设置电平表的音量显示范围。

⑧ Dynamic or Static Peaks（动态或静态峰值）：可以改变峰值模式。Dynamic Peaks（动态峰值）在 1.5 s 后，重设黄色峰值电平指示标志到一个新的峰值，可以方便地看到最新的峰值振幅。当音频变得较安静时，峰值标志减退。Static Peaks（静态峰值）保留峰值指示标志，可以决定自监听、回放或录音开始以来信号的最大振幅。可以单击破音指示点来手动重设峰值指示标志。

在录音前，要想知道音频声音的音量大小，选择静态峰值，然后监控输入电平并演奏音频。音频结束后，峰值标志显示最大的音量。

选择 Window → Level Meters 命令可以打开或关闭 Levels 面板。单击面板上的"关闭"按钮![x]可以关闭此面板。

6.2.3 多轨编辑

在 Multitrack View 中可以实现多轨音频编辑，不仅可以对轨道中的音频素材进行编辑、安排它们在时间线上的位置，而且可以通过轨道操作控制与调整各音轨之间的音量、声像、均衡与效果器等，将不同的编辑方式保存为不同的项目，并可以将编辑的结果以缩混导出的方式形成新的音频文件。在多轨视图中所做的一切编辑与音频处理工作都是非破坏性，不影响原始的音频文件。

1．项目

建立与保存项目可以保持编辑工作的连续性，以及重新混合与进一步加工处理的可能性。多轨音频编辑项目文件记录了编辑操作产生的各种参数以及原文件的路径，随时可以打开，重新编辑或更改设置，并且可以立刻听到结果。最终的结果是以缩混导出的方式形成的新的音频文件。

（1）新建项目

选择 File → New Sessions 命令，或是在 Shortcut Bar 上单击 Create a new Session file 按钮![图标]（快捷键为【Ctrl + N】），弹出采样率设置对话框，选择声卡所支持的采样率，单击 OK 按钮，打开一个新建的未命名项目。

在标题栏上显示"Adobe Audition - Untitled*"，其中，"*"表示未保存。

（2）保存项目

选择 File → Save Sessions 命令或 Save Sessions As 命令，或是在 Shortcut Bar 上单击 Save Session 按钮![图标]（快捷键为【Ctrl + S】）或 Save Session As 按钮![图标]（快捷键为【Ctrl + Shift + S】），在弹出的对话框中输入项目名称可以保存项目。

（3）打开项目

如果要打开项目，可以选择 File → Open Session 命令，或在 Shortcut Bar 上单击 Open a Session file 按钮![图标]（快捷键为【Ctrl + O】），在弹出的对话框中选择项目文件。

2．导入音频文件

执行下列操作，可以导入音频文件：

① 从 Files 面板上，单击 Import File 按钮![图标]，或是从 Shortcut Bar 上单击 Import a media file（导入媒体文件）按钮![图标]，弹出一个对话框。

② 在打开的对话框中选择欲导入的音频文件，单击 Open 按钮，选择的音频文件将出现在文件面

板列表中。

③ 从文件面板列表中选择文件，单击 Insert Into Multitrack Session（插入到多轨项目中）或是从菜单 Insert 下选择文件名，音频波形图将出现在选择的音频轨道的光标处。也可从 Files 面板列表中直接拖动到音频音轨中。

另外，使用菜单命令 Insert → Audio → Audio From Audio 选择的音频文件不仅出现在 Files 面板列表中，同时也出现在选择的音频轨道的开始时间指针处。

当导入的音频文件与项目的采样率不一致时，程序会提示进行重新采样，这可能降低音频品质。

3．设置开始时间指针与回放音频

开始时间指针控制着回放与录音的起点，执行下列操作之一，可以移动开始时间指针：

① 使用时间选择工具 I 或混合工具 ▶，在素材上单击，可以移动开始时间指针到单击的位置上。

② 拖动开始时间指针两端的黄色三角形手柄，可以将指针拖放到某个位置。

③ 在 Selection/View 面板中，设置 Selection 行的 Begin 位置，End 为空，即为 0，也可以定位开始时间指针。

④ 使用录放控制面板上的快进按钮 ▶▶ 或快退按钮 ◀◀，同样可以移动开始时间指针。

单击输送面板上的回放按钮 ▶，从开始时间指针处回放音频，单击停止按钮 ■，停止回放。另外，在停止回放状态下，按下空格键开始回放；在回放状态下，按下空格键停止回放。

4．编辑音频素材

在 Multitrack View 中，将导入的音频文件插入音轨中，成为音轨中的一个音频素材。可以方便地移动音频素材到不同的音轨或不同的时间线位置上，修剪它们的起点与终点，进行非破坏性的编辑，调整声像与音量，并可以与其他的音频素材重叠实现交叉淡化等。

（1）选择音频素材

使用移动 / 复制工具 ▶‡、混合工具 ▶ 或时间选择工具 I 可以选择音频素材。

① 在 Main 面板中单击音频素材可以选择一个独立的音频素材。

② 选择一条音轨，然后选择 Edit → Select All Clips In Track[number] 命令，可以选择这条音轨中的所有音频素材。

③ 如果两个音频素材之间有空隙，双击空隙将快速选择一条音轨中的所有音频素材。

④ 选择 Edit → Select All 命令可以选择项目中的所有音频素材。

⑤ 使用时间选择工具 I 或混合工具 ▶，单击素材并拖动可以选择一个范围，如图 6-21 所示。

图 6-21　使用时间选择工具（I）选择素材的一个范围

（2）移动音频素材

① 选择移动 / 复制工具 ▶‡，然后拖动音频素材，可以移动选择的音频素材。

② 选择混合工具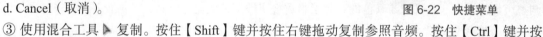，然后按住右键并拖动音频素材，也可以移动素材。

（3）吸附设置

吸附可以使移动的素材边界与开始时间指针停靠到标记、标尺刻度、零交叉点与帧等吸附点，也可以快速与循环素材或其他素材对齐。使用吸附有助于精确操作。

选择 Edit → Snapping 命令可以打开或关闭多项吸附功能。或者单击 Shortcut Bar 中相应的按钮也可以打开或关闭某项吸附功能。

在 Main 面板中，如果打开吸附功能，拖动素材碰到吸附点时，会出现一条白色的线。例如，选择 Edit → Snapping → Snap To Clips 命令后，当一段素材与其他素材的开始或结束对齐时，会出现白线。

（4）复制音频素材

可以创建两种类型的复制音频素材：共享源文件的参考副本与独立于源文件的独特副本。参考副本不消耗额外的磁盘空间，编辑源文件的同时编辑所有的实例。独特副本在磁盘上有一个单独的音频文件。

① 选择要复制的音频素材，按【Ctrl+C】组合键复制一个参照副本，按【Ctrl+V】组合键在激活轨道的光标处粘贴参照副本。

② 选择移动 / 复制工具，按住右键并拖动音频素材，释放鼠标，并从弹出的快捷菜单（见图 6-22）中选择下列选项之一：

a. Copy Reference Here（参照复制）。

b. Copy Unique Here（独特复制）。

c. Move Clip Here（移动）。

d. Cancel（取消）。

图 6-22　快捷菜单

③ 使用混合工具 复制。按住【Shift】键并按住右键拖动复制参照音频。按住【Ctrl】键并按住右键拖动复制独特音频素材。

（5）重复音频素材

重复音频素材可以在一个音频轨道上复制一个相同的音频素材，而不用消耗额外的磁盘空间。也可以指定每个相同的音频之间的间隔。选择音频素材，然后选择 Clip → Clip Duplicate 命令，弹出 Clip Duplicate（素材重复）对话框，如图 6-23 所示。

在 Clip Duplicate 对话框中设置：

① Duplicate clip（重复素材）：指定复制音频素材的次数。

② Spacing（间隔）：决定每个相同音频素材之间的间隔。

图 6-23　Clip Duplicate 对话框

a. No gaps-continuous looping（无间隔）：每个相同的音频素材直接接着前面的音频素材，用作一种连续的循环。

b. Evenly Spaced（平均间隔）：根据时间显示格式定义每个音频素材之间的间隔。这个数值的默认值为选择的音频素材的长度，与 No gaps-continuous looping 选项产生相同的效果。输入一个更大的值，使每个音频素材之间放置间隔，或输入一个较小的值重叠音频素材。

（6）插入空音频素材

可以插入空音频素材为以后录音占据位置。当与插入式（Punch In）命令结合时，这种技术是非常有用的。在 Main 面板上选择一个范围。选择 Insert→Empty Audio Clip 命令，然后选择下列选项之一：

① In Selected Track（stereo）（在选择的立体声轨道中插入）。

② In Selected Track（mono）（在选择的单声道轨道中插入）。

（7）重叠的音频素材

如果音频素材重叠，可以显示与演奏隐藏音频素材（默认情况下，Adobe Audition 只演奏可见的音频素材）。

① 显示单个隐藏的音频素材：选择重叠音频素材，选择 Clip→Bring To Front→[clip name] 命令。

② 显示整个项目中隐藏的音频素材：选择 Edit→Check for Hidden Clips 命令。

③ 删除隐藏的音频素材：选择重叠音频素材，选择 Clip→Remove Hidden Clips 命令。

④ 演奏隐藏的音频素材：选择重叠音频素材，选择 Clip→Play Hidden Clips 命令。

（8）删除音频素材

可以从一个项目的轨道中删除选择的音频素材，但保留它们的源文件在 Insert 菜单、Files 面板与 Edit View 中。此外，也可以从项目中删除选定的音频素材。

① 删除选定的音频素材，选择 Clip → Remove 命令，或按【Del】键。

② 从项目中删除选定的音频素材，选择 Clip → Destroy 命令。

（9）编组音频素材

编组音频素材是为了更加有效地组织、编辑与缩混一个项目。例如，编组相关的音频素材放在一起方便于识别、选择与移动。编组的音频素材用编组图标显示，并共享一种相同的颜色。图 6-24 所示为不同轨道的两个音频素材编组。

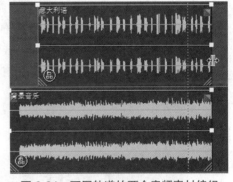

图 6-24　不同轨道的两个音频素材编组

可以快速地编组音频素材作为一个单位。要修剪一个编组，只要拖动它的外边界。要淡化一个编组，拖动一个音频素材上的淡化图标 ◢ ◣。同时，更改编组中某个音频素材的静音和性能影响锁定在一个组中的所有音频素材。

① 编组音频素材：按住【Ctrl】键的同时分别单击希望编组的音频素材，然后选择 Clip→Group Clips（快捷键为【Ctrl + G】），或者右击编组中的任何一个音频素材，在弹出的快捷菜单中选择 Group Clips 命令可以编组素材。

② 解除编组：选择编组素材中的任一个音频素材，选择 Clip→Group Clips 命令，可以解除编组。

③ 编组颜色：选定编组中的任一个音频素材，然后选择 Clip→Group Color 命令，在弹出的对话框中选择一种颜色，可以改变此编组的颜色。

（10）对齐音频素材

可以左或右对齐多个音频素材的边界，指定在相同的开始或结束点。按住【Ctrl】键，并选择音频素材，选择 Clip → Align Left Or Clip → Align Right 命令，右对齐音频素材。

（11）修剪与扩展音频素材

可以修剪或扩展音频素材来适应缩混的需要。

① 通过选定一个范围来修剪或扩展音频素材。选择工具栏中的时间选择工具 I 或混合工具 ▶，拖

动交叉一个或多个音频素材来选择它们在一个范围中。执行下列操作之一：

　　a.修剪音频素材范围，选择 Clip → Trim 命令。

　　b.删除音频素材范围并在时间线上留下空隙，选择 Edit → Delete 命令。

　　c.删除范围并在时间线上消除空隙，选择 Edit → Ripple Delete 命令。

　　d.调整音频素材范围，选择 Clip → Adjust Boundaries 命令（要使先前编辑过的音频素材露出更多，须扩展范围超出当前音频素材的边界）。

　　② 通过拖动修剪或扩展音频素材。选择 View → Enable Clip Edge Dragging 命令。在 Main 面板中，将光标移动到音频素材的左或右边界，当出现边界图标 时（如果时间伸展图标 出现，那么，将光标定位在素材左下角或右下角的上方），拖动音频素材边界。

　　③ 改变一个修剪的或循环内的音频素材内容。可以滑动编辑一个修剪的或循环的音频素材来改变音频素材边缘内的内容。选择工具条上的移动/复制工具 或混合工具 ，按住【Alt】键，并按住右键拖动音频素材。

　　④ 返回到音频素材全部、原始的版本，选择音频素材，并选择 Clip → Full 命令。此命令不用于循环素材；要扩展或缩短一个循环，只需拖动它的边界。

（12）切开与重新连接音频素材

选择 Clip → Split 命令就像传统的磁带剪切一样，把音频素材切成几个部分。当一个音频素材被切开时，每个部分变成一个新的音频素材，可以被单独移动或删除。切开是非破坏性的，可以选择 Clip → Merge/Rejoin Split 命令连接切开的音频素材。

　　① 选择工具栏中的时间选择工具 或混合工具 。

　　② 在想要切开的地方单击，然后选择 Clip → Split 命令（快捷键为【Ctrl+K】），将这个音频素材切开为两部分。

　　③ 拖动交叉到定义两个分开的点（在选定范围的起点与终点），选择 Clip → Split（快捷键为【Ctrl + K】），切开音频素材为三部分，如图 6-25 所示。

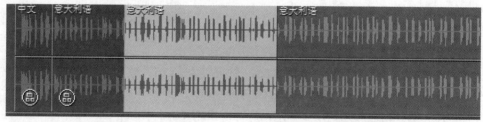

图 6-25　选定一个范围并切开一个音频素材为 3 个单独的音频素材

　　③ 选择同一音轨中被切开的相邻的音频素材中的一个，选择 Clip → Merge/Rejoin Split 命令，可以重新连接素材。

（13）在单一音轨上淡化与交叉淡化音频素材

音频素材的淡化包括了淡入与淡出两种。淡入是指素材的音量从无到有，可以用于素材的开始；淡出是指素材的音量从有到无，可以用于素材的结尾。交叉淡化用在两个素材的重叠部分，第一个素材的结尾淡出与第二个素材的开始淡入。

在音频轨道中，对音频素材的淡化与交叉淡化的控制，可以可视化地调整淡化曲线与淡化时间。

① 音频素材的淡入与淡出控制器在音频素材的左上角或右上角，拖动淡入图标█与淡出图标█
向内决定淡化的长度，向上或向下拖动调整淡化曲线，如图 6-26 所示。

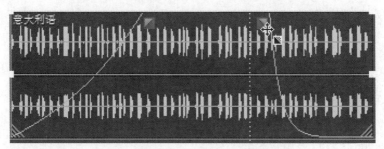

图 6-26　音频素材上的淡入淡出控制器

② 交叉淡化重叠的音频素材。交叉淡化的控制器只在音频素材重叠时出现。在同一音轨上交叉
淡化音频素材时，重叠的部分决定了过渡区域的大小（重叠区域越大，过渡期越长）。在同一音轨上
放置两个音频素材，移动音频素材使它们重叠。在重叠区域的顶上，向左或向右拖动淡化图标，实
现淡化；向上或向下拖动调整淡化曲线。

（14）在分开的音轨上交叉淡化音频素材

在分开的音轨上交叉淡化音频素材时，需要在不同音轨上的两个素材在时间线上有重叠的区
域，使第一个素材的结尾与第二个素材的开始重叠。选择工具栏中的时间选择工具或混合工具，
选择重叠部分用于交叉淡化。要想在音频素材的开始和结束点准确定位交叉淡化的开始和结束点，
选择 Edit→Snapping→Snap To Clip 命令吸附到素材设置。然后，按下【Ctrl】键的同时单击选择这
两个音频素材，选择 Clip→Fade Envelope Across Selection 命令，然后执行下列操作之一：

① Linear（线性）：产生一个均匀交叉淡化，如图 6-27 所示。

② Sinusoidal（正弦波）：产生交叉淡化曲线，像正弦波式的斜坡。

③ Logarithmic In（对数淡入）：以对数淡入，在淡化结束时产生一种陡峭的斜坡。

④ Logarithmic Out（对数淡出）：以对数淡出，在淡化开始时产生一种陡峭的斜坡。

由此产生的淡化曲线是音量包络，可以编辑。

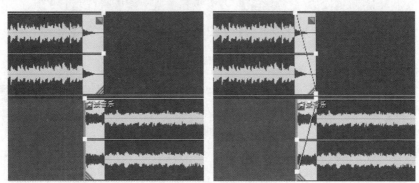

图 6-27　线性交叉淡化

（15）淡化选项

要访问淡化与交叉淡化的下列选项，选择一个音频素材，然后可以在 Main 面板上右击淡化图标，

在弹出的快捷菜单或是菜单中选择 Clip → ON-Clip Fades 命令。

① Linear or Cosine（线性或余弦）：适用于任何一个均匀、线性淡化或缓慢开始的弦波淡化，然后迅速地改变幅度并缓慢结束。

② Crossfade Vertical Adjustments（交叉淡化垂直调整）：当向上与向下拖动时，决定淡入淡出曲线如何互动：

a. Unlinked（不连接）：可以独立调整每条曲线。

b. Linked（连接）：可以增强或减弱一条曲线，并自动使其做相反运动。

c. Linked（Symmetrical）（连接同步）：可以以相同的方式调整两条曲线。

d. Remove（删除）：删除淡化或交叉淡化。

③ Set Fade In（or Out）As Default Fade Curve（设置淡入或淡出作为默认曲线）：保存当前淡化曲线作为默认值，用于 Multitrack View。

④ Allow Vertical Fade Adjustments（允许垂直淡化调整）：可以调整淡化曲线。如果在试图执行其他任务时不小心调整这些曲线，诸如编辑音量或声像包络时，禁用此选项。

⑤ Automatically Crossfade（自动交叉淡化）：交叉淡化重叠的音频素材。当自动交叉淡化不可取或干扰其他任务（如修剪音频素材）时，取消此选项。

（16）音频素材时间伸缩

时间伸缩可以改变音频素材的长度而不改变其音高。这项技术特别有助于使音频素材适合视频画面或层叠音频素材用于声音设计。可以快速伸缩一个音频素材的时间，或者通过拖动设定时间伸缩属性。当拖动伸缩时间时，Adobe Audition 分析音频素材的内容，并尝试选择最自然的声音的时间伸缩方法。设定时间伸缩属性时，可以指定使用时间伸缩的方法。与其他功能一样，在 Multitrack View 中，时间伸缩是非破坏性的，所以可以随时取消它。图 6-28 所示为拖动时间拉伸音频素材。

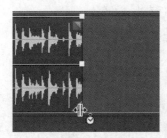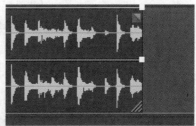

图 6-28 拖动时间拉伸音频素材

① 通过拖动时间伸缩调整音频素材。选择 View → Enable Clip Time Stretching 命令。选择音频素材后，然后将鼠标指针定位在调整音频素材底部的左或右手柄，这时，时间伸缩图标出现，拖动手柄拉长或缩短音频素材。要暂时进入时间伸缩模式，按住【Ctrl】键，然后拖动音频素材手柄。

② 通过设置指定时间伸缩属性调整音频素材。选择 Clip → Clip Time Stretch Properties 命令，弹出的对话框如图 6-29 所示。选中 Enable Time Stretching（启用时间伸缩）复选框，在 Time Stretch（时间伸缩）文本框中输入一个百分比。执行

图 6-29 Clip Time Stretch Properties 对话框

下列操作之一，设置相关的选项，然后单击 OK 按钮。

a. Time-scale Stretch（时间伸缩）：伸缩音频素材不影响音高。这种方法常用于旋律乐器，如钢琴贝斯与吉他。因为此方法是把伸缩建立在实际长度和文件持续时间的基础上，用它来伸缩音频没有明确定义的节拍，如合成器铺垫或持续的弦乐部分。独奏语音/乐器和保留格式选项保持现状。

b. Resample（affects pitch）[重新采样（影响音高）]：加速或减慢音频素材的回放，调整音的长度而不保持音高。此设置通常用于 R & B（节奏蓝调）和嘻哈实现鼓轨的夸大的伸缩和压缩，创造一个低保真的声音。此设置还适合于人声，使声音在音色上微妙地产生改变。

c. Beat Splice（节拍拼接）：伸缩音频素材建立在文件内检测到的节拍的基础上。此设置仅用于非常强烈的音频素材，听起来像短暂的鼓声。如果波形已经有节拍标记，选择 Use File's Beat Markers 选项来使用它们。否则，选择自动查找和按需要调整默认值。

d. Hybrid（混合）：缩短音频素材时，使用当前的 Time-scale Stretch 设置，并且当拉长它时，使用当前的 Beat Splice 设置。

③ 取消时间伸缩。选择一个被时间伸缩了的音频素材，并选择 Clip → Clip Time Stretch Properties 命令，即可取消 Enable Time Stretching。

（17）素材的音量与声像包络

包络（Envelope）编辑是一个专业术语，指通过时间线对素材片段的某个属性进行动态编辑，使其在播放时随时间的变化而变化。Multitrack View 中的包络编辑是一种非破坏性编辑，不会影响音频素材文件。

素材包络编辑可以使素材片段的音量和声像在时间线上进行动态设置。可以通过颜色与初始位置识别素材音量与声像包络。音量包络是绿色线，最初位置在素材的顶部，代表全部音量，在素材底部代表零音量。声像包络线是蓝色线，最初在素材中间。如果声像线在顶部，代表声像完全左声道；而在底部，代表声像完全右声道。

选择 View → Show Clip Volume Envelopes 命令或选择 View → Show Clip Pan Envelopes 命令可以显示或隐藏素材的音量包络线与声像包络线，如图 6-30 所示。

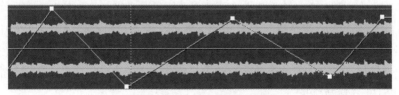

图 6-30　素材音量包络线与编辑点

右击包含包络的素材，在弹出的快捷菜单中选择 Clip Envelopes → Volume/Pan → Use Splines 命令，可以将素材的音量和声像包络线变为平滑的曲线，如图 6-31 所示。

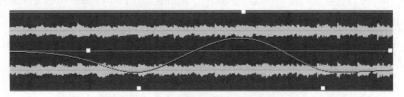

图 6-31　素材音量包络线为平滑的曲线

如果包络线太高或太低，影响提升或下降编辑点，可以重设比例。右击包含包络线的素材，在弹出的快捷菜单中选择 Clip Envelopes → Rescale Clip Volume Envelopes 命令，在弹出的对话框中，输入希望提升或下降的包络音量分贝数值，数值范围为 -40 ~ 40。负数值提升包络线的位置并以同等的量降低素材音量，正数值相反。

① 增加编辑点：在音轨素材包络线上单击，可以增加新的编辑点。

② 选择编辑点：使用混合工具与时间选择工具选择范围，可以选择编辑点。

③ 删除编辑点：拖动素材包络编辑点到素材或轨道外，可以清除选择的编辑点。

④ 移动编辑点：用鼠标拖动编辑点可以改变编辑点的位置，拖动时显示数值，左右可以调整编辑点的时间位置，上下可以调整编辑点的音量。按住【Shift】键拖动，可以保持时间位置。

⑤ 移动所有编辑点：按百分比向上或向下移动所有编辑点，按住【Ctrl】键并拖动。按相等量向上或向下移动所有编辑点，按住【Alt】键并拖动（这个选项保持包络形状，限制移动到最高与最低控制点定义的限度）。

⑥ 删除素材包络：右击素材，在弹出的快捷菜单中选择 Clip Envelopes → [envelope type] → Clear Selected Points 命令，可以删除素材包络。

5．轨道操作

在 Multitrack View 中，可以控制多轨音频的声像、音量、均衡与效果器的使用。

在 Multitrack View 中可以包括五种不同类型的轨道：

① Audio（音频轨道）⋙：包含导入的音频或是在当前项目中录制的素材。这些轨道提供了多种控制，可以指定输入与输出、应用效果器与均衡、处理音频到发送与公共轨道、自动化混音等。

② MIDI（MIDI 轨道）♪：可以使用音序器导入、录制与编辑 MIDI 作品，也可以使用建立在 VSTi 基础上的虚拟乐器自动将 MIDI 数据转换为音频，提供 MIDI 轨道与音频轨道差不多的控制。

③ Video（视频轨道）▦：包含一个导入的视频素材。一个项目一次最多可以包括一个这样的素材。因为这个素材的存在主要是用于可视参照，轨道控制被限制于微缩图显示选项，可以在 Video（视频）面板（选择 Window → Video 命令）中预览。

④ Bus（公共轨道）✈：可以结合几个音频轨道的输出或发送并一起控制它们。

⑤ Master（主轨道）✈：每个项目总是包含主轨道，它是信号路径的末端，它比音轨和公共轨道提供更少的处理选项。主轨道不能直接连接音频输入或输出到公共轨道，也没有发送功能，它只能直接输出到硬件接口。可以方便地合并多个音轨与公共轨道的输出，使用一个音量推子控制它们。

（1）增加、删除与移动轨道

① 增加多条轨道：选择 Insert → Add Tracks 命令，在弹出的 Add Tracks（增加轨道）对话框中，可以一次在不同的位置同时增加不同类型与数目的轨道，如图 6-32 所示。

② 增加一条轨道：选择一个轨道，选择 Insert → Audio / MIDI /Video / Bus Track 命令可以在它下方分别插入不同的轨道。

③ 删除轨道：选择一个轨道，选择 Edit → Delete Selected Track 命令，可以删除轨道。

④ 移动轨道：单击并拖动音轨名称左边的轨道图标，在 Main 面板中向下或向上、在 Mixer 面板中向左或向右，可以移动轨道。拖动轨道控制器的上下边界向上或向下，可以放大或缩小单个轨道。

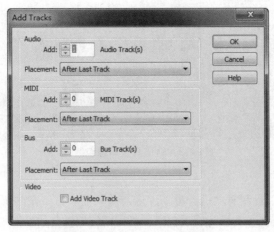

图 6-32　Add Tracks 对话框

（2）音量与声像控制

在 Main 面板中，拖动 Volume（音量）或 Pan（声像）旋钮（包括 Mixer 面板中的声像旋钮）改变音量或声像。按住【Shift】键拖动以 10 个单位量改变。按住【Ctrl】键拖动以 1 个单位量改变。

在 Mixer 面板中，拖动轨道音量推子改变音量；在音量推子上方或下方单击移动推子；按住【Alt】键在推子上方或下方单击，移动推子到目标点。

按住【Alt】键单击旋钮或推子，使它们返回到零。

在 Mixer 面板中，单击 Sum To Mono（合并到单声道）按钮 ，将立体声合并到单声道中。

独奏按钮 S 与静音按钮 M 可以控制轨道的独奏与静音。另外，按住【Ctrl】键单击，自动清除其他音轨的独奏模式，但该方法不能用于 Bus。独奏一条 Bus 时，关联的音轨总是处在独奏模式。

（3）手动创建轨道包络

轨道包络编辑，可以在时间线上设置轨道的音量、声像以及效果参数。

① 单击显示/隐藏自动化轨道按钮 ，显示自动化轨道。在参数菜单中选择需要创建的包络的参数。

② 增加编辑点：在自动化轨道上的包络线上单击，可以增加新的编辑点。

③ 选择编辑点：使用混合工具与时间选择工具，选择范围，可以选择编辑点。

④ 删除编辑点：单击音轨控制器上的 Clear Edit Points 按钮 ，或拖动编辑点到自动化轨道外，可以清除选择的编辑点。

⑤ 移动编辑点：

a. 用鼠标拖动编辑点可以改变编辑点的位置，拖动时显示数值，左右可以调整编辑点的时间位置，上下可以调整编辑点的音量。

b. 按住【Shift】键拖动，可以保持时间位置。

c. 按住【Alt】键拖动，可以等量移动自动化轨道上所选择的编辑点向上或向下，而不改变包络线的形状。移动的极限是最高的编辑点与最低的编辑点。

d. 按住【Ctrl】键拖动，可以按比例移动自动化轨道上所选择的编辑点向上或向下。

图 6-33 所示为轨道音量声像包络线。

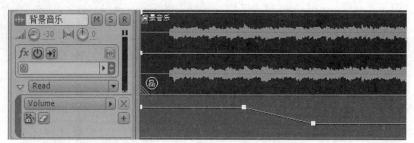

图 6-33　轨道音量声像包络线

（4）回放录制轨道包络

在回放项目期间，可以录制对轨道音量、声像与效果器设置所做的调整，创建一个时间线上的动态包络。Audition 自动将调整转换为轨道包络，可以精细编辑。如果使用外部控制器，可以同步调整多项设置。

① 在 Main 面板，定位开始时间指针到想要开始自动录制的位置上。

② 在轨道自动化模式菜单中选择一种模式。

③ 要开始录制自动化控制，按空格键，或单击 Transport 面板上的回放按钮▶。当音频回放时，在 Main 面板、Mixer 面板或 Effects Rack 中调整轨道或效果器设置。

④ 要停止录制自动化控制，按空格键，或单击 Transport 面板上的停止按钮■。

要避免录制的自动化创建过多的或不规则的编辑点，选择 Edit → Preferences 命令，打开 Preferences（首选项）对话框，在 Multitrack（多轨）页面中设置 Automation Optimization（优化自动操作）。

6．Bus（公共轨道）

Bus 没有硬件输入口，不放置素材，但它们具有音频音轨所有其他的特性。还可以作为 Audio 或其他 Bus 的输出，以及接收来自多个 Audio 与其他 Bus 的发送，并可以集中控制它们。Bus 输出到 Master、硬件接口或是另一个 Bus，也同样具备发送功能。

Bus 的主要作用是可以集中控制，例如，将所有的鼓轨输出到一个 Bus，那么这个 Bus 可以集中控制所有鼓轨的整体音量，使之与其他声部平衡。另一方面，在 Bus 上添加效果器比在各个音轨上添加相同的效果器要节省 CPU 的资源，可以优化系统性能。公共轨道处理事件如图 6-34 所示。

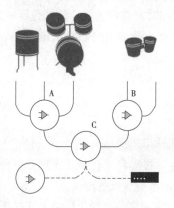

图 6-34　公共轨道处理事件

A—套鼓公共轨道；B—手鼓公共轨道；C—合并鼓公共轨道输出到主轨道或硬件

选择 Insert → Bus Track 命令（快捷键为【Alt + B】），在选择的轨道下方增加一条 Bus。

7．发送

发送是独立于音轨输出以外的一种配置，也就是说，音轨或 Bus 除了从输出口输出到主轨、硬件输出口或者是另一个 Bus 外，同时还可以通过发送，将信号发送到一个或多个 Bus，产生多条信号线路。发送的线路可多达 16 条。例如，一条 Audio 输出到 Master，它的第一条发送到混音 Bus，第二条发送到演奏员耳机 Bus。图 6-35 所示为发送音轨到多个公共轨道。

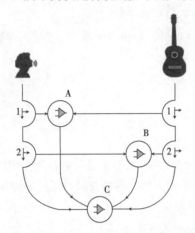

图 6-35　发送音轨到多个公共轨道

A—发送1输出到一个延时公共轨道；B—发送2输出到混响公共轨道；C—主轨合并声乐、吉他、延时与混响输出

Audio 与 Bus 都具有发送功能，它们只能发送到 Bus，设置发送时，可以决定发送的音量与立体声声像。还可以设置发送在轨道音量推子前或推子后。

单击轨道控制器上的发送按钮 ，选择需发送的 Audio 或其他 Bus，在显示的发送设置区域中打开电源按钮 ，调整发送音量旋钮 （默认情况下，发送音量旋钮为无限小），设置推子前 或推子后 发送。在 Output（输出）菜单中可以选择 Bus、Add Bus（添加公共轨道）与 None。

在轨道推子前发送不受轨道音量推子的控制；在轨道推子后发送将受到轨道音量推子的影响。例如，如果在轨道音量推子前发送到一个使用了混响效果器的混响 Bus，那么在轨道的干信号做淡出处理时，发送到混响 Bus 的音量不变，继续产生混响。如果在轨道推子后发送，那么发送到混响 Bus 产生的混响湿信号与轨道的干信号一起淡出。

8．轨道效果器

在 Audio 上插入效果器，对整个 Audio 上的所有素材产生效果影响。在 Bus 上插入效果器对 Bus 接收的整个信号产生影响。

选择欲加载效果器的 Bus 或 Audio，执行下列操作之一：

① 从 Effects 面板上选择效果器，双击打开 Effects Rack。

② 在 Mixer 面板右侧，单击隐藏与显示效果器按钮 FX，打开效果器控制区域，在选择的轨道中单击插槽右边的小三角形按钮 ，在弹出的下拉列表中选择效果器，打开 Effects Rack。

③ 在 Main 面板的轨道控制器上，单击隐藏与显示效果器按钮 ，打开效果器控制区域，单击插槽右边的小三角形按钮 ，在弹出的下拉列表中选择效果器，打开 Effects Rack。

在 Effects Rack 中可以设置效果参数。

在 Main 面板轨道控制器或 Mixer 面板中，打开与关闭插槽上的电源⏻，或是右击插槽，在弹出的快捷菜单中选择 Bypass Effect（旁通效果器），可以比较加载与不加载效果器的差别。

（1）推子前 / 后加载效果器

在每条轨道上，可以在推子前或是推子后插入效果器。推子前效果器在发送与 EQ 之前处理音频。推子后效果器在发送与 EQ 之后处理音频。最常用的缩混，在默认情况下，推子前设置好一些。推子后设置为特别复杂的缩混提供了单一信号处理的方便。

在 Main 面板或 Mixer 的效果器部分，单击推子前 / 推子后按钮➡️i，指定插入效果器在发送与 EQ 前➡️i，或是在推子后i➡️。

如果在 Effects Rack 中编辑效果器设置，则在左下角单击推子前 / 推子后按钮➡️i。

（2）干湿平衡

直接在音频轨道上插入效果器时，原始 Dry（干）信号与加载效果器的 Wet（湿）信号之间的平衡，需在效果器设置中调整。

使用推子前发送到加载效果器的公共轨道时，效果器设置一般调整为 100%Wet（湿），原始轨道的音量推子控制干信号，加载效果器的公共轨道的音量推子控制湿信号。

（3）推子前 / 后效果与发送处理

每条音轨的推子前/后效果与发送处理次序如下：

输入音量增益→推子前效果器→均衡器→推子前发送→推子→推子后效果器→静音→推子后发送。图 6-36 所示为推子前 / 后效果器与每条轨道的发送处理。

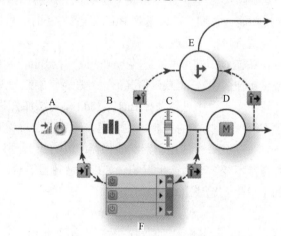

图 6-36　推子前 / 后效果器与每条轨道的发送处理

A—输入增益；B—EQ；C—音量；D—静音；E—发送；F—效果器架

9．轨道均衡器

Multitrack View 为每条轨道提供了一个三波段的参数均衡器。Main 面板与 Mixer 面板提供快速访问的常用设置；Track EQ 面板提供更加精确的高级控制。

在 Main 面板与 Mixer 中的 EQ 区域，蓝色文本显示了当前 3 个频率段的均衡设置。可以拖动输入这个文本来改变中心频率及提升或衰减中心频率。

在轨道 EQ 面板中，使用一种图形化的方式调整均衡设置。除了 Main 面板与 Mixer 面板上提供的选项外，Track EQ 面板还提供了访问 Preset（预置）、带宽控制与其他高级选项。

① Main 面板或 Mixer 面板上的均衡设置。在 EQ 区域，单击 EQ 电源按钮，启用轨道 EQ。拖动改变蓝色文本，指定每个段提升或衰减的分贝与中心频率的数值，单击 EQ 按钮，打开 Track EQ 面板，可以看到文本参数的图形显示。

② 在 Track EQ 面板中设置均衡。选择轨道，然后选择 Window→Track EQ 命令，打开 Track EQ 面板，设置下列选项：

a. Preset（预置）：保存与应用相同的预置到多条轨道。

b. EQ/A-B（EQ/A 与 B）：比较两种不同的均衡设置。例如，可以调整 EQ/A 段的设置，然后单击按钮访问默认设置，即未设置均衡的 EQ/B 段。

c. Track EQ Safe During Write（在写操作中保护轨道 EQ）：保护所有设置，避免在录制自动化操作过程中可能出现的意外改变。

d. Graph（图形）：显示轨道当前的均衡曲线。X轴代表频率，Y轴代表振幅。可以拖动3个控制点调整 EQ 曲线。操作的同时，推子同时移动反射出变化。最初，最左边的控制点代表低频率，中音与最右边的控制点对应中间与高频率。

e. 三个垂直的振幅推子：可以提升或衰减三个频率段，或是拖动推子或是单击蓝色的文本输入准确的变量。

f. 三个水平的频率推子：决定每个段的频率中心，或是拖动推子或是单击蓝色的文本输入准确的变量。

g. Q values（Q值）：决定每个段的宽度（较高的数值等于较窄的带宽，反之亦然）。

h. Band/Low Shelf，Band/High Shelf（频段低架，频段/高架）按钮：转换第一个与第三个频段从低到高，或从高到低。

10．缩混导出

完成了项目缩混后，选择 File → Export → Audio Mix Down 命令，可以导出全部或部分项目为多种常用格式的一个音频文件。导出时，当前的音量、声像与效果设置反映在音频文件中。

① 选择 Edit → Bounce To New Track 命令，可以快速缩混指定的音频素材到单个音频轨道。

② 如果想要导出项目的一部分，使用时间选择工具，选择需导出的范围，否则将导出整个项目的缩混。

③ 选择 File → Export → Audio Mix Down 命令，在弹出的 Export Audio Mix Down（导出音频缩混）对话框中，指定文件存放位置、名称与格式。如果选择保存的文件格式可以自定义，那么可以使用 Options 按钮查看或改变设置，然后单击 OK 按钮。

④ 在对话框的右半部分 Mix Down Options（缩混选项）中，可以设置声源、量化位数与其他选项。

Mix Down Options 说明如下：

a. Source（声源）：指定导出文件的声源。

b. Master（主轨）：导出处理到音频主轨的音频。

c. Track（轨道）：导出当前项目中单个的轨道，从下拉列表中选择轨道。

d. Bus（公共轨道）：导出处理到指定公共轨道的音频。

e. Output（输出）：导出混音处理到选择的硬件输出的音频。默认情况下，立体声主轨道的输出被选择；如果在音频硬件设置（选择 Edit→Audio Hardware Setup 命令）对话框中配置了其他输出，并且轨道或公共轨道处理到它们，那么这些输出也可用。

f. Range（范围）：指定是否缩混整个项目或一个选择的范围。缩混一个范围，必须在选择 Audio Mix Down 命令前选择范围。

g. Bit Depth（量化位数）：指定 32 位或 16 位。如果选择 16 位量化位数，将启用 Dithering（抖动）与 Dither Options（抖动选项）。

h. Channels（声道）：指定缩混为立体声或单声道。

i. Embed Edit Original Link Data（嵌入编辑原始连接数据）：保存路径到原始项目文件，有效地连接相关的项目与缩混文件用于 Adobe Premiere and Adobe After Effects 用户。

j. Include All Markers and Metadata（包括所有标记与元数据）：在文件中保存文件信息与标记。如果打算使用 Audition 烧制文件到 CD，选择这个选项。如果打算使用一个不同的应用程序，不要选择这个选项，因为应用程序可能会曲解这些非音频信息（如标记与元数据信息），在每条轨道的起点产生一种不愉快的噪声。

k. Insert Mixdown Info（插入缩混信息）：插入保存的缩混文件到编辑视图、多轨视图的音频轨道或 CD 视图中。

l. Edit View（编辑视图）：在编辑视图中打开缩混文件。

m. Multitrack View Audio Track（多轨视图音频轨道）：在当前选择的轨道下方立即创建一个新的音频轨道，并插入缩混文件在开始时间指针处。

n. CD View（CD 视图）：插入缩混文件到当前 CD 列表中，如果没有现成的 CD 列表将创建一个新的 CD 列表。如果项目包含轨道标记范围，范围将自动插入作为分开的 CD 轨道。

⑤ 完成设置后，单击 Save 按钮，将导出缩混到指定的音频文件中。

6.2.4　编辑视图

Edit View 采用破坏性编辑方法编辑独立的音频文件，并将编辑后的数据保存到源文件中。图 6-37 所示为 Edit View。

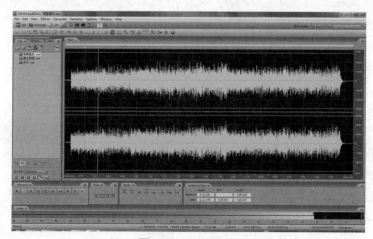

图 6-37　Edit View

与 Multitrack View 相比，默认 Edit View 的工具栏上的工具与快捷方式栏的按钮有所改变，去除了 Multitrack View 的专用工具与快捷方式，添加了 Edit View 的专用工具与快捷方式。

选择 Window → Workspace → Edit View（Default）命令或从工具栏中单击编辑视图按钮，或是在工具栏右侧的 Workspace 下拉列表中选择 Edit View（Default）命令，切换到默认的 Edit View。

1．Main 面板

在 Edit View 中，选择 File → Open 命令可以直接在 Main 面板中打开音频文件，或是在 Files 面板中单击导入按钮导入音频文件后，双击 Files 面板中的音频文件或是拖动它到 Main 面板中。如果打开的是立体声音频文件，在 Main 面板的上方显示左声道波形，下方显示右声道波形；如果打开的是单声道音频文件，其波形占满 Main 面板的整个显示区域，在 Main 面板的左上角与右上角显示淡入与淡出手柄。

在 Edit View 中，可以四种不同的显示模式显示音频数据，分别为 Waveform Display（波形显示）、Spectral Frequency Display（频谱显示）、Spectral Pan Display（声像谱显示）与 Spectral Phase Display（相位谱显示）。默认状态下为 Waveform Display，可以选择 View → Waveform Display/Spectral Frequency Display/Spectral Pan Display/Spectral Phase Display 命令，在这四种显示模式之间切换，也可以单击工具栏上的显示模式按钮进行切换。

2．工具栏

Edit View 工具栏与 Multitrack View 工具栏相比，保留了 Time Selection tool 与 Scrub tool，另外，还增加了一些与编辑视图显示模式有关的工具。

（1）Waveform Display

单击波形显示按钮，在主面板中，以一系列的峰和谷的形式显示波形，如图 6-38 所示。X 轴（水平标尺）代表时间，Y 轴（垂直标尺）代表振幅——音频信号的强弱。响的声音的波形高度相对较高。以它清楚的振幅变化表明波形显示对于识别语音、鼓等敲击变化是完美的。例如，要找到一个特殊的语音词，只需寻找第一个音节的峰与它持续之后的谷。

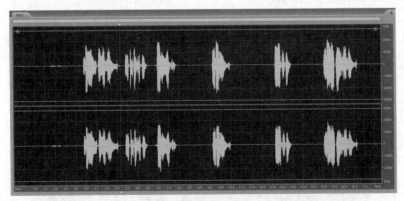

图 6-38　波形显示

在波形显示中，选择 View → Vertical Scale Format → Sample Values/Normalized Values/Percentage/Decibels 命令选择采样值、正常化值、百分比与分贝表示振幅。

a. Sample Values（采样值）：显示由当前量化位数支持的数据值范围的刻度来表示振幅。

b. Normalized Values（正常化值）：以正常化的刻度从 –1 到 1 的范围来表示振幅。

c. Percentage（百分比）：以一个百分比的刻度范围从–100%到100%来表示振幅。

d. Decibels（分贝）：以分贝刻度范围从–∞到0分贝的刻度来表示振幅。

双击垂直标尺循环刻度显示。

在波形显示模式下，工具栏上只保留了时间选择工具与擦播工具。

（2）Spectral Frequency Display

单击频谱显示按钮，在 Main 面板中，以它自身的频率元素显示波形，如图 6-39 所示，X 轴（水平标尺）代表时间，Y 轴（垂直标尺）代表频率。明亮的色彩代表更大的振幅元素。默认色彩范围从暗蓝（低振幅频率）到亮黄（高振幅频率）。这个视图有助于分析音频数据，看到哪些频率是最普遍的。频谱显示完全适用于除去不想要的声音，如咳嗽声和其他人工噪声，这就是所谓的频率空间编辑。

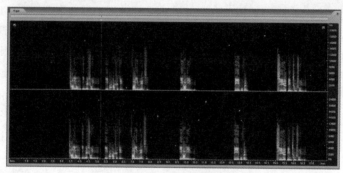

图 6-39　频谱显示

在频谱显示中，选择 View → Vertical Scale Format → Linear/Logarithmic 命令，选择线性或对数频率刻度，改变右侧标尺显示刻度。

双击垂直标尺循环刻度显示。

（3）Spectral Pan Display

单击声像谱显示按钮，显示音频文件中每个频率的声像（左 - 右立体声）位置，所以可以使立体声声音位置可视化，如图 6-40 所示。X 轴（水平标尺）代表时间，Y 轴（垂直标尺）代表声像位置，顶部（–100%）代表完全左声道，底部（100%）代表完全右声道。明亮的颜色代表较强的音频信号。声像谱显示非常适用于 Center Channel Extractor Effect（中心声道萃取效果）。

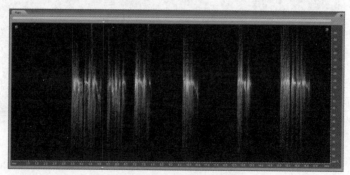

图 6-40　声像谱显示

（4）Spectral Phase Display

单击相位谱显示按钮，以度数显示左右通道之间相位的差别，如图 6-41 所示。例如，如果是 180°外相位的任何频率，在 +/–180°的标记附近显示亮的部分。当合并到单声道时，大于 90°的外相位音频会产生问题，并且立体声声音听起来会有些奇怪。为了帮助决定相位外音频是多少，Audition 默认在 90°标记显示线条。

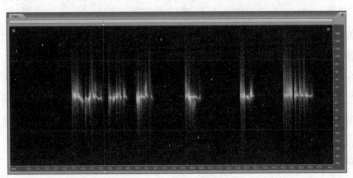

图 6-41　相位谱显示

（5）矩形选择工具

Marquee Selection tool（矩形选择工具）⬚（快捷键为【M】）出现在除了波形显示以外的其他 3 种显示模式中。

使用矩形选择工具⬚，可以绘制一个矩形，选择矩形内的音频数据。按住鼠标左键在 Main 面板中拖动，释放鼠标可以形成一个矩形方框选中所需的音频数据。将鼠标指针放在选择矩形方框上，进行拖动，可以移动矩形方块，选择不同的音频数据。拖动矩形的边框或边角可以改变矩形的大小。在工具栏中选择 Exclude Selection，可以选择矩形之上或之下的音频部分。

（6）套索选择工具（仅支持频谱显示）

Lasso Selection tool（套索选择工具）◯（快捷键为【L】）仅出现在频谱显示中。

使用套索选择工具◯可以自由绘制选择区域。按住鼠标左键在 Main 面板中拖动选中所需的音频数据。

使用这个工具可以选择特定频率范围的音频数据。将指针放在选择区域中，进行拖动，可以移动选择不同的音频数据。拖动矩形的边框或边角可以改变选择区域的大小。按住【Shift】键的同时，按住鼠标左键拖动可以在原有选择区域的基础上增加选择区域。按住【Alt】键的同时，按住鼠标左键拖动可以在原有选择区域的基础上减少选择区域。

（7）效果笔刷工具（仅支持频谱显示）

Effects Paintbrush tool（效果笔刷工具）✎仅出现在频谱显示中。

使用效果笔刷工具✎可以自由绘制选择区域，将指针放在选择区域中，进行拖动，可以移动选择不同的音频数据。拖动矩形的边框或边角可以改变选择区域的大小。按住【Shift】键与【Alt】键操作与上一个工具相同。在工具栏中可以设置效果笔刷工具的 Size（尺寸）和 Opacity（不透明度），将指针放在尺寸或不透明度旁边的数值上，左右拖动可以减少或增加数值，也可以重新输入数值。不同的设置可以影响绘制选择区域的范围和强度。白色区域的不透明度越高，所施加效果的强度越高。

（8）去污工具（仅支持频谱显示）

Spot Healing Brush（去污工具）✎仅出现在频谱显示中。

使用去污工具 🖌 可以快速去除一些细小的、独立的音频杂音,像独立的"咔嗒"声或"嘭嘭"声。当使用这个工具选择音频时,会自动应用菜单命令 Favorites → Auto Heal。

在频谱显示模式下,在工具栏中选择去污工具 🖌,调节工具条上的 Size(尺寸)设置,改变像素直径。在 Main 面板中,单击或拖动擦过杂音部分,可以消除杂音。

3．快捷方式栏

快捷方式栏增加的快捷方式:

① File Info dialog(文件信息对话框)按钮 🗋(快捷键为【Ctrl + P】):单击文件信息对话框按钮打开一个对话框,可以查看和添加关于当前音频文件的一些描述性信息,可供计算机处理和搜索。例如,可以包括历史、循环、广播波信息。在 Audition 中,可以嵌入基于文本的信息在标准的 RIFF 格式、广播工业格式与 MP3 格式的文件中。只要其他音频编辑器支持这个信息,它与文件一起保留在整个生命周期中。

② Sample(采样率)页面:提供与其他设备、系统或程序(如合成器上传和下载软件)关联的信息的选项,可直接嵌入在 .wav 文件中。只要其他音频编辑器支持这个信息,它与文件一起保留在整个生命周期中。

③ MISC 页面:可以分配一个 .bmp 或 .bid 图像文件到音频文件中。当查看 Windows 中的音频文件的属性时显示此图片。为了达到最佳效果,选择一个 32 × 32 像素的图像。

④ Broadcast Wave(广播波)页面:可以查看和编辑应用于数字广播的信息。

⑤ Mix Paste(Overlap,Modulate,Crossfade)[混合粘贴(重叠、调制、交叉淡化)]按钮 🖼(快捷键为【Ctrl + Shift + V】):用于粘贴重叠、调制与交叉淡化的素材。

⑥ Adjust selection to zero crossing(调整选择到零交叉)按钮 🖼(快捷键为【Shift + I】):用于吸附到波形的零位置。

⑦ Convert(sample rate,bit rate,channel)[转换(采样率、比特率、通道)]按钮 🖼(快捷键为【F11】):打开 Convert Sample Type(转换采样类型)对话框。

⑧ Edit left channel(编辑左通道)按钮 🖼(快捷键为【Ctrl + L】):可以编辑左通道,右通道变为灰色不可编辑。

⑨ Edit right channel(编辑右通道)按钮 🖼(快捷键【Ctrl + R】):可以编辑右通道,左通道变为灰色不可编辑。

⑩ Edit both channel(编辑左右通道)按钮 🖼(快捷键为【Ctrl + B】):可以编辑左、右两个通道。

⑪ Scripts for automation(自动化脚本)按钮 🖼:打开脚本对话框。

4．Favorites(偏好)面板

Files 面板与 Effects 面板组中增加了 Favorites(偏好)面板。移动此面板组名称上方的水平滚动条,可以使 Favorites 面板出现在可视区中,如图 6-42 所示。

列表中显示了 Audition 预置的偏好,单击 Edit Favorites(编辑偏好)按钮或是选择 Favorites → Edit Favorites 命令,可以打开 Favorites 设置对话框,如图 6-43 所示。

在 Favorites 设置对话框中,可以创建、编辑与组织偏好。

图 6-42　Favorites 面板

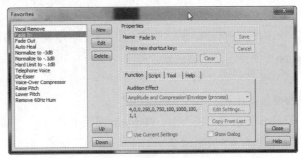

图 6-43　Favorites 设置对话框

6.2.5　音频编辑

Edit View 用于编辑独立的音频文件。在编辑视图下对独立的音频文件施加效果处理将在效果器章节中介绍。

1. 选择音频

（1）选择时间范围

使用 Time Selection tool Ｉ，在 Main 面板中单击并拖动，可以选择一个时间范围。按住【Shift】键，单击或拖动可以改变选择区域。

（2）选择光谱范围

在频谱显示中，使用矩形选择工具、套索选择工具或效果笔刷工具可以选择特定的频率范围内的音频数据。矩形选择工具可以选择一个矩形区域。套索选择工具与效果笔刷工具（只可使用在频谱显示中）可以自由绘制选择区域。这三种工具为细节的编辑与处理带来方便，包括可靠方便地应用在音频修复操作中。例如，如发现音频噪声，可以只选择与编辑影响的部分，快速处理产生极佳的结果。

效果笔刷工具是唯一对选择区域产生效果影响的工具。可调整效果强度，涂层加厚或是改变工具栏中的 Opacity。选择区域的白色越多，效果器应用得越强。

在频谱显示中，使用矩形选择工具、套索选择工具或效果笔刷工具，在 Main 面板频谱显示方式中拖动选择所需的音频数据。在立体声波形中选择时，默认选择区域应用于两个声道。如只需在一个声道中选择音频数据，选择 Edit → Edit Channel 命令，然后在弹出的子菜单中选择 Edit Left Channel 或 Edit Right Channel 命令。

执行下列操作之一，可以调整选择区域：

① 移动已选择的区域，将鼠标指针放在已选择的区域中，拖动区域到希望的位置。

② 调整选择区域的大小，将鼠标指针放在已选择区域的角上或边缘，拖动它到希望的尺寸（对于效果笔刷已选择的区域，也可以在工具栏中调整笔刷的大小）。

③ 扩大套索或效果笔刷已选择的区域，按住【Shift】键并拖动。

④ 缩小已选择的区域，按住【Alt】键并拖动。

⑤ 决定效果笔刷已选择的区域的效果器应用强度，调整工具条上的不透明度设置。

⑥ 选择矩形选择区域上方或下方的音频数据，选择工具栏中的 Exclude Selection（例如，如果选择中心声像音频，这个选项排除中心声像音频而代替选择了在相同时间范围内的左右声像的音频）。

在默认情况下，Adobe Audition 回放与光谱选择区域相同时间范围内的所有音频。如果只想听到选择区域内的音频，右击标准回放按钮▶或循环演奏按钮 🔁，在弹出的快捷菜单中选择 Play Spectral Selection（演奏光谱选择区域）命令。

（3）选择整段音频

选择整段音频，执行下列操作之一：

① 选择波形的可视范围，在 Main 面板上双击。

② 要选择一个波形的全部，选择 Edit → Select Entire Wave 命令，或在 Main 面板中三击。

（4）选择声道

在默认情况下，Adobe Audition 选择区域与编辑应用在立体声波形的两个声道上。也可以只选择与编辑立体声波形的左声道或右声道。图 6-44 所示为选择左声道的部分音频。

选择一个声道，执行下列操作之一：

① 在左通道（上方）顶部附近拖动或是在右通道（下方）底部附近拖动。光标显示一个 L 或 R 图标表示正在选择的声道。

② 选择 Edit → Edit Channel 命令，并选择希望编辑的声道。

③ 在快捷方式栏中单击编辑左通道按钮 ▦、编辑右通道按钮 ▦ 或编辑两个通道按钮 ▦。

图 6-44　选择左声道的部分音频

（5）零点选择

对于许多编辑任务，像在一个波形的中间删除或插入音频，选择范围的最佳位置是振幅的零点位置（称零交叉点）。选择零交叉点可以在编辑中减少产生可能听到的噼啪声（POP）或咔嗒声（Click）的机会。使用零交叉命令可以方便地调整一个选择范围到最近的零交叉点。

选择 Edit → Zero Crossing 命令，执行下列操作之一：

① 调整选择范围向内：调整范围两边的边界向内吸附到附近的零交叉点。

② 调整选择范围向外：调整范围两边的边界向外吸附到附近的零交叉点。

③ 调整左边界向左：调整范围左边界向左到达附近的零交叉点。

④ 调整左边界向右：调整范围左边界向右到达附近的零交叉点。

⑤ 调整右边界向左：调整范围右边界向左到达附近的零交叉点。

⑥ 调整右边界向右：调整范围右边界向右到达附近的零交叉点。

（6）节拍选择

对于一些编辑任务，如创立鼓循环与类似的音乐片段，需要选择两拍之间的音频。尽管通常在波形中寻找峰谷来辨认节拍，但查找节拍命令能更快地辨认节拍。用这个命令找到节拍以后，Adobe Audition 保存它们作为 Beat Markers（节拍标记），使它容易再次定位节拍。

① 在 Main 面板中单击想要查找的第一拍的左边。

② 选择 Edit → Find Beats → Find Next Beat（Left Side）命令。光标移动到下一拍的起点。

③ 选择 Edit → Find Beats → Find Next Beat（Right Side）命令，从当前光标位置到下一拍被选择。

④ 如果想要选择不止一拍，再次选择 Edit → Find Beats → Find Next Beat（Right Side）命令。每选择一次这个命令，Adobe Audition 增加下一拍到选择中。

2．编辑音频

复制、剪切、粘贴音频数据需要使用剪贴板。Adobe Audition 提供了五块内部剪贴板用于临时数据存储。类似于 Windows 剪贴板，可以更快的速度操作更多的数据。

（1）选择剪贴板

选择 Edit → Set Current Clipboard 命令，并选择一块剪贴板。如果想要复制音频数据到 Windows 其他应用程序，选择 Windows 剪贴板。

（2）复制或剪切音频数据

在 Edit View 的波形显示中，选择要复制或剪切的音频数据。要复制或剪切整个波形，取消选择音频数据。

执行下列操作之一：

① 选择 Edit → Copy 命令，复制音频数据到激活的剪贴板。

② 选择 Edit → New 命令，复制与粘贴音频数据到一个新创建的文件。

③ 选择 Edit → Cut，从当前波形中删除，并复制它到激活的剪贴板。

（3）粘贴音频数据

Paste（粘贴）命令将激活的剪贴板中的所有音频数据放到当前波形中。Paste To New（粘贴到新文件）命令可以创建一个新文件并插入激活的剪贴板中的音频数据。

执行下列操作之一：

① 要粘贴音频数据到当前文件，将光标放在想要插入音频数据的位置，或选择想要代替的音频数据。然后选择 Edit → Paste 命令。如果剪贴板中的数据格式与正要被粘贴进的文件的格式不一致，Adobe Audition 在粘贴数据前自动转换格式。

② 要粘贴音频数据到一个新文件中，选择 Edit → Paste To New 命令。新文件自动从原始的剪贴板材料中继承属性。

在 Preferences 对话框的 General（通用）选项卡中，选中 Select Audio After Paste（选择粘贴之后的音频）复选框，决定在粘贴它到文件之后是否被选中。

（4）粘贴时混合音频数据

混合粘贴可以把剪贴板或文件的音频数据与当前的波形混合。如果剪贴板中的数据格式与被粘贴的文件格式不同，将在粘贴前自动转换格式。

混合粘贴命令为使用更强大与灵活的多轨功能提供了快速选择。

在 Main 面板中，将光标放在想要混合的音频数据的起点，或者选择想要代替的音频数据，选择 Edit → Mix Paste 命令。

选择下列选项之一，单击 OK 按钮。

① Volume（音量）：在粘贴前调整左右声道的音量级别。移动音量推子，或者在它们右边的文本

框中输入百分比。调整一个通道（左或右）的音量到零，将粘贴到另一通道（右或左）中。

② Invert（反转）：上下转换波形声道（中心线上方的所有采样被放在中心线下方，中心线下方的采样被放在中心线上方）。这个选项方便于想要取两种采样之间的差值（或是从一个信号中减去另一个信号）。

③ Lock Left/Right（锁住左/右）：锁定左右音量推子，使它们一起移动。

④ Insert（插入）：插入音频在当前位置上或选择的区域，代替所有选择的数据。如果没有数据被选择，在当前光标位置插入，移动所有存在的数据到被插入的材料之后。

⑤ Overlap（重叠）：在选择的音量级别上混合音频与当前波形。如果音频比当前的波形长，当前波形被加长到适应粘贴音频的长度。

⑥ Replace（代替）：从光标位置的起点覆盖音频，并代替已有的材料，此后，音频持续，例如，粘贴 5 s 的材料代替光标以后开始的 5 s。

⑦ Modulate（调制）：用当前波形调制音频达到一种有趣的效果。选择一个波形的一部分并使用混合粘贴的调制命令，可以创建奇妙的效果。选择部分被剪贴板上的音频信号调制。

⑧ Crossfade（交叉淡化）：应用一种淡化到粘贴的音频的开始与结尾。输入一个数值指定被淡化的音频的毫秒数。使用这个选项用于平滑转换从粘贴的音频的开始与粘贴的音频的结束。

⑨ From Clipboard [number]（来自剪贴板[数字]）：从激活的内部剪贴板粘贴音频数据。

⑩ From Windows Clipboard（来自 Windows 剪贴板）：从 Windows 剪贴板粘贴音频数据。如果 Windows 剪贴板没有包含音频数据，这个选项不可用。

⑪ From File（来自文件）：粘贴音频数据来自一个文件。单击 Select File 按钮浏览文件。

⑫ Loop Paste（循环粘贴）：粘贴指定次数的音频数据。如果音频比当前选择部分长，当前选择部分自动加长适应。

（5）删除或剪辑音频数据

Adobe Audition 提供两种方法删除音频：Delete Selection（删除选择）命令从波形中删除一个范围；Trim（剪辑）命令从选择的音频的两边删除不想要的音频。

删除的数据不会到剪贴板，只能选择 Edit → Undo 命令或 File → Revert To Saved 命令，只要在删除后还没有保存文件。

执行下列操作之一：

① 删除音频数据，选择想要删除的音频数据，然后选择 Edit → Delete Selection 命令。

② 剪辑音频数据，选择想要保留的音频数据，然后选择 Edit → Trim 命令。

3．音频处理

（1）淡入淡出

Adobe Audition 为素材淡化提供了三种类型的淡化，如图 6-45 所示。

① Linear（线性）：淡化产生一种平滑的音量变化，对于大部分材料效果很好。如果这种淡化声音太突然，尝试其他选项之一。

② Logarithmic（对数）：淡化开始慢慢地平滑改变音量，然后快速改变音量或者反过来。

③ Cosine（余弦）：淡化的形状像一种 S 曲线，开始慢慢改变音量，快速通过淡化的大部分，然后慢慢地完成淡化。

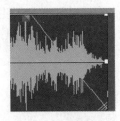
（a）Linear（线性）

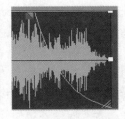
（b）Logarithmic（对数）

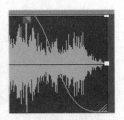
（c）Cosine（余弦）

图 6-45　淡化类型

在波形的左上方或右上方，向内拖动淡入或淡出■手柄，然后执行下列操作之一：

① 完全水平拖动，用于线性淡化。

② 向上或向下拖动，用于对数淡化。

③ 按住【Ctrl】键，用于余弦（S 曲线）淡化。

要创建余弦淡化，默认情况下按住【Ctrl】键；创建线性或对数淡化，选择 Edit→Preferences 命令，在 General 选项卡中改变 Default Fade 的设置。

（2）改变振幅

在 Main 面板中，选择想要调整的音频（要选择整个文件，三击鼠标），然后在选择音频上方的素材增益控制中，拖动数值，如图 6-46 所示。

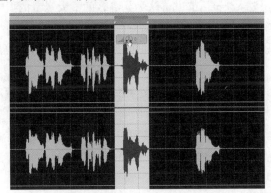

图 6-46　改变选择区域的音量

数值表示新的振幅与已有的振幅比较。当释放鼠标后，数值返回到 0 dB，所以可以进一步调整。

当没有创建选择区域时，希望使用素材增益控制调整整个文件，选择 Edit → Preferences 命令，在 Display 选项卡中选择 On-Clip Gain Control When There Is No Selection Range。

（3）创建静音

创建静音用于插入暂停或从一个音频文件中删除噪声。Adobe Audition 提供两种方法在波形中创建静音：已有的波形静音与插入一段新的持续静音。

执行下列操作之一：

① 静音已有音频数据：选择想要的音频数据范围，选择 Effects→Mute 命令。不像删除或剪切一个选择区域，把两边的材料拼接在一起，应用 Mute 效果使得选择区域完整无损，只是这一段振幅为零。

② 插入一段新的持续静音：将光标放在想要插入静音的位置，或者如果想要代替已有波形部

分，选择希望的音频数据部分，然后选择Generate→Silence命令，并输入想要生成静音的时间秒数。使用小数点输入秒的小数部分。例如，输入.3生成0.3 s的静音。单击OK按钮。光标右边的所有音频被推开，增加了波形的持续长度。

（4）删除静音

Delete Silence（删除静音）命令侦查并删除词语之间或其他音频之间的静音。

如果想要从波形的某个部分中删除静音，选择希望的音频数据范围；如果不选择一个范围，Adobe Audition从整个波形中删除静音，选择Edit→Delete Silence命令，弹出Delete Silence对话框，如图6-47所示，设置需要的选项，然后单击OK按钮。

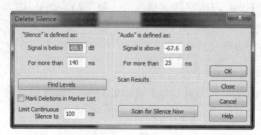

图 6-47　Delete Silence 对话框

① "Silence" is defined as（定义"静音"）：决定Adobe Audition认为的静音。在Signal is below（以下信号）文本框中输入想要Adobe Audition认为是静音的最大音量的振幅（单位dB）。在For more than（比此更多）文本框中输入这个最大振幅值的持续时间（单位为ms）。

对于非常安静、低层低噪音频，输入一个低振幅值（–60 dB）。对于噪声音频，输入一个更高的数值（–30 dB）。

② "Audio" is defined as（定义"音频"）：决定Adobe Audition认为的音频。在Signal is above（以上信号）文本框中，输入想要Adobe Audition认为是音频的最小音量的振幅值（单位dB）。在For more than（比此更多）文本框中输入这个最小振幅值的持续时间（单位为ms）。

输入一个更高的持续时间，忽略短时间的不想要的音频（像咔嗒声、静电或其他噪声）。然而，如果数值太高（在200 ms以上）短词可能被跳过。

③ Find Levels（查找音量）：扫描波形（或选择的范围）使Adobe Audition自动决定信号音量的一个好的始点。建议的数值出现在文本框中。

如果这些数值不起作用，例如，词或短语被切断，降低信号级别数值，不足以删除静音，可增加信号级别数值。

④ Mark Deletions in Marker List（在标记列表中标记删除）：标记列表中增加被删除的静音的位置。

⑤ Limit Continuous Silence to（限制连续静音到）：指定静音的最小时长（单位为ms），保证每次删除这个时长的静音。静音范围比这个长度更短则不被删除；静音范围比这个长度更长将被缩短，使得准确指定时长的静音删除。设置这个值到0删除尽可能多的静音。

当缩短语言部分时，使用150 ms设置，保留更现实的、自然的声音停顿。高数值可以导致噪声，听起来有停顿。

⑥ Scan For Silence Now（开始扫描静音）：预览要被删除的静音。这个选项报告多少个静音将被删除及静音的多少部分被发现。这个选项实际上不删除静音，但给出一个使用当前设置预期的结果。

如果有一段音频由静音分开的许多切片组成（像几个叮当声），选择 Edit → Delete Silence 命令，保证每个切片之间是相同持续时间的静音。例如，如果切片之间的静音时间不同，切片 2 与切片 3 是 4.1 s，切片 3 与切片 4 是 3.7 s，可以使用 Delete Silence 命令使得静音持续时间在所有 4 个切片之间准确到 3 s。

（5）反转波形

Invert（反转）效果是反转音频相位 180°。反转对单个的波形不产生听觉上的改变，但合并波形时可以听出区别。例如，也许反转粘贴音频更好地对齐已有的音频，或者可能反转立体声的一个通道来修正一个外相位的录音。

① 如果想要反转波形的一个部分，选择想要反转的部分。如果不进行选择，则反转全部音频数据。

② 选择 Effects → Invert 命令。

（6）翻转波形

Reverse（翻转）效果是翻转一个波形从右到左，所以它可以倒放演奏。翻转对于创建特殊效果是非常有用的。

① 如果想要翻转波形的一部分，选择想要翻转的范围；否则，翻转整个波形。

② 选择 Effects → Reverse 命令。

（7）在立体声与单声道之间转换波形

转换采样类型命令是最快的方式转换一个单声道波形到立体声波形，反之亦然（也可以用当前的音量直接复制波形到另一个声道）。如果想要将波形分开放置在一个立体声文件的两个声道上，并以不同的音量级别混合它们，可以使用 Mix Paste 命令，而不是转换。

① 选择 Edit → Convert Sample Type 命令。

② 选择单声道或立体声。

③ 在 Left Mix（左混合）与 Right Mix（右混合）中输入百分比。

④ 单击 OK 按钮。

从单声道波形转换成立体声时，可以指定左混合与右混合选项，调整原始单声道信号放到新的立体声信号的左右声道每一边的振幅。例如，可以将单声道声源只放置在左声道，或只放置在右声道，或两者之间的任何平衡点。

从立体声转换为单声道，Left Mix 与 Right Mix 选项可以控制来自立体声相关声道被混合到最终的单声道波形的比例。最常见的混合方法是使用两个通道各 50%。

要删除立体声音乐录音中主唱的全部或大部分，可以转换立体声波形为单声道使用 100% 左混合和 –100% 右混合。大部分主唱定位在立体声场内相位的中间，所以转换的信号使得它的外相位往往大大减少或消除了主唱的音量。

（8）从两个单声道创建立体声

① 复制打算放入左声道的单声道音频。

② 创建一个新的文件，然后选择 Edit → Mix Paste 命令。

③ 选择 Overlap 命令，取消 Lock L/R。设置左声道音量为 100%，右声道音量为 0%，单击 OK 按钮。

④ 复制打算放入右声道的单声道音频。

⑤ 转换到刚才创建的新文件，然后选择 Edit → Mix Paste 命令。

⑥ 这时，设置左声道音量为 0%，右声道音量为 100%，单击 OK 按钮。

（9）撤销与重做

每次启动 Adobe Audition，都开始跟踪编辑操作。这些改变存储在一个临时文件中。保存与关闭之前，一直使用这个文件，提供无限制的撤销与重做的可能。

要撤销或重做，执行下列操作之一：

① 要撤销一种改变，选择 Edit→"Undo[改变名称]"命令，撤销命令方便表明要撤销的改变。例如，显示为 Undo Delete（撤销删除）或 Undo Normalize（撤销正常化）。如果还没有编辑波形，或如果撤销禁用，这个命令显示为 Can't Undo（不能撤销）。

② 如果忘了在波形上最后操作的编辑行为，查看撤销命令可以了解，不管是否想撤销这个行为。

③ 在编辑视图中，要放弃自最后保存文件以来的编辑模式，选择 File → Revert To Saved 命令。

④ 在编辑视图中，要重做一个改变，选择 Edit → "Redo[改变名称]"命令。

⑤ 在编辑视图中，要重复最后一道命令，选择 Edit → Repeat Last Command 命令。然而，有一些例外（像删除），将打开执行最后一道命令的对话框。

⑥ 要重复最后一道命令而不打开对话框，按【F3】键。

（10）禁用或启用撤销功能

在操作非常大的音频文件时，在继续编辑前也许没有足够的磁盘空间保存撤销数据。另外，保存撤销信息需要的时间也许会减慢工作的速度。禁用撤销功能可以解决这个问题。

执行下列操作之一：

① 在编辑视图中，选择 Edit → Enable Undo/Redo 命令，取消选择表示撤销功能启用。

② 选择 Edit → Preferences 命令，在 System（系统）选项卡中选择或取消选择 Enable Undo，单击 OK 按钮。也可以指定撤销级别为最小数目，可以清除所有撤销文件。

如果没有足够的磁盘空间保存撤销信息，可以改变 Temp（临时文件夹）到一个不同的驱动器。

6.2.6 录音

录音是数字音频获取的一个重要手段。设定了采样率、量化位数以及声道数目，可以从传声器获取声音，以图形方式显示在软件操作窗口中。不同的声音，例如人声、乐器等可以分别录制在不同的音轨上。

1. 连接硬件、设置驱动

Adobe Audition 可以广泛使用输入和输出硬件设备。声卡输入可以从音频源引进音频，如传声器、磁带机和数字效果器。声卡输出可以通过诸如扬声器和耳机监听音频源，如图 6-48 所示，MIDI 端口可以同步 Adobe Audition 与 MIDI 设备。

2. 设置音频输入与输出

当设置录音和回放的输入和输出时，Adobe Audition 可以使用两种类型的声卡驱动程序：（Audio Stream In/Out，ASIO）和 DirectSound。有些声卡支持两种类型的驱动程序。

ASIO 驱动程序更可取，因为它提供更好的性能和更低的延迟。录音时可以监控音频，并立即听到音量、声像与回放中的效果变化。DirectSound 的主要优点是多个应用程序可以同时访问一个声卡。

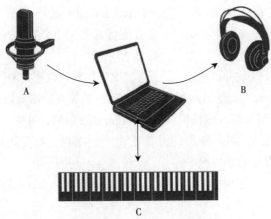

图 6-48　声卡输入 / 输出

A—声卡输入端连接到音源，如传声器和磁带机；B—声卡输出连接到扬声器和耳机；C—MIDI端口连接到MIDI设备

（1）设置驱动

选择 Edit → Audio Hardware Setup 命令，打开 Audio Hardware Setup（音频硬件设置）对话框，如图 6-49 所示，分别选择 Edit View（编辑视图）、Multitrack View（多轨视图）或 Surround Encoder（环绕编码器）选项卡，选择准备使用的声卡驱动程序（如果有可用的，选择一个 ASIO 驱动程序，否则，选择 DirectSound 的驱动程序或 Audition Windows Sound）。单击 Control Panel（控制面板）按钮（可选项），可以优化驱动程序属性，改善支持 ASIO 和 DirectSound 卡的性能。

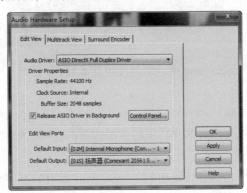

图 6-49　Audio Hardware Setup 对话框

（2）设置选项

执行下列操作之一，然后单击 OK 按钮。

① 在声卡制造商提供的 ASIO 驱动程序控制面板，设置驱动选项（用户实际使用的声卡选项可能会与下面描述不同。有关更多信息，请查阅声卡文档）。

注　意

默认情况下，Adobe Audition 在播放或监听音频期间控制 ASIO 声卡。如果另一个应用程序要访问声卡，选择 Release ASIO Driver in Background（后台释放 ASIO 驱动程序）。

② 在 In the DirectSound Full Duplex Setup（DirectSound 全双工设置控制面板）中设置以下选项：

　　a. Device check boxes（设备复选框）：使用Direct Sound Output Ports（声音直接输出端口）与Direct Sound Input Ports（声音直接输入端口）复选框打开或关闭装置。当一个端口被取消选择，在Audio Hardware Setup对话框中它不能作为一个端口选项。

　　b. Buffer Size（Samples）（缓冲区大小）：通常情况下，默认设置对DirectSound Output Ports（回放）和DirectSound Input Ports（录音）两者都好，但有些声卡可能需要不同的设置。如果回放不连贯，可以调整缓冲区大小：双击输入或输出设备的Buffer Size数值，并输入一个新的数值。

　　c. Port Order（接口次序）：如果所选的设备不止一个端口，则单击Move Up（上移）或Move Down（下移）按钮改变该设备的接口次序。

　　d. Sync Reference（同步首选项）：指定是否要在DirectSound Input或DirectSound Output设置主时钟。

　　e. Full Duplex（双工）：如果声卡有这项功能，选择此项后，那么在启动Adobe Audition录制音频音轨时，可以回放另一条音轨。

　　f. Start Input First（启动输入优先）：决定Adobe Audition在多轨环境中启动声卡In（回放）和Out（录音）的端口顺序。如果是一个不支持全双工的声卡选择此选项。

　　（3）设置声道

　　执行下列操作之一：

　　① 在Edit View选项卡下，在Default Input与Default Output下拉列表中选择立体声接口。

　　② 在Multitrack View选项卡下，在Default Input与Default Output下拉列表中选择立体声或单声道。

　　③ 在一个多轨视图项目中，对于一个特殊音轨可以覆盖默认值。

　　④ 在Surround Encoder选项卡下，在输出通道映射区选择每个环绕声道输出端口。

　　3．录制音频

　　可以在Edit View与Multitrack View中，通过传声器或插入到声卡Line In（线输入）端口的所有设备录制音频。

　　（1）在编辑视图中录制音频

　　① 创建一个新文件，或打开已有的文件重写或添加新的音频，放置时间开始指针到想要开始录音的位置。

　　② 在Transport面板中，单击录音按钮●开始录音。完成录音后，单击停止按钮■。

　　为防止意外录音，可以禁用录音按钮，右击录音按钮，在弹出的快捷菜单中选择Disable Record Button命令。再次选择启用录音按钮。

　　（2）在编辑视图中使用计时录制模式

　　① 选择Options → Timed Record Mode命令，或者右击Transport面板上的录音按钮●，在弹出的快捷菜单中选择Timed Record Mode（计时录音模式）。复选标记表示计时录音模式启用。

　　② 在Transport面板中，单击录音按钮●。

　　③ 选择最大录音时间：

　　a. No Time Limit（无时间限制）：一直录音到单击停止按钮为止（或直到磁盘空间用完）。

　　b. Recording Length（录音长度）：限制时间长度的录音，在文本框中输入时间，使用的显示时间格式（如十进制或小节与节拍）与Main面板时间显示格式相同。

④ 选择录音开始时间：

a. Right Away（立即）：单击OK按钮就开始录音。

b. Time/Date（时间/日期）：在指定的时间开始录音（例如，由 Adobe Audition捕获某个时间的广播）。在相应的文本框中输入开始时间与日期，设置开始录音的时间与日期。

⑤ 单击 OK 按钮。

（3）在多轨视图中录制音频素材

在 Multitrack View 中使用配音可以在多个轨道上录制。当配音音轨时，听到的是先前录制的音轨，并与它们一起演奏创建复杂的层叠的作品。每次录音成为音轨上一个新的音频素材。

① 在 Main 面板的输入 / 输出区域 ⇄，从音轨的 Input 菜单上选择一个音源。

📢 注　意

如果使用非专业声卡，还必须在 Windows Recording Control Mixer 选择合适的音源。

② 单击音轨的准备按钮 R。如果在一个未保存的项目中启用一条音轨录音，将弹出 Save Session As 对话框。指定一个名称与位置，然后单击 Save 按钮。

③（可选项）在多条音轨上同步录制，在每条音轨上重复前两步。

④ 在 Main 面板中，定位开始时间指针在希望开始的位置，或选择一个范围录制新的素材。

⑤ 在 Transport 面板中，单击录音按钮●开始录音。完成后，单击停止按钮■。

（4）监听带效果器的录音

在 Multitrack View 中，可以听到带有效果器的声音与应用了音轨发送的声音，可以精确预览最终缩混的结果。可以选择是否全部时间或只有到达一条音轨的可录制部分时（如一段空区域或一个插入区）听到录制的声音。

📢 注　意

强烈推荐 ASIO 声卡用于这种录制，因为 DirectSound 声卡会增加延时。

① 选择 Options → Monitoring → Audition Mix 命令，然后执行下列操作之一：

a. Smart Input（优先监听输入）：只有当录制音轨时才监听输入。当回放时，只监听音轨上的素材，而不是输入。

b. Always Input（始终监听输入）：在回放与录音中一直监听输入。所有已存在输入音轨上的素材都不被回放。

② 开始监听输入，单击音轨控制器上的录音准备按钮 R。

③ 要开始录音，单击 Transport 面板中的录音按钮●。

（5）监听不经过效果器处理的录音

在 Multitrack View 中录音时要避免延时（听得到的延时），可只监听直接来自声卡的输入，而不监听通过 Adobe Audition 效果器与发送处理的声音。

① 选择 Options → Monitoring → External 命令。

② 设置监听选项，对于非专业声卡，使用 Windows Volume Control 调音台。

（6）在多轨视图中循环录音

如果使用循环录制，Adobe Audition 为每一次循环保存一个新的素材。这个特性对于很难演奏的音频片段是理想的。在录制时使用循环，直到演奏者产生完美的一次为止。或者结合每一次循环中最好的部分来创建一个新的素材。

① 设置一个或多个音轨用于录音。

② 在 Transport 面板中，右击录音按钮●，执行下列操作之一：

a. Loop While Recording（View or Sel）［循环录音（可视部分或选择区域）］：当光标到音轨可见区域的结尾时开始循环。如果选择了一个范围，当光标达到范围的末端开始循环。

b. Loop While Recording（Entire or Sel）［循环录音（音轨末端或选择区域）］：当光标到达音轨末端时循环，如果选择了一个范围，当光标到达范围末端时开始循环。

单击 Loop While Recording（循环录音）按钮👤开始录制。完成后，单击停止按钮■。

（7）在多轨视图中插入录制到一个选择的范围

如果对已录制的素材中的某一段不满意，可以选择那个范围并插入一个新的录音，保留原始的素材完整无损。尽管可以不使用插入录制一个指定的范围，但插入录制可以直接听到这个范围的前后音频，这对于创建音乐的自然转接提供了重要的帮助。使用插入命令创建的一个块如图 6-50 所示。

对于特别重要或困难的部分，可以插入录制多次，然后选择或编辑它们来创建最好的演奏。Adobe Audition 在插入范围的两边都保存 2 s 的音频，所以可以无缝编辑与使用交叉淡化。

注意

不能插入录制到一个已启用循环播放的素材。

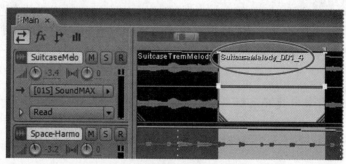

图 6-50　使用插入命令创建的一个块

① 在 Main 面板中，使用时间选择工具 I 在特定的音轨上拖动选择素材的一个时间范围。

② 确保选择了正确的音轨输入。

③ 选择 Clip → Punch In 命令。

④ 定位开始时间指针在选择的范围前几秒。Main 面板中这条音轨的录音准备按钮 R 将被激活。

⑤ 在 Transport 面板中，执行下列操作之一：

a. 要插入一次，单击录音按钮●。

b. 要插入多次，右击录音按钮，在弹出的快捷菜单中选择 Loop While Recording 命令，然后单击 Loop While Recording 按钮👤。

（8）在多轨视图中回放时插入

如果不需要插入到一个特定的范围，可以在回放期间从任何一点快速插入。

① 启用一个或多个音轨用于录音。

② 在 Transport 面板中，单击演奏按钮▶。

③ 当到达想要开始录音的地方，单击录音按钮●。完成录音后，再次单击该按钮。

（9）在多轨视图中直接录制到文件

在 Multitrack View 中，Adobe Audition 自动保存每次录制的素材到一个 .wav 文件中。直接录制到文件可以快速录制与保存每次录制的素材。

在一个项目录制之前，必须先保存它，使得 Adobe Audition 可以存储录制的素材在这个项目文件夹中。在项目文件夹的 [项目名称 _recorded] 子文件夹中可以找到每个录制的音频素材。素材文件名称以轨道名称开头，接着是次序编号（如 Track 1_003.wav）。

录制之后，可以编辑每次录制的素材制作优美的最终缩混。例如，如果创建了吉他独奏的多个素材，可以结合每次独奏的最好部分，或者可以将独奏的一个版本用于视频声道，而另一个版本用于音频 CD。

6.2.7　效果器

效果器不仅可以在多轨视图的音轨中使用，也可以在编辑视图的独立的音频文件上使用。不仅可以使用 Audition 程序内置的效果器，第三方的插件效果器同样可以使用。

1．Effects Rack（效果器机架）与 Mastering Rack（主控机架）

Adobe Audition 为编辑视图提供了 Mastering Rack 处理素材，为多轨视图提供了 Effects Rack 处理轨道，都可以对效果进行统一的管理与控制，都可以插入、编辑、录制多达 16 个效果器、优化混音与保存偏好预置。

（1）Effects Rack

在 Multitrack View 中，选择 Window → Effects Rack 命令（快捷键为【Alt + O】）打开 Effects Rack，如图 6-51 所示，或者从 Effects 面板中双击某个效果器，同样可以打开 Effects Rack。每个轨道都有对应自己的效果器机架。

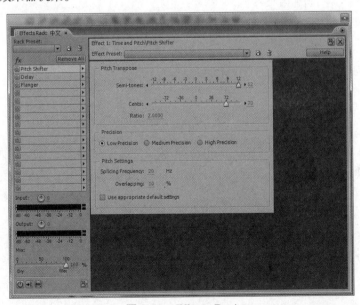

图 6-51　Effects Rack

Effects Rack中各选项的含义如下：

图6-51左边部分：

① Rack Preset（机架预置）：从下拉列表中可以选择预置的一组效果器。

② 保存按钮🖫：单击该按钮，在弹出的对话框中输入自定义的一个或一组效果器的名称，保存到预置菜单中。

③ 删除按钮🗑：单击该按钮，可以删除当前选择的预置与自定义的一组效果器。

④ Remove All（删除全部）按钮：可以删除插槽上的所有效果器，保留预置名称，可以重新插入新的效果器。

有16个插槽可以加载效果器，如果已加载了效果器，显示当前使用的效果器的排序与名称。拖动插槽可以改变效果器的次序。单击插槽右边的下拉按钮，在弹出的列表中显示下No Effect（删除）以及各种类型的效果器，可以添加与改换效果器。

⑤ Input（输入）旋钮🎛：调整轨道上所有效果器的输入音量，回放时电平表显示输入音量。

⑥ Output（输出）旋钮🎛：调整轨道上所有效果器的输出音量，回放时电平表显示输出音量。

⑦ Mix（混合）滑块：拖动滑块可以调整轨道上所有效果器的干湿比例，最左边是全干，保持原有音频而不做处理，最右边是全湿。

⑧ 电源按钮⏻：打开或关闭轨道上所有效果器的电源。

⑨ 推子前/后按钮：设置轨道上所有效果器在轨道音量推子前或后。

⑩ 轨道冻结按钮：冻结轨道上所有效果器。

⑪ 写保护按钮：保护轨道上所有效果器不被其他自动化操作而意外改写。

图6-51右边部分：

① 显示当前使用的效果器的序号与名称。

② 写保护按钮：可以保护当前效果器在其他操作中不被改写。

③ 关闭按钮⊠：关闭当前效果器。

④ Effect Preset：在下拉列表中可以选择当前效果器参数的各种预置。

⑤ 保存按钮🖫：保存当前的参数预置，单击保存按钮，弹出参数预置名称输入对话框。

⑥ 删除按钮🗑：可以删除当前效果器的参数预置与名称。

⑦ Help（帮助）按钮：单击该按钮可以弹出帮助对话框。

下方是当前效果器可以调整的各个参数。不同的效果器将出现不同的参数。

（2）Mastering Rack

在 Edit View 中，选择 Effects→Mastering Rack 命令，打开 Mastering Rack，如图 6-52 所示。

Mastering Rack 与 Effects Rack 基本相同，但 Mastering Rack 提供了预览按钮▶与 OK 按钮，可以预览与施加永久效果，单击 OK 按钮关闭机架之后，设置将被保存，以便重新施加效果，而没有 Effects Rack 的写保护与冻结等功能按钮。

（3）机架操作

① 插槽下方的 Input 音量旋钮🎛与 Output 音量旋钮🎛可以调整输入与输出音量，使它们不出现破音，优化音量。

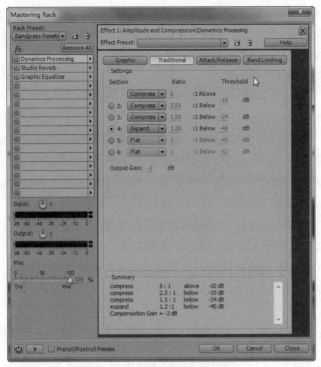

图 6-52　Mastering Rack

② 拖动 Mix 推子，可以改变音频被处理的百分比：100%Wet（湿）等于完全处理音频；0%Dry（干）等于原来的未处理的音频。

③ 要插入一个效果器，从一个插槽的下拉列表中选择效果器。

④ 要旁通一个效果器，单击这个效果器的电源按钮，或是右击此插槽，在弹出的快捷菜单中选择 Bypass Effect 命令。

⑤ 要旁通所有效果器，单击机架左下角的主电源按钮，或是右击此插槽，在弹出的快捷菜单中选择 Bypass All Effects 命令。旁通效果器可以快速比较处理与未处理音频。

⑥ 要删除单个效果器，从插槽下拉列表中选择 No Effect，或是右击此插槽，在弹出的快捷菜单中选择 Remove Effect 命令。

⑦ 要删除所有效果器，单击 Remove All 按钮。

⑧ 要重新排序效果器，拖动它们到不同的插槽。重新排序效果器会产生不同的声音效果。例如，将混响放在 Sweeping Phaser 前面，或相反。

（4）效果预置与机架预置

许多效果器都提供了预置，可以保存与调用偏好设置。

① 要应用一个预置，在 Effect Preset 下拉列表中选择（在列表中选择预置名称）。

② 要保存当前设置作为一种预置，单击 Effect Preset 下拉列表旁边的 Save 按钮〔在某些对话框中为 Add（增加）按钮〕。

③ 要删除一个预置，选中它，然后单击 Delete 按钮（在某些对话框中为 Del 按钮）。

④ 要修改已有的预置，选中它，调整设置，然后用新的名称保存为一个新的预置。

除了特定的效果器预置，主控机架与效果器机架也提供了机架预置存储效果器组合与设置。

① Rack Preset 下拉列表：可以选择预置的效果器组合。

② 保存按钮🖫：可以保存一组效果器为新的机架预置。

③ 删除按钮🗑：可以删除机架预置。

（5）冻结效果

在 Multitrack View 中应用了效果器到一条轨道之后，可以冻结它们来节省 CPU 资源，提高系统应对复杂混音的能力。当一条轨道被冻结时，将不能编辑效果器、素材或包络处理。如果需要改变效果设置，可以快速解冻一条轨道（尽管冻结轨道需要花费一点处理时间，但解冻轨道是瞬时的）。

冻结使用在一条轨道上的所有效果器，单击 Effects Rack 下方的 Freeze 按钮🗮。

（6）用图形控制效果器设置

使用推子、旋钮或直接输入数值可以调整效果器的参数。许多效果器还提供了图形，通过在图形中增加与移动控制点调整参数，精确地修剪效果器设置。

图形控制点与相关的推子或旋钮同步。如果移动或禁用某个效果器的推子或旋钮，相关的图形控制也跟着变化。移动一个控制点也移动相关的推子或旋钮，反过来也一样。图 6-53 所示为移动控制点同时移动推子。

① 要移动图形中的一个控制点，拖动它到新的位置（当指针放在一个控制点上时，指针从箭头变成"手"形状）。

② 要增加一个控制点到图形中，在方格内向要放置控制点的位置单击。

③ 要输入一个控制点的数值，右击控制点，在打开的编辑框中输入，或双击图形曲线进行输入。

④ 要从图形中删除一个控制点，将它拖出图形。

⑤ 要返回图形到默认状态，单击 Reset（恢复）按钮（某些对话框中为 Flat 按钮）。

注意

其中②～⑤项不应用于 Full Reverb（全部混响）、Parametric Equalizer（参数均衡）与 Track EQ（轨道 EQ）的图形。

在默认情况下，图形显示直线在两个控制点之间。然而，有些图形提供 Spline Curves（曲线或样条）选项，在两个控制点之间创建平滑过渡的曲线，如图 6-54 所示。

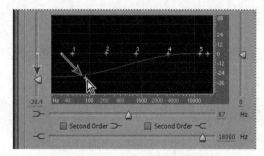

图 6-53　移动控制点同时移动推子

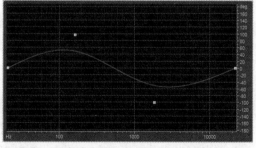

图 6-54　在两个控制点之间创建平滑过渡的曲线

当使用曲线时，线条不是直接通过控制点，而是控制点控制了曲线的形状。要移动曲线靠近一个控制点，单击创建更多的控制点在那个点的附近。控制点越多越密集在一起，曲线将越接近那些点。

2．程序效果器

与 VST 效果器不同，程序效果器只能独立应用，不出现在 Mastering Rack 或 Effects Rack 中。一些程序效果器比 VST 版本提供更多的选项。程序效果器出现在软件菜单或其他地方时，效果器名称的后面出现 process，而且对话框的颜色、选项安排与 VST 效果器也不尽相同。图 6-55 所示为 Pitch Correction（音高修正）程序效果器。

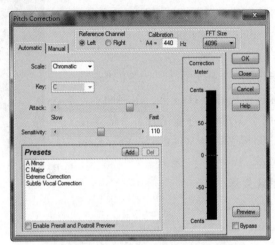

图 6-55　Pitch Correction 程序效果器

3．关于第三方插件

第三方的 DirectX 与 VST 插件扩展了 Adobe Audition 提供的效果器。应用插件效果器与应用内置效果器一样。有关插件的特性可查阅由插件生产商提供的手册。

要在 Adobe Audition 访问音频插件，必须启用 DirectX 效果器或是启用选择的 VST 效果器。了解可能引起 Audition 速度变慢的插件启用最大数目。

注意

如果是一个不兼容的第三方插件，Adobe Audition 将增加它到效果器菜单的不支持子菜单（Effects → Unsupported）上。

要启用 DirectX 效果器，在 Edit View 中，选择 Effects → Enable DirectX Effects 命令。单击 Yes 按钮刷新效果器列表（如果效果器被使用在一个多轨项目中，需关闭项目）。Adobe Audition 扫描系统的 DirectX 插件，在插件被激活之后，Enable DirectX Effects（启用 DirectX 效果器）选项将从 Effects 菜单中被删除，出现禁用 Disable DirectX Effects 命令。

4．应用 VST 效果器

在 Edit View 中，选择 Effects → Add/Remove VST Directory 命令，打开 Add/Remove VST Directory（增加 / 删除 VST 目录）对话框，对话框中列出 Adobe Audition 扫描的 VST 插件的文件夹。默认情况下，在指定的 VST 文件夹中的所有的插件被禁用。为了优化操作，只启用打算在 Adobe Audition 中使用的插件。

如果先安装了 Adobe Premiere Pro，则 Adobe Audition 自动扫描由 Adobe Premiere Pro 提供的 VST 插件。

① 在 Edit View 中，选择 Effects → Add/Remove VST Directory 命令（如果效果器被使用在一个

多轨项目中，需要关闭项目）。

　　② 要增加一个新的文件夹，单击 Add 按钮，打开或创建想要扫描 VST 插件的目录。要删除一个文件夹，选择它并单击 Remove 按钮。

　　③ 单击 OK 按钮，然后单击 Yes 按钮。

　　④ 选择 Effects → VST Plug-In Manage 命令，打开 VST Plug-In Manager（VST 插件管理器）对话框，如图 6-56 所示。

　　⑤ 选择想要在 Adobe Audition 中使用的插件，然后单击 OK 按钮。

　　要直接访问插件管理器，选择 Effects → VST Plug-In Manager 命令。虽然可以在这里选择 VST 乐器，但它们不支持音频处理。要启用这种用于 MIDI 音序器的插件，需要使用在多轨视图的 Sequencer 面板（选择 Window → Sequencer 命令打开）中找到插件管理器。

图 6-56　VST Plug-In Manager 对话框

　　5．在编辑视图下使用效果器

　　（1）在编辑视图中应用成组效果器

　　在 Edit View 中，Mastering Rack 可以支持成组地使用效果器，但不支持 Process Effects，像 Noise Reduction。Process Effects 只能在 Mastering Rack 外单独使用。

　　① 使用时间选择工具 Ⅰ 或套索选择工具 🔎 选择希望处理的音频（双击选择整个文件）。

　　② 选择 Effects → Mastering Rack 命令。

　　③ 在 FX 列表中选择添加效果器，最多 16 个。

　　④ 单击 Preview Play/Stop 按钮 ▶，然后根据需要编辑、混合、排序效果器。要比较处理过的音频与原始音频，可通过机架左下角的主电源按钮 ⏻ 或用于单个效果器的电源按钮 ⏻。

　　⑤ 编辑完成后，单击 OK 按钮。

　　要保存设置，单击一个机架预置。

　　（2）在编辑视图中应用独立的效果器

　　① 在 Main 面板中，选择希望处理的音频。

　　② 从 Effects 菜单的子菜单中选择一个效果器。

　　③ 单击 Preview 按钮，然后根据需要编辑设置。当编辑设置时，注意使用 Levels 面板，优化振幅。

　　④ 要比较原始音频与处理过的音频，可通过 Bypass 选项设置。

　　⑤ 编辑完成后，单击 OK 按钮。

　　6．在多轨视图下使用效果器

　　在 Multitrack View 中，可以应用多达 16 个效果器到每个音频轨道或公共轨道，可以在混音中调整它们。可以从 Main 面板、Mixer 面板或 Effects Rack 中插入、排序与删除效果器。然而，只有在 Effects Rack 中，可以编辑效果器与保存偏好设置作为预置，而这个预置可以应用于多个轨道。

　　在 Multitrack View 中，效果器是非破坏性的，因此，可以随时改变它们。例如，要重新适应一个不同的项目工程，只要重新打开它，改变声音效果，创造新的声音织体。

　　（1）应用效果器

　　① 要应用一个效果器，从 Effect 面板中拖动它到一条轨道，或是从 Main 面板或 Mixer 面板的效

果器插槽上选择效果器［要在 Main 面板中显示效果器插槽，单击轨道控制器的 *fx* 按钮，然后拖动轨道控制器下方的边界向下，垂直放大轨道控制器的显示区域］。

② 在 Effects Rack 的 FX 列表中，有多达 16 个插槽供插入效果器。

③ 按空格键播放项目，然后可以根据需要编辑、排序、删除效果器。随时间变化的效果设置可以使用轨道包络。

（2）编辑先前应用的效果器的设置

要编辑先前应用于一条轨道的效果器的单个设置，必须重新打开 Effects Rack。

执行下列操作之一：

① 在 Main 面板或 Mixer 面板上，双击一个效果器插槽，或从一个插槽的下拉列表中选择 Effects Rack。

② 选择一条轨道，然后选择 Window → Effects Rack 命令。

7．内置效果器

Adobe Audition 将内置的效果器分为十大类，分别为 Multitrack Effects（多轨效果器）、Amplitude and Compression（振幅与压缩类）、Delay and Echo（延时与回声类）、Fitter and EQ（滤波与均衡类）、Modulation（调制类）、Restoration（修复类）、Reverb（混响类）、Special（特殊效果）、Stereo Imagery（立体声映像类）和 Time and Pitch（时间与音高）。其中、效果器名称后带有 Process 的只能应用在 Edit View 中。有些效果器有两种版本，分别应用于 Edit View 与 Multitrack View。只能应用于 Multitrack View 的效果器放在了多轨效果器目录中。

在 Multitrack View 中，可以从 Effects 面板、Effects 菜单、Effects Rack、Main 面板与 Mixer 面板的轨道控制器 FX 轨道插槽中调用。在 Edit View 中，可以从 Effects 面板、Mastering Rack、Effects 菜单与 Generate 菜单中调用。

注：本节中部分插图与操作说明来自 Adobe Audition 3 的帮助文件。

● ● ● ● 6.3　计算机合成声音 ● ● ● ●

计算机合成声音可分为两类：一类是合成语音；另一类是合成音乐。

合成语音通常指文语转换（text to speech，TTS）。简单地说，就是利用计算机模仿人声朗读文本。它的基本原理是通过对文本的分析，将文字序列转换成一串发音符号，根据文字在语句中不同位置上的发音特点设定韵律控制参数，再从语音库取出相应的语音基元，使用特定的语音合成技术合成出符合要求的流畅、自然的语音。虽然目前计算机合成出来的语音显得生硬而缺少"情感"，但在现实生活的应用中，已可预见它的广阔前景。

合成音乐又称 MIDI 音乐，它由音源、音序器与 MIDI 文件组成。

音源可以理解为存有各种"乐器"（或乐器声音）的容器。它可以是一个与计算机连接的单独的物件（合成器、鼓机等），可以是声卡的一部分，也可以是一套磁盘文件（软音源）。这些"乐器"的声音是通过计算机声音合成的方法创造出来的。它可以模仿真实乐器的音色，当然也可以创造出现实生活中并不存在的乐器的音色。这个容器中的"乐器"按一定的次序排列，每种"乐器"或乐器的音色都有一个独立的编号。

音序器是演奏这些"乐器"的工具。可以通过所用音源的乐器编号选择乐器，通过事件编辑音乐的音高、时值、演奏方法等。

MIDI 是指音乐设备数字接口（musical instrument digital interface）。MIDI 的作用就是为电子乐器与计算机之间进行通信定义了一种标准，从而便于人们利用计算机和电子乐器进行乐曲的创作和编排。MIDI 文件不是一段录制好的声音，而是记录了音序器中设定的参数信息。MIDI 本身并不发声，是根据指令调用音源发声。因此 MIDI 格式的文件比较小，一个 MIDI 文件每存 1 min 的音乐只用 5 ～ 10 KB。

MIDI 回放同样是通过播放软件完成的。播放器按照 MIDI 文件中记录的指令使"乐器"演奏。大部分播放软件都可以回放 MIDI 文件。但是，由于 MIDI 文件中所记录的乐器信息是与所用音源相关联的，而各个厂家所生产的音源有着自己的特色，因此在不同的计算机上或使用不同的音源播放时，效果不尽相同。

●●●小　　结●●●

随着数字技术的发展，把模拟信号转换为数字形式进行处理已经成为主流技术。它在存储、复制、重放、编辑等方面的优势是显而易见的。数字音频的基本理论及计算机数字音频编辑的基本方法是计算机基础知识的组成部分之一。考虑到 MIDI 创作需要较全面的作曲理论与技术知识，故有关音序创作方面的知识在本章中未详细论述。

●●●习　　题●●●

1. 什么是标准 CD 格式？
2. 采样率与音频的关系是什么？
3. 量化位数与音响效果的关系是什么？
4. 人耳可听的频率范围是多少？
5. 数字音频的存储量是由哪些因素决定的？
6. Audition 音频编辑软件可以编辑 MP3 格式的文件吗？
7. 在 Audition 软件的多轨视图与编辑视图中都可以编辑音频素材，它们的区别是什么？
8. 音轨与素材都可以使用淡入淡出，它们有什么不同？
9. 公共轨道有什么作用？
10. 哪些轨道可以使用发送功能？
11. 发送的对象是什么？
12. 公共轨道可以作为音频轨道的输出对象吗？
13. 推子前与推子后发送的区别是什么？
14. 简述音频轨道的发送、插入效果器与推子前 / 后的次序。

第 7 章 ▶ 计算机数字视频与动画

学习目标

- 掌握数字视频及处理技术。
- 了解数字视频处理软件的应用。
- 掌握动画及处理技术。

●●●● 7.1 数字视频及处理技术 ●●●●

随着信息技术的不断发展，数字化正成为这个时代的重要标志，数字电视、交互式网络电视（IPTV）、流媒体等概念早已为人们所熟知，在我国的很多城市和发达地区的农村已使用有线数字电视或IPTV，而网络与计算机的普及更是将数字视频带进千家万户。数字视频处理技术拥有广泛的应用领域，因此是非常有必要掌握的知识和技术。本节将系统地介绍数字视频基本概念和数字视频处理技术。

7.1.1 数字视频基本概念

数字视频是指采用数字化的设备和手段捕捉的影像与声音，并经过非线性编辑得到的适于数字化传输的影像与声音信息，或通过模/数转换技术将模拟视频信息转换成数字化影像信息，以用于数字化编辑、制作或传输等。数字视频包含快速连续显示的一系列数字图像，更新视频画面的速度以"帧"为单位，每秒的帧数（fps）越高，则视频播放越流畅逼真。整段数字视频数据量（不包括音频）的计算方法是：整段数字视频数据量＝每帧画面的分辨率 × 色彩位数 × 每秒帧数 × 播放时长。

相对于模拟视频而言，数字视频具有以下优势：

① 数字视频的交互性是其最重要的特点之一。例如，应用广泛的IPTV，其节目在网内可采用广播、组播、单播等多种发布方式。用户可以非常灵活地实现电子菜单、节目预约、实时快进、快退及节目编排等多种功能。而模拟视频由于它自身的特性，只能提供有限的交互能力，例如：仅仅可以选择TV的频道，在VCR中可向前快速搜寻和慢速重播。

② 数字视频采用非线性编辑，无须像操作磁带那样用快进的方式依序搜索，可以随意地编辑而不受素材原本的顺序和长度的限制，使操作过程更简便快捷。此外，数字视频的剪辑精度可达到零帧，甚至可以对画面进行局部调整。

③ 数字视频信号一旦输入计算机，其质量就被确定了，无论经过多少次的编辑修改，视频质量

都不会发生改变，而模拟视频在复制和播放的过程中由于磁带和磁头接触状态的改变造成抖动或其他因素的影响，使得信号质量受到损害，产生信号衰减。

④ 对于数字视频有多种较好的压缩技术，可以在保证高质量画面的同时实现较高的压缩率。

⑤ 数字视频是顺应信息技术发展的产物，它已被广泛应用于各领域，包括 IPTV、网络流媒体、手机电视、移动电视、户外媒体等。

7.1.2 数字视频处理技术

1．数字摄像机

数字摄像机（又称数码摄像机）是制作数字视频非常重要的设备，熟悉设备的档次和性能，对于节目制作者来说非常重要。在数字摄像机领域，索尼、佳能、松下、杰伟世等品牌的产品具有相对大的影响力，它们的产品各有专攻，各守其长，其共同的特点是产品质量稳定。数字摄像机针对不同的用户群分为广播级数字摄像机、专业级数字摄像机和家用级数字摄像机。下面分别介绍。

（1）广播级数字摄像机

广播级数字摄像机是专业电视传播的基础工具，它采用尺寸较大的感光成像器件，它们的清晰度高，信噪比大（杂波极少），图像质量好。但其体积偏大，价格昂贵。广播级数字摄像机有演播室用摄像机（见图 7-1）、新闻采访摄像机（见图 7-2）两类。

图 7-1　演播室用摄像机　　　　　　　　图 7-2　新闻采访摄像机

（2）专业级数字摄像机

专业级数字摄像机（见图 7-3）主要用于各类电化教育、宣传领域，图像质量略低于广播级数字摄像机。近年来，随着摄像成像器件质量的大幅度提高，专业级数字摄像机在清晰度、信噪比和灵敏度等重要指标上已能够满足专业电视传播的需要，而专业级数字摄像机的价格只有广播级数字摄像机的 20% ～ 30%。

（3）家用级数字摄像机

家用级数字摄像机（见图 7-4）主要用于对图像质量要求不高的家庭生活的记录、电视记者暗访、学生进行 DV（数字视频）创作等方面。这类摄像机体积小、使用范围广，价格相对便宜。

2．单反照相机

单镜头反光式取景照相机（single lens reflex camera，SLR camera）简称单反相机，它是指用单镜头，并且光线通过此镜头照射到反光镜上，通过反光取景的相机，如图 7-5 所示。

所谓单镜头是指摄影曝光光路和取景光路共用一个镜头，不像旁轴相机或者双反相机那样取景光路有独立镜头。反光是指相机内一块平面反光镜将两个光路分开：取景时反光镜落下，将镜头的光线反射到五棱镜，再到取景窗；拍摄时反光镜快速抬起，光线可以照射到胶片或感光元件 CMOS（互补金属氧化物半导体器件）或 CCD（电荷耦合器件）上。

图 7-3　专业级数字摄像机

图 7-4　家用级数字摄像机

图 7-5　单反照相机

3．视频板卡

当用摄像机拍摄了各类视频片段或素材后，要将它们转换到计算机上，然后对其进行剪辑、添加特效等后期处理。那么如何才能将模拟磁带或数码磁带上的视频转换到计算机上呢？这里需要用到各类视频板卡。

（1）视频采集卡

视频采集卡（见图 7-6）是将模拟摄像机、录像机、激光视盘机、电视机输出的视频信号数据或者视频音频的混合数据输入计算机，并转换成计算机可辨别的数字数据，存储在计算机中，成为可编辑处理的视频数据文件。

图 7-6　视频采集卡

视频采集卡按照其用途可以分为广播级视频采集卡、专业级视频采集卡、民用级视频采集卡。它们的区别主要是采集的图像指标不同。广播级视频采集卡的特点是采集的图像分辨率高，视频信噪比高，缺点是视频文件庞大，每分钟数据量至少为 200 MB。广播级视频采集卡都带分量输入 / 输出接口，用来连接 BetaCam 摄 / 录像机，此类设备是视频采集卡中最高档的，用于电视台制作节目。专业级视频采集卡的级别比广播级视频采集卡的性能稍微低一些，两者分辨率是相同的。专业级视频采集卡压缩比稍微大一些，其最小压缩比一般在 6:1 以内，此类产品适用于广告公司、多媒体公司制作节目及多媒体软件。民用级视频采集卡的动态分辨率一般最大为 384×288 像素，PAL 制式每秒 25帧。另外，有一类视频采集卡是比较特殊的，这就是 VCD 制作卡，从用途上来说它应该属于专业级，而从图像指标上来说它只能算作民用级产品。

（2）1394 卡

1394 卡的全称是 IEEE 1394 卡（见图 7-7）。1394 卡像 USB 一样，它也是一种接口标准。作为一种数据传输的开放式技术标准，IEEE 1394 被应用在众多的领域，包括数字摄像机、高速外接硬盘、打印机和扫描仪等多种设备。标准的 1394 接口可以同时传送数字视频信号以及数字音频信号，相对于模拟视频接口，1394 接口在采集和回录过程中没有任何信号的损失。正是由于这个优势，1394 卡更多的是被人们当作视频采集卡来使用，它的其他功能反而被忽视了。

1394 卡基本上可以分成两类：带有硬解码功能的 1394 卡和用软件实现压缩编码的 1394 卡。第一种带有硬解码功能的 1394 卡不仅能将电视机或者录像机的视频信号输入计算机，还具备了硬件压缩功能，可以将视频数据实时压缩成 MPEG-1 格式的视频数据流并保存为 MPEG 文件或者 DAT 文件，从而可以方便地制作视频光盘。它的工作方式是边采集边压缩，所以占用的硬盘空间较小（1h 视频占用 650～700 MB 的硬盘空间），压缩后的图像质量也较好。这类 1394 卡的价格相对较高，一般在数百至千元以上不等，最贵的要上万元。

另一类用软件实现压缩编码的 1394 卡，它的功能是将视频信号输入计算机，成为计算机可以识别的数字信号，然后在计算机中利用软件进行视频编辑。这种 1394 卡的最大特点就是价格便宜，适合初学者使用。缺点就是由于 1394 卡采用软件进行编辑，数据量极大（1 h 视频为 13 ~ 17 GB，也就是说一盘 60 min 的 DV 带要占用 13 ~ 17 GB 的硬盘空间），因此对硬盘和 CPU 的要求较高。

（3）视频压缩卡

视频压缩卡（见图 7-8）就是把模拟信号或数字信号通过解码 / 编码，按一定算法把信号采集到硬盘里或直接刻录成光盘，经压缩的视频容量较小，格式灵活，常见的压缩卡有硬件压缩卡和软件压缩卡。硬件压缩卡的压缩比一般不小于 1/6，软件压缩卡的压缩比由软件而定，没有标准。压缩方式一般有帧内压缩和帧间压缩。硬件压缩卡的优点就是不需占用 PC 资源，故较低配置的 PC 也可以采集出高质量的视频文件（VCD/DVD），软件压缩卡需要有较高的 PC 配置。

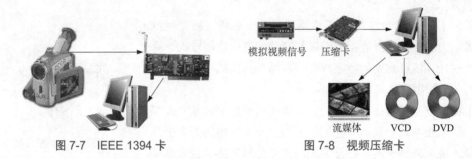

图 7-7　IEEE 1394 卡　　　　　　　　　图 7-8　视频压缩卡

（4）非线性编辑卡

非线性编辑卡（见图 7-9）不仅仅是一个输入 / 输出设备，还是一个图形处理加速器。当用户在实时预览的时候，非线性编辑卡上的 GPU 和计算机的 CPU 协同处理视频图像，所以非线性编辑卡在实现输入 / 输出功能的同时还在配合着 CPU 处理数据。

图 7-9　非线性编辑卡

4．压缩技术

数字视频按照其采用的压缩技术来分主要包括以下几种：

（1）AVI 格式

AVI（audio video interleaved）格式于 1992 年被 Microsoft 公司推出，它是一种音频视频交错格式。所谓"音频视频交错"，就是可以将视频和音频交织在一起进行同步播放。这种视频格式的优点是图像质量好，可以跨多个平台使用，其缺点是 AVI 文件没有限定压缩标准，所以不具有兼容性。此外，AVI 文件体积过大，不适合作为网络流式传播的文件格式。

（2）DV-AVI 格式

DV（digital video）是由索尼、松下、JVC 等厂商联合提出的一种家用数字视频格式，这种视频格式的文件扩展名一般也是 .avi，所以习惯地称它为 DV-AVI 格式。目前家用的数字摄像机就是使用这种格式记录视频数据的。它可以通过计算机的 IEEE 1394 接口向计算机传输视频数据，也可以将计算机中的视频数据存储到数字摄像机中。

（3）MPEG 格式

MPEG（moving picture expert group）格式是运动图像压缩算法的国际标准，它采用了有损压缩方法从而减少运动图像中的冗余信息，人们常接触的 VCD、SVCD、DVD 就是这种格式。目前 MPEG 格式有五个压缩标准，分别是 MPEG-1、MPEG-2、MPEG-4、MPEG-7 和 MPEG-21。

MPEG-1：制定于1992年，它是针对1.5 Mbit/s 以下数据传输速率的数字存储媒体运动图像及其伴音编码而设计的国际标准，主要应用在 VCD 的制作和一些视频片段下载的网络应用上面。使用 MPEG-1 的压缩算法，可以把一部120 min 的电影压缩到1.2 GB左右，可以达到普通 VHS（家用录像系统）录像带的质量。这种视频格式的文件扩展名包括 .mpg、.mlv、.mpe、.mpeg 及 VCD 光盘中的 .dat 文件等。

MPEG-2：制定于1994年，其设计目标是达到高级工业标准的图像质量以及更高的传输率。这种格式主要应用在 DVD 的制作、HDTV 节目制作和高质量视频剪辑等方面。使用 MPEG-2 的压缩算法，可以将一部120 min 的电影压缩到4～8 GB，而且图像质量相当优秀。这种视频格式的文件扩展名包括 .mpg、.mpe、.mpeg、.m2v 及 DVD 光盘上的 .vob 文件等。

MPEG-4：制定于1998年，是为播放高质量视频的流式媒体而专门设计的，是网络视频图像压缩标准之一，特点是压缩比高、成像清晰、容量小，即能够保存接近于 DVD 画质的小体积视频文件。一张 DVD 光盘，可以存储十多部高清晰的 MPEG-4 格式的网络电影。此外，MPEG-4 编码文件对机器的硬件要求也不高。这种视频格式的文件扩展名包括 .asf、.mov、DivX 和 AVI 等。

MPEG-7：正式名称为"多媒体内容描述接口"（multimedia content description interface），其目标就是产生一种描述多媒体内容数据的标准，满足实时、非实时以及推拉应用的需求，是对各种不同类型的多媒体信息进行标准化描述，并将该描述与所描述的内容相联系，以实现快速有效的搜索。

MPEG-21：正式名称为"多媒体框架"或"数字视听框架"，是 MPEG 在1999年的 MPEG 会议上提出并确定的。它以将标准集成起来支持协调的技术，以管理多媒体商务为目标，目的就是将不同的技术和标准结合在一起，制定新的标准并完成不同标准的结合工作。

（4）DivX 格式

DivX 格式即通常所说的 DVDrip 格式，它综合了 MPEG-4 与 MP3 各方面的技术，使用 DivX 压缩技术对 DVD 盘片的视频图像进行高质量压缩，同时用 MP3 或 AC3 技术对音频进行压缩，然后再将视频与音频合成并加上相应的外挂字幕文件而形成的视频格式。其画质近似 DVD，但体积只有 DVD 的几分之一。

（5）MOV 格式

MOV 格式是 Apple 公司开发的一种视频格式，具有较高的压缩比和较完美的视频清晰度，具有跨平台性，即不仅能支持 Mac OS，同样也能支持 Windows 系列，其默认播放器是 Quick Time Player。

（6）ASF 格式

ASF（advanced streaming format）格式是 Microsoft 公司为了和 RealNetworks 公司竞争流媒体市

场而推出的一种视频格式，它使用了 MPEG-4 的压缩算法，压缩率和图像的质量都很不错，其特点是体积小、适合网络传输。用户可以直接使用 Windows 自带的 Windows Media Player 对其进行播放。

（7）WMV 格式

WMV（windows media video）格式也是 Microsoft 公司推出的一种采用独立编码方式，并且可以直接在网上实时观看视频节目的文件压缩格式。WMV 格式的主要优点包括：本地或网络回放、可扩充的媒体类型、可伸缩的媒体类型、多语言支持、环境独立性、丰富的流间关系以及扩展性等。

（8）RM 格式

RM（real media）格式是 RealNetworks 公司所制定的音频 / 视频压缩规范，用户可以使用 RealPlayer 或 RealOne Player 对符合 RealMedia 技术规范的网络音频 / 视频资源进行实况转播，还可以根据网络数据传输速率的不同制定不同的压缩比率，实现在低速率的网络上进行实时传播，并且用户使用 RealPlayer 或 RealOne Player 播放器可以在不下载音频 / 视频内容的条件下实现在线播放。

（9）RMVB 格式

RMVB 格式是 RM 视频格式的升级延伸，它的先进之处在于打破了原先 RM 格式平均压缩采样的方式，在保证平均压缩比的基础上合理利用比特率资源，对于静止和动作场面少的画面场景采用较低的编码速率，这样可以留出更多的带宽空间去处理快速运动的画面场景。这样在保证了静止画面质量的前提下，大幅提高了运动图像的画面质量，从而使图像质量和文件大小之间达到了微妙的平衡。

5．非线性电视编辑技术

对于视频作品的创作分为前期拍摄和后期编辑两部分。节目的后期编辑是相对于前期拍摄的一个加工、完善的过程。后期制作的主要任务是按照文本（剧本）思路整理前期拍摄的资料，添加特技、字幕等元素，完成节目的诸元素的整合，制作出好看、好听的视频文件。

影视后期编辑包括线性编辑和非线性编辑两种方式。目前主要用的是非线性编辑系统。

首先了解一下线性编辑。线性编辑又称电子模拟线性编辑系统或磁带编辑系统，是 20 世纪 70～90 年代使用最为广泛的传统电视节目编辑方式。它是利用电子手段，根据节目内容的要求将素材连接成新的连续画面的技术。通常使用组合编辑将素材顺序编辑成新的连续画面，然后再以插入编辑的方式对某一段进行同样长度的替换。但要想删除、缩短、加长中间的某一段就不可能了，除非将那一段以后的画面抹去重录。

非线性编辑系统是以计算机图像处理技术为基础，集编辑、切换、特效、字幕、动画、录音等功能于一体的电视编辑系统。它与传统的线性编辑系统的根本区别在于，它将视音频文件以数字化文件的方式存储在计算机硬盘上，然后进行编辑。人们可以对存储的数字化文件反复更新和编辑。从本质上讲，这种技术提供了一种方便、快捷、高效的电视编辑方法，使得任何片段都可以立即观看并随时任意修改。

●●●●7.2　数字视频处理软件●●●●

Premiere 是一款常用的数字视频处理软件，由 Adobe 公司推出。现在常用的版本有 CS4、CS5、CS6、CC、CC 2014、CC 2015、CC 2017 及 CC 2018 等。Adobe Premiere Pro CC 集视音频编辑于一体，

广泛地应用于电视节目制作、广告制作及电影剪辑等领域。

Premiere 是非常优秀的桌面视频编辑软件，它可以在计算机上观看多种格式的视频，能使用多轨对影像与声音进行合成与剪辑。Premiere 提供了各种操作界面来达成专业化的剪辑需求。在影视广告后期制作领域中，Premiere 发挥了举足轻重的作用。Premiere 可以处理由计算机制作的动画影像或是由非线性编辑系统输入的实物影像，在 Premiere 中加以剪辑、加工，使视频后期编辑在 PC 平台上得以顺利实现。Premiere 提供了采集、剪辑、调色、美化音频、字幕添加、输出、DVD 刻录的一整套流程，并和其他 Adobe 软件高效集成，有较好的兼容性，提升使用者的创作能力和创作自由度。

7.2.1　Premiere Pro CC

Premiere Pro CC 建立了在 PC 上编辑数码视频的新标准，把它从原来的基础级提升到能够满足那些需要在紧张的时限和更少的预算下进行创作的视频专业人员的应用需求。它提供了更强大、高效的增强功能和先进的专业工具，包括尖端的色彩修正、强大的视音频控制和多个嵌套的时间轴，并专门针对多处理器和超线程进行了优化，能够利用计算机的 CPU、操作系统等软硬件在速度方面的优势，提供一个能够自由渲染的编辑体验。

Premiere Pro CC 能够支持高清晰度和标准清晰度的电影胶片。用户能够输入和输出各种视频和音频模式，包括 MPEG-2、AVI、WAV 和 AIFF 文件。另外，Premiere Pro CC 文件能够以工业开放的交换模式 AAF（advanced authoring format，高级制作格式）输出，用于进行其他专业产品的工作。

作为 Adobe 屡获殊荣的数码产品线的一员，Premiere Pro CC 能够与 Adobe Video Collection 中的其他产品无缝集成，这些产品包括 Adobe Audition、Adobe Encore DVD、Adobe Photoshop 和 AfterEffects 软件。Premiere Pro CC 和 After Effects 6.0 合作，较之在两个应用之间独立工作相比，共享数据更容易。用户能够以带有章节注记的 MPEG-2 或 AVI 文件模式输出。Premiere Pro CC 项目，由 Adobe Encore DVD 转化为章节数。Photoshop 的带图层文件置入 Adobe Premiere Pro CC 时，既可以把图层合并置入，也可以将每一个图层独立作为一个视频轨置入，使 Photoshop 用户获益匪浅。这些集成的特性有助于创建一个灵活的工作流，节省制作时间，提高效率。

Premiere Pro CC 为用户提供了从 DV 到高清级自由编辑的非线性视频编辑应用软件。Premiere Pro CC 能在本地计算机上进行实时传递反馈，进而大大缩短渲染耗时；拥有大量专业工具，包括高级工具组合以及简易的颜色校正系统、多重可嵌套时间轴；精确的音频编辑工具和环绕声支持，满足了专业视频编辑需求。

Premiere Pro CC 针对专业的视频后期制作人员设计。使用过其他专业视频编辑系统的用户会发现在 Adobe Premiere Pro CC 中进行编辑更加得心应手，而新手同样会赞赏其直观的界面及其编辑速度。挑剔的专业人士也会赞赏其专业特点，而直接输出 DVD 选项使得发布更加简单快捷。

Premiere 适用于微软 Windows XP 及以上版本的操作系统（见表 7-1）。Windows 提供 DV 优化支持并允许 Premiere Pro CC 利用超线程技术大幅增强性能。

表 7-1　Premiere 版本区间与适用操作系统

Premiere 版本区间	适用 Windows 操作系统	
2.0 ～ CS4	Windows XP	Windows 7
CS5 ～ CC	Windows 7/8	Windows 10

如果配置过低，推荐使用 Vegas、Edius 来进行剪辑工作。32 位版本的 Premiere 性能优化没有高版本的优秀，而且对配置要求苛刻，无法充分利用高于 4G 的内存和多核心处理器，使用时非常容易出现白屏、卡机、崩溃等现象，降低工作效率。

Premiere Pro CC 对系统的最低要求（Windows）：

① Intel Pentium III 800 MHz 处理器（建议 Pentium 4 3.06 GHz 或更高）。

② 安装 256 MB RAM（建议 1 GB 或更大）。

③ 用于安装的 800 MB 可用硬盘空间。

④ CD-ROM 驱动器。

⑤ 需要兼容的 DVD 刻录机（DVD-R/RW+R/RW），以便导出到 DVD。

⑥ 1 024×768 像素 32 位彩色视频显示适配器。（建议使用 1 280×1 024 像素或双显示器）

⑦ DV：OHCI（开放式主机控制接口协议）兼容 IEEE 1394 接口和专用大容量 7 200 r/min UDMA 66 IDE 或 SCSI 硬盘或磁盘阵列。

⑧ 第三方捕捉卡：Premiere Pro CC 认证的捕捉卡。

⑨ 可选：ASIO 音频硬件设备；环绕声扬声器系统。

7.2.2　软件窗口及功能面板

图 7-10 所示为 Premiere Pro CC 的操作界面，其中包含了项目窗口、时间轴窗口、监视器窗口、效果窗口、效果控件窗口、音频剪辑混合器窗口、工具栏窗口、信息窗口和历史记录窗口等。下面逐个进行简单介绍。

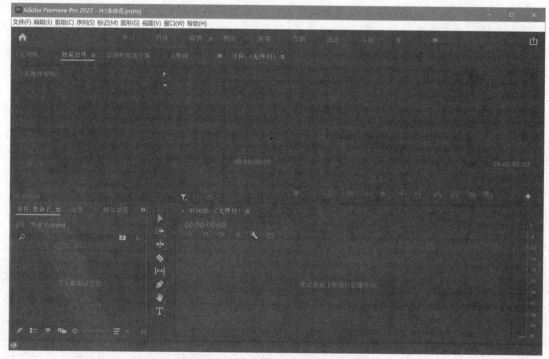

图 7-10　Premiere Pro CC 操作界面

1．项目窗口

项目窗口是一个素材文件的管理器，新建或打开一个项目后，要先将需要的素材通过选择"文件"→"导入"命令导入到项目窗口。或者直接将素材拖动到项目中。将素材导入项目窗口中，将会在其中显示文件的详细信息：名称、属性、大小、持续时间、文件路径以及备注等。选择项目窗口中的文件，将在窗口上方显示文件的缩略图和信息，如图 7-11 所示。

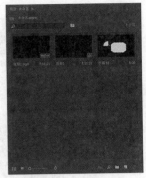

图 7-11　项目窗口

2．时间轴窗口

时间轴窗口（见图 7-12）是制作影视节目过程中最常用的窗口之一，它按时间顺序将视频文件逐帧展开，以交互式的编辑工作方式按帧精度进行编辑，并与音频文件精确同步。

图 7-12　时间轴窗口

3．监视器窗口

在 Premiere Pro CC 中，播放、剪辑和预览视频、音频素材和监视节目内容的工作都是通过监视器窗口完成的，可以在其中设置素材的入点、出点，改变静止图像的持续时间、设置标记等。监视器窗口如图 7-13 所示。

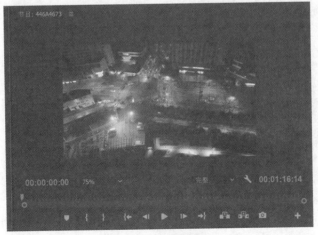

图 7-13　监视器窗口

4．效果窗口和效果控件窗口

如图 7-14 所示的效果窗口，所有的视频和音频特效都存放到效果窗口中，并进行了分类存放。如果安装了第三方插件，也会在这个窗口中显示出来。图 7-15 所示为效果控件窗口，可以用来对素材进行特效、运动和转换的参数设置，也可以用来查看某个素材的效果设置。

图 7-14　效果窗口

图 7-15　效果控件窗口

5．音频剪辑混合器窗口

Premiere Pro CC 具有专业的音频处理能力，使用音频编辑模式可以打开音频剪辑混合器窗口，如图 7-16 所示。音频剪辑混合器窗口可以更加有效地调节节目的音频，可以实时混合各轨道的音频对象。剪辑人员可以在影片混合器窗口中选择相应的音频控制器进行调节，控制时间线窗口对应轨道的音频效果。

6．工具栏窗口

工具栏窗口提供了编辑影片的常用工具，如图 7-17 所示。

常用工具有：选择工具（V）、向前轨道选择工具（A）、向后轨道选择工具（Shift+A）、波纹编辑工具（B）、滚动编辑工具（N）、比率拉伸工具（R）、剃刀工具（C）、外滑工具（Y）、内滑工具（U）、钢笔工具（P）、手型工具（H）、缩放工具（Z）。

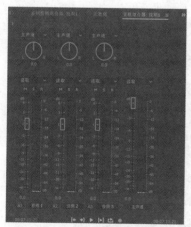

图 7-16　音频剪辑混合器窗口

图 7-17　工具栏窗口

7．信息窗口和历史记录窗口

信息窗口中集中反映了当前编辑对象的详细信息，如图 7-18 所示。

历史记录窗口（见图 7-19）中记录了编辑人员的每一步操作，在历史记录窗口中单击要返回的操作，可以恢复到若干步前的操作。

图 7-18　信息窗口　　　　　　　　　　　图 7-19　历史记录窗口

7.2.3　影视基本编辑技术

1．创建项目

首先启动 Premiere Pro CC 软件的执行程序，进入图 7-20 所示的界面。

图 7-20　Premiere Pro CC 启动界面

如果选择打开项目，弹出文件浏览界面（见图 7-21），该界面显示了最近使用的一些项目名称，单击其中一个可以直接打开最近使用的项目。下面的四个按钮分别可以创建一个新项目或者打开计算机中已有的项目，还可以新建团队项目和打开团队项目。如果单击"新建项目"按钮，弹出"新建项目"对话框，如图 7-22 所示。

项目新建之后，在文件菜单里新建序列。在序列预设选项卡下提供了剪辑人员常用的 DV-NTSC 和 DV-PAL 设置，如图 7-23 所示。如果需要自定义项目设置，则可在对话框中切换到"设置"选项卡进行设置，如图 7-24 所示。

图 7-21　文件浏览界面

图 7-22　"新建项目"对话框

图 7-23　新建序列"序列预设"对话框

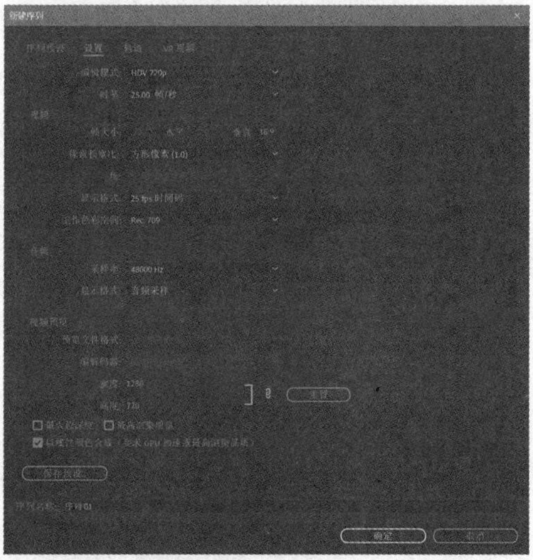

图 7-24　新建序列"设置"选项卡

在"设置"选项卡下包含四个选项：视频、音频、视频预览和VR属性。主要设置内容有：

① 编辑模式：决定了视频的播放模式和压缩方式，包括DV Playback和Video for Windows两种。一般情况下，编辑数字DV影片选择DV PAL模式，编辑其他影片选择Video for Windows模式。如果安装了与Premiere Pro CC兼容的视频卡，还会出现第三方数字视频格式。

② 时基：决定了时间轴窗口片段中的时间位置的基准。一般情况下，电影胶片选24，PAL或SECAM制式选25，NTSC制式选29.97，其他可选30。

③ 帧大小：可以设置视频的显示尺寸。

④ 像素长宽比：根据画面定义像素比。

⑤ 场：在电视系统中，用交错的视频场表示一个帧。有三种方式：低场、高场、无场。

⑥ 视频显示格式：该项一般与基本设置一致。

⑦ 音频显示格式：定义音频的显示格式，如图7-25所示。

⑧ 采样率：采样率越高，音质越好，相应占用的资源也越多。通常48 000 Hz可达到广播级质量，如图7-26所示。

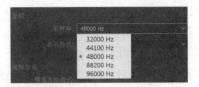

图 7-25　音频显示格式　　　　　　　　　　图 7-26　音频采样率

在"新建序列"对话框内，通过"轨道"选项卡，可以设置视频和音频轨道数，如图7-27所示。

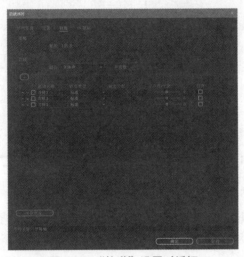

图 7-27　"轨道"设置对话框

2．导入素材

新建一个项目后，需要将准备好的素材添加进来然后进行编辑和修改。Premiere Pro CC支持大部分主流的视频、音频以及图形图像文件格式，一般的导入方法为：选择"文件"→"导入"命令，如图7-28所示，在"导入"对话框中选择需要的文件即可，如图7-29所示。

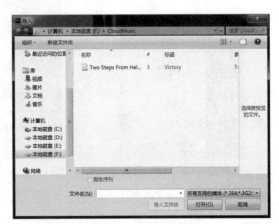

图 7-28　文件导入菜单　　　　　　　　　　图 7-29　"导入"对话框

下面介绍两种需要进行具体设置的导入方式。

（1）导入包含图层的文件

Premiere Pro CC 可以导入 Photoshop、Illustrator 等包含图层的文件，在导入该类型的文件时，需要对导入的图层进行相应的设置。

在项目窗口右击，在弹出的快捷菜单中选择"导入"命令，如图 7-30 所示，弹出图 7-31 所示的"导入"对话框。在"导入"对话框中选择 Photoshop、Illustrator 等包含图层的文件格式。

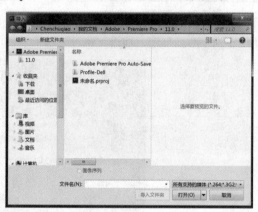

图 7-30　"导入"命令　　　　　　图 7-31　"导入"对话框

（2）导入序列文件

序列文件是一种重要的素材资源，它由若干幅按序排列（以数字序号为序）的图片组成，每幅图片代表一帧，用来记录活动影像。这些序列图片通常可以通过 3ds Max、After Effects、Combustion 等软件产生，然后再导入 Premiere Pro CC 中使用。

导入序列文件的方法是：单击项目右下角"新建项"图标，在弹出的菜单中选择"序列"命令，如图 7-32 所示，在"导入"对话框中找到序列文件所在的目录，序列文件导入后的状态如图 7-33 所示。

图 7-32　"新建项"菜单　　　　　　图 7-33　序列文件导入后的状态

这两种是比较复杂的文件导入方式，故在此详细说明。其他文件的导入与一般的文件导入方法类似。

7.2.4　字幕制作基础

在 Premiere Pro CC 软件中添加字幕与其他的软件不一样，它有专门的字幕编辑窗口。打开字幕编辑窗口的方法有两种：

① 选择"字幕"→"新建字幕"→"默认静态字幕"命令，可以打开字幕窗口。

② 单击项目右下角"新建项"图标，在弹出的菜单中选择"字幕"命令，打开"新建字幕"对话框，如图 7-34 所示。进行相应设置后打开字幕编辑窗口进行编辑，如图 7-35 所示。

字幕编辑窗口左侧的工具栏中包含了生成、编辑文字与物体的工具。要使用工具做单次操作，则在工具栏中单击该工具。要使用一个工具做多次操作，则在工具箱中双击该工具。

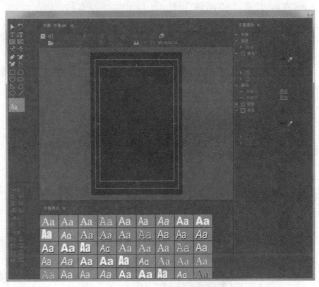

图 7-34　"新建字幕"对话框　　　　　　　　　图 7-35　字幕编辑窗口

选择工具：可以选择一个物体或文字块。按住【Shift】键可以选择多个对象，还可以拖动对象句柄调节对象的区域和大小。对于贝塞尔曲线物体来说，还可以使用选择工具编辑节点。

旋转工具：使用该工具可以旋转对象。

文字工具：使用该工具可以建立并编辑文字。

竖排文字工具：使用该工具可以建立竖排文字。

段落文本工具：使用该工具可以建立段落文本。段落文本工具与普通文字工具的不同在于，它建立文本的时候，首先要限定一个范围框，调整文本属性，范围框不会受到影响。

竖排段落文本工具：使用该工具可以建立竖排段落文本。

路径文本工具：使用该工具可以建立一段沿路径排列的文本。

路径文本工具（平行）：使用该工具可以建立一段沿路径排列的文本。它与上面那个工具不同的是，上面的工具创建的是垂直于路径的文本，而创建的是平行于路径的文本。

钢笔工具：使用该工具可以创建复杂的曲线。

添加定位点工具：使用该工具可以在线段上添加控制点。

删除定位点工具：使用该工具可以在线段上删除控制点。

转换定位点工具：使用该工具可以产生一个尖角。

矩形工具：使用该工具可用来绘制矩形。

切角矩形工具：使用该工具可以创建一个矩形，并且对该矩形的边界进行剪裁控制。

圆角矩形工具：使用该工具可以绘制一个带圆角的矩形。

圆矩形工具：使用该工具可以创建一个扁圆的矩形。

三角形工具：使用该工具可以创建一个三角形。

圆弧工具：使用该工具可以创建一个圆弧。

椭圆工具：使用该工具可以创建一个椭圆。按住【Shift】键可以绘制一个正圆。

直线工具：使用该工具可以绘制一条直线。

在字幕窗口的右侧是字幕属性区域（见图7-36），在其中可以设置对象的属性、填充、描边、阴影。使用不同的工具，目标风格区域也各有不同。

在下方的字幕样式区域中提供了各种不同风格的字体样式，直接单击该样式就可以很方便地实现字体的设置。另外，在变换区域（见图7-37）中提供了对象的不透明度、位置、宽度、高度、旋转角度等。

图 7-36　设置字幕属性

图 7-37　字幕变换区域

1. 使用文字工具创建文字对象

（1）创建水平或垂直排列文字

选择工具箱中的水平 T 或垂直 IT 排列的文字工具，然后在字幕编辑窗口中单击并输入文字即可，如图 7-38 所示。

（2）创建段落文本

选择工具箱中的水平 圖 或垂直 圖 段落文本工具。在编辑区按住鼠标左键拖动出一个矩形框，在矩形框中输入文字即可，如图 7-39 所示。

（3）创建路径文字

在工具箱中选择垂直 圖 或者平行 圖 的路径文字工具，在编辑窗口中要输入文字的位置单击，移动鼠标指针到另一个位置后单击，将会出现一条直线，即可将文字载入路径。然后再选择任何一种文字输入工具，在路径上单击并输入文字即可，如图 7-40 和图 7-41 所示。

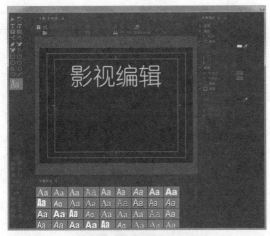

图 7-38 创建水平排列文字

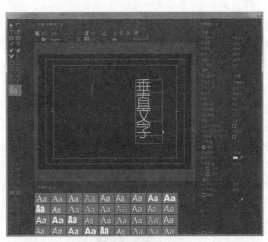

图 7-39 创建段落文本

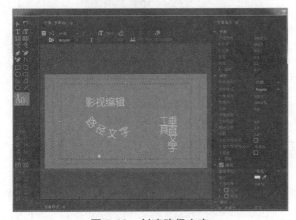

图 7-40 创建路径文字

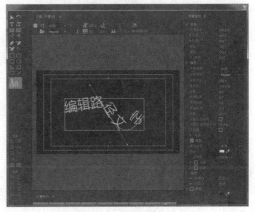

图 7-41 编辑路径文字

2．文字对象的编辑

（1）文字对象的选择与移动

使用选择工具 ，单击文字对象即可将其选中。

在文字对象选中的情况下，按住鼠标左键移动即可实现文字对象的移动。当然也可以使用键盘方向键对其进行移动。

（2）文字对象的缩放与旋转

使用选择工具 ，单击文字对象将其选中。在出现的矩形框上有八个控制点，用鼠标拖动控制点，即可实现缩放。按住【Shift】键可实现等比例缩放。

在文字处于选中的情况下，选择工具箱中的旋转工具 ，移动鼠标指针到编辑窗口中对象的四个角上即可实现旋转操作。

（3）改变文字对象的位置

使用选择工具 ，单击文字对象将其选中，右击，在弹出的快捷菜单中选择"位置"命令下的相关命令即可改变文字对象的位置。

（4）设置文字对象的属性

使用选择工具 🔲，单击文字对象将其选中，然后在右侧的目标风格区域的属性栏中对文字进行具体的设置。

（5）设置文字的对齐方式

文字对齐方式只对段落文本有用。使用选择工具 🔲，单击文字对象将其选中。选择"对齐方式"→"水平靠左/垂直靠上/水平居中/水平靠右/垂直靠下"命令即可，如图 7-42 所示。或者在字幕上右击，在弹出的快捷菜单中选择"位置"→"水平居中对齐/垂直居中对齐/下方三分之一处"命令，如图 7-43 所示。

图 7-42　文字对齐方式设置

图 7-43　文字位置设置

3. 建立图形物体

（1）使用形状工具绘制图形

在工具箱中选择任何一种绘图工具，在编辑窗口中按住鼠标左键拖动到合适的位置再释放即可绘制相应的图形，如图 7-44 所示。

图 7-44　建立图形物体

（2）使用钢笔工具绘制自由图形

使用钢笔工具建立"贝塞尔曲线"，通过调整曲线的控制点，可以绘制任何形状的图形。

在工具箱中选择钢笔工具，在字幕编辑窗口中将指针移动到要建立图形的第一个控制点位置，单击创建一个控制点。将指针移动到第二个控制点位置，单击创建第二个控制点。继续单击可创建更多的控制点。

在使用钢笔工具创建路径时，可以直接建立曲线路径。只要在创建控制点时按住鼠标左键拖动，会出现控制曲线方向的句柄和方向线，方向线的长度和曲线的角度决定了画出的曲线的形状，然后可以通过调节方向句柄修改曲线的曲率，如图 7-45 所示。

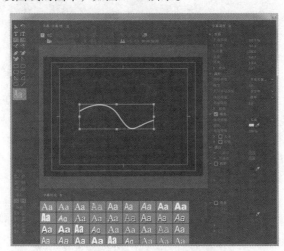

图 7-45　使用钢笔工具创建路径

通过添加定位工具、删除定位工具和转换定位工具可以添加、减少和调整路径上的控制点，以实现对路径形状的改变。

（3）改变对象排列顺序

在默认状态下，字幕编辑窗口中创建的多个对象是分层排列的，新创建的对象总是处于上方，且会挡住下面的对象。要改变排列的顺序，可以选择要排序的对象后右击，在弹出的快捷菜单中选择"排列"命令，在弹出的子菜单中选择其中一种即可，如图 7-46 所示。

图 7-46　改变对象排列顺序

其他快捷键操作：

① 移到最前（Ctrl+Shift+]）。该命令将选择的对象置于所有对象的顶层。

② 前移（Ctrl+]）。该命令将选择的对象提前一层。

③ 移到最后（Ctrl+Shift+[）。该命令将选择的对象置后一层。

④ 后移（Ctrl+[）。该命令将选择的对象置于所有对象的底层。

4．插入标志 Logo

在节目制作过程中，经常会为影片插入 Logo，Premiere Pro CC 也提供了这一功能。在字幕窗口中右击，在弹出的快捷键中选择"图形"→"插入图形"命令，如图 7-47 所示。在弹出的"导入图形"对话框中选择要输入的图形文件，导入即可，如图 7-48 所示。

图 7-47　选择"插入图形"命令

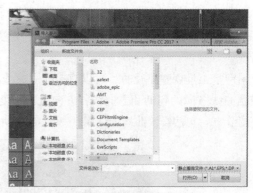

图 7-48　"导入图形"对话框

Premiere Pro CC 支持以下格式的 Logo 文件：AIFile、Bitmap、EPSFile、PCX、Targa、JPG、GIF、TIFF、PNG、PSD 及 Windows Metafile，也可以在文本中插入 Logo。选择文字工具，在文本中需要插入 Logo 的位置右击，在弹出的快捷菜单中选择"图形"→"插入图形"命令，弹出"导入图形"对话框，选择需要的文件即可。

7.2.5　加入音频效果

对于一部完整的影片来说，声音具有重要的作用，无论是同期的配音还是后期的效果、伴乐，都是一部影片不可或缺的。Premiere Pro CC 不仅可以编辑音频素材，还可以添加音效、单声道、立体声或 5.1 环绕声的制作。下面介绍 Premiere Pro CC 处理声音的一般方法。

1．音频文件的导入

音频文件的导入与导入其他的文件一样，选择"文件"→"导入"命令，弹出"导入"对话框，选择所要导入的音频文件，单击"打开"按钮即可，如图 7-49 所示，这样就将音频文件导入项目窗口中。

2．添加轨道音频

在"时间轴"窗口中，包含了视频轨道和音频轨道。当音频文件被导入项目窗口之后，可以将它们拖到音频轨道中，如图 7-50 所示。

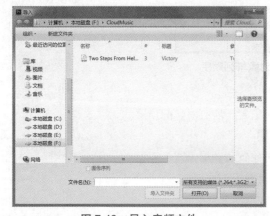

图 7-49　导入音频文件

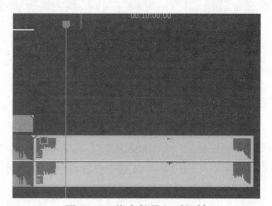

图 7-50　将音频导入时间轴

在音频轨道上使用鼠标滚轮，可以将音频波形展开，如图 7-51 所示。再次使用鼠标滚轮可以将其合拢。

一般情况下，音频轨道左侧控制面板中的 M 按钮总是显示为可见，此时声音处于播放状态，单击后，即显示为不可见，此时为静音。再次单击又恢复播放状态。S 为独奏轨道按钮，单击后只播放这一轨道上的音频， 是画外音按钮，单击后可以后期录制音频。左侧小锁 🔒 为锁定轨道按钮，锁定之后无法修改。音频轨道设置如图 7-52 所示。

在多个轨道中选中音频轨道，用鼠标滚轮拉伸，可以在音频轨道中以波形形式直观地显示音频的变化。

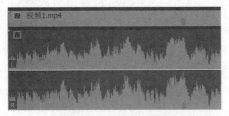

图 7-51　音频波形展开

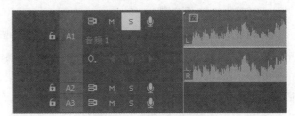

图 7-52　音频轨道设置

3．使用音频剪辑混合器调节音频

选择"窗口"→"音频剪辑混合器"命令即可打开音频剪辑混合器菜单，如图 7-53 所示。音频剪辑混合器由若干个轨道音频控制器、主音频控制器和播放控制器组成，如图 7-54 所示。

图 7-53　音频剪辑混合器菜单

（1）轨道音频控制器

轨道音频控制器用于调节与其对应的轨道上的音频对象，控制器 1 对应于音频 1。轨道音频控制器的数目由时间轴窗口中的音频轨道数目决定。

轨道音频控制器由控制按钮、声道调节滑轮以及音量调节滑块组成，如图 7-55 所示。

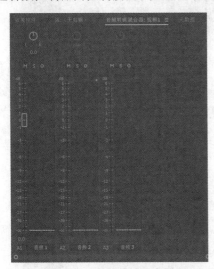

图 7-54　音频剪辑混合器

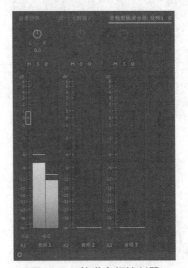

图 7-55　轨道音频控制器

控制按钮：控制音频调节时的调节状态。第一个按钮为静音按钮，选中它可以将该轨道设置为静音状态。第二个按钮为独奏按钮，选中后该轨道为独奏轨道，其他轨道的音频自动设置为静音。第三个按钮为录音按钮，选中这个按钮可以利用输入设备将声音录制到该轨道上。

声道调节滑轮：如果对象是双声道音频，可以使用声道调节滑轮调节播放声道。向左拖动滑轮，输出到左声道的声音增加；向右拖动滑轮，输出到右声道的声音增加。

音量调节滑块：通过音量调节滑块可以控制当前轨道音频对象音量，向上拖动滑块增加音量；向下拖动滑块减小音量。

（2）播放控制器

播放控制器可以控制音频的播放，使用方法与监视器窗口中的播放控制区域相同。

4．分离和链接视音频

在编辑过程中，用户有时需要将时间轴窗口中的视音频链接素材的视频和音频部分进行分离，这样用户就可以完全打断或暂时释放链接素材的链接关系并重新布置各部分内容。

在 Premiere Pro CC 中，视音频有硬链接和软链接两种链接关系。如果视音频来自同一个影片文件，它们就是硬链接，在项目窗口中只有一个素材文件。软链接是在时间轴窗口中建立的链接。用户可以在时间轴窗口中为音频素材和视频素材建立软链接，但链接的文件在项目窗口中仍保持着各自的完整性。

如果要分离视音频，则只要在对象上右击，在弹出的快捷菜单中选择"取消链接"命令，如图 7-56 所示。

要把分离的视音频素材链接在一起，只要在时间轴中同时选中要链接的视频素材和音频素材，在对象上右击，在弹出的快捷菜单中选择"链接"命令即可，如图 7-57 所示。

图 7-56　选择"取消链接"命令

图 7-57　选择"链接"命令

7.2.6　影片输出的参数设置

在 Premiere Pro CC 中完成了素材的装配和编辑后，如果效果满意，可以使用输出命令合成影片，在计算机监视器和电视屏幕上播放影片，或将影片输出到录像带上。也可以将它们输入到其他支持 Video for Windows 或 QuickTime 的应用中。完成后的影片的质量取决于诸多因素，比如，编辑所使用的图形压缩类型、输出的帧速率以及播放影片的计算机系统的速度等。

1．设置影片输出的基本选项

在合成影片前需要在输出设置中对影片进行相关的设置，输出设置中大部分与项目的设置相同。

设置输出基本选项的方法如下：选择需要输出的序列，选择"文件"→"导出"→"媒体"命令，如图 7-58 所示。然后单击"媒体"按钮，打开"导出设置"窗口，在其中对导出设置文件的格式以及输出区域等进行设置，如图 7-59 所示。

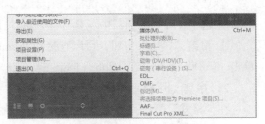

图 7-58　"导出"菜单

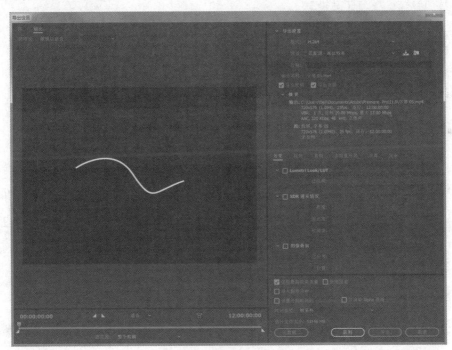

图 7-59　"导出设置"窗口

在"格式"下拉列表中可选择要设置的文件格式。

① Microsoft DV AVI：输出 DV 格式的数字视频。

② Microsoft AVI：输出基于 Windows 平台的数字电影。

③ Filmstrip：输出胶片带。胶片带格式可以将 Adobe Premiere 中的影像输出，并在 Photoshop 中进行逐帧编辑，它是没有压缩的视频文件，会占用大量的磁盘空间。

④ Animated GIF：输出 GIF 动画文件。

⑤ Windows Waveform：只输出影片的声音，为WAV格式。

⑥ 输出序列文件。Premiere Pro CC可以将节目输出为一组带有序列号的序列图片。这些文件由号码01开始顺序计数，并将号码补充到文件名后，如sqe01.tga、sqe02.tga、sqe03.tga等。输出的静帧序列文件格式有TIFF、Targa、GIF以及Windows Bitmap等。

导出设置的主要操作：

① 选中"导出视频"复选框，则合成影像时输出影像文件，取消选择则不能输出影像文件。

② 选中"导出音频"复选框，则合成影像时输出声音文件，取消选择则不能输出声音文件。

③ 选中"导入到项目中"复选框，影片在合成完成后，自动添加到当前项目中。

④ 单击"导出"按钮，可以直接在Premiere Pro CC中导出。如果需要同时导出多个文件，可以单击"队列"按钮，在Adobe Media Encoder中批量导出。影片在合成完成后，系统发出响声通知。

2．序列文件输出设置

在"格式"下拉列表（见图7-60）中，用户可以选择嵌入方式。如果用户装有支持Premiere Pro CC的视频卡，在"格式"下拉列表中可以看到该视频卡的格式。

3．效果、视频、音频区域设置

在"效果"区域中可进行效果的设置，如图7-61所示。

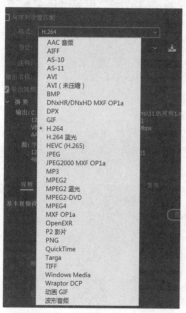

图7-60　"格式"下拉列表

图7-61　"效果"区域

① 在Lumetri Look/LUT中选择用于影片的预设调色。

② 在"SDR遵从情况"中调节亮度、对比度。

③ 在"图像叠加"文本框中叠加新的图片视频。

④ 在"名称叠加"列表框中叠加文件名。

⑤ 在"时间码叠加"中设置新的时间码。

在"视频"区域中可设置视频分辨率、比特率、关键帧距离等，如图7-62和图7-63所示。

图 7-62　"视频"区域

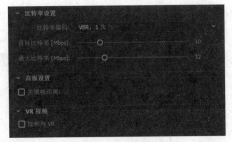

图 7-63　比特率设置

在"比特率设置"区域设置数据处理速度（码率）。在 Premiere 中设置的码率实际上是最大的数据处理速度，实际的码率是随每帧画面中的视频内容的多少而变化的，根据不同的输出要求，对码率进行不同的设置。

在"音频"区域中可设置音频格式、基本音频设置、音频质量等，如图 7-64 所示。

① 在"音频格式"下拉列表中选择用于音频压缩的编码解码器。

② 在"基本音频设置"下拉列表中选择输出节目时使用的采样速率。采样速率越高，播放质量越好，但要求相应的磁盘存储空间也越大，处理时间也越长。

③ 在"音频质量"下拉列表中选择输出节目时所使用的声音量化位数。要获得较好的音频质量就要使用较高的量化位数。

④ 在"声道"下拉列表中选择采用立体声或者单声道。

图 7-64　"音频"区域

4．输出视频文件

输出视频文件时，选择"文件"→"导出"→"媒体"命令，弹出"导出"对话框，找到导出文件，设置导出位置，设置导出预设，如图 7-65 所示。

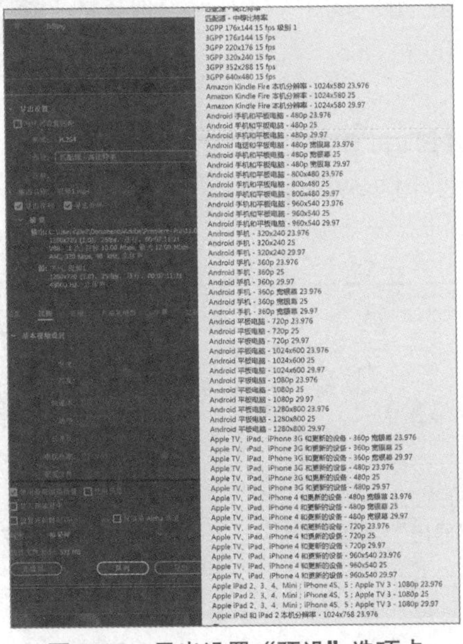

图 7-65　导出设置"预设"选项卡

指定输出路径并设置文件名，单击"输出名称"按钮，在弹出的对话框中对输出影片进行相关设置（见图 7-66），完成后单击"确定"按钮返回上一级对话框，单击"导出"按钮即可。

图 7-66 视频输出名称

5．输出图片文件

输出的图片文件格式可以是 TIFF、Targa、GIF 及 WindowsBitmap 等。

选择"文件"→"导出"→"媒体"命令，在预设下拉列表中选择能够生成图片文件格式的文件类型，设置其他参数后单击"导出"按钮，开始输出。

6．输出胶片带文件

胶片带文件是一个包含原影片素材所有帧的单独文件，该文件可以在 Photoshop 中进行编辑。输出胶片带的方法很简单，只要在"导出设置"对话框中选择文件类型为胶片即可。

7．输出音频波形文件

选择要输出音频的工作区域。选择"文件"→"导出"→"媒体"命令，在弹出的对话框中指定输出文件的路径与名称，选择导出音频在格式对话框的波形音频，如图 7-67 所示，选择格式和预设，单击"导出"按钮即可。

图 7-67 输出音频波形对话框

8．输出标记及 AAF 等

Premiere Pro CC 还可以导出 EDL、OMF、标记、AAF 等格式，如图 7-68 所示。例如选择"标记"命令，弹出"导出标记"对话框，图 7-69 所示。

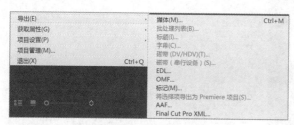

图 7-68 "导出"菜单

图 7-69 "导出标记"对话框

●●●●7.3　计算机动画及制作技术●●●●

计算机动画是在传统动画的基础上，使用计算机图形图像处理技术而迅速发展起来的一门新技术。它不仅丰富了多媒体信息的表现手法，使多媒体信息更加生动，富于表现力，而且使传统动画进入计算机，从而缩短了制作周期，并产生传统动画所不能比拟的视觉效果。

动画的应用范围很广，除了作为电影的一种类型之外，还有为电影特技制作的动画、科学教育动画、介绍产品形象的广告动画、电子游戏动画、远程教育动画、网页动画等。

7.3.1　动画基本概念

动画的英文有多种表述，如 animation、cartoon、animated cartoon 等。其中较正式的"animation"一词源自拉丁文字根 anima，意思为"灵魂"，动词 animate 是"赋予生命"的意思，引申为使某物活起来的意思。所以，动画可以定义为使用绘画的手法，创造生命运动的艺术。动画是许多帧静止的画面连续播放的过程。无论是由电子计算机制作还是手绘，或是通过拍摄的动画等，通常这些影片都是由大量密集而富于创造性的劳动产生，就算在电子计算机动画科技得到长足进步和发展的现在也是如此。

1．动画的原理

18 世纪中期，科学家西蒙·冯·施坦普费尔（Simon von Stampfer）和约瑟夫·普拉托（Joseph Plateau）博士在各自的研究中偶然得到了一个令人吃惊的发现，他们几乎同时发明的"里特诡盘"（Ritter phenakistiscope）和"频闪观测仪"（stroboscope）成为最早用来观看动画的奇妙装置。1834 年，威廉·乔治·霍默（William George Homer）制作的"西洋境"（zoetrope）是结合前面两项发明的新装置。"走马盘"是一个周边带有狭缝的圆柱形物体。圆柱体的内壁可以放上一圈连续的图片。当人们旋转走马盘，通过外壁上的狭缝进行观看时，那种忽隐忽现的画面就是形式最为纯粹的动画。其借助的就是动画的最基本原理——视觉暂留。

其实，无论是电影、电视还是动画都是利用人眼的视觉暂留特性。景物通过人眼的晶状体成像，感光细胞感光后将光信号转换为神经电流传给大脑而引起人的视觉感知。当一幅画面或者一个物体的景象消失后，在眼睛视网膜上所留的映像还能保留（1/24）s 的时间。这就是视觉暂留。利用这一特性，将动画或电影的画面刷新率设置为每秒 24 帧左右，也即每秒放映 24 幅画面，则人眼看到的就是连续的画面效果。基于这样的原理，人们通过绘制连续的、能产生运动假象的静态图像来制作动画。

2．动画造型设计

任何一种艺术都离不开艺术形象的塑造，都具有相应的造型特点和手段。动画作为一种假定性艺术，其艺术形象完全由创作者创造出来，因此在动画创作中动画的造型显得尤为重要。

动画是一种虚构的艺术，动画形象是创作者通过丰富的想象力创造出来的形象符号，与此同时还赋予了它性格、人格、思想、举止习惯等内涵。它们是人们的幻想和现实交织在一起创造出来的奇妙的、有趣的、生动的艺术形象。

动画的造型设计，包括形象的内涵设定和形式设计。形象内涵设定包括性格塑造与形象的表现，主要是通过剧本或文学作品中对动画形象的描述来确定；形式设计是在形象内涵设定的基础上，通过对来源于生活的感受及素材进行搜集、概括和提炼加工等活动创造出符合形象内涵的艺术形象。

　　动画造型的设计必须在深刻理解剧本和人物内涵的基础上进行创作，只有这样才能创造出符合剧本精神的动画艺术形象。以动画片《大闹天宫》和《哪吒闹海》为例，由于情节的不同，两者塑造的哪吒之父李靖的形象也完全不同，《大闹天宫》中李靖的凶狠和《哪吒闹海》中李靖的胆小怕事简直可以说判若两人。但是单独来看，这两个形象却与动画片本身非常相符，是成功的塑造。

　　动画造型的基本方法：动画是充满幽默的、生动有趣的艺术形式，夸张、拟人、组合是动画造型常用的艺术手法。

　　（1）夸张与变形

　　夸张与变形手法是动画表现中最有代表性的技巧，其特征是对角色的某些属性特别加以强调或弱化，在某种意义上讲，是对物象外形、神态、习性等的合理性、真实性的弱化和主观选择性的加强。动画造型的夸张与变形，包括动画角色外形、神态、动作、服装和环境以及自然形态等各个方面。根据内容的需要，在充分发挥艺术想象的基础上，创造出新颖、独特和动画所独有的艺术形象。

　　（2）拟人

　　拟人手法在动画中应用得最多。它是把人类的思想、情感、特性、行为等赋予原本没有思想或感情的对象，使其人格化。

　　（3）组合

　　组合手法是动画中另一常用的假定性造型手法，它是将不同的物象组织成新形象的方法。这是创作者结合丰富的现实形象，通过想象和组合实现对现实的再创造。

　　动画的形式多种多样，其造型大体可分为写实类、卡通类、漫画类、装饰类和儿童画类等。

　　① 写实类造型严谨，接近现实生活中的原型。

　　② 卡通类造型简练、夸张，具有超越现实、富于想象的特点。

　　③ 漫画类造型极为简练、幽默而夸张，有较大的随意性。

　　④ 装饰类造型是在现实原型的基础上进行加工变形，有很强的形式感和装饰性。

　　⑤ 儿童画类造型简单、稚拙和富有童趣。

　　实际上动画各类型造型间并无十分明确的界定，往往是互相兼而有之。

　　在完成动画形象创造之后，还要进行标准造型设计，即确定动画形象的各种比例关系，如形象本身的比例、形象与形象之间的比例、形象与道具之间的比例、形象与场景之间的比例，以及形体构造的体面关系、结构转折关系、连接关系等。

　　3．原动画基础

　　原画又称关键动画，是创造性地表现动作的最好方法，其中包括整个镜头内部动作和外部动作设计。它能有效地控制动作幅度，准确具体地描述动作特征，其中包括描述动作变化空间形态的运动轨迹和描述原画与原画之间的简便过程的节奏变化示意图表"速度尺"。原画动作设计直接关系到未来影片的叙事质量和审美功能，具有相当的难度。角色能否获得性格，或者说能否获得生命的活力，原画是至关重要的一步。

　　在原画与原画之间是连接原画之间的变化关系的过程画面，称为"动画"。"动画"的工作是对原画及摄影表格认真研究，了解动作的目的性及其思想感情、动作特征、运动规律，然后制作出两张原画之间逐渐变化的过程。动画设计人员根据规定的动作幅度及确定张数，把整个动作过程一张一张地画出来。这并不意味着简单劳动，动画工作同样是保证动作准确性的不可缺少的工作环节。

　　动画人员需要掌握的基本技法如下：

（1）熟练运用铅笔线条的技法

　　动画片的活动部分一般采用单线平涂的形式，主要靠线条来表现形象和动作。铅笔线条的好坏，直接关系到动画镜头的艺术质量和技术质量。动画人员可以通过复描来提高掌握铅笔线条的能力。

　　动画片的铅笔线条，要求做到"准、挺、匀、活"。

　　① 准——复描的形象必须与原来的画面一样，要准确无误，不能走形、跑线、漏线，线条必须准确，不能含糊不清。

　　② 挺——每根线条都要稳定有力，不能中途弯曲或抖动，最好一笔到底，不能有虚线或双线。

　　③ 匀——线条匀称，不能忽粗时细，用笔一致，以求整个画面线条的统一。

　　④ 活——用笔要流畅圆滑，线条要有生气，有精神，要表达出所画形象的神情和动态。

　　动画一般使用2B铅笔。铅笔太硬，画出来的线条太淡，形象不清晰，影响转印或计算机扫描的质量；铅笔太软，画出来的线条不易匀称，而且容易弄脏动画纸。

（2）加中间画的技法

　　加中间画是动画工作中最基本的技法，凡是形象比较简单或形象虽复杂但在动作过程中形象变化不大的两张原画之间，都可以用加中间画的方法，把整个动作过程表现出来。加中间画有两种技法：

　　直接法：把前后两张画面重叠起来，覆上空白动画纸，一起套在固定器上，透过灯光，找出前后两个形象线条之间的等分位置，直接加出中间线，使之构成中间画。

　　对位法（又称"对洞眼"）：如果造型比较复杂，且前后两个形象之间距离比较远，可采用"对位法"加中间画。找出两张画面上最接近的位置叠在一起，这样，在两张动画纸的定位器洞眼之间就会出现距离。把空白动画纸上的洞眼对准那两张动画纸洞眼距离之间的等分位置覆上去（必须把三个洞眼的位置都对准），然后用夹子把三张动画纸固定。两个形象完全重叠的部位，可进行复描；两个形象之间有距离的，可加中间线，这样就可以比较方便地画出中间画了。

　　如果前后两张动画形象之间各部位动作幅度不一致，可采用多次对位法。在实际工作中，常常是把直接法和对位法结合起来使用的。

（3）加动画的技法

　　动画片中的"动画"通常也统称为"中间画"，这是针对两张"原画"之间的中间过程而言，为的是便于将"原画"与"动画"区别开来，但是不能把"动画"仅仅理解为"中间画"。"中间画"是最简单的"动画"，只要中间线画得准就可以了。在实际工作中，还有很多"动画"是不能仅靠加中间线的方法来完成的。

　　例如，人的转头动作。第一张是原画，人的头是正面；第二张原画中，人的头已转向侧面。动画在表现由正面转为侧面这一过程时，就不能简单地用加中间线的办法来完成。首先，转头这一弧形运动的中间画的位置就不应该是两个形象的等分位置，而是接近正面的一半距离大，接近侧面的一半距离小。同时，在转头过程中，构成形象的线条也在不断变化，如鼻梁线，正面没有，转到侧面就有了；正面时有两只眼睛，转到侧面时就只剩下一只眼睛。这些变化，都要在加动画时根据形体结构、透视变化及运动规律来表现。

　　还有一种情况，即两张原画之间，形象已发生根本变化，如一张原画是孙悟空，另一张原画已变成仙鹤。表现这一变化过程的动画，也不是靠加中间线的办法完成的，必须找出两个形象之间的联系，按照动画规律，逐步地变过去。

4．常用动画软件

随着科学技术的进步，特别是计算机技术的飞速发展，计算机动画的出现，不仅逐步摆脱了繁重的手工动画制作，并且以其简便、高效、更具表现力的特点，得到越来越广泛的应用。

二维动画软件介绍：

（1）Softimage | TOONZ

Softimage | TOONZ 是世界上最优秀的卡通动画制作软件系统之一，它可以运行于 SGI 超级工作站的 IRIX 平台和 PC 的 Windows 平台上，被广泛应用于卡通动画系列片、音乐片、教育片、商业广告片等中的卡通动画制作。

TOONZ 利用扫描仪将动画师所绘的铅笔稿以数字方式输入计算机中，然后对画稿进行线条处理、检测画稿、拼接背景图、配置调色板、画稿上色、建立摄影表、上色的画稿与背景合成、增加特殊效果、合成预演以及最终图像生成等。利用不同的输出设备将结果输出到录像带、电影胶片、高清晰度电视，以及其他视觉媒体上。

TOONZ 的使用使动画工作者既保持了原来所熟悉的工作流程，又保持了具有个性的艺术风格，同时扔掉了上万张人工上色的繁重劳动，扔掉了用照相机进行重拍的重复劳动和胶片的浪费，获得了实时的预演效果，流畅的合作方式以及能快速达到用户所需要的高质量水准。

（2）RETAS PRO

RETAS PRO 是日本 Celsys 株式会社开发的一套应用于普通 PC 和苹果机的专业二维动画制作系统，它的出现迅速填补了 PC 和苹果机上没有专业二维动画制作系统的空白。RETAS PRO 的制作过程与传统的动画制作过程十分相近，它主要由四大模块组成，替代了传统动画制作中描线、上色、制作摄影表、特效处理、拍摄合成的全部过程。同时 RETAS PRO 不仅可以制作二维动画，而且还可以合成实景以及计算机三维图像。RETAS PRO 可广泛应用于电影、电视、游戏、光盘等多个领域。

（3）US Animation

应用 US Animation 使动画师自由地创造传统的卡通技法无法想象的效果，并轻松地组合二维动画和三维图像。

US Animation 软件当初设计的每一方面都考虑到在整个生产流程的各个阶段如何获取最快的生产速度。采用自动扫描，使系统工作得很快。US Animation 以矢量化为基础的上色系统被业界公认为是最快的。

三维动画软件介绍：

（1）Softimage 3D

Softimage 3D 是 Softimage 公司出品的三维动画软件。Softimage 3D 杰出的动作控制技术，使越来越多的导演选用它来完成电影中的角色动画。

Softimage 3D 最知名的部分之一是它的 mental ray 超级渲染器。mental ray 超级渲染器可以着色出具有照片品质的图像，mental ray manager 还可以让用户轻松地制作出各种光晕、光斑的效果。许多插件厂商专门为 mental ray 设计的各种特殊效果则大大扩充了 mental ray 的功能，可用它制作出各种各样奇妙的效果。mental ray 还具有很快的渲染速度。

Softimage 3D 的另一个重要特点就是超强的动画能力。它支持各种制作动画的方法，可以产生非常逼真的运动，它所独有的 function curve 功能可以让用户轻松地调整动画，而且具有良好的实时反馈能力，使创作人员可以快速地看到将要产生的结果。

（2）Maya

Maya 是 Alias/Wave front 公司出品的三维动画软件，可以说是当前计算机动画业所关注的焦点之一。它是新一代的具有全新架构的动画软件。下面介绍 Maya 的新功能：

① 采用 Object Oriented C++ Code 整合 OpenGL 图形工具，提供非常优秀的实时反馈表现能力，这一点可能是每一个动画创作者最需要的。

② 具有先进的数据存储结构，还有强大的 scene object 处理工具——Digital project。

③ 运用弹性使用界面及流线型工作流程，使创作者可以更好地规划工程。

④ 使用 scripting & command language 语言，Maya 的核心引擎是一种称为 MEL（Maya embedded language，马雅嵌入式语言）的加强型 scripting 与 command 语言。MEL 是一种全方位符合各种状况的语言，支持所有的 Maya 函数命令。

⑤ 在基本的架构中，Maya 自定义 undo/redo 的排序，同时 Maya 也具有改变 procedure stack（程序堆叠）及 re-execute（再执行）的能力。

⑥ 层的概念在许多图形软件中已经广泛地运用。Maya 也把层的概念引入动画的创作中，用户可以在不同的层进行操作，而各个层之间不会有影响。当然用户也可以将层进行合并或者删除不需要的层。

⑦ 在 Maya 中最具震撼力的新功能可算是 Artisan 了。它让用户能随意地雕刻 NURBS 面，从而生成各种复杂的形象。利用数字化的输入设备，如数字笔，可以随心所欲地制作各种复杂的模型。

（3）3ds Max

3ds Max 是由 Autodesk 公司推出的应用于 PC 平台的三维动画软件。它从 1996 年开始就一直在三维动画领域叱咤风云。它的前身就是 3ds，可能是依靠 3ds 在 PC 平台中的优势，3ds Max 一推出就受到了瞩目。它支持 Windows，具有优良的多线程运算能力，支持多处理器的并行运算，具有丰富的建模、动画能力和出色的材质编辑系统，这些优秀的特点一下就吸引了大批的三维动画制作者和公司。现在，3ds Max 的使用人数大大超过了其他三维软件，可以说是一枝独秀。

3ds Max 给人的印象绝不是一个运行在 PC 平台的业余软件，从电视到电影，都可以找到 3ds Max 的身影。科幻电影《迷失太空》中的绝大多数特技镜头都是由 3ds Max 完成的。

3ds Max 的成功在很大程度上要归功于它的插件。例如增强的粒子系统 sandblaster、ourburst，设计火、烟、云的 afterburn，制作肌肉的 metareyes，制作人面部动画的 jetareyes。有了这些插件，用户就可以轻松设计出惊人的效果。

（4）Rhino 3D

基本上每一个 3D 动画软件都有建模的功能。但是如果想有一套超强功能的 NURBS 建模工具，恐怕非 Rhino 3D 莫属了。Rhino 3D 是真正的 NURBS 建模工具。它提供了所有 NURBS 功能，丰富的工具涵盖了 NURBS 建模的各个方面：trim、blend、loft、four side，可以说是应有尽有，用户能够非常容易地制作出各种曲面。

Rhino 3D 的另一大优点就是它提供了丰富的辅助工具，如定位、实时渲染、层的控制、对象的显示状态等，这些可以极大地方便用户的操作。

Rhino 3D 可以定制自己的命令集。用户可以将常用到的一些命令集做成一个命令按钮，使用后可以产生一系列的操作。

Rhino 3D 可以输出多种格式的文件。现在已经可以直接输出 NURBS 模型到 3ds Max、Softimage 3D 等软件中了，用户也可以把 NURBS 转换为多边形组成的物体，供其他软件调用。

当然，还有不少很好的三维动画软件，如 World builder、LIGHTWAVE 3D、True Space 等，这里不多做介绍。每个软件都有自己的优势，在实际应用中选择适合自己的就好。

7.3.2　计算机动画制作技术

动画发展至今已经有百年的历史，各种动画技术已有了相当成熟的发展。动画虽然具有特别的艺术效果并在众多的领域中大有用武之地，但是，过去却由于传统制作方法的难度而受到限制。计算机动画的出现彻底改变了这一局面。在这里主要介绍计算机动画的制作技术。

计算机动画，从制作方法上大致可以分两类：一类是影片式动画；另一类是帧动画。

影片式动画，是以一幅幅完整画面为单位组成的，通过快速地逐幅显示而形成的动画，就如同把记录在电影胶片上的一格格画面，经过放映机的连续更迭放映的影片，故而称为影片式动画。这种动画可以用多种工具来制作，如制作二维动画的 Animator Studio 和制作三维动画的 3ds Max。这些动画软件都有强大的功能，可供创作者根据需要方便地制作动画。操作者能否熟练地应用动画软件，对动画制作速度的影响很大。

帧动画是以角色为主体的，制作时必须单独设计每一个运动物体，并为每个物体指定特性（位置、样式、大小和颜色等）。

计算机动画从类型上分，可分为计算机二维动画和计算机三维动画。

计算机二维动画是借助计算机制作的平面动画。计算机二维动画的制作，可以先将画在动画纸上的动画线稿和画好的背景色稿通过逐幅扫描输入计算机，再运用计算机及相关软件分别对所扫描的动画线稿着色和对背景色稿加工处理并进行叠加合成，也可以直接运用计算机完成。二维动画的制作，对于硬件的要求相对较低，操作亦较简便。

计算机三维动画是三维空间中创作的立体形象及其运动的动画。由于三维计算机图形与动画在表现材料和光照、空间及动感等方面的优势，使得计算机三维动画广泛应用于广告、影视制作、艺术设计、网络传播、游戏、多媒体课件和虚拟现实等领域中。计算机的发展已将人们带入了一个新的视觉时代——计算机三维时代。

制作计算机二维、三维动画的软件有很多。下面介绍一种新的动画制作技术——"无纸卡通"。

"无纸卡通"是指在动画制作过程中，不使用画纸，只通过计算机及软件的操作处理，直接完成动画制作的各个环节。现在"无纸卡通"的实用性和可操作性已较为全面，虽然还有一些不足，但这一创造性改革，起到了对动画制作劳动精简和集中化的作用，并对动画业今后的发展产生深远的影响。目前，可进行无纸形式制作动画的软件已成功走向市场，日本等正逐步将其应用于个人动画创作、网络动画创作和动画片制作领域中。新一代矢量化无纸卡通制作，必将最终实现卡通创作的数字化和无纸化。

矢量化无纸卡通制作软件（如 STYLOS）是基于矢量化技术的基础，根据动画制作特点及要求研发出的动画制作软件。它的出现使动画设计快捷方便，可在显示器上直接绘图，并可选择铅笔、签字笔、色笔、马克笔等不同的画笔效果。由于这种应用于绘制动画的软件，所画的全部是矢量图形，因此，对计算机要求不高，同时还保证了画面质量和分辨率，亦不会在图形缩放或变化时出现锯齿。此外，这种软件的设计和应用范围包括了动画片制作中从分镜头创作到后期上色的所有步骤，单机便可综合完成全部制作程序。参与动画片制作的人员，既可利用该类软件通过计算机进行绘制台本、设计稿、原画、动画，又可进行修形、动检、上色和特效等工作，同时还可对每一镜头数据进行实时监控，以及对产量信息进行计算等。"无纸卡通"动画制作具有便于统一管理检查的优势，主要体现在其"镜头袋"的特别功能上。在以往动画制作中，每个镜头的有关材料，都要装入"镜头袋"中，并分别在袋上做好记录，以备需要时对某个环节进行查阅，或是在出现借用、返修等情况时，能够在众多的"镜头袋"中逐一查找到所需的记录。而现在软件中的"镜头袋"不但包含着镜头的所有材料和信息，而且使记录与查询更为便利迅捷。

"无纸卡通"制作可以完成动画片制作中除了摄影之外的全部一条龙作业，使传统动画制作得到了飞跃性的提高，产生了革命性的变化。

●●●● 小　　结 ●●●●

本章系统地介绍了计算机数字视频与计算机动画的基本理论和应用相应软件进行创作的基本技术。学生可从理论和创作两个方面掌握数字视频和计算机动画的知识，为相应的实践课程打下基础。

●●●● 习　　题 ●●●●

1. 数字图像的压缩和数字视频的压缩有什么关联和不同？
2. 你知道哪些视频板卡？各有什么用途？
3. 常见的数字视频压缩技术有哪些？
4. AVI 文件和 MPEG-1 文件在格式和应用上分别有什么异同？
5. 数字视频处理软件的主要功能是什么？
6. 动画的原理是什么？
7. 有哪些常用的动画软件？
8. 什么是原画？

第 8 章 网页设计

学习目标

- 掌握网页的基本概念。
- 掌握 HTML 的由来及结构。
- 了解常用的网页设计工具。
- 掌握网页设计的要点、布局及配色。
- 了解网页编程、规划及发布的方法。

●●●● 8.1 网页概述 ●●●●

当打开浏览器输入一串网址后，就可以在精彩纷呈的网页世界尽情邀游，又或者闲暇之余登录好友微博略微小憩，看到这一切，是不是也很想制作设计一个属于自己的网页呢？下面介绍网页制作与设计的方法。

用户平时所看到的网页实际上是一个文件，被存放在世界某个角落的某一台计算机中，网页经由网址来识别与存取，当用户在浏览器中输入网址后，执行一段复杂而又快速的程序，网页文件会被传送到用户的计算机，并由浏览器将网页的内容展示在用户的眼前。静态网页文件通常是 HTML 格式（文件扩展名为 .html 或 .htm）。

8.1.1 网页与 WWW

在浏览器的地址栏中输入南京艺术学院网址：https://www.nua.edu.cn。

上述网址就是统一资源定位器（uniform resource locator，URL）的表示形式，URL 用来标识 WWW 中每个信息资源（如网页资源）的位置，它的标准格式是"传输协议 :// 服务器地址 : 端口号 / 网页文档路径"。可见网页与 WWW 的关系非常密切，在网址中通常需要添加 WWW。

WWW（world wide web，万维网、环球网、Web 网、3W 网）最初是由蒂姆·约翰·伯纳斯 - 李（Tim John Berners-Lee）在欧洲核物理研究中心（CERN）提出的，并且在麻省理工学院计算机科学实验室成立了万维网联盟，又称 W3C 理事会。万维网联盟制定了一系列标准并督促 Web 应用开发者和内容提供者遵循这些标准。网页中的一个最大特点就是使用超链接来形成一个全球范围内可互相引用的信息网络，而不必把对方的文件复制到自己的计算机上，这就要归功于超文本（hypertext）的创造者万尼瓦尔·布什（Vannevar Bush），伯纳斯 - 李在万维网中用 HTML 将超文本完全应用在网页上，使人

们可以方便地浏览网页的内容，并把原来少数技术专
家之间的网络通信普及到普通用户，这时网页出现了。
如图 8-1 所示的工作方式。

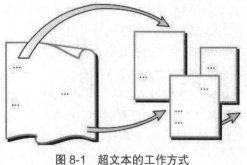

8.1.2　网站的用途

网站（website）是指在互联网上，根据一定的
规则，用于展示特定内容的相关网页的集合。简单地
说，网站是一种通信工具，就像布告栏一样，人们可
以通过网站发布想要公开的资讯，或者利用网站提

图 8-1　超文本的工作方式

供相关的网络服务，也可以通过网页浏览器访问网站，获取需要的资讯或者享受网络服务。概括来
说，网站有下列几种用途：

1．企业、事业单位网站

许多企业或者事业单位都拥有自己的网站，利用网站进行宣传、发布产品或新闻资讯、通知公
告和招聘信息等。

2．政府、组织机构网站

通过网站信息快速传播的特性，各级政府部门、各类组织机构也把网站作为重要信息发布的常
用渠道，发挥信息的及时性和有效性，也提高了信息公开的透明度。

3．资讯类、社交类网站

资讯类网站创建的目的是为人们提供生活各个方面的资讯，如时事新闻、旅游、娱乐、体育和
经济等，而社交类网站则是帮助大众搭建一个互相交流讨论话题的平台。

在互联网的早期，网站还只能保存单纯的文本。经过几年的发展，当万维网出现之后，图像、声音、
动画、视频，甚至 3D 技术开始在互联网上流行起来，网站也逐渐发展为图文并茂、生动活泼的样式，
更具有强烈的吸引力。

8.1.3　网页文档的类型与构成

日常浏览的网页都属于超文本，超文本是用超链接的方法，将各种不同空间的文字信息非线性
地组织在一起的网状文本。超文本更是一种用户界面范式，用以显示文本及与文本相关的内容。
超文本普遍以电子文档方式存在，其中的文字包含可以跳转到其他位置或者文档的链接，允许从当
前阅读位置直接切换到超文本链接所指向的位置。通常看到的网页就是这样有很多超链接的电子文
档，有些是以 .htm 或 .html 为扩展名结尾的文档，而有些是以 .cgi、.asp、.php、.jsp 等为扩展名结尾的
网页文档。不同的扩展名，分别代表不同类型的网页文档。网页文档的种类主要分为两大类：静态
网页文档与动态网页文档。

1．静态网页文档

静态网页文档就是网页文档里面没有程序代码，不会被服务端执行，也基本不与浏览者进行交互，
如果不对网页源文件进行编辑，内容是一成不变的。这种网页通常在服务端以 .htm 或是 .html 扩展名
存储，表示里面的内容是用 HTML 编写并生成的。HTML 由许多称为标注（tag）的元素所组成。这
种语言指示了文字、图形等元素在浏览器上面的配置、样式以及这些元素实际上是存放于因特网上
的哪个地方（地址），或是选择了某段文字或图形后，应该要链接到哪个网址。在浏览这种网页的时候，

网站服务器不会执行任何程序就直接把文档传给客户端的浏览器进行解释显示。

2．动态网页文档

动态网页文档就是网页文档中除了 HTML 代码之外还含有程序代码，并会被服务器执行，网页中的内容可以通过与浏览者的交互自动产生变化，而不需要修改网页源文件。这种网页通常以 .asp 或 .aspx 等为扩展名存储，表示网页本身是 ASP（active server pages），或者是 PHP、JSP 等动态网页。使用者要浏览这种网页时必须由服务端先执行网页中的程序后，再将执行完的结果传给客户端的浏览器，所以称为动态网页文档。

● ● ● ● 8.2　HTML ● ● ● ●

HTML（hypertext mark up language，超文本标记语言）是目前网络上应用最为广泛的语言之一，也是构成网页文档的主要语言，成为网页文档发布和浏览的基本格式。HTML 文本是由 HTML 命令组成的描述性文本，HTML 命令可以展示文字、图形、动画、声音、表格、超链接等形式的信息。HTML 的结构包括头部（head）和主体（body）两大部分，其中头部描述浏览器所需的信息，而主体则包含所要说明的具体内容。

8.2.1　HTML 的特性与发展

HTML 已成为网页信息发布的标准格式，因此使用任何计算机和浏览器浏览 HTML 描述的网页信息时，都可以正确、透明地共享网页上包含的所有数据。HTML 具备如下几个特性：

① 独立于平台，即独立于计算机硬件和操作系统。这个特性是至关重要的，因为在这个特性中，文档可以在具有不同性能（即字体、图形和颜色差异）的计算机上以相似的形式显示文档内容。

② 超文本。允许文档中的任何文字或词组参照另一文档，这个特性将允许用户在不同计算机中的文档之间及文档内部漫游。

③ 精确的结构化文档。该特性将允许某些高级应用，如 HTML 文档和其他格式文档间互相转换以及搜索文本数据库。

现今 HTML 版本已升级至 HTML5，可用来编辑网页和 HTML 的软件种类也纷繁众多，实际上，只需要一个简单的文字处理软件就可编写 HTML，甚至是 Windows 操作系统中的记事本或写字板，基础的 HTML 程序也很容易掌握。2007 年 HTML5.0 草案被递交给 W3C，并成立了新的 HTML 工作团队，到了 2008 年，发布第一份正式的 HTML5.0 草案。HTML5.0 比以往的版本允许添加更多样化的数据形式，还有语言本身加入一些新的页面元素，例如 <header>、<section>、<footer> 以及 <figure> 等，当然，一些过时的 HTML4.0 中使用的元素将被取消，其中包括纯粹显示效果的元素，如 <font> 和 <center>，因为它们已经被 CSS 取代。现今 HTML5 已经被一些主流的网页浏览器支持，甚至替代了网页中内嵌的 Flash 技术。

8.2.2　HTML 的结构

HTML 是严格的元素层次嵌套结构，每个元素必须使用 "< >" 包含起来形成标记（tags），并且标记是成对呈现，有开始标记，就有相对应的结束标记。元素可以互相嵌套，但是不能重叠。HTML

把元素划分为3种主要类型：结构化元素、块状元素和内联元素。

核心的结构化元素有：<html>、<head>和<body>。<html>是网页文档的开始，<head>中放的是关于文档的信息，文档内容放在<body>中。

块状元素还分为3种：结构化的、多目标的和终端的，比如<ol>、<ul>、<table>、<p>、<div>和<form>等。

内联元素也有3种主要的类型：语义化、排列顺序、内联块状，比如<a>、
、<img>、<input>和<span>等。

下面举个简单实例：

```
<html>
    <head>
        <title>标题</title>
    </head>
    <body>
    正文部分
    </body>
</html>
```

使用浏览器运行此页面，效果如图 8-2 所示。

此例包含了 HTML 中最基本的元素，首先是 <html>...

图 8-2　HTML 简单示例

</html>这一组标记，然后在它里面是标记的元素体。html元素的元素体由两部分组成，即头元素 <head>...</head>、体元素 <body>...</body>，另外还有一些注释。这样就可以形成一个个我们看到的精美的网页。较常用的元素有：

1．文件头（head）

文件头标记也就是通常见到的标记，文件头信息在网页中是看不到的，因为它包含在 HTML 的 <head>…</head> 标记之间，而通常我们所见到的网页内容是在 <body>…</body> 之间的信息。

2．文件标题（title）

title元素是文件头里唯一必须出现的元素，它也只能出现在文件头里。它的格式如下：

```
<title>标题</title>
```

标题表示该 HTML 文件的名称，是对文件的概述。标题对于一张网页来说是非常重要的，可以从一个好的标题中判断出该网页的内容。不过网页的标题一般不会显示在网页内容中，而是在浏览器的窗口标题栏中显示。

3．文件体（body）

文件体标记由 <body> 开始，</body> 结束，它的中间是网页文档的正文部分。在网页中添加文字、图片、设定背景颜色，或是设置超链接等编辑的过程，都要放在 <body> 这个标记符里。

4．标题（hn）

标题标记用于显示 HTML 文件的各级标题的格式，将标题文字写入 <hn>…</hn> 标记之间，其中 n 为 1～6 的数字，数字越大，字越小。

5．字体和段落标记

（1）网页中字体大小设定标记

下面介绍网页中字体大小的有关设置方法。语法是：<font size=3>文字内容</font>。它的大小一共有7种，也就是<font size=1>（最小）到<font size=7>（最大），另外，还有一种写法：<font size=+1>文字内容</font>，意思是比预设字大一级。当然也可以是font size=+2（比预设字大二级），或是font size=-1（比预设字小一级），一般而言，预设字体多为3。

（2）文字的字形设定标记

字形设定主要是指文字的字形如何指定，比如说中文的宋体、楷体等。它们在网上用得也十分广泛。但其他人的计算机系统中也必须有所指定的字形，否则其他人使用浏览器浏览此网页时出现的就不是指定字形。如果想要网页中的字形必须使用指定的字形而达到更佳的浏览体验，可以考虑使用 Web 字形，它存放于网站服务器中，当浏览者访问网页时，就会从服务器找到该字形。

（3）断行、分段标记

假如想在网页中对文字另起一行或另起一段，可以在 HTML 代码里使用强制断行标记
 和强制分段标记 <p>。

6. 图像标记

在 HTML 里，一般用 <img src="" width="" height="" align=""> 标记和属性来显示插入的图像。在这里，img 表示图像的标记符，而属性 src 后面的引号中需写入图像文件所在的路径及文件名，width 后面填写的是图像的宽度值，height 后面填写的是图像的高度值，align 为图像在网页中的对齐方式。一般添加的图像文件格式为 .gif、.jpg 或 .png，如果图像指定的文件名和路径不正确，在网页中的图像将会显示出一个红色叉子。

7. 表格标记

在 HTML 里，一张插入的表格由 <table> 开始，由 </table> 结束。<table> 标记中，<tr> 表示表格的行数，<th> 表示表格的列数和相应栏目的名称，<td> 表示单元格。此外，还可以设置表格的宽度 width 和高度 height。表格边框粗细由 border 属性值指定。表格间距用 cellspacing 表示，表格背景色用 bgcolor 属性值来指定，颜色采用 6 位十六进制的数值表示，格式为 rrggbb，表示红、绿、蓝三色的分量。表格单元格的合并在 <td> 中使用 rowspan 或 colspan 属性。

8. 框架标记

框架网页同样是经常使用的一种布局，框架标记是 <frame>...</frame>。使用框架可以将网页分成多个区域，每个区域都是相对独立的，可以在每个区域中嵌套一张网页。

8.2.3　HTML 实例

下面编写一个较完整的 HTML 代码，在浏览器中运行该代码，效果如图 8-3 所示。

```
<!DOCTYPE html PUBLIC "-//W3C//DTD XHTML 1.0 Transitional//EN"
"http://www.w3.org/TR/xhtml1/DTD/xhtml1-transitional.dtd">
<html xmlns="http://www.w3.org/1999/xhtml" xml:lang="en" lang="en" >
<head><title>HTML结构</title>
    <meta http-equiv="Content-type" content="text/html;charset=utf-8" />
    <link rel="stylesheet" href="site.css" media="all" type="text/css" />
</head>
<body>
 <noscript>当脚本不能运行时，显示此文本。</noscript>
 <div>
  <h1>HTML结构</h1>
```

```html
<p>段落</p>
<ol> <li>有序列表项</li> <li>有序列表项</li> </ol>
<ul> <li>无序列表项</li> <li>无序列表项</li> </ul>
<dl> <dt>定义词汇</dt> <dt>定义词汇</dt>
     <dd>定义数据</dd> <dd>定义数据</dd> </dl>
<table><caption>表格标题</caption>
  <colgroup> <col /> <col /> </colgroup>
  <thead><tr><td>第一列第一行</td> <td>第二列第一行</td></tr></thead>
  <tfoot><tr><td>第一列第三行</td> <td>第二列第三行</td></tr></tfoot>
  <tbody><tr><td>第一列第二行</td> <td>第二列第二行</td></tr></tbody> </table>
<form id="form1" method="post" action="#" >
  <input type="hidden" title="input hidden" name="hidden" value="Secret" />
  <input id="radio1" name="radios" type="radio" value="radio1"
checked="checked" />
  <label for="radio1">单选框1</label>
  <input id="radio2" name="radios" type="radio" value="radio2-pushed" />
  <label for="radio2">单选框2</label>
  <input id="xbox1" name="xbox1" type="checkbox" value="xbox1"
checked="checked" />
  <label for="xbox1">复选框</label>
  <label for="inputtext">输入框</label>
  <input id="inputtext" name="inputtext" type="text" value="Type here"
size="14" />
  <label for="select1">选择框</label>
  <select id="select1" name="select" size="2" >
    <option selected="selected" value="item1" >选项1</option>
    <option value="item2" >选项2</option> </select>
  <label for="textarea" >文本域</label>
  <textarea id="textarea" name="textarea" rows="2" cols="10" >文本域</
textarea>
  <input type="submit" id="submit1" name="submit1" value="提交" />
  <input type="reset" id="reset1" name="reset1" value="重置" />
  <button type="submit" id="button1" name="button1" value="Button1" >按
钮</button>
</form>
<div>在DIV中的<a id="link1" href="left.html">链接</a>
<span>span</span>
<em>em</em>
<strong>strong</strong>
<cite>cite</cite>
<code>code</code>
<kbd>kbd</kbd>
<samp>samp</samp>
<var>var</var>
<acronym>acronym</acronym>
<abbr>abbr</abbr>
<dfn>dfn</dfn>
<sub>sub</sub>
<sup>sup</sup>
```

```
      <bdo dir="rtl">backwards</bdo>
   </div>
   <address>地址</address>
 </div>
 </body>
 </html>
```

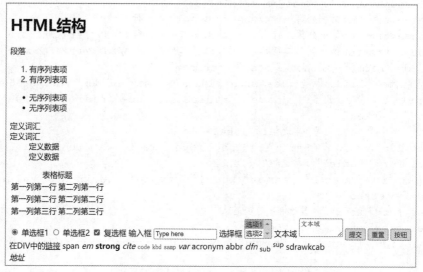

图 8-3　较完整的 HTML 代码实例

●●●●8.3　网页设计●●●●

　　无论是在计算机上，还是在手机上，网页是一种利用 Internet 向用户提供信息（包括各种信息类型）的重要媒体形式，它已不仅仅是提供信息查询的工具，也是无形资产的重要组成部分。此外，还可以用它来进行文化传播、金融交易以及公众服务等，使之成为政府部门、企事业单位展示形象和文化的重要宣传窗口。如何设计制作一张网页呢？下面围绕这个问题逐节进行阐述。

8.3.1　网页设计软件

　　"工欲善其事，必先利其器"，网页制作同样如此。制作网页第一件事就是选定一种网页制作软件。从原理上来讲，虽然直接用记事本也能制作出网页，但是必须具有一定的 HTML 语言编写基础，非初学者能及，且效率也很低。用其他类似的文字处理软件（如 Word）也能制作出网页，但有许多效果不尽如人意，且垃圾代码太多，也是不可取的。比较合适的网页制作软件首推 Adobe 公司的 Dreamweaver，它简单易学，功能强大，用它做出的网页垃圾代码比较少，另外，它还可以在"所见即所得"的环境中编辑网页的同时，使用代码视窗看到对应的 HTML 代码，这对学习 HTML 有很大好处。即使一点不懂 HTML，应用 Dreamweaver 软件也能做出漂亮的网页。但 HTML 毕竟是制作网页的基础，要知其然还要知其所以然。如要制作出比较满意的网页，必须熟练掌握 HTML。当前主流的网页设计软件有以下几种：

1．Adobe Dreamweaver

Dreamweaver 软件是一款强大的网页设计软件，它包括可视化编辑、HTML 代码编辑的视图模式，并支持嵌入各类插件，能够创建诸如 HTML、ActionScript、CSS、JavaScript、XML、VBScript、ASP.NET、C#、JSP、PHP 等多种类型文档，如图 8-4 所示，而且它还能通过拖动从头到尾制作动态的 HTML 动画，支持动态 HTML（dynamic HTML）的设计，即使页面没有插件也能够在各种浏览器中正确地显示页面的动画。同时它还提供了自动更新页面信息的功能。Dreamweaver 软件还允许在可视化编辑和 HTML 代码编辑视图之间进行自由转换，HTML 句法及结构不变。这样，专业设计者可以在不改变原有编辑习惯的同时，直观地看到网页制作出的效果。图 8-5 所示为 Dreamweaver 软件界面。

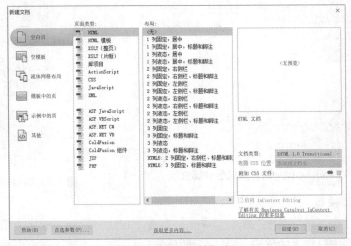

图 8-4　"新建文档"窗口

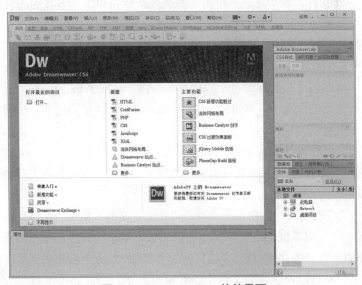

图 8-5　Dreamweaver 软件界面

Dreamweaver 成功启动后，在屏幕上出现软件主窗口，在启动画面中选择新建一种网页文档，就可以对网页进行编辑。软件主要由菜单栏、工具栏、编辑区、属性区和各类标签组等部分构成，如图 8-6、图 8-7 所示。网页编辑区的设计视图则采用"所见即所得"的操作方式。下面对 Dreamweaver 软件中的常用功能进行简要介绍，详细的操作实例请参照教材配套的实验教程及习题集第 8 章。

（1）软件各组成部分界面

Dreamweaver 软件编辑区和属性区如图 8-7 所示，Dreamweaver 软件标签组如图 8-8 所示。

图 8-6 Dreamweaver 软件菜单栏、工具栏

图 8-7 Dreamweaver 软件编辑区和属性区

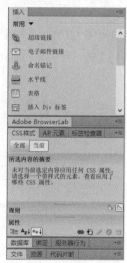

图 8-8 Dreamweaver 软件标签组

（2）常用工具栏按钮

①"新建"、"打开"和"保存"按钮。单击"新建"按钮，打开"新建文档"窗口，从中选择一种合适的文档类型进行网页的创建，而"打开"按钮是用来从本地计算机中选取已存在的一个或多个网页文档进行打开编辑，编辑完成后单击"保存"按钮，弹出"另存为"对话框，指定文档的保存路径、文件名以及保存类型，就可将该网页文档保存下来。

②"代码"、"拆分"和"设计"视图按钮。分别单击这三个按钮，可在相应三种视图之间进行切换，以满足设计人员的编辑需要。

③"预览"和"视图选项"按钮。单击"预览"按钮，可在 Windows 系统上安装的各种浏览器中对当前网页编辑的结果进行显示，方便设计人员测试和调试。"视图选项"按钮对网页中的代码或元素起到辅助设计的作用。

④"站点"按钮。可让设计人员进行站点的新建和管理。在 Dreamweaver 软件中经常需要建立站点来编辑和管理整个网站内各个相关的网页及其他类型的文件，而不仅仅是编辑单独的网页文档。

（3）新建站点

选择"站点"→"新建站点"命令，或者单击菜单栏右侧的"站点"按钮，选择"新建站点"命令，弹出"站点设置对象"对话框，如图 8-9 所示，输入自定义的"站点名称"，并指定"本地站点文件夹"地址，也就是站点文件夹的存储位置，单击"保存"按钮，站点就创建出来了。在软件右侧的"文件"标签组中会显示此站点以及包含的文档，如图 8-10 所示。当然还可以对此站点进行管理，比如修改站点名称、在站点中新建文件或文件夹等。

图 8-9 "站点设置对象"对话框

图 8-10 在"文件"标签组中管理站点

（4）站点中的网页编辑

① 在站点中新建网页。右击图 8-10 中的站点标题，在弹出的快捷菜单中选择"新建文件"命令，站点目录中就会出现一张默认名称为 untitled.html 的网页文档，如图 8-11 所示，可以修改文档的文件名。然后双击打开此文档，就可以在编辑区对网页进行编辑。

② 保存网页。选择"文件"→"另存为"命令，弹出"另存为"对话框，在"文件名"文本框中输入网页文件名（如 njarti），将文件以 .htm 或 .html 为扩展名进行保存，如图 8-12 所示。如果选择"文件"→"保存"命令，或单击工具栏中的"保存"按钮，保存所做的修改并直接覆盖原有的网页文件。

图 8-11 站点中新建的网页文档

图 8-12 "另存为"对话框

（5）网页格式排版

① 设置网页标题和页面属性。在 mysite 站点中编辑当前网页文档时，找到工具栏上的"标题"文本框（见图 8-13），输入文字定义网页的标题，也就是 HTML 代码的 <title> 标记中显示的内容，例如"信息化建设管理中心"。在网页空白处右击，在弹出的快捷菜单中选择"页面属性"命令，或者单击属性区的"页面属性"按钮，弹出"页面属性"对话框，如图 8-14 所示，进行"外观、链接、标题"等样式属性的设置。

图 8-13 "标题"文本框

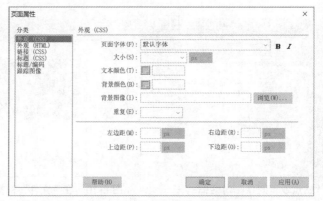

图 8-14　"页面属性"对话框

②　设置文本格式。Dreamweaver 软件中设置文本字体与 Word、PowerPoint 等办公软件设置的方法不同,必须结合 CSS 样式表进行设置。例如,选定网页中要修饰的文字,右击,在弹出的快捷菜单中,选择"字体"命令,从中选择黑体,弹出"新建 CSS 规则"对话框,在"选择器名称"文本框中输入自定义的名称(避免与关键字重名),比如"heiti",如图 8-15 所示,单击"确定"按钮后,HTML代码及效果如图 8-16 所示。

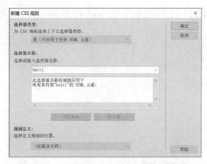

图 8-15　"新建 CSS 规则"对话框

图 8-16　字体设置为"黑体"的效果

③　设置超链接。在网页文件中输入文字"南京艺术学院",选中输入的文字,然后选择"插入"→"超级链接"命令,弹出图 8-17 所示的"超级链接"对话框,在"链接"文本框中输入网址 https:// www.nua.edu.cn,单击"确定"按钮即可。如果浏览此网页,单击"南京艺术学院"文字,则链接到南京艺术学院主页。

（6）在网页中插入图片

将光标定位在网页中要插入图片的位置,然后选

图 8-17　"超级链接"对话框

择"插入"→"图像"命令,弹出"选择图像源文件"对话框,选择要插入的图片后单击"确定"按钮即可。若要为图片设置超链接,方法与文字的超链接设置相同。

2．Microsoft Expression Web

Expression Web 是微软推出的专业网页设计工具,可用来建立以标准为基础的网站,是Expression Studio 软件套装的一部分。它对于 XML、ASP.NET 和 XHTML 程序的开发更具有良好的

表现，可以将网站设计与其他所需要的程序整合在一起。与 Dreamweaver 软件类似，Expression Web 软件采用以 CSS 架构进行网页元素美化的机制，通过复杂的 CSS 设计功能精确地控制网页版式和样式，进一步简化了网站的部署和维护。软件中的控件工具箱可用来更方便地创建网页的菜单或导航功能，对 XML 和 XHTML 的数据交换提供支持，甚至可以帮助用户检测网页在不同浏览器中运行的兼容性。Expression Web 软件界面如图 8-18 所示。

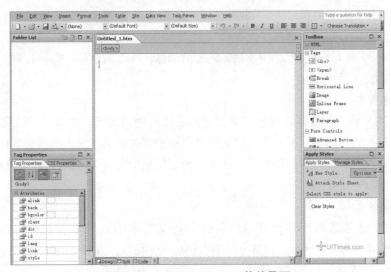

图 8-18　Expression Web 软件界面

以前用户习惯使用微软 Office 系列中的 FrontPage 软件进行网页设计与制作，由于它的操作方法沿袭了 Office 中其他办公软件的特点，所以也同样适合初学者使用。从 FrontPage 2003 版本之后，微软就停止对此软件的升级开发和提供支持，取而代之的是两款更加专业的网页设计工具 Expression Web 和 Sharepoint Designer。虽然 Expression Web 软件相比较 FrontPage 更加专业强大，但对于初学网页设计的人来说，入门的门槛显然也更高了，安装软件之前还需要在 Windows 操作系统中搭建合适的框架环境并进行相应的配置，比如 Microsoft .NET Framework 软件等。

当然，除了上述两个网页设计软件之外，其余的设计工具也是不胜枚举，用户可以根据自己的喜好和使用习惯选择任意一种软件作为网页设计的主要工具。但是如果想设计出令人满意的网页，仅凭网页设计软件是无法做到的。在一张网页中，包含着大量的图片，因此还需掌握一种图像处理工具。

8.3.2　网页设计要点

设计一张出色的网页如同创作一件艺术品一样，需要对它精雕细刻。要想设计出具有一致内容风格的网页，关注网页的样式、内容和配色是非常必要的。网页设计有以下要点：

1. 确定整体风格

一篇文章要有恰当的标题，同样，网页必须有突显的标志，同时体现出此网页的主体色彩。最好有符合内容主题和理念的宣传标语，相同类型的元素采用相同效果，做到风格统一，否则会觉得整个网页非常凌乱。

2. 网页色彩搭配

如果网页只用一种色彩，可调整这种色彩的透明度或者饱和度，这样的页面看起来色彩统一，有层次感。如果网页中有两种色彩，这两种色彩最好是具有反差效果的对比色。大多数网页不只有一两种色彩，而是采用一种色系，也就是使用一系列相近或相似的色彩，这样网页的色彩不会显得太单调，但又不会太繁杂。在网页配色中，色彩类型不宜太多，尽量控制在 3 ~ 5 种色彩以内。背景色和文字色彩的对比度要大，背景色或背景图案不宜太复杂，否则网页的访问者无法看清网页上的文字。

3．网页内容新颖

网页内容的选择要不落俗套，在规划网站内容时不能照搬其他网页的内容，要结合自身的实际情况。放眼望去，网上的许多网页喜欢"大"和"全"，内容包罗万象，题材千篇一律，而且时常出现重复的内容，让访问者眼花缭乱，无法快速找到需要的信息。所以，在设计网页时，网页内容做到"少"而"精"，必须突出自己的特色。

4．网页命名简洁

为了使各个网页被方便快捷地链接起来，最好能给这些网页起一些有含义且简洁易记的名称，这样不仅有助于用户管理网页，而且各类搜索引擎可以更容易索引到发布的网页。在给网页命名时，最好使用常用的或符合页面内容的英文或拼音（不建议使用中文），这样可以非常直观地看出所链接的是什么内容。

5．注意视觉效果

设计网页时，要考虑到计算机显示器各种分辨率显示的效果是否良好，例如设计了适合 1 280×1 024 像素高分辨率的网页，但部分访问者仍然在使用较低分辨率的显示器，这时网页是无法给他们带来非常好的体验的。在设计网页之前，必须思考如何去适应多种分辨率进行显示，以达到需要的效果。

6．网页文字易读

如想通过网页中的文字正确传达信息，必须仔细规划背景颜色与文字大小的方案，千万不要喧宾夺主，访问者不是特地来观赏网页背景的。一般来说，浅色背景下的深色文字比较适合。文字大小的设置也很重要，尤其是以中文为主的网页，中文字体的大小最好设定为 12 像素或者 14 像素，这两种尺寸比较符合正文显示的标准，标题文字可适当放大。虽然可以在 HTML 中使用特殊符号及字体，但是，无法确保这些特殊符号字体在各种浏览器中都能正常显示，最好统一使用通用的符号和字体。

7．熟练掌握 HTML

为了成功地设计网页，用户必须理解 HTML 是如何工作的。大多数网页设计者建议网页设计新手应从有关 HTML 的书中去寻找答案，用记事本制作网页，因为用 HTML 设计网页可以控制设计的整个过程。

8．图片注释文字

给网页中的每张图片加上文字说明，在图片出现之前就可以看到相关内容，尤其是导航按钮图片和较大图片更应如此。另外，当网页图片无法显示时，同样会在图片显示的位置出现文字说明，这样一来，用户在浏览网页时可以很清楚地知道这张图片的内容，尽管有时无法看到图片，但也完全了解这个图片的位置和要传递的信息。

9．浏览器兼容性

在 Windows 操作系统中，Edge 浏览器或 IE 浏览器最为常见，那么，是不是所有的访问者都使用 Edge 浏览器或 IE 浏览器呢？答案是否定的。因此仍然需要关心 Firefox、Chrome 以及 Opera 等浏览器的使用者。不同类型的浏览器所展示的网页样式及效果存在差异，这种差异出现的原因是浏览器对 HTML 代码解释的方式是不同的，正如不同的人对同一本小说的理解与感想也可能大相径庭。在设计网页时，要使用各种浏览器对同一张网页进行测试，测试网页的兼容性。

10．网页动画数量

大多数人都喜欢用 GIF 或者 Flash 动画来装饰网页，它的确很吸引人，让网页内容看起来直观生动。但网页中的动画数量不宜过多，否则会错把网页当成是电子杂志，并且太多的动画会加大网络数据传输的负担，影响下载网页的速度，因为一个动画比纯粹的文字和图片容量要大得多，用户不希望看到一张残缺不全的网页。

11．网页导航清晰

网页最基本的功能是用来传递信息，用户希望在访问网页时迅速地找到需要的信息，这就体现出网页导航的重要性。用户依靠导航可以很快看到网页显示的内容，它如同一条道路的路标。可以单击链接的文字和其他文字在样式上要有所区分，给访问者更加清晰的导向，让他们知道可以单击什么位置。

总之，在设计网页时要考虑到方方面面的因素，为访问者提供一切便利。设计出的网页主要作用是方便访问者查找信息，而不是自我观赏，既要展示网页的美观设计，也要体现网页的功能设计。

8.3.3　网页的布局

影响网页效果的因素包括色彩的搭配、文字的变化、图片的处理等。网页尽管具备了这些条件，仍会变得凌乱不堪，这是由于遗漏了一个非常重要的因素——网页的布局。

网页常用的布局类型大致有“国”字型、框架型、封面型、Flash 型。

1．“国”字型

国字型也可以称为“同”字型，是一些信息类、门户类网站经常采用的类型，即最上面是网页的标题、导航以及横幅广告条，紧接着就是网页的主要内容，左右分多列显示一些信息内容，中间是主体部分，底端是网页的结束部分，一般放置网页设计者的基本信息、联系方式、版权声明等。这种结构是在网上见到的最多的一种布局类型，如图 8-19 所示。

2．框架型

这是一种左右或者上下分为两页的框架结构，一般左侧或上侧框架内容是导航链接，其余框架用于显示导航链接对应的网页内容。一般见到的大部分百科类或教程类网站都是这种布局的，有一些企业网站展示产品也喜欢采用。这种类型结构非常清晰，一目了然，如图 8-20 所示。

3．封面型

这种类型类似于一本精美的杂志封面，由平面设计结合一些小的动画，放上几个简单的链接或者仅是一个“进入”的链接。这种类型大部分出现在企业网站和个人主页，会给人带来一种赏心悦目的感觉，如图 8-21 所示。

4．Flash 型

Flash 动画技术在网页中也经常用到，有时并不是在网页中嵌入一两个 Flash 动画，而是整张网页都以 Flash 动画技术展示出来，网页中的任何链接与文字都是采用 Flash 制作的。网页看起来生动活泼，特别适合于制作个人、少儿、影视、动画等类型的网页。当然对于网络是否通畅以及加载速度要求较高，否则访问者将无法正常访问网页。随着 Flash 技术在网页中的应用逐渐被其他技术取代，此类网页已很少出现在大众的视野中了。

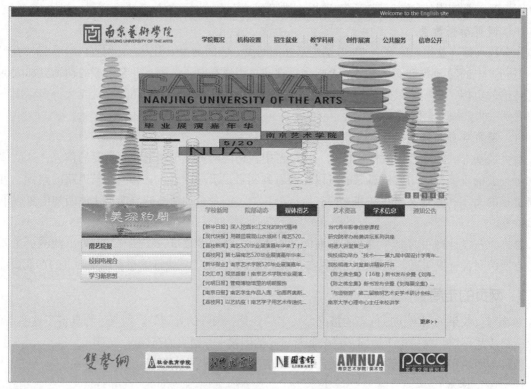

图 8-19　"国"字型网页布局

图 8-20　框架型网页布局

图 8-21　封面型网页布局

8.3.4　网页的配色

彩色的书籍要比白纸黑字的书籍更加绚丽多姿。同样，多彩的网页更加引人注目。既然想色彩丰富，就要讲究如何搭配，并不是任何颜色组合在一起都是令人满意的，因此网页中怎样进行配色也成为设计网页需要考虑的问题。

随着计算机技术的日益发展，计算机中所能描绘的色彩种类也越来越多。网页的设计师们尝试过使用多种类型的色彩来装饰网页。总结起来，配合不同的内容主题，较适合作为网页色调的色彩有蓝色、绿色、橙色、暗红等。但不论使用哪种色彩作为网页主体颜色，非主体部分也需要搭配合适的色彩，起到画龙点睛的作用，例如蓝白橙搭配、绿白蓝搭配、橙白红搭配、暗红黑搭配等。

色彩的使用在网页制作中起着非常关键的作用，有很多网站以其成功的色彩搭配令人过目不忘。但是对于初学者来说，往往不容易驾驭好网页的色彩搭配。除了学习专业的色彩理论和方法之外，多去模仿一些著名网站的用色方法，对于提高网页设计水平可以起到事半功倍的作用。网页中添加颜色，在 HTML 下可使用十六进制的表示方法（如 #000000 表示黑色）。现今，企业形象显得尤其重要，企业形象设计必然要有标准的颜色，且和企业相关的其他形象宣传、海报、广告使用的颜色保持一致。另外，很多网页采用的色彩是凭个人爱好，在个人网页中较多使用，比如个人喜欢红色、紫色、黑色等，在做网页时就倾向于这种颜色。

网页设计的色彩搭配需要在实践中不断地摸索和创新，充分把握浏览者的心理，认真学习别人的先进方法和经验，可以快速地提高制作水平。

8.3.5　CSS 与 JavaScript

网页设计中，不仅仅需要编写 HTML 文档来制作网页，要想为网页增加外观样式，还要和访问者进行简单的交互，此时就需要在网页中使用 CSS 与 JavaScript。

CSS（cascading style sheets，串联样式表）是一组格式设置规则，用于控制网页中各元素的外观。通过使用 CSS 样式可将网页的内容与表现形式分离。网页内容存放在 HTML 文档中，而用于定义表现形式的 CSS 规则存放在另一个文件中或 HTML 文档的某一部分，通常为文件头部分。将内容与表现形式分离，不仅可使维护站点的外观更加容易，而且还可以使 HTML 文档代码更加简练，缩短浏览器的加载时间，只需稍做调整，整个网页的色彩及样式就可以有很大改观。

HTML 标签原本被设计为用于定义文档内容。通过使用各种标记，来表达"标题""段落""表格"之类的信息。同时文档布局由浏览器来完成，且不使用任何样式标记。随着网页的样式、外观设计越来越精美，仅仅依靠 HTML 文档来解决表现样式有些力不从心。为此，CSS 就出现在人们的视野中。所有的主流浏览器均支持 CSS，极大地提高了工作效率，CSS 定义 HTML 元素的样式。关于网页中样式的定义规则也可保存在外部的 .css 文件中。我们能够为每个 HTML 元素定义样式，并将之应用于任意网页中。如需进行所有网页元素的更新，只需简单地改变 CSS，就可达到目的。采用 CSS 布局相对于传统的表格网页布局更具有优势，将设计部分剥离出来放在一个独立样式表文件中，HTML文件只存放元素对象信息，网页中的内容由于没有其他无关代码阻碍，更容易被检索到，浏览器也不必去编译大量冗长的 HTML 标记。

而 JavaScript 是一种面向对象的区分大小写的客户端脚本语言，主要目的是解决服务器运行的速度问题，为客户提供更流畅的浏览效果。为了使网页更具有交互性，能够包含更多活跃的元素，必须在网页中嵌入其他脚本程序代码，如 JavaScript、VBScript 等。JavaScript 就是适应交互行为制作的需要而诞生的一种新的编程语言。在 HTML 基础上，使用 JavaScript 可以开发简单的交互式网页，使得网页和用户之间实现了一种实时性的、动态的、交互性的关系，并且 JavaScript 语言程序短小精悍，在客户端而不是在网站服务器上执行，降低了网站服务器负载，大大提高了网页的浏览速度和交互能力。

●●●● 8.4　网站开发 ●●●●

将多张网页组织在一起，就形成了一个完整的网站。对网页设计有一个基本的了解之后，就可以进行网站开发。开发出来的网站被放置在 Web 服务器上，以便通过互联网来访问它。服务器的价格各不相同，如果代为托管，价格便宜，而且代管公司还会提供网站运行的一切服务。开发一个完整网站的简要的流程如下：

① 根据网站包含的内容设计网页，包括网页所用的版式、布局、配色及样式等。

② 根据设计方案，使用习惯的网页设计软件制作网页。

③ 将制作出来的所有网页进行合理的组织，形成网站。

④ 对网站进行各种严格的测试。

⑤ 为网站申请一个域名（如 sohu.com）。

⑥ 将网站放置在 Web 服务器上，绑定申请的域名，开通网站。

8.4.1　网页编程

虽然静态网页文档（通常是扩展名为 .htm 或者 .html 的文件）在浏览时速度非常快，一旦设计出来就可以使用和访问，但网页上的信息更新维护起来是非常麻烦的，这就要求采用动态网页文档进行网站开发。动态网页文档的优势就在于无须修改网页源代码即可更新信息，让更新维护更加快捷方便，交互性更加出色。想要制作动态网页文档，HTML 是不够的，还必须掌握至少一种动态网页编程技术。动态网页编程涉及程序设计（见本书第 10 章），普通的网页设计爱好者不一定都有能力掌握。下面是常见的几种动态网页使用的技术。

1．CGI

CGI（common gateway interface，公共网关接口）是服务器对信息服务的标准接口，为向客户端提供动态信息而制定。比如雅虎、搜狐等搜索引擎提供的强大搜索功能便是利用 CGI 实现的。CGI 脚本程序可以用 C、C++ 等语言在多种平台上进行开发，具有很好的兼容性。

2．ASP

ASP（active server pages，活动服务器页面）是微软公司推出的技术。用户可以使用它来创建和运行交互式的动态网页，如文件上传与下载、聊天室、论坛等。它还可利用 ADO（ActiveX data object，ActiveX 数据对象）方便地访问数据库，能很好地对数据进行处理。

3．PHP

PHP（page hypertext preprocessor，页面超文本预处理器）是一种 HTML 内嵌式的语言，与微软的 ASP 颇有几分相似，现在被很多网站编程人员广泛运用。PHP 是在服务器上执行的，充分利用了服务器的性能，功能强大，支持几乎所有流行的数据库及操作系统。

4．JSP

JSP（Java server pages，Java 服务器页面）是由 Sun 公司（已被甲骨文收购）倡导并参与建立的动态网页技术标准。JSP 具有极佳的可移植性和易用性。Sun 公司将 JSP 和 Java Servlet 的源代码提供给 Apache（Web 服务器软件），以便做到 JSP 和 Apache 的紧密结合、共同发展。

5．XML

XML（extensible markup language，可扩展标记语言）是Internet环境中跨平台的、依赖于内容的技术。XML是一种简单的数据存储语言，可以在任何应用程序中读/写数据，程序可以更容易地与Windows、Linux以及其他平台产生的信息结合，并以XML格式输出结果，这使XML很快成为数据交换的唯一公共语言。XML与HTML的设计区别是：XML是用来存储数据的，重在数据本身，而HTML是用来定义数据的，重在数据的显示模式。

以上列举的都是现今最为流行的动态网页技术，可以从中选择任意一种来开发动态网页。但无论采用哪种，都要求用户精通某种程序设计语言作为开发语言。

8.4.2　网站规划

任何网站如同高楼大厦，并不是一蹴而就的，必须一砖一瓦、有条不紊地搭建起来，因此要想开发出理想的网站，在实施开发之前务必对网站的整体（具体包括前期对需求的了解、网站类型及结构的规划、网站功能、网站平台硬件和软件的配置、网站风格、网站美工以及网站宣传推广等）有一个详尽的策划与分析。在网站正式开发制作之前需要经历两个准备阶段：需求分析阶段和规划设计阶段。

准备阶段的工作不可草率行事，其中如有环节出现问题，将不便于对网站进行制作、修改、维护。当然，也需要灵活把握，某一阶段可能会因为一些不确定因素而更改。使网站结构清晰合理、页面生动美观、内容准确翔实，让开发出的网站脱颖而出，准备阶段中网站规划设计非常关键。

1．站点规划

通过对需求分析阶段中获取的所有详尽的资料信息进行细致整理与归类，来确定在网站首页、一级页面上向访问者展现的以及网站子页面中的信息类别。摒弃过多枯燥的、没有必要的、专业性较强的内容，使用简洁明了、通俗易懂的文字，减少页面数量，加快网页的访问速度。网页文档整理完毕后，根据类别统计网站的栏目数量、每个栏目包含的页面数量，规范页面中的具体内容及网页文档名称。

2．首页设计

当有了站点规划的详细图表及数据后，就可对网站的各页面进行设计。网站首页设计是整个网站设计中最重要的一环，原因是首页决定了访问者对网站的第一印象和最直观的感受，是政府部门机构、企事业单位以及个人的形象代表。首页设计要体现出现阶段的宣传主题，例如很多企业在各类媒体上整体采用统一色调，通常使用以稳重为主的蓝色，并且配以亮色或渐变色，加入一些当下的流行元素，表明该企业正处在科技研发领域的前沿。首页设计除了整体色调外，页面中其他用色也同样重要，必须考虑颜色明暗、轻重以及搭配。

整个页面的版式最好有明显的区域性，把内容相关的信息集中在一起，方便访问者对内容的浏览。如果不是资讯类网站，页面上放置的信息量不宜过多，重点要突出，否则页面会杂乱无章，缺乏气度。例如：南京艺术学院的网站首页上，重点突出了新闻及公告两大部分，并且包含图片展示区，区域化明显，访问者很快就可以了解学校近期发生的重要事件及艺术资讯。网站首页最好在计算机显示器屏幕范围内显示完整，如在屏幕上无法显示整张页面，也必须在屏幕上显示出页面的主体部分，换言之，在不需要拉动窗口右侧滚动条的情况下，就可以对网站的重点信息一目了然。

此外，需要考虑的就是页面的兼容性及访问速度。要想在各类浏览器中正常显示此页面，要尽量在页面中使用稳定、成熟、标准化的技术，保证页面在各种浏览器中都兼容，比如采用标准的 DTD（document type definition，文档类型定义）网页文档规范及语法规则。浏览网页是一种远程获取信息的过程，从远程服务器传输网页数据到客户机，再通过浏览器显示网页，这需要一定的时间，因此尽量缩小网页文档的容量，减少网页中影响传输速度的元素，比如大量的图片及 Flash 动画，从而实现浏览器快速显示网页的目的。

3．内页设计

在首页设计好之后，就应该着手网站内页的设计了。内页的设计必须与首页风格统一，包括页面布局、文字排版、装饰性元素出现的位置、导航的统一和图片的位置等。在结构上，网站标志性元素要一致，比如网站名称、标志、导航的形式及位置、联系方式等，可以减少设计、开发的工作量，有利于以后的网站维护与更新。在色彩上，可以与首页的色调搭配一致，也可在不同栏目的子页上分别采用与栏目主题内容相符的色调，并结合导航上各栏目相对应的颜色加以装饰。另外，内页上使用的各类图标、图形及局部设计的元素等也最好和首页统一，从而形成页面的连续性。内页中文章列表或者文章内容里的链接要容易辨认，让访问者清楚地知道应该单击何处进行查看。内页中的文字排版有统一的间距和边距，表格的设置要合理，不宜太长，最好每页都有类似"返回首页"的超链接，方便访问者快速回到首页浏览其他信息。

8.4.3　网站发布

待网站开发、测试完成之后，就可以正式进行发布了。如何对网站进行发布呢？这是一个较烦琐的过程。首先为网站申请一个自己喜欢且容易让访问者记住的域名，其次是拥有一个适合运行的空间服务器，服务器可以是租用，也可以是自行购买或架设的，把申请的域名与空间服务器的 IP 地址进行绑定，将来访问者在使用这个域名时，就可直接访问此台服务器的网站。最后把网站程序上传空间服务器，进行安装调试。在浏览器的地址栏中输入网址，即可打开网站的首页。按照相关法律规定，对外发布的网站必须要在工业和信息化部备案。比较主流的运行网站程序的服务有 IIS、Apache、Nginx 等。在 Windows 操作系统平台上使用 IIS 较多，下面介绍如何进行网站本地测试访问。

1．启动 Internet 信息服务（IIS）

网站制作好之后，要对网站进行本地测试，操作系统默认是没有打开 Internet 信息服务（IIS）功能的，因此必须首先为操作系统安装 IIS。打开操作系统的"控制面板"窗口，单击"程序和功能"超链接，在显示的窗口中单击左侧的"启动或关闭 Windows 功能"超链接，在"Windows 功能"列表框中选中"Internet Information Services"复选框，如图 8-22 所示。单击"确定"按钮，系统开始安装 IIS。

图 8-22　"Windows 功能"窗口

2．设置虚拟目录

IIS 安装好后，打开"控制面板"窗口，单击"管理工具"超链接，打开相应窗口，然后双击"Internet Information Services（IIS）管理器"选项，打开此窗口，如图 8-23 所示。在左窗格中选择 Default Web Site 选项后右击，在弹出的快捷菜单中选择"添加虚拟目录"命令，弹出"添加虚拟目录"对话框（见图 8-24），在"别名"文本框中给此网站输入自定义名称，确定网站文件夹存储的物理路径，最后单击"确定"按钮，网站虚拟目录创建完毕。在左窗格中选择创建的虚拟目录，通过底部的按钮切换到"内容视图"，此时，中间区域即可出现此网站文件夹中包含的所有网页文件。

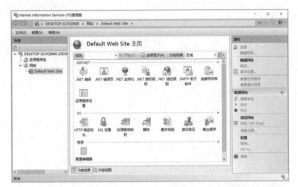

图 8-23　Internet Information Services（IIS）管理器　　图 8-24　"添加虚拟目录"对话框

3．在浏览器中访问网站首页

在"Internet Information Services（IIS）管理器"右侧的"操作"窗格中，单击"浏览 *:80 (http)"超链接，或者自行打开浏览器，在地址栏中输入地址 http://localhost/ 虚拟目录名称 / 网站首页文件名，其中 localhost 代表本地主机，也可以替换成使用的计算机 IP 地址，这样就能够在浏览器中显示制作好的网站首页。

网页设计是伴随着计算机互联网的产生而形成的热门行业，我们不仅可以通过网页设计培养自己各层面的相关技能，而且可以从中获取非常宝贵的技术和艺术经验：网页的设计与开发并重，包含了设计艺术及计算机网络技术两个重要组成部分，并随着计算机网络技术的发展而逐步走向兴旺，是艺术与科技的完美结合。

●●●● 小　　结 ●●●●

本章介绍了网页的基本概念、HTML、网页设计常用工具，以及网页的版式、布局和配色，最后简要叙述了网站的开发和发布流程。

网页是一种超文本文件，采用 HTML 编写而成。HTML 是指超文本标记语言。HTML 是严格的元素层次嵌套结构，每个元素必须使用"< >"包含起来形成标记（tags），并且标记是成对呈现，有开始标记，就有相对应的结束标记。元素可以互相嵌套，但是不能重叠。HTML 把元素划分为 3 种主要类型：结构化元素、块状元素和内联元素。比较合适的网页制作软件有 Adobe 公司的 Dreamweaver 以及 Microsoft 公司的 Expression Web 等。网页设计过程中值得注意的要点包括网页整体的风格、色彩搭配、网页内容的选取、命名的简洁、视觉效果、文字的易读性以及浏览器的兼容性等。网站制作开发之前的准备工作包括需求分析和规划设计，网站制作完毕后需要先进行本地测试，之后再实施发布。

•••●习　　题●•••

1. 网页属于哪一种文本类型?

2. 网站有哪些种类及用途?

3. 网页文档有哪些种类? 它们之间有何区别?

4. 什么是 HTML ? HTML 结构包括哪几部分?

5. HTML 中的元素有哪些类型?

6. 简要说明你使用哪一种网页设计工具制作网页。

7. 网页设计时需注意哪些要点?

8. 网页布局有哪些类型?

9. 什么是 CSS 和 JavaScript ?

10. 简要叙述网站如何发布。

第9章 数据库基础与软件应用

学习目标

- 了解数据库的基本概念。
- 了解关系数据库的基本概念。
- 了解 SQL 的基本概念。
- 了解数据库设计的简要方法。
- 了解数据库管理系统的基本概念。
- 掌握 Access 的基本操作。

9.1 数据库的基本概念

9.1.1 数据库的定义

数据库（database）是按照数据结构来组织、存储和管理数据的仓库。简单来说，它是一组数据的集合，而且是有用的、有关系的数据的集合。这种数据集合有以下几个特点：尽可能不重复；以最优方式为某个特定组织提供多种应用服务；数据结构独立于使用它的应用程序，对数据的运算，如增加、删除、修改、检索等操作由软件统一进行管理和控制；具有良好的用户接口，用户可方便地开发和使用数据库。从对数据管理的发展来看，数据库是目前最好的管理方法，它是由文件管理系统发展起来的，比如高校的学生们可以通过相关数据库存储的数据查看自己各学期的课表、考试成绩以及选择所需学习的课程。数据库技术与网络通信技术、人工智能技术、面向对象程序设计技术、并行计算技术等相互渗透、有机结合，成为当代数据库技术发展的重要特征。

数据库中有很多对象，包括"表""查询""窗体""报表""页面""宏""模块"。这些对象在数据库中具有特定的功能，比如"表"用来存储数据；"查询"用来查找数据；"窗体""报表""页面"用来获取数据；"宏"和"模块"用来实现数据运算的自动化。并且只有这些对象相互协作，才能创建出一个好的数据库。

作为一个数据库，最基本的就是至少要有一张数据库表，并且表里存储着数据。比如"学生信息"数据库，首先就要建立一张数据库表，然后将学生的学号、姓名、性别、院系等基础信息输入到这个数据库表中，这样数据库中就有了数据源。有了这些数据，就可以把它们显示到相关用户界面上，例如"窗体"，通过数据库管理软件里各类窗体组件来获得存储在数据表中的数据。

9.1.2 关系数据库

数据库技术的核心是数据库模型，因此，数据库模型的发展演变是数据库技术发展演变的标志。数据库模型决定了数据库组成的逻辑结构是什么样，它的逻辑结构则规定了数据库应该采用何种方式对数据进行存储、组织及操作。按照数据库模型的发展演变过程，数据库技术从开始到现在的短短30多年中，主要经历了三个发展阶段：第一阶段是网状和层次数据库模型，第二阶段是关系数据库模型，第三阶段是面向对象数据库模型。目前最流行的数据库模型是使用数据库表来存储和管理数据的关系数据库模型，它的关键技术是关系模型。

关系模型是1970年由知名计算机科学家埃德加·科德（Edgar Codd）首先提出的，并且科德于1981年凭借在关系数据库方面的贡献获得了图灵奖，如今关系模型已经成为数据存储领域的标准之一，它由关系数据结构、关系操作集合和关系完整性约束三部分组成，现实世界中的各种实体之间的联系均用关系模型来表示。在关系模型中，所有数据用元组表示，并组成关系。创建关系模型的目的是提供一种数据管理和查询的规则方法，直接定义数据库中数据的类型以及获取所需要的数据。关系模型创建成功后就可以使用数据库管理系统软件来设计和实现这样的流程。

关系数据库，顾名思义就是以关系数据库模型为基础创建的数据库，允许多个用户访问数据，通过数据库表的形式对数据间的关系加以表达，也就是说，将数据存储在表格中，借助于集合代数等数学概念和方法来操作表中数据，以便根据特定条件查询所需数据。在关系数据库中，一张数据库表是一系列二维数组的集合，是由纵向垂直列与横向水平行结构组成的二维表，用来代表和存储数据对象之间的关系，与日常使用的表格类似，例如一张有关学生基本信息的学生表中，每列包含的是所有学生的某个特定类型的信息，比如学号、姓名等，而每行包含了某个特定学生的具体数据，如C001、张永、环艺、男、1983/6/30等。表中的列称为字段（属性），表中的行称为记录（元组），整张表格被视为关系，如图9-1所示。

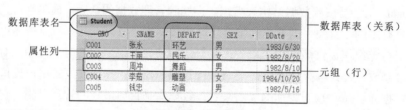

图 9-1　数据库表

每张数据库表相对独立。对于一般的数据库表，字段的数目是指定的，各字段之间可以由字段名识别。而记录的数目可以是任意的，各行数据的区别是由一个或多个被设置为候选键（Key）的字段进行标识。候选键是关系数据库的重要组成部分，用来标识数据库表的每一行或与另一个表产生联系，意义在于能够在表中唯一标识出不同的行，因此每张数据库表中至少有一个候选键。某个候选键可以被选为主键或者外键，主键是用于区分不同行的首选标识方式，但一个字段最多只能有一个主键，且主键字段的所有行数据不允许重复，而外键的作用是引用另一张数据库表中的主键，来创建表之间的联系。比如，成绩表中有个字段称为学号，可以与学生表中的"学号"字段建立联系，成绩表中的"学号"字段称为外键。某些表格中显示的数据不一定物理存储在数据库中，如视图（Access软件中为查询视图）也是关系表，但是它们的数据是在查询时才被计算输出。

在关系数据库中，对表数据操作处理的方法是基于关系模型关系操作（关系代数）的概念。常用的关系操作有并、交、差、除、增加、删除、修改、查询、选择、投影和连接。

9.1.3　结构化查询语言

结构化查询语言（structured query language，SQL）是一种基于关系数据库的编程语言，这种标准数据查询语言是用以执行对关系数据库中数据的检索和操作，IBM 公司最早在其开发的数据库系统中使用它。1986 年美国国家标准学会（ANSI）对 SQL 设定规范后，以此作为关系式数据库管理系统的标准语言，1987 年在国际标准化组织（ISO）的支持下成为国际标准。不过各种常用的数据库系统在实际使用过程中都对 SQL 规范做了某些改进和扩充，因此，不同使用环境下的 SQL 不一定完全相互通用。SQL 由数据定义语言和数据操纵语言构成，应用范围包括数据插入、查询、更新和删除，以及数据库表的创建、修改，还有数据访问控制，现阶段已成为应用最广泛的数据库语言，大部分的关系数据库都配备 SQL。

在 SQL 中最常用的操作是查询，通过编写 SELECT 语句来执行。SELECT 语句通过表达式从一张或多张数据库表中获取数据，最终形成查询结果的表格。比如要想从学生表中查询学生的学号、姓名等数据，就可以这样写："SELECT SNO,SNAME（学号字段、姓名字段）FROM Student（表名）"，"*"可以被用来指定查询应该返回表中所有字段。SELECT 是 SQL 中最复杂的语句，在 SELECT 语句中还有一些可选的关键字和子句，包括 WHERE 子句（设置筛选条件）、GROUP BY 子句（分组）、HAVING 子句、ORDER BY 子句（排序）等。

9.1.4　数据库简要设计

数据库设计是创建数据库数据模型的过程，可以看作整个数据库系统设计的组成部分，包含所有所需的逻辑与物理结构的设计，其中比较重要的是对数据库的逻辑结构设计。数据库设计的方法多种多样，简要的流程如下：

数据库设计的第一步是确定创建数据库的目的，依据目的建立一个概念模型来反映出数据库的信息结构。概念模型就是一张用于描述相关数据结构及业务需求的图表，它可以表达组织结构的意义和本质，比如实体集合、属性和联系。常用的做法是使用辅助工具绘制开发一个实体 - 联系模型（entity-relationship model，E-R model），简称 E-R 模型，这种模型利用图形的方式（E-R 图，见图 9-2）来表示数据库的概念模型设计，有助于设计过程中的构思及沟通讨论。

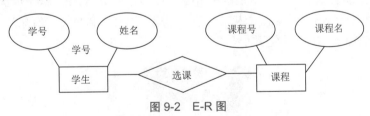

图 9-2　E-R 图

E-R 图中的实体是个名词，可以表示一个独立存在的物理个体，比如一位学生、一门课程，也可以表示一类事物的抽象，实体采用矩形框进行绘制。而联系是用来表现实体之间的相关性，联系可以被认为是个动词，连接着两个或以上的名词，一般用菱形框来表示。比如，学生与课程之间的选课关系，学生与教师之间的教学关系等。联系具有 3 种类型，分别是一对一联系、一对多联系和多对多联系。属性通常用写有属性名称的椭圆形绘制，用来描述实体的性质特征，属性与包含它的实体或联系相连接。比如，学生的学号、姓名等属性，课程的课程号、课程名等属性，每个实体必须至少具有一个唯一标识的属性，称为实体的主键（见9.1.2节内容）。在E-R图中实体、属性、联系三者之间采用连线进行连接。当概念模型建立出来后，接着再将其转换成根据所选择的数据库管理系统支持的关系式逻辑结构。

　　数据库设计的第二步是通过上述的逻辑结构以及绘制出的E-R图搜集和组织所需的数据，并正确归类细化，放置在数据库表中，每个实体作为一张数据库表。把属性转变为列或字段，决定哪些信息存入同一张数据库表，每个实体的各个属性作为一个字段，同时对其中某些字段指定主键。之后确定表格之间哪些数据相关，建立数据库表之间的关系，必要时为表格增加字段或创建新表来说明关系。

　　最后一步是对数据库进行优化安全设计，分析设计中的错误，使用标准化规则核查表格结构是否正确，查询结果是否出自正确的表格，需要时调整修改设计。另外，就是数据库的安全检测，包括数据本身的安全性、一致性和完整性，安全级别的分类和响应，还有对数据库对象的访问控制等。

9.1.5　数据库管理系统

　　数据库管理系统（database management system，DBMS）是一种特别设计的应用软件，针对对象数据库，为管理和操纵数据库而设计的软件管理系统，用来与用户、其他应用程序和数据库自身进行交互，实现获取分析数据的目的。它由一组计算机程序构成，它对数据库进行统一的管理和控制，以保证数据库的安全性和完整性。数据库管理系统位于用户与操作系统之间，是数据库系统的核心部分，主要实现对共享数据的组织、管理和存取，可使多个应用程序和用户用不同的方法去建立、修改和访问数据库。数据库管理系统使数据不依赖于其他应用程序，减少了数据的冗余，有助于数据共享，具有较高的安全性，而且方便对数据进行恢复。

　　目前最为熟知的数据库管理系统有MySQL、MariaDB、PostgreSQL、SQLite、Microsoft SQL Server、Microsoft Access、Oracle、dBase、FoxPro、IBM DB2、LibreOffice Base等，如图9-3所示，它们都有各自的特点。Microsoft Access是Microsoft Office的成员之一，是微软开发的一款数据库管理系统，结合了关系型Microsoft Jet Database引擎、图形化用户界面和软件开发工具。对Access的使用无须任何代码，只需要使用非常直观的可视化界面就可以完成大部分数据库操作，它不仅可以通过ODBC（开放式数据连接）与其他数据库相连，也可以与Word、Excel等办公软件通过VBA代码相连，甚至调用Windows操作系统的相关功能，实现数据共享和交换，具有人性化的特性。下面详细介绍Microsoft Access 2016的使用方法。

图9-3　数据库管理系统品牌

●●●●9.2　数据库软件的应用●●●●

9.2.1　数据库的创建

　　启动 Access 软件之后,软件默认显示"文件"选项卡的各项功能,包括"保存""另存""新建""打印""关闭"等功能选项,如图 9-4 所示。要想新建一个数据库文档,可选择"新建"命令,中间区域会显示空白数据库及各类模板,如要创建一个空白数据库,则单击"空白数据库"按钮,在对话框中输入文件名,并单击"浏览"按钮,在弹出的图 9-5 所示的"文件新建数据库"对话框中设置文件名、保存位置以及保存类型,单击"确定"按钮,如文件名为 Database1,保存位置是"桌面",保存类型为"Microsoft Access 2007-2016 数据库",也可以选择保存类型为兼容旧版本 Access 的文档类型格式,例如"Microsoft Access 数据库 (2002-2003) 格式"。然后单击"创建"按钮,则可在相应位置生成一个空白数据库文档,文档默认文件扩展名为".accdb"。如果需要套用软件提供的其他模板,可挑选适合的模板类型,同样按照上述步骤进行创建。

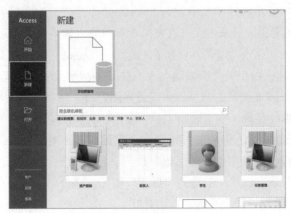

图 9-4　Access 启动界面

图 9-5　"文件新建数据库"对话框

9.2.2　表的创建

　　其实表就是数据库用来存储数据的地方,就好像一个教室,30 个座位,座位按行和列整齐摆放,学生按照座位坐在教室里,老师想请某个学生起来回答问题,不需要知道他的名字,只需要喊"第几行第几列的”，这个学生就会站起来。现在将这个教室中的人换成数据，就构成了数据库中的“表”，如图 9-6 所示。

SNO	SNAME	DEPART	SEX	DDate
C001	张永	环艺	男	1983/6/30
C002	王丽	民乐	女	1982/8/20
C003	周冲	舞蹈	男	1982/8/10
C004	李茹	雕塑	女	1984/10/20
C005	钱忠	动画	男	1982/5/16

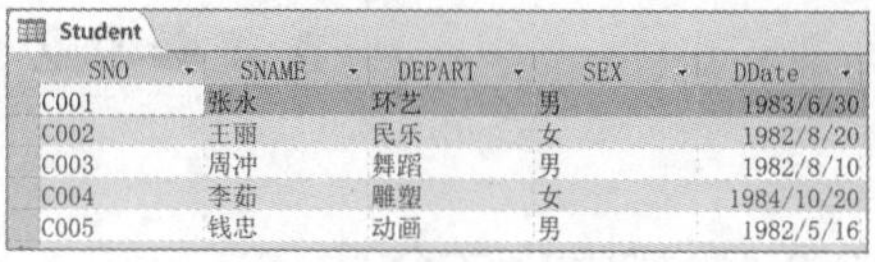

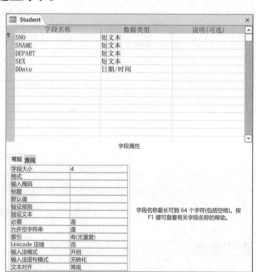

图 9-6 学生表（Student）

这些“表”有两个特点：一是这些表都可以用来存储数据；二是这些数据在表中都有很规则的行列位置。数据库中的“表”跟平常见到的纸上的表格很像。

建立一张表是非常容易的。而且 Access 中还提供了很多种方法来建立一张表，且都很简单、实用。创建数据库成功后，软件默认显示一张空表的设计器，可以直接进行表格的设计和创建，设计完成后单击软件左上角的“保存”按钮将表格保存下来,也可单击“创建”功能区“表格”域中的“表设计”按钮进行新表的设计。

在建立表之前,先解释几个名词。在数据库中,表的行和列都有专有名词,每一列叫一个“字段”。每个字段包含某个专题的信息，比如“学号”“姓名”“生日”等，这些都是表中所有行的属性。表中的每一行称为一个“记录”，每一记录包含着这一行的所有信息，就好像学生表里某一个学生的所有信息，一般用这条记录所在的行数来表示这是第几个记录。

在数据库表中除行名和列名外的所有格子里的数据称为“值”，是数据库中最基本的存储单元，它的位置由表中的字段和记录来定义。在图 9-6 所示的“学生表”中可以看出，第一条记录和 SNAME 字段交叉处的值为“张永”，“王丽”所在的记录和 DDate 字段交叉处的值为“1982/8/20”。

现在开始利用软件功能区的相关选项来建立表。在图 9-7 所示的“创建”功能区“表格”域中单击“表设计”按钮，打开图 9-8 所示的数据库表设计视图窗口，在其中输入所有字段名，设置其数据类型和字段大小。选择 SNO 字段，在“表格工具 - 设计”功能区单击“主键”按钮。主键就是主关键字，对一个表来说不是必需的，但一般都指定一个主键，其作用主要是确保该字段不会出现重值和空值。比如将 SNO 字段设置成主键，那么该字段下，所有的记录不会出现相同的 SNO 值，也不会出现空的 SNO 值。最后单击软件左上角的“保存”按钮，在弹出的“另存为”对话框中输入新表名称 Student，保存新表，这样一张完整的表就建立好了。

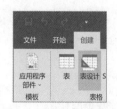

图 9-7 “创建”功能区

图 9-8 字段的设置

9.2.3　设置表的关系

　　Access 是关系型数据库，当用户建立好需要的表之后，紧接着就得建立表之间的关系，使这些表从独立的个体变成一个相互关联的整体。所谓关系，就是指两张表或查询都有一个完全相同的字段，然后再利用这个字段建立两个表或查询之间的关系，使之成为一个关系型数据库。

　　在学生表（Student）和成绩表（Grade）中，都有一个字段是相同的，就是学号（SNO），因为学生选过课之后肯定会出现在成绩表里，而学号又是学生的唯一标识，因此成绩表里也有一个字段"学号"，当知道学号后，可以通过学号来获取学生表里的信息，也可以通过学号来获取成绩表里的信息，所以，学号把学生表和成绩表中相关的字段联系起来了。为了把数据库中表之间的这种数据关系体现出来，Access 提供了一种建立表与表之间"关系"的方法，用这种方法建立了关系的数据只需要通过一个"关系"按钮就可以调出来使用，非常方便。

　　以学生表（Student）、课程表（Course）和成绩表（Grade）为例，现在开始为它们建立"关系"。首先单击"数据库工具"功能区中的"关系"按钮，打开"关系"窗口，弹出图 9-9 所示的"显示表"对话框，在这里可以把需要的表或查询添加到"关系"窗口中去。

　　将学生表（Student）、课程表（Course）和成绩表（Grade）添加到"关系"窗口，如图 9-10 所示。

图 9-9　"显示表"对话框

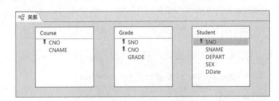

图 9-10　"关系"窗口

　　根据"学生表"中的 SNO 字段和"成绩表"中的 SNO 字段建立关系，根据"课程表"中的 CNO 字段和"成绩表"中的 CNO 字段建立关系，先在"学生表"中选中 SNO 字段，按住鼠标左键并拖动鼠标到"成绩表"中的 SNO 字段上，松开鼠标左键，这时弹出图 9-11 所示的"编辑关系"对话框。

　　通过这个对话框可以帮助用户编辑所建立的关系，可以单击"新建"按钮创建新的关系，也可以单击"联接类型"按钮为联接选择一种联接类型。单击"联接类型"按钮，弹出"联接属性"对话框，选择图 9-12 所示对话框的第三项，然后单击"确

图 9-11　"编辑关系"对话框

定"按钮，返回到"编辑关系"对话框，单击"创建"按钮，两张表之间就会出现一条带有箭头的折线，说明这两张表已经建立了关系，再通过"课程表"中的 CNO 字段与"成绩表"中的 CNO 字段相连，直接单击"创建"按钮，不需要设置"联接类型"，为"课程表"与"成绩表"建立关系，如图 9-13 所示。最后单击软件左上角的"保存"按钮保存此关系。

图 9-12　"联接属性"对话框

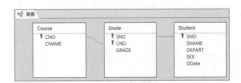

图 9-13　建立关系

9.2.4　查询数据

查询是数据库中非常重要的内容。查询不是简单查找，数据库中的表不是百宝箱，不可能也不需要将所有的数据保存在一张表中，不同的数据可以分门别类地保存在不同的表中，就像在"学生表"中保存与学生有关的基本信息，在"课程表"中保存与课程有关的基本信息。

在实际工作中使用数据库中的数据时，并不是简单地使用某张表或某几张表中的数据，而是将有关系的几张表中的数据聚集在一起调出来形成一张新的关系表，有时调出来的数据还要经过一定的计算才能使用。如果建立一张新的数据库表，然后把调出来的数据复制到新表中，再把经过计算的结果插入新表中，这样就太麻烦了，会严重影响工作效率。用"查询"就可以很好地解决这个问题。查询本身就可以生成一张数据表视图，看起来就像新建的数据库表一样，查询里的字段来自很多互相有关系的表，这些字段就组合成一张新的数据表视图，但是它不存储任何数据，当建立关系的表里的数据发生变化时，查询的内容也就发生相应的变化，计算也就由查询自动完成，极大程度上提高了用户的工作效率，充分体现了数据库的优越性。下面介绍如何使用"查询设计"按钮创建查询。

如图 9-14 所示，单击"创建"功能区"查询"域中的"查询设计"按钮，弹出"显示表"对话框，依次添加 Student、Course 和 Grade 三张表。

如图 9-15 所示，在查询设计窗口中，依次将所需的字段名称由上半部的来源数据表拖动到下方的"字段"行中，"显示"行的作用是将该字段输出给用户，如果"显示"行中某字段的复选框被选中，那么在查询结果中将输出该字段的数据，反之则隐藏该字段的数据。

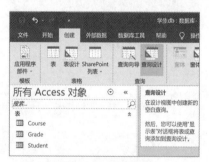

图 9-14　创建查询

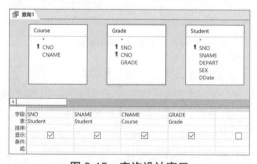

图 9-15　查询设计窗口

经过以上步骤已经把需要的字段都添加到查询中了，现在来看看查询的结果。查询可以在"设计视图"和"数据表视图"之间切换。切换到"数据表视图"即可看到查询结果。单击"查询工具 - 查询设计"功能区中的"视图"按钮，在弹出的下拉列表中选择"数据表视图"命令，如图 9-16 所示，就可以实现查询"设计视图"到"数据表视图"的切换。查询结果如图 9-17 所示。

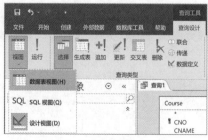

图 9-16　"视图"按钮

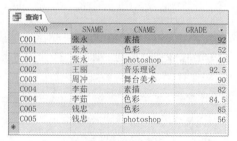

图 9-17　查询结果

　　另外，在查询过程中还可以根据某个字段的数据进行排序、筛选和计算。例如，在 SNO 字段相应的"排序"行单元格中，单击下拉列表选择"降序"命令，就可以让查询结果按照学号从大到小排序。如果是在 GRADE 字段相应的"条件"行单元格中，输入条件"<100"，如图 9-18 所示，那么在结果中会隐藏成绩大于或等于 100 分的记录。与 Excel 软件一样，Access 在查询时也可以对某些字段的数据进行自动计算，比如需要计算每位学生各门课程的成绩总分，则可以通过单击"查询工具 - 设计"功能区中的"汇总"按钮，对 GRADE 字段进行合计运算，并在查询结果中显示。有时在"数据表视图"中查看查询结果时，不希望看到原表中的字段名称，而是另起名称来替代字段名，这就需要为字段名加上"别名"。举个例子，用"学号"来取代 SNO，只要这样输入即可"学号：SNO"。

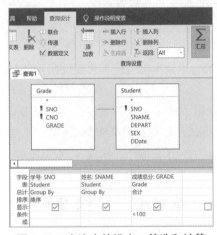

图 9-18　查询中的排序、筛选和计算

9.2.5　窗体的设计

　　窗体也是 Access 的一种对象，它将数据库中表或查询中的数据输出给用户，那么建立一个友好的界面就会给用户带来很大的方便，让用户只需要根据窗体的提示就可以完成工作，而不需要经过专门的培训。

　　一个好的窗体是非常有用的。不管数据库设计得有多合理，如果窗体设计得非常杂乱，而且没有任何提示，那么其他人就很难看懂，需要耗费很多时间来了解这个数据库，这就说明这个数据库设计在人性化方面做得不够全面，不利于人机交流，势必会影响到工作效率。

9.2.6　报表的应用

　　简单来说，报表就是用表格、图表等格式来动态显示数据，可以用公式表示为："报表 = 多样的格式 + 动态的数据"。

　　建立一个数据库的主要目的是科学地分类、管理大量的数据，如果从需求的角度来看，"查询"和"报表"则是最大的应用，前者用于在屏幕上直接查阅所需要的内容，后者则是为用户提供打印数据的服务。

　　虽然前面介绍的"表""查询""窗体"等都可以打印出来使用和保存，但是如果要打印大量的数据或者对打印的格式要求比较高，那前面介绍的各种对象就显得效率太低，这时就应该选择"报表"功能。

就操作而言，"报表"和"窗体"类似，主要区别在于"报表"是打印数据的专门工具，打印前可先排序或分组数据，但是无法更改报表中的数据；而"窗体"则是维护数据记录，恰恰与"报表"相反。在"报表"中可以控制每个对象的大小和显示方式，并可以按照所需的方式显示相应的内容，功能与Word软件里的打印功能类似。用户可以利用它很方便地把查询或表中的数据打印到纸上。

9.2.7 宏的应用

前面主要介绍了Access的基本操作及应用，若想进一步利用Access简化日常工作，只有深入学习"宏"的应用才能做到。

"宏"的目的是将重复性、烦琐的工作步骤自动化。例如，有一个窗体和一个数据库表，现在要在数据库表中添加一种功能，用一个文本框输入要查询的内容，用一个"查询"按钮来完成查询工作，并将查询的内容打印在报表上。

有4种方法可以实现以上功能。最简单的方法就是控件向导，但是这种方法功能有限。除此之外，还有"宏""VBA""SQL语句"。"宏"总共有几十种基本操作，而且这些基本操作还可以组合成很多"宏组"命令，这样就可以实现上述的自动化功能。另外，"VBA"和"SQL语句"也可以很好地实现，而且功能更全面，独立性更强，但是它们都涉及程序语言以及语法规则等专业性很强的问题，对用户的专业水平要求很高。所以，对于普通用户来说，"宏"是最合适的选择。

小　结

本章介绍了数据库、关系数据库、SQL、数据库设计、数据库管理系统的基本概念和Access的基本操作。在当今的信息化社会中，信息量在不断扩大，如何科学地存储和管理庞大的数据会直接影响到日常生活中的工作学习，而数据库的发展，使得全社会的信息管理、信息处理、信息传输等都达到了一个新的高度。因此，学习数据库的基础知识，了解数据库的设计和开发，对于信息化社会的每一个人都是十分必要的。

习　题

1. 什么是数据库？什么是数据库管理系统？你接触和使用过哪些数据库管理系统？
2. 数据库技术经历了哪几个发展阶段？当今主要使用哪种数据库技术？
3. Access具有哪些特点？
4. 数据库中有哪些对象？它们都具有哪些功能？
5. 简述数据库中数据库表的属性和主键。
6. 简述数据库中"查询"的作用。
7. 为什么不能用"窗体"对象完全取代"报表"对象？
8. 简述查询和数据库表的关系。
9. 窗体与表以及查询有什么不同？

第 10 章 >> 程序设计基础

●●●● 10.1 程序及程序设计语言 ●●●●

到目前为止，冯·诺依曼"存储程序"的思想仍然贯穿在计算机的设计中，可见程序的重要性。如果没有程序，计算机仅仅是一个摆设，毫无作为。那么如何控制计算机的行为呢？当然是通过程序。

10.1.1 程序的基本概念

程序就是可以连续执行，并能够完成一定任务的一组指令（语句）的集合，是人与机器之间进行交流的语言，它告诉计算机做什么和如何做。打个比方，一个程序就像一个用汉语（程序设计语言）写出的产品说明书（程序），用于指导用户使用产品。通常，计算机程序要经过编译和链接而成为计算机可理解并运行的形式。未经编译就可运行的程序，称为脚本程序（script）。大多数程序是为了解决某一类问题而设计开发的，在设计开发的过程中要考虑到它运行所产生的结果是否有意义。

10.1.2 程序设计语言及分类

语言是用于通信的，人们日常使用的自然语言用于人与人的通信，而程序设计语言则用于人与计算机之间的通信。计算机是一种电子机器，其硬件使用的是二进制语言，其与自然语言差别太大了。程序设计语言就是一种人能使用且计算机也能理解的语言。我们使用这种语言来编写程序，指出需要计算机完成什么任务，计算机则按照程序的命令去完成相应的任务。

程序设计语言（programming language）是一组用来定义计算机程序的标准化的语法规范。利用程序设计语言能够准确地定义计算机所需要使用的数据，并计划在不同的环境下所应当采取的行动。

20 世纪 40 年代，当计算机刚刚问世的时候，程序员只能手动控制计算机进行数据的处理和计算，投入的成本巨大。德国工程师康拉德·楚泽（Konrad Zuse）最早提出了"程序设计"的概念，大大降低了程序员工作的强度，使计算机具备了"智能化"，接着大量出色的程序设计语言被相继开发出来。随着时间的推移，程序设计语言已经历了 70 多年的发展，其技术和方法日臻成熟，语言的级别也越来越高，至今可以划分为机器语言、汇编语言和高级语言三大类。

1．机器语言

电子计算机所使用的是由"0"和"1"组成的二进制数，这种二进制数组成的语言就是机器语言。使用机器语言编写的程序是可以被计算机直接执行的。但由于不同类型的计算机指令系统是不同的，所以机器语言在不同的计算机上是无法通用的。再加上程序员长期面对二进制编程的工作是相当枯燥乏味的，不易记忆和理解，出错十分频繁，维护和改造程序的价格成本居高不下，导致软件开发的费用远远超过硬件的投入。因此现今几乎不再采用机器语言编写程序。

2．汇编语言

为了解决上述问题，汇编语言诞生了。它使用一些助记符来替代机器语言中的二进制指令，减轻了二进制编码带来的痛苦。比如，用 ADD 代表加法，MOV 代表数据传递等，这样一来，人们很容易理解程序在干什么。但汇编语言还是依赖于机器硬件，移植性差，不过针对计算机特定硬件而编写的程序的效率还是很高的。

3．高级语言

从以往的经历中，人们意识到，应该设计一种语言，这种语言接近于数学语言或人的自然语言，同时又不依赖于计算机硬件，编出的程序能在所有机器上通用，这种语言就是高级语言。到了 20 世纪 50 年代，高级语言终于出现了，程序员可以用接近自然语言的程序语言编写程序，生产效率大大提高，维护费用随之降低，计算机软件业得以蓬勃发展，使用高级语言编程的开发思想和开发方法也逐步在改进和完善。自 20 世纪 70 年代初期所提出的"结构化程序设计"概念发展到 20 世纪 80 年代初期出现的面向对象的程序设计。而高级语言的下一个发展目标就是面向应用，只需要告诉程序你要做什么，程序就能自动生成算法，自动进行处理，这就是非过程化的程序语言。

10.1.3 常用的程序设计语言

自从 20 世纪 50 年代第一个完全脱离机器硬件的高级语言问世以来，共有几百种高级语言出现，有重要意义的有几十种，下面介绍几种有影响的程序设计语言。

1．FORTRAN 语言

FORTRAN（formula translator，公式翻译器）是世界上最早出现的、主要用于数值计算的、面向过程的程序设计语言，于 1954 年发布，是进行大型科学和工程计算的有力工具，以其特有的功能在数值、科学和工程计算领域发挥着重要作用。

FORTRAN 语言目前最新的国际标准是 FORTRAN 2018，已经由 ISO 组织制定发布。FORTRAN 语言发展的主要趋势是提供面向对象、向量计算和并行处理功能。

2．BASIC 和 Visual Basic 语言

1964 年，BASIC 语言正式诞生。它是 beginner's all purpose symbolic instruction code（初学者通用符号指令代码）的缩写，是国际上广泛使用的一种计算机高级语言。BASIC 语言掌握起来非常容易，目前仍是计算机入门的主要学习语言之一。Windows 操作系统在 1990 年后迅速普及，人们对于图形化应用开发的需求越来越强烈，Visual Basic 语言就是在这个环境下问世的，它在 BASIC 语言的基础上增加了可视化开发环境，允许程序员在一个所见即所得的图形界面中完成开发任务，这无疑是一次巨大的语言革新，具有划时代的意义。从功能上来说，已经变得非常强大。Visual Basic 编程环境

如图 10-1 所示。

　　Visual Basic 的最大优势在于它的易用性，可以让经验丰富的程序员或是初学者都能用自己的方式快速开发程序。而且 Visual Basic 的程序可以非常简单地和数据库链接，比如在不用编写代码的情况下利用控件来绑定数据库。Visual Basic 使用了可以简单建立应用程序的图形用户界面，界面上的窗体控件通过鼠标的拖放就可方便地进行添加与修改，可以开发相当复杂的程序。Visual Basic 的程序基于窗体的可视化组件，并且可以指定组件的属性和方法，例如在文本框（textbox 控件）中的文字改变事件（change 事件）中加入相应的程序代码，就可以在文字输入时阻止某些字符的输入，甚至不允许修改文本框中的文字。Visual Basic 程序可以包含一个或多个窗体，类似于 Windows 操作系统的窗体和对话框。和 C 语言不同，Visual Basic 程序对字母大小写不敏感，能自动转换关键词到标准的大小写状态。

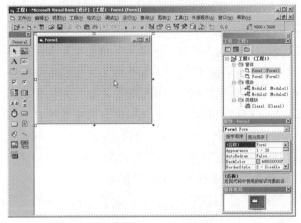

图 10-1　Visual Basic 编程环境

　　Visual Basic 具有"面向对象"的特性，应用程序的基本单元是"对象"（Object），这种"面向对象"的编程方法与传统的过程化程序有很大区别。显然，"面向对象"的编程方法比传统的编程方法更简单、方便，并且编写出的程序也更加稳定，因此"对象"是 Visual Basic 程序设计的核心。例如：一辆汽车包含发动机、方向盘、挡位、轮胎等，而每个部分又可以单独作为被研究的对象。在 Visual Basic 程序设计中，整个应用程序就是一个对象，应用程序中又包含着窗体（Form）、命令按钮（Command）、菜单（Menu）等对象。

　　在 Visual Basic 中，每一个对象是由类（Class）创建的，对象可以说是类的具体实例，这就好比是车辆和轿车之间的关系。同一类对象的绝大部分特性相同，也有个别不同的特征。因此，在编写程序时，首先定义类，再创建属于此类的具体对象，而对象的特征可以通过对象的属性、方法和事件来说明和衡量。对象的事件（Event）是指发生在某一对象上的事情，常用于定义对象产生反应的时机和条件，包括鼠标事件和键盘事件。例如，在命令按钮（Command Button）这一对象上可能发生鼠标单击（Click）、鼠标移动（Mouse Move）、鼠标按下（Mouse Down）等鼠标事件，也可能发生键盘按下（Key Down）等键盘事件。对象的方法（Method）是用来控制对象的功能及操作的，常用于定义对象的功能和操作，例如车辆具有前行、后退、变速等功能。对象的属性（Property）是指用于描述对象的名称、位置、颜色、字体等特征的一些参数，常用于定义对象的外观，例如车辆的体积、质量、颜色等。很多对象属性不用编写任何代码，仅仅在设计时通过 Visual Basic 中的属性窗口来设置即可，体现出了 Visual Basic 方便易用的特性。

3．C 语言、C++ 语言和 Visual C++ 语言

在 C 语言诞生以前，系统软件主要是用汇编语言编写的。由于汇编语言程序依赖于计算机硬件，其可读性和可移植性都很差，但其他的高级语言又难以实现对计算机硬件的直接操作，于是兼有汇编语言和高级语言特性的 C 语言就应运而生了。目前最著名、最有影响、应用最广泛的 Windows、Linux 和 UNIX 三个操作系统也都是用 C 语言编写的。在 C 语言的基础上，1983 年推出了 C++。C++ 进一步扩充和完善了 C 语言，但它和 C 语言不同的是，它是一种面向对象的程序设计语言。C++ 提出了一些更为深入的概念，为程序员提供了一种与传统结构程序设计不同的思维方式和编程方法。对于面向对象程序设计来说，它是当今主流语言之一。和 Visual Basic 语言类似，Visual C++ 语言为 C++ 语言提供了一个可视化的开发环境。

4．Java 语言

Java 语言虽然出现晚，但它的影响力巨大，它是新一代面向对象的程序设计语言，特别适合于 Internet 应用程序开发，具有平台无关性。Java 程序作为软件开发的一种革命性的技术，现已成为主流编程语言之一。关于 Java 名称的由来也很有戏剧性，Java 成员组的几位会员当时正在咖啡馆喝着 Java（爪哇）咖啡，于是，他们就把咖啡的名字作为这种新语言的名称了，Java 的标志（见图 10-2）即咖啡正飘散出一缕缕的热气，仿佛可以闻到它浓郁的香味。Java 语言的特色在于它的平台无关性和面向对象的编程思想。在 Internet 上已经推出了用 Java 语言编写的很多应用程序，包括日常玩的手机小游戏（见图 10-3）很多都是用它编写的。

图 10-2　Java 语言标志

图 10-3　手机小游戏

5．微软的 .NET 战略

微软于 2000 年提出了 .NET 战略，得到越来越广泛的应用。核心内容是 .NET Framework（.NET 框架），它是一个程序运行的平台。每个 .NET 应用程序都必须运行于 .NET Framework 之上。如果一个应用程序跟 .NET Framework 无关，它就不能称为 .NET 程序。在这个平台上，可以使用 C#、Visual Basic.NET 等语言借助 .NET 框架的公共语言运行库开发所需要的 .NET 程序。现在已经推出了 .NET Framework 4.8 版本。

6．Python 语言

Python 是一种广泛使用的解释型、高级和通用的面向对象的编程语言。Python 支持多种编程范式，包括结构化、过程式、反射式、面向对象和函数式编程。它拥有动态类型系统和垃圾回收功能，能够自动管理内存使用，并且其本身拥有一个巨大而广泛的标准库。Python 强调代码的可读性和简洁的语法，因此相比其他编程语言更容易学习。相比于 C 或 Java 等语言，Python 让开发者能够用更少的代码表达想法。Python 被广泛用于各种领域，包括科学计算、人工智能、机器学习、网络爬虫、数据分析、金融量化等。在学术界，尤其是人工智能领域，Python 已经成为计算机科学入门课程的主要教学语言之一。此外，Python 也已成为大数据时代的重要语言，与 R 语言并驾齐驱。总的来说，Python 是一种强大、灵活且易于学习的编程语言，无论是初学者还是专业开发者，都可以通过学习

Python 来提高编程效率和开发能力。

除了上述所介绍的这些语言，当然还有许多我们并不是太熟悉的，但具有一定影响力的程序设计语言，它们都在各自的领域发挥着非常重要的作用。总的来说，程序设计语言的发展趋势是模块化、简明化、形式化、并行化和可视化。

10.1.4　程序设计语言的翻译

程序设计语言在长期的演变过程中已经越来越接近于数学语言或人的自然语言，用户也可以很方便地用自己所精通的语言编写易读易懂易用的程序。众所周知，可以被计算机直接理解和执行的只有机器语言所编写出来的二进制代码，那么可以想象，计算机是无法理解和接受我们使用的汇编语言和高级语言的。就好比两个人操持着不同的语言很难进行交流，更不用说合作了，除非其中一人懂得另一种语言，否则只能依靠翻译人员来解决这个问题。同样的道理，如果设法让计算机能够懂得我们使用的汇编语言或者高级语言，也就意味着我们要为计算机配一个"翻译员"，这个"翻译员"就称为程序设计语言处理系统，它的作用是把用程序语言编写的程序转换成可以在计算机上执行的程序，语言处理系统中最基本的翻译程序有三种：编译程序、解释程序和汇编程序。针对不同类型的语言进行转换。下面介绍一下程序语言内部到底是什么样的。

10.1.5　程序设计语言的基本成分

程序设计语言有三方面的因素是非常重要的，即语法、语义和语用。语法表示程序的结构或形式，和程序的含义、使用者无关。语义表示程序的含义，但也和使用者无关。语用表示程序与使用者的关系。这就决定了无论是什么种类的语言，必须包含四种基本成分：数据成分，用来对需要处理的数据的种类和数据结构进行必要的说明；运算成分，用来描述程序所要进行的运算；控制成分，用来表示程序整体的构造如何控制；传输成分，用来表示数据怎样传输。下面以C语言为例来说明这四种基本成分。

1. 数据成分

要想让程序能正确有效地对数据进行操作，必须事先命名数据的名称和类型，不同的数据种类所占用的存储空间大小不同，例如整数和字符的长度不同，占用的存储空间肯定也是不一样的。要注意根据需要定义适当的数据类型，所谓数据类型是指按需要定义的数据的性质、表示形式、占据存储空间的多少和构造特点来划分的不同类型，如图 10-4 所示。

在C语言中，数据类型可分为基本数据类型和复合数据类型两大类：

图 10-4　数据类型定义

（1）基本数据类型

基本数据类型是单一且不可再分解的数据类型，包括整型、实型、字符型等，例如：

```
int x;
char y;
```

其中，int表明x变量是整型数据；char表明y变量为字符型数据。

（2）复合数据类型

复合数据类型是以基本数据类型为基础而派生的数据类型，一般由同一种基本数据类型组成，包括数组型、枚举型、指针型等，例如：

```
int m[6];
enum week(sunday,monday,tuesday,wednesday,thursday,friday,saturday);
```

m[6] 表示一个一维数组，数组中包含六个变量元素，从 m[0]～m[5]。int 是指此数组中所有变量元素都为整型数据。enum week 是把一周定义为枚举型变量，而后面的括号中列举了一周七天的枚举值。

2．运算成分

用以表示参与运算的数据进行的是何种运算就是运算成分，比如各类算术、逻辑表达式等，如图 10-5 所示。

（1）运算符

运算符是告诉程序执行特定算术或逻辑操作的符号。C语言的运算符主要分为三大类：算术运算符、关系运算符、逻辑运算符、按位运算符。除此之外，还有一些用于完成特殊任务的运算符。C语言的运算符具有不同的优先级与结合性，运算的先后顺序不仅要遵守运算符优先级别的规定，还要受运算符结合性的制约，以便确定是自左向右进行运算还是自右向左进行运算。下面列举出C语言中主要使用的运算符。

图 10-5　算术表达式

①算术运算符。用于数值运算，例如：+（加）、-（减）、*（乘）、/（除）、%（求余）、++（自增1）和--（自减1）。

②关系运算符。用于比较运算、判断大小和是否相等，例如：>（大于）、<（小于）、=（等于）、>=（大于或等于）、<=（小于或等于）和!=（不等于）。

③逻辑运算符。用于逻辑运算，从而得出真（True）或者假（False）的结果，例如：!（非）、&&（与）和||（或）。

④按位运算符。按二进制位进行运算，例如：&（按位与）、|（按位或）、~（取反）、^（按位异或）、<<（左移）和>>（右移）。

⑤赋值运算符。用于赋值运算，包括简单赋值、复合算术赋值和复合位运算赋值 3 类，简单赋值有 =，复合算术赋值有 +=、-=、*=、/= 和 %=，复合位运算赋值有 &=、|=、^=、<<= 和 >>=。

⑥条件运算符。用于条件判断，例如：由 "?" 和 ":" 组成的运算符。

表达式1 ? 表达式2 ：表达式3 ;

当表达式1的值为真（True）时，计算结果为表达式2的值；当表达式1的值为假（False）时，计算结果为表达式3的值。

⑦ 逗号运算符。使用","把多个表达式组合成一个表达式。

⑧ 指针运算符（*、&）。用于取内容（*）和取地址（&）两种运算。

⑨ 求字节数运算符。用于计算数据类型所占的字节数，例如 sizeof。

⑩ 特殊运算符。例如：括号（ ）、下标[ ]、成员运算符（.）和指针运算符（->）等几种。

（2）表达式

将同类型的数据（如常量、变量、函数等）用运算符号按一定的规则连接起来的、有意义的式子称为表达式。表达式可以是常量，也可以是变量或算式，例如：算术表达式、逻辑表达式、字符表达式等。

在C语言中，算术表达式是最常用的表达式，又称数值表达式，它是通过算术运算符来进行运算的数学公式，例如：

```
s=x+y;
s=w mod t;
```

上述两例中，"="赋值运算符后面的算式为算术表达式。

3．控制成分

控制成分的作用就是把需要处理的数据和对数据的运算组合成程序，使得每条指令（语句）之间不是孤立、毫无联系的，它决定了程序应该先执行哪条指令（语句），后执行哪条指令（语句），如图 10-6 所示。

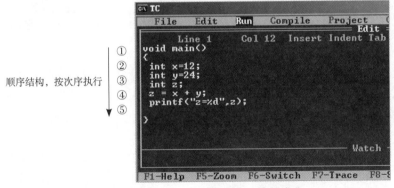

图 10-6　控制成分

控制成分基本可以分为如下三种：

（1）顺序结构

顺序结构表示整个指令（语句）的执行顺序是从第一条开始，自上而下逐条执行，直至最后一条为止，如图 10-7 所示。

（2）条件选择结构

在条件选择结构中，必须有一个判断条件来决定程序先执行哪一条指令（语句）。这个判断条件的运算就是逻辑运算，结果不是真便是假，如图 10-8 所示。

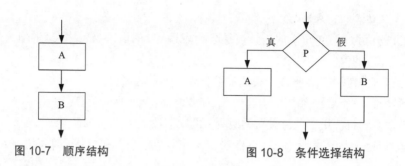

图 10-7　顺序结构
图 10-8　条件选择结构

在 C 语言中，通常使用两种语句来表达条件选择结构，一种是 if…else 语句，另一种是 switch…case 语句。

① if…else 语句。if…else 语句的一般格式如下：

```
if(x>5)
{s=0;}
[else
{s=1;} ]
```

其中 x>5 为条件表达式，它必须包含在 "( )" 里，而条件判断之后的程序语句需要包含在花括号内，程序语句仅有一条时，也可不使用花括号。程序前两行的意思是当 x>5 时，s 的值为 0，那么 x 在不大于 5 的情况下，s 的值就不为 0。而程序后两行的 else 子句是可选的，else 表示否则，在需要表明 x 不大于 5 的情况下，s=1 时，就要使用 else 语句，但 else 必须与 if 配对使用，不能单独使用，而且在一个 if…else 语句中可以嵌套使用多个 if…else 语句，需要注意的是每个 if 都要与相应的 else 配对，否则就会产生语法错误或者出现错误的执行结果，因此在判断条件分支较多的情形下，不宜使用 if…else 语句。

② switch…case 语句。C 语言为用户提供了 switch…case 语句直接处理多分支选择，它的一般格式如下：

```
switch(x+y)
{
    case 1:s=1;break;
    case 2:s=2;break;
    ...
    case 10:s=10;break;
    [default:s=80;[break; ]]
}
```

当 switch 后面 x+y 运算的结果与花括号中某个 case 后面的数值相同时，就执行该 case 后面的程序语句，比如当 x+y 的值为 1，则与 case 1 匹配，此时 s 的值就为 1。如果执行到 break 语句时，就会跳出整个 switch…case 语句，继续执行下面的程序。在没有任何一个 case 后面的数值与 x+y 的值匹配，则执行 default 后面的语句 s=80。当然，用 switch…case 语句实现的多分支选择结构，完全可以用 if…else 语句来实现。

（3）重复结构（循环结构）

重复结构会根据一个判断条件来决定是否执行某一条指令（语句），每执行一次就要重新判断一次，如果判断结果每次都是真，那么这条指令（语句）就会被重复执行，直到有一次判断的结果为假，才能停止执行这条指令（语句）。重复结构的形式有很多种，程序员要根据实际需要选择一种来使用，在这个结构里，判断条件的设定十分关键，如图 10-9 所示。

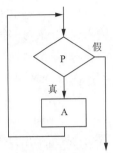

图 10-9　重复结构

C语言提供了三种基本的循环语句：for语句、while语句和do…while语句。

① for语句。for语句的一般格式如下：

```
for(i=0; i<6; i++)
{
    k=h+9;
}
```

for 语句初始化时为一个赋值语句 i=0，用来给循环控制变量 i 赋初值 0，后面跟上一个关系表达式 i<6，决定在 i 小于 6 时退出循环，最后一部分为增量定义 i++，控制每循环一次的变化方式，这三部分之间用 ";" 隔开，被循环执行的程序语句包含在花括号中。

② while语句。while语句的一般格式如下：

```
while(x>5)
{
    k=h+9;
}
```

while 之后的 x>5 是条件表达式，用于判断是否循环执行花括号中的程序语句。当 x 大于 5 时，便执行语句，直到 x 不大于 5，才结束循环，并继续执行循环语句的后续程序。

③ do…while语句。do…while语句的一般格式如下：

```
do
{
    k=h+9;
}
while(x>5);
```

do…while语句与while语句的不同在于：do…while语句先执行循环中的程序语句k=h+9，然后再判断条件x>5是否为真，如果为真，则继续循环执行，反之则终止循环，因此，do…while语句至少要执行一次循环中的程序语句。

4．传输成分

传输成分的作用是描述数据在程序中如何进行传输，输出语句如图 10-10 所示。

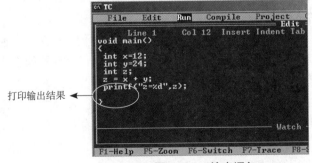

图 10-10　输出语句

（1）输入 / 输出

所谓输入 / 输出分别是从外部向输入设备（如键盘、磁盘、光盘、扫描仪等）输入数据，以及从计算机向外部输出设备（如显示屏、打印机、磁盘等）输出数据的两个过程，但 C 语言本身不提供输入 / 输出语句，输入和输出操作由"函数"来实现。在 C 语言标准函数库 stdio.h 中提供了一批"标准输入 / 输出函数"，其中有 putchar（输出字符）、getchar（输入字符）、printf（格式输出）、scanf（格式输入）、puts（输出字符串）和 gets（输入字符串）。

要想使用C语言库函数时，利用#include将有关的"头文件"包含到程序中，程序开始处应有 #include <studio.h> 或 #include "studio.h" 预编译命令，之后程序中才能使用上述的一些输入/输出函数来输入或输出数据。例如：

```
c=getchar();
putchar(c);
scanf("%c",&c);
printf("%c",c);
```

putchar() 和 getchar() 是用来输出、输入字符数据的函数，当执行 c=getchar(); 程序语句时，程序会一直等待用户输入一个字符，把输入的字符数据赋值给 c 变量进行存储，而 putchar(c) 则表示在屏幕上输出 c 变量中存储的字符数据。如果希望输入和输出一定格式的数据时，就需要使用 scanf() 和 printf() 函数，%c 的意思是把输入或输出的数据格式化为字符类型的形式。

（2）函数中的数据传递

在程序设计语句中，将一段经常需要使用的程序代码封装起来，在需要使用时可以直接调用，这就是程序中的函数。例如，在C语言中：

```
int max(int x,int y)
{
    return(x+y);
}
```

此例是定义的用来计算 x+y 结果的函数，其中，max 是函数名，后面括号中的 x 和 y 是函数的参数，函数中的程序语句只有一条，用来返回 x+y 的结果数值。返回值的数据类型与函数声明的数据类型是相同的，如果函数中没有返回值，则函数名前使用 void 声明。

① 函数的调用。函数必须在声明之后才可以被调用，以 max() 函数为例，调用格式为

```
max(5,6);
```

调用时，函数名后括号中的 5 和 6 为实际参数，必须和声明函数时的括号中的形式参数 int x,int y 个数相同，此时形式参数中的 x 值为 5，y 值为 6，则函数执行的返回值是 11，是 5+6 的结果。实际参数在次序、数据类型和个数上应与相应形式参数保持一致。

② 形式参数与实际参数之间的传递。形式参数与实际参数之间的传递方法有两种：值传递和地址传递。在值传递中，调用函数将实际参数（常数、变量、数组元素或可计算的表达式）的值传递到被调用函数在声明时的形式参数中定义的变量中，而形式参数值的改变对实际参数没有影响。函数调用结束后，形式参数的值被释放，实际参数的值仍保持原值不变。但经常需要将形式参数的值再传递给实际参数，使得实际参数的原值发生改变，这时就要使用地址传递的方法，当实际参数是数组名或指针类型变量时，实际参数传递给形式参数的是地址，这时，一旦函数被调用，形式参数通过实际参数传递来的数组或指针的起始地址，直接去存取相应的数组数据或指针指向的数据，形式参数值的变化实际上是实际参数值的改变，因此实际参数的原值受到了影响。

●●●●10.2　程序设计的思想●●●●

程序设计是一门技术，但不仅仅是一门技术，还是一门艺术，程序和设计是分不开的，如果程序员只是急于把程序编写出来，而不讲究程序运行的效率和代码量的多少，则编写出的程序称不上是优秀的程序，如同一位建筑师，设计出的房屋只求住户能够居住下来便可，全然不顾住户生活是否舒适和建筑的可观赏性，两者的道理是相同的。因此，在编写程序之前一定要进行缜密的考虑和精心的设计。那么应该怎么做呢？首要的任务是找到问题所在，接着便是要解决它。

10.2.1　算法

当我们在遇到一道数学题时，通常先是把题目仔细地审视一遍，找出关键的问题，思考应对的方法，列出解题步骤，最后写出具体的算式或者是方程，把结果计算出来。在这个解题过程中，最重要的并不是写算式或者方程，更不是计算结果，而是在思考应对方法，列出解题步骤，很少有人跳过这一步，直接写出算式或者结果的。编写程序也是这样，必须考虑编写程序的目的，设计出问题的解决方法，根据这个方法写出程序交给计算机处理。这里的解题步骤就是程序的核心——算法。

算法（algorithm）是解题的步骤，代表用计算机解决一类问题的精确、有效的方法。一般来说，利用计算机解决问题包括以下几个步骤：

① 理解和确定问题。

② 设计解决问题的方法，利用算法表达出来。

③ 使用程序设计语言按照算法编写程序并调试。

④ 执行程序，得出结果。

⑤ 根据执行的情况，评价算法的优劣。

在"结构化程序设计"（structured programming）的概念中提到：编写可执行的程序不要求一步完成，而是分若干步进行，逐步求精。第一步编出的程序抽象度最高，第二步编出的程序抽象度有所降低，直到最后一步编出的程序即为可执行的程序。用这种方法编程，似乎复杂，实际上优点很多，可使程序易读、易写、易调试、易维护、易验证其正确性。结构化程序设计方法又称"自顶向下"或"逐步求精"法，后来成为算法设计的方法，简单来说就是由粗到细、由抽象到具体，逐步求精。而描述算法的方式就比较多了，使用文字说明、伪代码、流程图和程序设计语言等来描述算法都可以。

例如：针对"a、b为整数，求a除以b的余数"这一问题，先列出最粗略的步骤：

① 获取 a 和 b 的值。

② 通过除法计算，取得余数。

接着对上述两个步骤进行细化，最终得到求解该问题的精确描述的算法，如果采用文字说明的描述方法可以是：首先，获得a和b的值。然后，判断b是否为零：如果b为零，说明这是非法的除法运算，无法得到余数，然后，输出"除数为零"的出错信息；如果b不为零，那么就可以通过除法计算，取得余数，最后，输出计算出的余数。

上面的实例说明怎样去设计一个算法，算法是用于完成某个信息处理任务的一组有序而明确的、可以由计算机执行的操作（或指令），它能在有限时间内执行完毕并产生结果。这里所说的操作

（指令），必须是计算机可以执行的而且是十分明确的。由于算法不能是一个永无止境的过程，所以它必须在有限步骤内得到所求问题的解答。那么如何知晓设计出的解题步骤就是算法呢？当然，不论算法的种类多么繁多，算法必须要具备几个基本的要求，它们是：

① 确定性。算法中的每一步都必须有确切的定义，是什么就是什么，没有二义性，也就是没有模棱两可的情况出现。

② 有穷性。算法是不会出现程序永远运行下去、无法停止的情况，必须是有穷步骤的操作，终有结束的时候。

③ 能行性。能行性也就是可行性，算法中的每一步都必须是切实可行的，不能超过计算机的能力范围，否则计算机是无法实现这个算法的。

④ 输出。至少产生一个输出。

解决一个问题，不同的人对问题考虑的方法不一样，当然编写出的程序也就不同。这里存在两个问题：一是与计算方法密切相关的算法问题；二是程序设计的技术问题。算法和程序之间存在着密切的关系。

那么，对问题解决的方法，哪个执行的效率会更高，时间和资源花费得最少，这是我们需要重点思考的地方，算法亦是如此，比如著名数学家华罗庚"烧水泡茶"的两个算法。

算法1：

第一步：烧水；

第二步：水烧开后，洗刷茶具；

第三步：沏茶。

算法2：

第一步：烧水；

第二步：烧水过程中，洗刷茶具；

第三步：水烧开后沏茶。

上述两个算法读者可以去思考一下，哪个更有效率。人们在长期的研究开发过程中，总结出了很多基本算法的设计方法，例如枚举法、迭代法、递推法、分治法、回溯法等，我们在解决问题的时候当然会选择方法最好的一种算法，算法的好坏可以从以下两个方面去思考：

① 设计出的算法占用的计算机时间和空间的资源是否最少。

② 设计出的算法是否容易理解、调试和测试。

算法的设计方法体现了程序设计中的"艺术"所在。有一个著名的公式在程序设计中起到了非常重要的作用，这个公式是提出"结构化程序设计"这一革命性概念的瑞士计算机科学家Niklaus Wirth（尼古拉斯·沃思）提出的，这个公式是：算法＋数据结构＝程序。从这个公式中可以看出要想设计出好的程序，除了算法之外，还有一点就是"数据结构"。

10.2.2　数据结构

"结构"这个词我们并不陌生，任何事物都有它的结构，这样的例子随处可见，比如杯子与碗的区别，杯子是用来喝水的，而碗是用来盛饭的，为什么我们不用杯子来盛饭？这决定于它们的结构，一般情况下，就算制作杯子的原料再好，杯子的质量再高，也没有人会想到用杯子盛饭，原因就是杯子的结构比较适合用来喝水，杯子或者碗的结构的形成就在于它们中每个部分的组合，每个部分之间一定有所联系，程序设计也是如此。

　　我们都知道程序被设计出来的主要目的就是处理和计算数据，因此数据的存在是最根本的，如果没有数据，任何程序都毫无意义，程序用来处理数据的方法是算法，而算法是否能更好地去使用数据，更加有效地处理它们，就要看这些数据是怎样组合的。在程序中，数据和数据之间必然会存在某些联系，而不可能各自孤立，数据结构就是用来解决这些问题的。

　　数据结构（data structure）是相互之间存在一种或多种特定关系的数据元素的集合。简单来说，它是信息的一种组织方式，目的就是提高设计出的算法的效率，它与一组算法的集合相对应，通过这组算法集合可以对数据结构中的数据进行某些操作，比如操作系统中，文件或者文件夹的新建、修改、删除、插入等操作。因此，数据结构主要有三方面的内容：数据的逻辑结构、数据的存储结构、数据的运算（操作）。算法的设计过程取决于数据的逻辑结构，而算法的实现过程取决于数据的物理存储结构。

1. 数据的逻辑结构

　　下面用一个实例来说明数据的逻辑结构。表 10-1 所示为一张学生的成绩表，记录了 9 位学生各门课的成绩。按学生的学号为一行记录的表。这个表就是一个数据结构。对于整个表来说，除了第一条记录（它的前面无记录）和最后一条记录（它的后面无记录），其他的记录则各有一个也只有一个前驱和后继（它的前面和后面均有且只有一条记录）。这几个关系就确定了这个表的逻辑结构。

表 10-1　学生成绩表

学号	姓名	性别	出生日期	系别	数学	语文	英语
0001	李昆	男	1980-4-13	管理	98	88	90
0002	刘春菊	女	1979-12-8	计算机	89	88	78
0003	李亮	男	1980-9-20	政治	55	96	80
0004	周天鑫	女	1979-10-9	政治	66	90	86
0005	王楠	女	1982-6-10	计算机	96	83	68
0006	姜伟	男	1981-4-7	计算机	90	80	72
0007	于晓敏	女	1981-8-30	管理	88	90	98
0008	马海峰	男	1982-7-19	管理	83	58	90
0009	赵青青	女	1981-1-17	计算机	69	88	57

　　所以数据的逻辑结构只描述数据之间的逻辑关系，所谓逻辑关系就是指不管数据实际的存储位置，而只是一种假想出来的位置关系。我们并不知道这张表中的任何一条记录在计算机中的位置，但根据这样的一种逻辑关系就可以把这些数据的顺序排列出来。

　　数据逻辑结构的类型很多，也就是说描述数据逻辑关系的方法很多，主要分两大类：线性结构和非线性结构。上述的学生成绩表（线性表）就是线性结构，除此之外还有栈、队列等，而诸如广义表、树、图之类的数据结构就是非线性结构，操作系统中文件或者文件夹的结构就是树状的，有树根、树枝和树叶，就像家谱一样（见图 10-11），记录就不止一个前驱和后继了。

　　那么如何将表 10-1 中的数据存储到计算机中呢？是用一片连续的内存单元来存放这些记录（如用数组表示），还是随机存放各结点数据再用指针进行链接呢？这就是存储结构的问题。

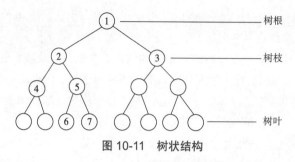

图 10-11　树状结构

2．数据的存储结构

数据的逻辑结构并不是真实的，最终要把这样的逻辑关系反映到计算机真实的存储结构中，这就是数据的存储结构。数据的存储方法大致有4种：顺序存储方法、链接存储方法、索引存储方法和散列存储方法，前两种是用得最多的。

仍然以学生成绩表为例，顺序结构就是在计算机存储器中把所有的学生记录按照表中的次序依次排列存放，那么存储器中这些数据的存放顺序和表中的顺序是一致的。而链表存储结构（简称链表结构，见图 10-12）则完全不同，表中的所有记录在存储器中的存放顺序是杂乱的，但可以利用一种比较特别的数据类型"指针"把这些无序的数据按照表中的顺序连接起来。

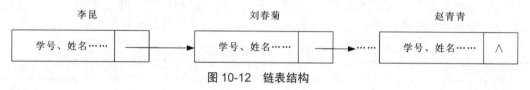

图 10-12　链表结构

最后，可以使用这种存储结构对学生成绩表中的记录进行查询、修改、删除等操作，进行何种操作以及如何实现这些操作则是数据结构中的另一方面的内容——数据的运算。

3．数据的运算

数据的运算（操作）是在数据上所施加的一系列操作，称为抽象运算。可以根据需要对数据进行查找、插入、修改、删除记录等操作，但数据的运算只考虑这些操作的功能，而不考虑具体的操作步骤。只有在确定了数据的存储结构后，才会具体实施这些操作，这些操作过程必须通过设计复杂的算法来做到，因为数据结构与算法之间存在着密切的关系，不同的数据结构要采用不同的算法。比如在上述实例中，在链表存储结构中，要向这些记录中插入一条新记录，可以通过改变"指针"的指向来实现。最常用的运算有插入（见图 10-13）、删除、更新、查找和排序，复杂的运算过程可以是各种基本操作的组合。

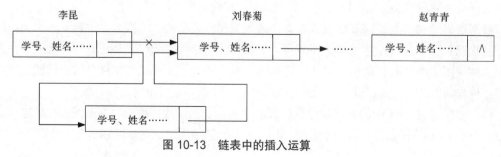

图 10-13　链表中的插入运算

●●●●10.3　程序设计与艺术设计●●●●

随着计算机图形图像处理技术的日益成熟，特别是计算机二维、三维动画的辅助设计，改变了我们对真实世界的认识。我们完全可以借助计算机技术手段，把一些过去的、传统的艺术形式变成一种非常简单易懂的艺术方式，使其成为独立的艺术形式和人们瞩目的焦点。

10.3.1　计算机艺术设计

当今社会，计算机技术也已延伸到了艺术设计领域之中，它是以计算机技术为基础，艺术设计与之相结合的一种崭新的艺术创作手法，艺术设计人员不仅具备扎实的艺术设计功底和深厚的艺术素养，还必须培养相应的计算机操作技能。作为一种新型的艺术设计形式，在很短的时期内，就得到了迅速发展。它的形成已经使得众多艺术设计领域，例如工业设计、平面设计、建筑设计、室内设计、影视动画、计算机游戏等发生了巨大的改变。计算机艺术设计属于计算机技术的范畴，程序设计同样也贯穿在其中，比如平面图像、图形处理软件，二维动画、三维动画设计软件，网页设计软件以及影视后期处理软件等，这些用于艺术创作的软件本身都是采用程序设计开发而成的。在艺术设计软件中的操作与效果，实际上都是程序运行的结果。利用计算机进行动画设计，也成为艺术设计中的一类学科，我们可以通过编写程序实现传统方法很难做到的艺术效果，体现出了程序与艺术的融合。当今流行众多艺术设计软件,都有专门用于编写程序的脚本语言。当我们尽兴地玩着计算机游戏、看着美妙的动画时，程序就在其中。

计算机科学技术已让艺术世界多彩多姿，造就了很多新时代的艺术设计大师，而艺术家们带着全新的艺术认识和要求又推进了计算机技术的高速发展。计算机艺术设计被人们看作艺术和科学的一种完美结合，两者不断地相辅相成，共同进步，随着种类繁多的艺术设计软件的出现和发展，以计算机为工具的艺术设计有了更多的设计手段，让人们体验到了与众不同的视觉享受。

10.3.2　脚本语言程序

既然这种新型的艺术设计形式如今拥有这样重要的地位，当然和创作它们的工具是分不开的，下面就来简要地了解一下各种常用计算机软件中的一些艺术设计软件。

美国 Adobe 公司的 Dreamweaver、Flash、Freehand、Fireworks 等软件，计算机辅助设计中需要的 AutoCAD 软件，工业设计、建筑、室内装潢设计和三维游戏开发经常用到的三维动画软件 3ds Max，受到人们青睐的影视计算机特效软件 Maya，音频视频为一体的影视后期制作非线性编辑软件 Premiere 等，都是当今非常流行的艺术设计软件。

除了应用这些软件中现有的功能，还可以利用软件中的脚本语言的编写来达到艺术设计中更好的效果，这也就是我们所说的艺术设计中的"程序"。它们都有一些程序语言中最基本的语句、变量、常量以及函数等，用这些最基本的语句、函数，就足以设计出丰富而实用的程序。在这之前已经了解了各种程序语言，那么什么是脚本语言呢？

脚本语言指的是一种图形用户接口（GUI），也就是说它是用来编写针对上述这些设计软件内部扩展功能程序的语言。它是一种解释性的语言，是被用来提供给应用此类软件的用户的。例如，操作系统软件上的脚本语言有 Linux 的 bash 语言、Windows 的 Windows Script 语言，网页设计软件上的脚本语言有 Perl、JSP、PHP、ASP、VBScript、JavaScript 等。一些其他艺术设计或应用软件上的脚本语言有 AutoCAD 的 AutoLisp 语言、MS Office 的 VBA 语言、3ds Max 的 Max Script 语言、Flash 的 ActionScript 语言（见图 10-14）等。

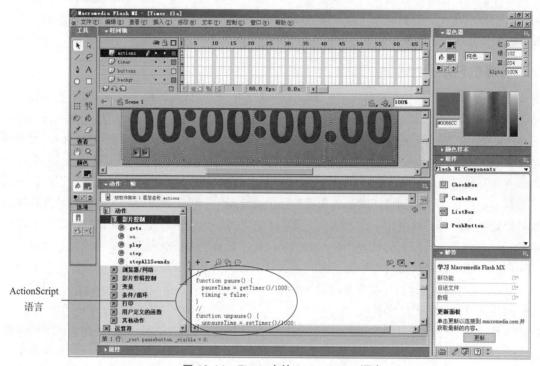

图 10-14　Flash 中的 ActionScript 语言

在现今社会，程序设计已经不仅仅是那些从事计算机科学的人所要掌握的一门科学，在很多和计算机相关的领域里，程序设计也逐渐占有一席之地，因为它可以变成人们不可缺少的好帮手。程序语言的发展越来越智能化，但无论它如何变化，程序设计的"灵魂"是不会变的，这就是算法和数据结构，它们决定了程序设计的意义。所以，真正想成为一名优秀的程序设计人员，要多从这两点上下功夫，有了好的算法和数据结构，才会有好的程序；有了好的程序，才能有软件事业的蓬勃发展。

●●●●小　　结●●●●

本章介绍了程序设计的基础知识，包括程序的基本概念、程序设计语言、算法与数据结构以及程序设计与艺术设计的结合。

程序就是可以连续执行，并能够完成一定任务的一组指令（语句）的集合，是人与机器之间进行交流的语言，它来告诉计算机做什么和如何做。而程序需要程序设计语言正确地表达出来。程序设计语言至今可以划分为机器语言、汇编语言和高级语言三大类。语言处理系统的作用就是把用程序语言编写的程序转换成可以在计算机上执行的程序，最基本的有 3 种：编译程序、解释程序和汇编程序。程序设计语言中必须包含数据成分、运算成分、控制成分和传输成分 4 种基本成分。程序设计的核心是算法与数据结构，算法是解题的步骤，代表用计算机解答一类问题的精确、有效的方法，而数据结构是相互之间存在一种或多种特定关系的数据元素的集合。另外，程序设计也在艺术设计中有所体现，比如平面图像、图形处理软件，二维动画、三维动画设计软件，网页设计软件以及影视后期处理软件等一些当今流行的艺术设计软件，很多是采用程序设计开发而成的，并且通过编写程序来实现艺术设计中的一些特殊效果。

●●●●习　　题●●●●

1. 什么是程序和程序设计？
2. 程序设计的流程分为哪几个阶段？
3. 什么是程序设计语言？
4. 程序设计语言有哪些种类？哪种语言编写的程序是计算机直接理解并执行的？
5. 程序设计语言有哪几个基本成分？
6. 举出常用程序设计语言的例子，并说明它属于低级语言还是高级语言。
7. 什么是算法？
8. 若要描述算法，可以采用哪些方法？
9. 算法有哪些特性？
10. 什么是数据结构？

参 考 文 献

[1] 陆铭，徐安东. 计算机应用技术基础[M]. 2版. 北京：中国铁道出版社，2013.

[2] 陈国良. 计算思维导论[M]. 北京：高等教育出版社，2012.

[3] 李言照. 大学信息技术基础[M]. 北京：北京大学出版社，2009.

[4] 杨振山，龚沛曾. 大学计算机基础[M]. 北京：高等教育出版社，2004.

[5] 张福炎，孙志辉. 大学计算机信息技术教程[M]. 南京：南京大学出版社，2009.

[6] 付龙，高昇. 影视声音创作与数字制作技术[M]. 北京：中国广播电视出版社，2006.

[7] 周苏，王硕苹. 大数据时代管理信息系统[M]. 2版. 北京：中国铁道出版社，2010.

[8] 赵娟，高飞，冯远. 计算机网络技术及应用[M]. 北京：中国铁道出版社，2015.

[9] 周鸣争，刘三民. 互联网＋导论[M]. 北京：中国铁道出版社，2016.